JN097914

l'atlas pratique des
FROMAGES

ORIGINES • TERROIRS • ACCORDS

参考文献

〈原書参考文献〉

雑誌

Magazines Profession fromager, Éditions ADS, 2016-2018.
Le Courrier du fromager, Les fromagers de France, 2015-2018.

書籍

Philippe Olivier, Fromages des pays du Nord, Tallandier, 1998.
Monique Roque, Pierre Soissons, Auvergne, terre de fromages, Quelque part sur terre, 1998.
Roland Barthélemy, Arnaud Sperat-Czar, Fromages du monde, Hachette, 2001.
Jean Froc, Balade au pays des fromages : les traditions fromagères en France, éditions Quæ, 2006.
Michel Bouvier, Le fromage, c'est toute une histoire : petite encyclopédie du bon fromage, Jean-Paul Rocher, éditeur, 2008.
Kazuko Masui, Tomoko Yamada, Fromages de France, Gründ, 2012.
Kilien Stengel, Traité du fromage : caséologie, authenticité et affinage, Sang de la Terre, 2015.
Philippe Olivier, Les Fromages de Normandie hier et aujourd'hui, Éditions des falaises, 2017.

WEB

http://ec.europa.eu/agriculture/quality/door/list.html
Portail de la Commission européenne pour les labels AOP, STG, IGP.
http://www.racesdefrance.fr
Portail autour des principales races de bêtes laitières de France.
https://www.inao.gouv.fr
Portail de l'Institut national de l'origine et de la qualité pour les AOP françaises.

〈翻訳版参考文献〉

『改訂版　世界チーズ大図鑑』 監修：ジュリエット・ハーバット　翻訳：清宮真理　平林 祥（柴田書店）
『チーズの教本　2019』 NPO法人チーズプロフェッショナル協会（小学館）
『チーズと文明』 著：ポール・キンステッド　翻訳：和田 佐規子（築地書館）
『世界の発酵乳ー発酵乳の文化・生理機能 モンゴル・キルギスそして健康な未来へ』 著：石毛直道（はる書房）

謝辞

この素晴らしい本の執筆のために、変わらぬ愛情で応援してくれた妻、アリシア・ソーズと子供たち、エリザとオーウェン（世界で最も愛らしいに違いない！）に心からのありがとうを伝えたい。

才能あふれるイラストレーターのヤニス・ヴァルツィコス（お礼にイラスト制作のためにチーズを追加で贈ると喜んでもらえるだろうか）と、執筆を任せて下さったエマニュエル・ル・ヴァロワに深く感謝いたします。

より美しく、分かりやすい本にするために建設的な助言をしてくれたアガット・ルグエとザルコ・テレバックに心からお礼申し上げます。

編集者として私を導き、友情を持って接してくれたクレール・ジョベール。本当にありがとう。

チーズ界の微生物について情熱と熱意を持って語って下さったロアンヌのローラン・モンスに心より感謝します。

そして、リールでチーズ店、「クレムリー・デ・フレール・ドゥラシック（Crémerie des frères Delassic）」を一緒に運営している共同経営者の双子の兄、モルガンと素晴らしいスタッフたち（オーレリー・ミンヌ、セシール・トゥーゼ）に心からの感謝を伝えたい。彼らがいなければ、この大プロジェクトを成し遂げられなかったでしょう。

ケベック在住の友人たち、特にゲール・ルシーア=ベルドゥー、ジュリー・キュイジニエと彼らの自信作である「ピエ=ド=ヴァン」、ジェローム・ラベ、ティエリー・ワティヌ、愉快なシドニー・ワトリガンは、美味しいチーズの情報を提供してくれました。本当にありがとう。

最後に、この本を手に取って下さった読者の方々に心より感謝いたします。この本の唯一の目的は、多くの人にチーズを心ゆくまで堪能していただくことです！

トリスタン・シカール

美しい世界の
チーズの教科書

著：トリスタン・シカール
イラスト：ヤニス・ヴァルツィコス
翻訳：河 清美

目次

チーズの起源：歴史と製法

世界のチーズ

チーズの産地

チーズを美味しく味わうために

Les origines du fromage

チーズの起源

HISTOIRE ET FABRICATION

歴史と製法

チーズ歴史年表

数千年の歴史を誇るチーズは、人間が自然から学んだ恩恵である。液体（ミルク）はどのようにして固体（チーズ）になるのか？　この現象を偶然に発見した日から、人間はこの問いを自ら投げかけるようになる。そして数世紀を経て、その技を掌握し、改良していった。チーズに関わる歴史上の重要な出来事を簡単にまとめてみた。

紀元前
6000

紀元前
2000

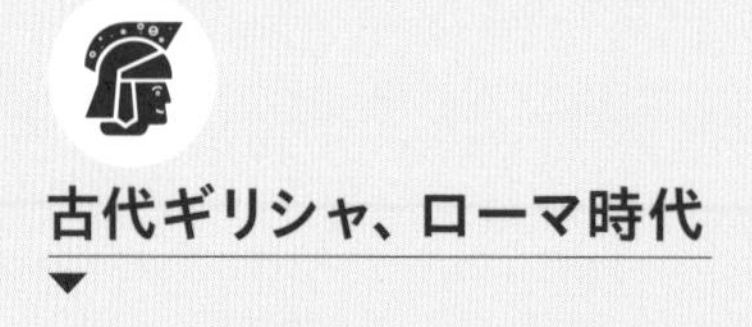

古代ギリシャ、ローマ時代

中世

1135

1273

紀元前6000年頃

チーズの起源は西アジアのメソポタミア地域で、人類が野生動物の家畜化を始めた紀元前6000年頃に遡ると考えられている。メソポタミア地域で誕生したチーズは、モンゴル、インドやチベット、ギリシャを経てヨーロッパへと3つの経路を辿って世界へ広まったと考えられている。また、2012年にイギリス・ブリストル大学の研究チームが、ポーランドで紀元前5500年頃の粘土製のこし器を発見。脂肪分の多い乳成分が土器に残っていたことから、チーズ作りに使われたものだと発表した。

紀元前2000年頃

メソポタミアのウル第三王朝時代に編纂された辞書にはチーズ、フレッシュチーズ、濃厚チーズなど、18語から20語ものチーズに関する用語が含まれていた。また、エジプトでもチーズ製造が確立、インダス渓谷まで伝搬していった。

古代ギリシャ、ローマ時代

古代ギリシャ人は宴の時や遠征中にチーズを食していた。チーズは兵士への配給物の1つだった。紀元前200年頃、政治家のマルクス・ポルキウス・カト・ケンソリウス（Marcus Porcius Cato Censorius）が「農業論（De agri cultura）」を著し、チーズを使った料理のレシピを紹介している。1世紀頃に著述家であるコルメラ（Columella）が記した「農事論（De re rustica）」にはチーズの製法が解説されており、主要な工程として「凝乳」、「加圧」、「塩漬け」、「熟成」があることが明記されている。彼はチーズの風味を豊かにし、保存が長く利くようにするために、塩が欠かせないことも強調している。さらに、博物学者のガイウス・プリニウス・セクンドゥス（Gaius Plinius Secundus）は有名な「博物誌（Naturalis historia）」の中で、現在のフランスのロゼール県にあたる地域、またはその一部のジェヴォーダン地域で作られていた数種のチーズが、ローマ人に高く評価されていたことを記している。それらのチーズは現在のロックフォールやカンタルを想起させる。

中世

フン族の西進、ゲルマン民族の大移動、サラセン人の侵攻を経た後、ローマ時代のチーズの多くが消滅した。それでも一部のレシピや製法はキリスト教の修道院や谷間の僻村で守られ、継承されていった。修道士の貢献により、マロワル、エポワス、クロミエ、ブルー・ド・ジェックス、ポン＝レヴェック、アボンダンスなどのチーズが存続した。

1135年

「formaticus（フォルマティキュス）」という語が初めて文書に登場する。この語が後に、「fourmage（フルマージュ）」（14世紀）、「fromaige（フロメージュ）」（15世紀）へと変化し、最終的に現代の「fromage（フロマージュ）」（フランス語でチーズを意味する語）となった。

1273年

ミルク生産の共済制度で農民に新たな収入源を提供することを目的に、フランスのデゼルヴィレール（ドゥー県）で世界初のチーズ生産者協同組合が設立された。組合は後に、ジュラやアルプスの山岳地帯でチーズを作り、熟成する工房、「フリュイティエール（fruitière）」（ラテン語の「フルークトゥス〈fructus〉」

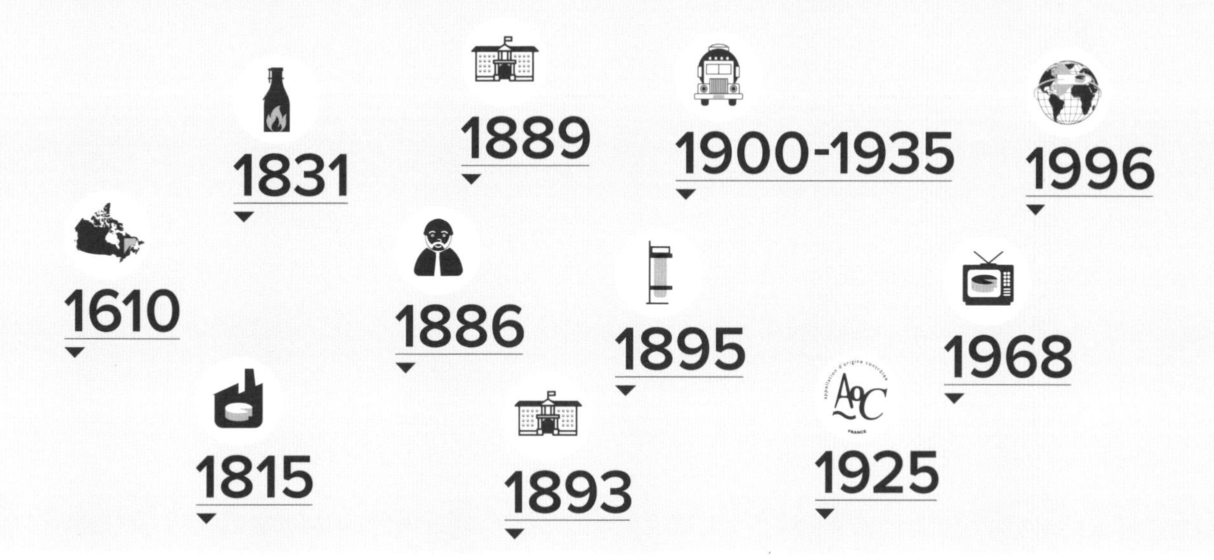

に由来。「果実」という意味)となった。フランス初のチーズ専門店が開業したのは16世紀になってからで、主にフランシュ=コンテ地方で広まった。

1610年
フランスの地理学者、サミュエル・ド・シャンプラン(Samuel de Champlain)が牛の群れを連れてカナダのケベック地方に渡加。アメリカ大陸でチーズ生産が始まる。

1815年
19世紀、科学と工業化の急発展により、チーズ産業にも劇的な変化が訪れる。1815年、スイスのベルン州に世界初のチーズ製造工場設立。

1831年
フランスの料理人、ニコラ・アペール(Nicolas Appert)が、ミルクを密閉容器に入れて加熱すると保存期間が長くなることを発見。「アペルティザシオン(appertisation)」と呼ばれるメソッドで、「パストゥリザシオン(pasterisation)」(低温殺菌法)の先駆的技法だった。

1886年
ドイツ人農芸化学者のフランツ・フォン・ソックスレー(Franz von Soxhlet)が、フランス人化学者のパスツール(Louis Pasteur)が開発した「パストゥリザシオン」を牛乳の殺菌に応用することを提唱。

1889年
フランシュ=コンテ地方のポリニーに、フランス初の国立酪農専門学校が設立される。

1893年
ケベック州のサン=ティアサント(カナダ)に北米初の酪農専門学校の設立。

1895年
パスツールの弟子のエミール・デュクロー(Emile Duclaux)がチーズ製造工程に「パストゥリザシオン(Pasteurisation)」を導入。

1900〜1935年
ミルクの収集用としてブリキ缶の代わりに、一定温度が保たれるタンクローリーが使用されるようになる。さらに酪農場に搾乳器が整備され、冷蔵保存が普及したことで、低温殺菌乳によるチーズの工業生産が発展した。

1925年
ロックフォールがチーズとして初のAO(Appellation D'origine/原産地呼称)を獲得。その後引き続きAOC(Appellation d'Origine Contrôlée/原産地統制呼称)、EU通のAOP(Appellation D'origine Protégée/保護原産地呼称)に認定。

1968年
フランス初のチーズのTVコマーシャルとして、「Boursin(ブルサン)」の宣伝が流れる。

1996年
フランス人宇宙飛行士、ジャン=ジャック・ファヴィエ(Jean=Jacques Favier)の手により、ピコドンが世界で初めて地球一周を成し遂げたチーズとなる。彼はアメリカのスペースシャトル「コロンビア号」に、14個のピコドンとともに搭乗した。

乳用動物と品種

羊：人間によって乳用として家畜化された最初の動物は羊だといわれている。主に渓谷地帯や中山性山地で放牧されている羊は、栄養価が最も高く、チーズを最も効率良く生産することのできるミルクを提供する。フランスの代表的な品種を以下に挙げる。

※平均的な体重、体高を記載

LA BASCO-BÉARNAISE

バスコ＝ベアルネーズ種：ラセン状の角が見事

狭く曲がった頭部を特徴とする。両耳の周りで大きな角が渦を巻いている。毛は白く縮れている。

適性
年間の乳量は約180ℓ、泌乳期間は145日である。乳質は他の品種と同様に、チーザビリティー※が高い（チーズ製造に非常に適している）。タンパク質：54g/kg 乳脂肪分※：74g/kg

分布域
バスコ＝ベアルネーズという呼称から分かるように、フランス南西地方のピレネー山脈の麓に広がるベアルン渓谷地域、バスク地方で飼養されている。

代表的なチーズ
オッソー＝イラティ（Ossau-iraty）、トム・デ・ピレネー（Tomme des Pyrénées）

※ミルクのチーズ加工適性。

LA LACAUNE

ラコーヌ種：フランスで飼養頭数第1位

細長い顔、銀色の光沢のある白い毛が特徴。耳が長く横向きに伸びていて、白い産毛が生えている。胴体は上部のみが薄い毛で覆われている。体重は約70kg。

適性
フランスで乳用飼養されている羊の品種の中で頭数が最も多い。
年間の乳量260ℓ、泌乳期間167日。
タンパク質：54g/kg
乳脂肪分：72g/kg

分布域
中央山塊の南部（アヴェロン県、タルン県）、ラングドック＝ルシヨン地方、コルシカ島

代表的なチーズ
言うまでもなくロックフォール（Rocquefort）だが、ブルー・ド・セヴラック（Bleu de Séverac）、ピチュネ（Pitchounet）、ルキュイット・ド・ラヴェロン（Recuite de l'Aveyron）、ペライユ・デ・カバス（Pérail des Cabasses）などのチーズもある

LA MANECH TÊTE NOIRE

マネック・テット・ノワール種：山の神

顔が黒い！ 体は中型（体重55〜60kg）で、灰色、黒色、白色の毛は長く30cmまで伸びる。耳から鼻先までの前額部は狭く、角があり耳が垂れている。体長に比べて大きい脚には毛が生えていない。

適性
年間の乳量110ℓ、泌乳期間133日。
タンパク質：55g/kg
乳脂肪分：75g/kg

分布域
山岳地帯に最も適した品種。ピレネー山脈のバスク地方側に多く、アルデュード渓谷やイラティの森などの起伏の激しい土地で放牧されている。

代表的なチーズ
オッソー＝イラティ（Ossau-iraty）、イッツァスー（Itassou）

LA MANECH TÊTE ROUSSE

マネック・テット・ルース種：栄養価の高いミルク

頭部だけでなく四肢も赤褐色をしている。長く垂れた、細い白い毛を持つ。角はなく、前額部が狭い。耳は横に長く、少し垂れている。

適性
年間の乳量150ℓ、泌乳期間167日。
タンパク質：55.8g/kg
乳脂肪分：76g/kg

分布域
バスク地方の渓谷地帯、バス=ナヴァールやスール地域に多い。アリエージュ県でも飼養されている。

代表的なチーズ
オッソー=イラティ（Ossau-iraty）、キュピドン（Cupidon）

山羊：羊と同じく、体が小さい反芻動物。乳量は牛より少ないが、ミネラルとビタミンの含有量は牛乳よりも多く、消化しやすい。フランスでチーズ生産のために飼養されている主な5品種を紹介する。

L'ALPINE CHAMOISÉE

アルピーヌ・シャモワゼ種：フランスで最も飼養頭数が多い品種

大きさは中型（体高80cm、体重60kg）で胴体部は薄茶色の短い毛で覆われている。背中に黒い線が1本入っている。胸部が高く、骨盤が広い。乳房が大きいため手動でも機械でも搾乳しやすい。

適性
泌乳期間の乳量は平均800ℓ。
タンパク質：32.4g/kg
乳脂肪分：37.3g/kg

分布域
アルプ地方だけではない！フランス西部（ロワール、ポワトウー、トゥーレーヌ、リムーザン、コレーズ）にも多い。ローヌ川流域やアヴェロン県でも飼養されている。

代表的なチーズ
サント=モール・ド・トゥーレーヌ（Sainte-maure de Touraine）、ピューリニィ=サン=ピエール（Pouligny-saint-pierre）、ピコドン・ド・ラ・ドローム（Picodon de la Drôme）

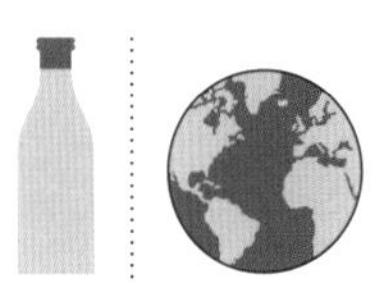

LA POITEVINE

ポワトヴィーヌ種：見事な毛並み

中型で体高70cm、体重60kg。腹部、臀部、四肢の内側の毛が白い。首が長く柔らかい。他の品種よりも毛並みが独特で、黒色または茶色の長い毛で覆われている。

適性
年間の泌乳期間は239日で乳量は538ℓ。
タンパク質：30.7g/kg
乳脂肪分：35.9g/kg

分布域
フランス中西部原産の品種。ポワトゥー地方やトゥーレーヌ地方だけでなく、ブルターニュ南部、リヨンやサン=テチエンヌ地域でも見られる。

代表的なチーズ
シャビシュー・デュ・ポワトゥー（Chabichou du Poitou）、モテ=シュル=フォイユ（Mothais-sur-feuille）、セル=シュル=シェール（Selles-sur-cher）

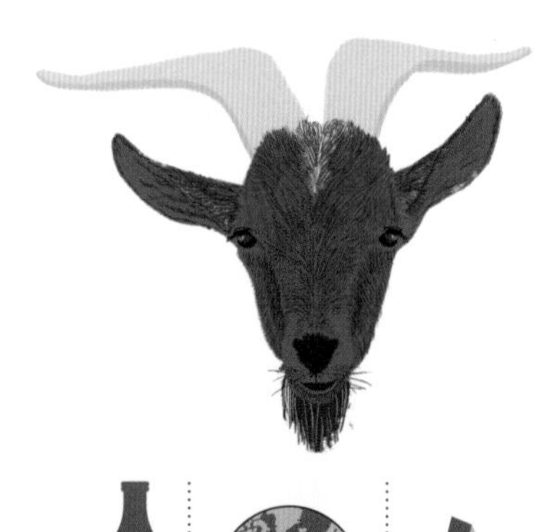

LA PYRÉNÉENNE

ピレネエンヌ種：故郷をこよなく愛する

体は大きめ（体高75cm、体重70kg）で、後方に弓形に曲がった角、額の毛、髭が特徴。毛は硬く長めで、白色から薄茶色、褐色、黒色まで多様である。

適性
年間乳量は他の山羊種と比べて少なく、泌乳期間228日で平均315ℓであるが、タンパク質（30.4g/kg）と乳脂肪分（38.5g/kg）の含有量は申し分ない。

分布域
原産地以外でも見られるアルピーヌ種やポワトヴィーヌ種と異なり、ほぼピレネー山脈地方のみに分布している。

代表的なチーズ
トム・デ・ピレネー
（Tomme des Pyrénées）
クロタン・デ・ピレネー
（Crottin des Pyrénées）
トム・ダスプ
（Tomme d' Aspe）

LA ROVE

ローヴ種：保護すべき希少品種

繁殖能力が低いため数が極めて少なく、絶滅しかけたことがある。体格は大きい（体高75cm）が、体重が軽い（平均50kg）。長くねじれた角が生えている。細長い大きな耳は前方に垂れている。毛色は赤褐色やベージュ、黒または白の斑紋が入っている。脚は短めだが、引き締まっている。

適性
乳量は少ない（年間平均250ℓ）が、チーザビリティーが素晴らしい。
タンパク質：34g/kg
乳脂肪分：48g/kg

分布域
フランス南東部全域に分布しているが、特にプロヴァンス=アルプ=コート・ダジュール地域圏が飼養に適している。

代表的なチーズ
バノン（Banon）、
ペラルドン（Pélardon）、
ローヴタン（Rovethym）、
ブルース・デュ・ローヴ
（Brouse du Rove）

LA SAANEN

ザーネン種：世界中に分布

世界で最も普及している品種（フランスでは第2位）。温順な性格で育てやすい。真っ白な短い毛がトレードマーク。スイス西部ベルン州ザーネン谷原産で、横にも縦にも発達した、ボリュームのある小球状の乳房をしている。

適性
年間乳量は多く、泌乳期間280日で平均800ℓを生成する。ただし、タンパク質と乳脂肪分は他の品種に比べてやや少なく、それぞれ29g/kg、32g/kgである。

分布域
フランスではモルビアン県からヴァール県にかけての地域、ピレネー=オリアンタル県、ロワール県で飼養されている。オー=ド=フランス地域圏でも見られる。

代表的なチーズ
ヴァランセ（Valençay）、
セル=シュル=シェール
（Selles-sur-cher）、
グール・ノワール
（Gour noir）

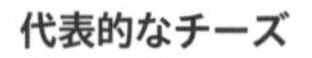

牛：野原で草を食む牛の群れ……。これはフランスの典型的な風景であろう。羊や山羊とは異なり、牛はフランス全土に分布している。本書ではチーズ生産に特に適した11品種を紹介する。

L'ABONDANCE

アボンダンス種：逞しく丈夫

激しい気温差（高地牧草地での朝-10℃から夕方35℃までの気温）に耐えられる、山岳地帯に適した品種。目の周りや耳に生えたマホガニー色の毛が光の反射を和らげ、目を病気から守る役割を果たしている。体高は平均145cmで体重は550～800kgである。

適性
そのミルクの大半（80%）がAOPまたはIGPチーズの生産に充てられている。年間の泌乳期間は305日で、乳量は5,550ℓである。
タンパク質：33.1g/kg
乳脂肪分：37g/kg

分布域
フランスのローヌ＝アルプ地方や中央山塊、スイス・アルプス地方、イタリア・アルプス地方に多い。さらにエジプトやアルジェリア、イエメン、イラン、ベトナムでも飼養されている。

代表的なチーズ
エメンタール・ド・サヴォワ（Emmental de Savoie）、トム・デ・ボージュ（Tome des Bauges）、ボーフォール（Beaufort）、ルブロション（Reblochon）、アボンダンス（Abondance）

LA BRUNE

ブリュンヌ種（ブラウン・スイス種）：国際品種

スイス東部原産の品種が改良されて生まれた品種。体格は中型（体高150cm、体重700kg）で前額部が広く、先の尖った角が上向きに生えている。繋（つなぎ）（蹄と球節の間）が強靭である。

適性
年間の泌乳期間は305日で、約7,000ℓを生産する。
タンパク質34.3g/kg、乳脂肪分41g/kgと乳質も申し分ない。

分布域
フランスだけでなく、世界各地（スペイン、イタリア、スイス、ドイツ、イギリス、オーストリア、スロベニア、カナダ、アメリカ、コロンビア、オーストラリア）に分布。

代表的なチーズ
エポワス（Époisses）、ラングル（Langres）、カンタル（Cantal）、ブリー・ド・モー（Brie de Meaux）

LA JERSIAISE

ジャージー種：小柄でありながら乳量、乳質ともに素晴らしい

イギリスのジャージー島原産の小型品種（体高128cm、体重430kg）。全体が茶色の毛で覆われており、頭部の毛色が胴体部よりも濃い。鼻孔の間の鼻鏡は黒く、鼻と口の周りが白い（糊口という）。角は前向きに生えており、頸部は真っ直ぐである。

適性
年間の乳量は泌乳期間324日で5,100ℓ。
タンパク質54.5g/kg、乳脂肪分37.8g/kgと、乳質が格段に優れている！

分布域
フランスではブルターニュ地方、ノルマンディー地方に多いが、ロワール地方、中央山塊でも育てられている。カナダからニュージーランドにかけて世界各地に分布している。

代表的なチーズ
コンテ（Comté）、モルビエ（Morbier）、モン＝ドール（Mont d'or）、サン＝ネクテール（saint-néctaire）

LA MONTBÉLIARDE

モンベリアルド種：5大陸に定着

フランスで2番目に飼養頭数が多い。原産地はフランシュ＝コンテ地方だが、フランス全土に分布している。体格は大きめで（体高145cm、体重750kg）、白地に赤褐色の斑紋が入っており、下部は白い部分が多い。

適性

年間の泌乳期間は305日で乳量は7,800ℓ。
乳質はチーズ生産に非常に適している。
タンパク質：32.7g/kg
乳脂肪分：38.4g/kg

分布域

フランス全土。ベルギー、オランダ、スイス、ポーランド、ルーマニア、ロシア、モロッコ、コロンビア、メキシコ、オーストラリアでも見られる。

代表的なチーズ

モン・ドール
（Mont d'or）、
サン＝ネクテール
（Saint-nectaire）

LA NORMANDE

ノルマンド種：「眼鏡をかけた」牛

その名の通り、ノルマンディー地方を代表する品種。目の周りの眼鏡のような模様が特徴で白地に茶色または黒色の斑紋が入っている。おとなしく従順な性格で多産型。体格は大型（体高145cm、体重800kg）で、長くどっしりした胴体をしている。

適性

年間の泌乳期間は322日で乳量は6,500ℓ。
濃厚なミルクを作る。
タンパク質：34.5g/kg
乳脂肪分：42.9g/kg

分布域

ノルマンディー地方はもちろんのこと、フランスの他の地方（北部、ブルターニュ、アルデンヌ、西部、中央山塊）、さらには世界各地（アメリカ大陸、西アフリカ、マダガスカル、スカンジナビア半島、中国、日本、モンゴル、オーストラリア）で飼養されている。

代表的なチーズ

カマンベール・ド・ノルマンディー
（Camembert de Normandie）、
ポン＝レヴェック
（Pont-l'évêque）、
リヴァロ（Livarot）、
クール・ド・ヌーシャテル
（Coeur de Neufchâtel）

LA PIE ROUGE

ピエ・ルージュ種：飼養頭数でヨーロッパ第2位

赤褐色（薄茶色）と白色の斑紋が特徴。体高は147cmだが平均体重が750kgと比較的重い。体が長く骨盤が広い。頭部がほっそりしているため、鼻周りが大きく見える。乳用種としてはヨーロッパで2番目に飼養頭数が多い。

適性

年間の泌乳期間は305日で乳量は7,800ℓ。
タンパク質：32.6g/kg
乳脂肪分：41.9g/kg

分布域

フランスではブルターニュ、ノルマンディー、サントル、中央山塊などの地方に分布。ドイツ、オランダ、スイスでも飼養されている。

代表的なチーズ

ポール＝サリュー
（Port-salu）、
ティマドゥーク
（Timadeuc）

LA PRIM'HOLSTEIN

プリムホルスタイン種：豊富な乳量

乳量が格段に多く、フランス全生乳生産量の80%を占める。白黒の斑紋が特徴で、体高145cm、体重600～700kg。乳房が大きいため、機械でも手でも搾乳しやすい。

適性
年間の泌乳期間は348日で乳量は9,350ℓにも及ぶ。
タンパク質：31.8g/kg
乳脂肪分：39g/kg

分布域
プロヴァンス地方、コルシカ島以外のフランス各地に広がっている。ポーランド、ドイツ、イギリス、アメリカ、ニュージーランドにも多い。

代表的なチーズ
ミモレット(Mimolette)、
ゴーダ(Gouda)、
チェダー(Cheddar)

LA ROUGE FLAMANDE

ルージュ・フラマンド種：古くから存在する在来種

フランスの乳牛品種の中でも最も古くから存在する品種のひとつ。全体が濃い赤褐色の毛で覆われている。角が前方に向かって生えている場合もある。体格は大型でどっしりしている。体高145cm、平均体重700kg。

適性
年間の泌乳期間は305日で、平均乳量は5,700ℓ。
タンパク質：32.4g/kg
乳脂肪分：39.5g/kg

分布域
フランス北部全域(オー＝ド＝フランス、ノルマンディー、アルデンヌ)、ベルギー、ブラジル、オーストラリア、中国。

代表的なチーズ
マロワル(Maroilles)、
ミモレット(Mimolette)、
モン・デ・カ(Mont des Cats)

LA SIMMENTAL

シンメンタール種：国際品種

5大陸に存在する品種は数少ないが、シンメンタール種はそのうちのひとつ。毛色は赤褐色または淡黄褐色(カフェオレ色)で、顔と四肢が白く、体にも白い斑紋が入っている。骨盤が縦にも横にも広い。標準的な大きさ(体高150cm)で体重は800kg。

適性
年間の泌乳期間は305日で6,300ℓを生産する。チーズ生産に適した乳質。
タンパク質：33.6g/kg
乳脂肪分：39.8g/kg

分布域
フランスではブルターニュ地方、中央山塊、東部全域に分布。全世界での飼養頭数は4,000万頭で、5大陸に分布している。

代表的なチーズ
ライオル(Laguiole)、
エポワス(Epoisses)、
スーマントラン(Soumaintrain)

LA TARINE

タリーヌ種：四肢が丈夫

「タランテーズ種（tarentaise）」とも呼ばれ、最も小型な乳用品種のひとつに数えられる（体高135cm、平均体重550kg）。全体を覆う黄褐色の毛が特徴。体は細めで黒く硬い蹄を持ち、長時間の歩行に耐えられる。顔が短く、真っ直ぐな横顔をしている。個体によっては角が生えており、先が黒く、弓のように反った形状をしている。

適性
年間の乳量は4,500ℓ（泌乳期間305日）。乳質は他の品種ほど優れているわけではないが（タンパク質：32.1g/kg、乳脂肪分：35.9g/kg）、4種のAOPチーズ、2種のIGP※チーズの原料となっている。

分布域
フランスでは中央山塊とアルプ地方。カナダ、アメリカ、アルバニア、エジプト、イラク、ベトナム、さらにはヒマラヤ山脈の支脈にも分布している。

代表的なチーズ
ボーフォール（Beaufort）、トム・デ・ボージュ（Tome des Bauges）、ルブロション（Reblochon）、アボンダンス（Abondance）、トム・ド・サヴォワ（Tomme de Savoie）、エメンタール・ド・サヴォワ（Emmental de Savoie）

※p.39参照

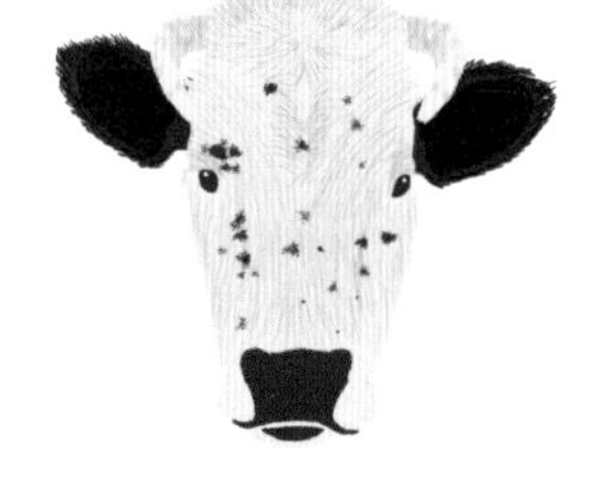

LA VOSGIENNE

ヴォージエンヌ種：目立たないが貴重な存在

体格はそれほど大きくない（体高140cm）が、重量がある（体重650kg）。鼻鏡とその周りが黒く、四肢は短く筋肉が発達している。毛色は白黒の2色で、黒い帯が頭部から後ろ肢まで、胴体の側面に広がっているのが特徴である。背部と腹部はほぼ均一な白い帯で覆われている。

適性
年間の泌乳期間は305日で乳量は4,300ℓ。タンパク質：31.7g/kg 乳脂肪分：37.4g/kg

分布域
ロレーヌ、アルザス、フランシュ＝コンテ、ブルゴーニュ、ジュラ、アルプ、中央山塊などの地方に多く、ロワール地方でも見られる。フランス以外にはほぼ存在しない。

代表的なチーズ
マンステール（Munster）、プティ・グリ（Petit gris）

フランスのその他の乳用品種

La bleue du Nord
ブルー・デュ・ノール種
フランス北部のみに分布。そのミルクから作られるチーズはパヴェ・ブルー（Pavé Bleu）のみ。

La bordelaise
ボルドレーズ種
ボルドー地方原産。地元のクリームやチーズの生産に使用されている。

La bretonne pie noir
ブルトンヌ・ピエ・ノワール種
花崗岩質の痩せた土地の草を食べて育つ。クリーム、バター、レ・リボ（発酵バターミルク）の生産に使用されている。

La ferrandaise
フェランデーズ種
中央山塊原産。サン＝ネクテール（Saint-nectaire）、フルム・ダンベール（Fourme d'Ambert）などのAOPチーズの原料となっている。

La froment du Léon
フロマン・デュ・レオン種
北ブルターニュ地方原産。そのミルクからは濃厚なクリーム、オレンジがかったバターができる。

La villard-de-lans
ヴィヤール＝ド＝ラン種
山岳地帯に住む逞しい品種。AOP認定のブルー・デュ・ヴェルコール＝サスナージュ（Bleu du Vercors-Sassenage）の原料となっている。

チーズ用のミルクを生産する反芻動物は羊、山羊、牛だけではない。水牛は欠かせない存在だとしても、それ以外の乳用動物の割合は全世界の生乳生産量のわずか1%である。さらに採集されたミルクが必ずしもチーズ生産に充てられるわけではない。

LA BUFFLONNE

水牛：世界第2位の乳量を誇る

牛に次いで乳量が多いのが水牛で、全世界の生乳生産量の13%に相当する(牛：83%、山羊：2%、羊：1%、その他の乳用動物：1%)。ヨーロッパでは特にモッツァレッラ(Mozzarella)やスカモルツァ(Scamorza)、カチョカヴァッロ(Caciocavallo)などのパスタ・フィラータ(Pasta filata)タイプ(弾力性の生地を糸を紡ぐように成形する)の生産のために飼養されている。水牛乳はインド、パキスタン、中国などでも消費されている。体高140cm、体長250cm、体重500kg。黒い毛で覆われており、上向きに生えた弓状の角、大きな鼻鏡が特徴である。

適性

年間の泌乳期間は9カ月で乳量は平均2,700ℓ。
タンパク質：48g/kg
乳脂肪分：85g/kg

分布域

沼沢地を好む。イタリア南部、エジプト、パキスタン、インド、ネパール、中国でよく育つ。

代表的なチーズ

モッツァレッラ・ディ・ブーファラ・カンパーナ(Mozzarella di bufala Campana)、ブッラータ(Burrata)、カチョカヴァッロ(Caciocavallo)

他の乳用動物

羊、山羊、牛、水牛以外にもミルク、チーズ生産のために育てられている動物がいる。
ただし、その乳量はごくわずかである……。

ロバ

栄養特性が似ていることから、20世紀初頭まで母乳の代用品として使用されていたロバの乳(1日の乳量は約5ℓ)は乳牛よりラクトース(乳糖)が多く、乳脂肪分が少ない。そのため、牛乳にアレルギーを持つ子供にも提案できる。化粧品に使用されることが多い。カゼインと乳脂肪分が少ないため、チーズ生産に活用することが難しい。それ故にロバ乳のチーズは、世界で最も高価なチーズのひとつに数えられ、1kgあたり1,000€で取引されている。セルビアの農家製でプル(pull)という。

ラクダ

そのミルク(1日の乳量は約20ℓ)は牛乳よりもタンパク質は多いが、乳脂肪分が少ない。その代わりミネラルとビタミンが豊富である。栄養不足の乳児に特に適した乳質である。主にアフリカ、アラビア半島、アジア(アフガニスタン、モンゴル)で生産されている。

ディ(牝ヤク)

アジア高地に適した動物。乳量はごく少ない(年間の泌乳期間200日で約300ℓ)が、厳しい自然環境で生活する現地民にとって、バターやチーズを作るための貴重な原料となっている。チベットや中国のヒマラヤ山脈地域には、アールール(Aarulu)、エーズギー(Eezgii)などの乾燥チーズやヨーグルトに似た、タラグ(Tarag)がある。

給餌

乳用動物の飼料の種類と栄養は乳質に直接影響する。

LES BREBIS
羊：塩はお好みで

主な飼料は牧草だが、イネ科やマメ科の乾草、牧草サイレージ、コーンサイレージも餌として与えている。飼料には含まれない塩分を摂取させるために、塩の塊を放置し、羊が自由に舐めることができるようにしている。塩は食欲を増進させ、唾液の分泌と水の摂取を促して消化を良くする働きがある。羊は水を多く摂取する動物でもある。

LES CHÈVRES
山羊：幸福は草原の中にある

春から夏にかけては牧草地で新鮮な草を食む。冬の間は乾草、乾燥ルーサン、トウモロコシの粒、小麦、大麦を食べて過ごす。羊の場合と同様、特に暑いときに山羊が塩分を自由に摂ることができるように塩の塊を置いておく。

羊

山羊

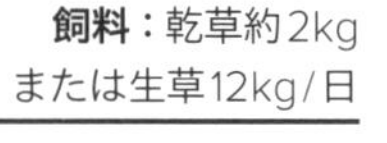

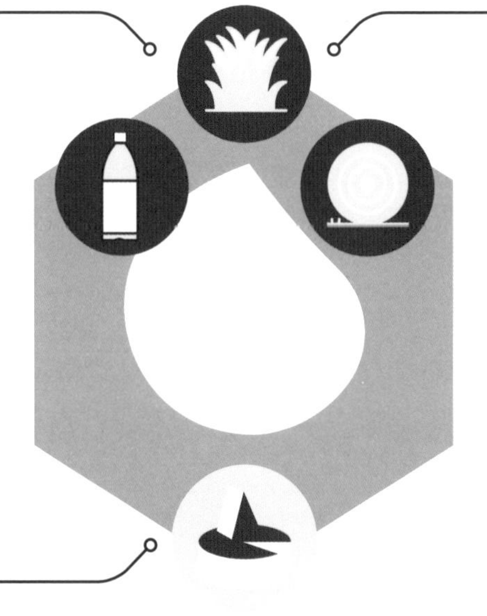

乾草

収穫適期に青刈りした牧草を乾燥させたもの。野外で十分に天日干しにした後、1個単位70kgのロール状にまとめられる。冬季の飼料として保存される。

サイレージ

青刈りした牧草などをサイロに詰めて乳酸発酵させた飼料。翌年の春まで保存が利くため、冬季に餌として与えることができる。しかし、鉛中毒、ボツリヌス中毒、リステリア症などの衛生上のリスクがあるため、飼養動物には推奨されないことも多い。

牛

飼料：約70kg/日
水：約90ℓ/日

LES VACHES
牛：1日の唾液分泌量は200ℓ！

羊や山羊と同じ草食性の反芻動物で、牧草だけでなく穀類、甜菜、生垣の葉も食べる。1日に8時間も飼料を摂取することができ、約10時間かけて反芻する。水分摂取量も多く、食欲旺盛で、1日に200ℓもの唾液を分泌する！ 春から秋までの主な飼料は青々とした生草（牧草、ルーサン、アブラナ）である。地域によっては夏になると、山岳地方や起伏の豊かな草原地帯へ移牧する。冬季は主に乾草、マメ科植物、穀類、さらには牧草サイレージ（推奨はされないが）を給餌する。

反芻

乳用動物は反芻動物である。反芻とは口で咀嚼し、一度飲み込んだ牧草などの飼料を胃から口の中に戻して咀嚼する行為を時間をかけて何度も繰り返し、消化しやすくする摂取方法である。飼料は粥状になるまで反芻胃と口の中を何度も往復する。そのため反芻動物には胃が4つもある。

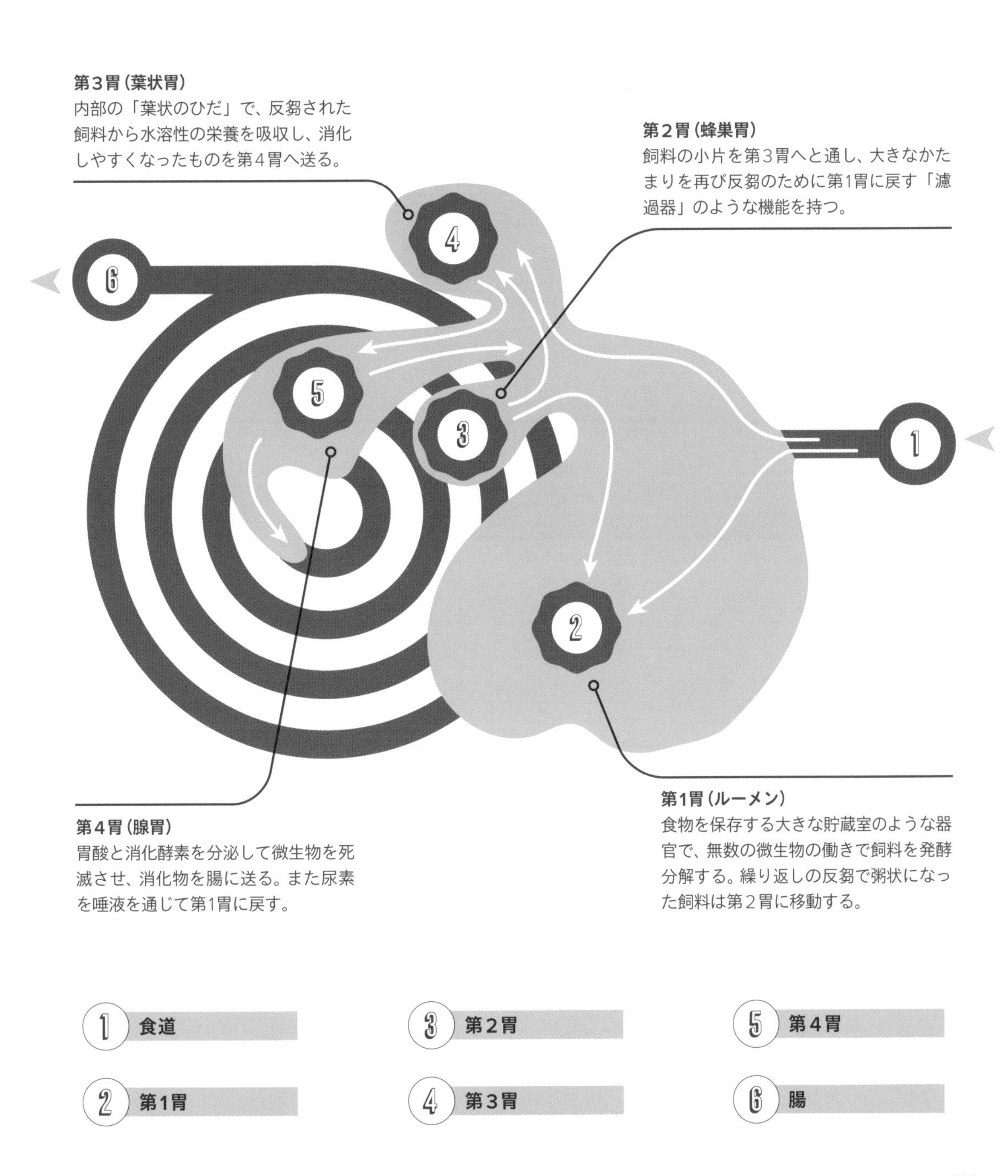

ミルク:基本の原料

ミルクはチーズ生産に欠かせない原料である。ミルクがなければチーズは存在しない! 2つの産物は密接に関係しており、フランスの政令(1988)、欧州連合の規則(2007)で保護されている。では、ミルクとは一体何なのだろう?

ミルクを生成する動物

ミルクは羊、山羊、牛、水牛などの反芻動物によって生成される。
では、これらの動物は摂取した牧草などの飼料をどのようにミルクに変えているのだろうか?

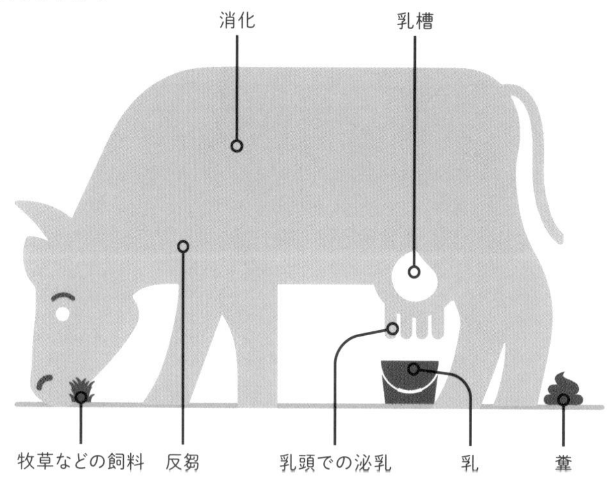

乳はそれぞれの乳頭(牛や水牛の乳房には4つ、羊や山羊の乳房には2つある)につながっている小袋のような乳腺胞で生成される。乳腺胞には血液が流れている。そしてその内側にある乳腺上皮細胞が血液を乳糖、乳脂肪分、タンパク質、ミネラル、ビタミン、水の混合物、つまり乳に変える。その後、乳はより大きな乳槽に移動し、反芻動物の仔や飼養者によって乳頭から搾り出される。飼養者は手搾り、あるいは搾乳器で搾乳する。

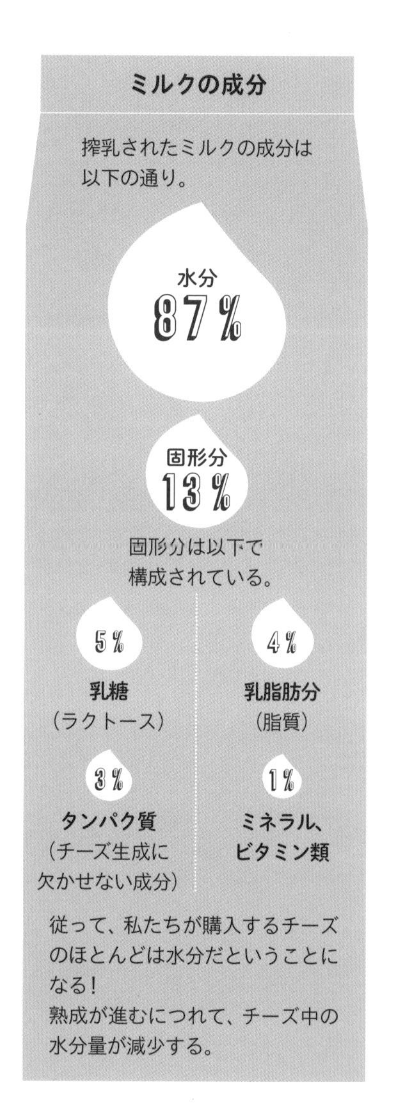

法は法である

フランスでは、チーズを意味する「フロマージュ(fromage)」という呼称は、「動物性のミルク、クリームまたはその混合物を凝固させ、水切りした後に得られる熟成または非熟成食品」のみに認められている(2007年4月27日付の政令№2007-628)。欧州連合では「チーズ」という呼称は、「動物性のミルクのみに由来する食品。その製造に必要な物質を添加することはできるが、それらの物質はミルクを構成する成分の全てまたは一部の代替物して使用されてはならない」という条件を満たす場合のみに認められている(2007年10月22日公布の規則№1234-2007)。
大手メーカーによる加工食品、またはビーガン向け食品に主に使用されている「チーズフード」、「アナログチーズ」、「チーズ代替品」は、そのまま「チーズ」という呼称で販売することはできない。

豆知識

1ℓの牛乳を生成するのに、400ℓもの血液が乳房内を循環している。

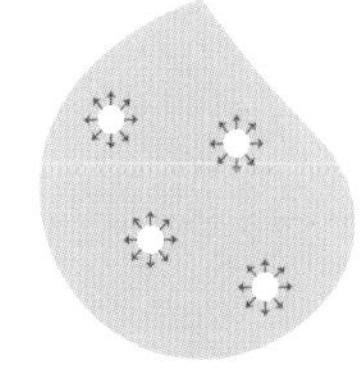

なぜミルクは白いのか？

ミルクのほとんどは水分で、少量の固形分（脂質、糖質、タンパク質）が含まれている。固形分は水に溶けず、目に見えない固体粒子として液体中に浮遊している。光線がミルクを通ると、これらの粒子があらゆる方向へ光を反射する。粒子は色素を吸収していないため、反射される光は白く見える。ミルクが白いのはこのためである。乳脂肪分の含有率が異なる全乳、低脂肪乳、脱脂乳の色味が若干違うのも同じ原理である。乳脂肪分が最も少ない脱脂乳はやや青味がかっている。つまり、乳脂肪分が多ければ多いほど、白色度が高くなる。

さまざまな熱処理方法（フランスの例）

LAIT CRU
生乳、無殺菌乳（レ・クリュ）
40℃以上の熱処理を施さない、搾ったままのミルク。味の決め手となる微生物がそのまま保存されている。そのため、生乳製チーズは他のチーズよりも濃厚で深みがある。

LAIT MICROFILTRÉ
マイクロフィルター処理乳（レ・ミクロフィルトレ）
精密濾過法（MF）で処理されたミルク。生乳よりも保存が長く利き、低温殺菌乳よりも味が濃い。ただし、この処理方法はコストが高く、チーズ製造のために活用しているのは、主に乳業大手である。

LAIT THERMISÉ
サーミゼーション乳（レ・テルミゼ）
57℃～68℃の温度で15秒間加熱したミルク。この処理方法は風味をできるだけ保ちながら、一部の病原菌を死滅させることを目的とする。このタイプのミルクで作られるチーズの濃厚さは、生乳製と低温殺菌乳製の中間ぐらいである。

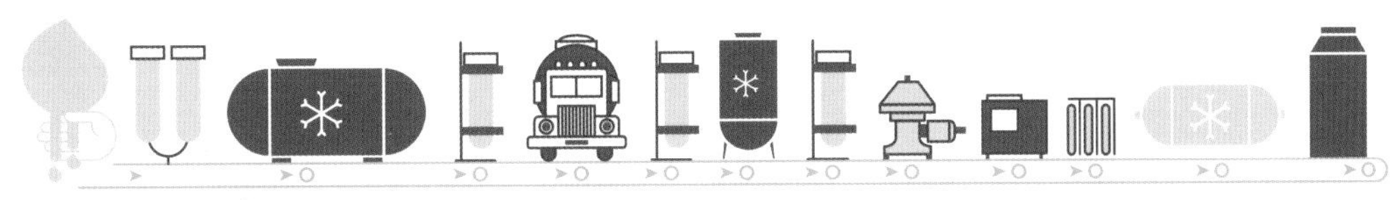

LAIT PASTEURISÉ
低温殺菌乳（レ・パストゥリゼ）
72℃～85℃の温度で約15秒間加熱したミルク。風味と食感の決め手となる大部分の微生物が死滅する。処理前の細菌群の90%以上が失われる。標準的で安定した風味のチーズ生産に適しているが、「産地の個性」は弱くなる。

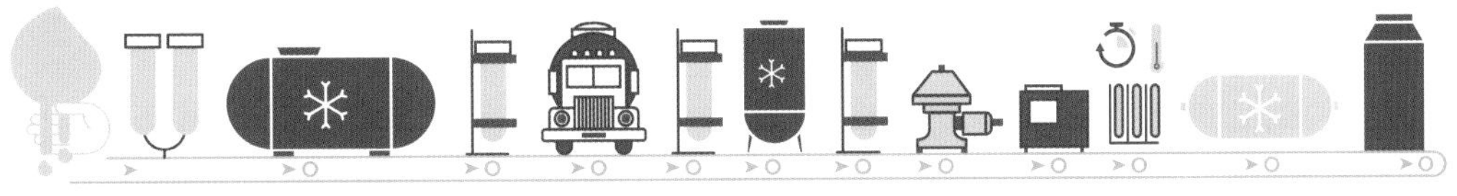

LAIT STÉRILISÉ
超高温瞬間殺菌乳（UHT）（レ・ステリリゼ）
140℃～150℃の温度で2～5秒間加熱したミルク。ほどんどの微生物が死滅するため、このタイプはチーズ製造には向かない（ほぼ不可能である）。

チーズの製法

農家での集乳から熟成まで、大半のチーズ製造に欠かせない6工程を解説する。

搾乳と集乳

2つの方法がある。

手搾りまたは自動搾乳器で採集したミルクをチーズ製造所で加工する。

あるいは、自動搾乳機で採集したミルクを3℃〜4℃の温度で保存できるタンクローリーで、チーズ製造所まで輸送する。

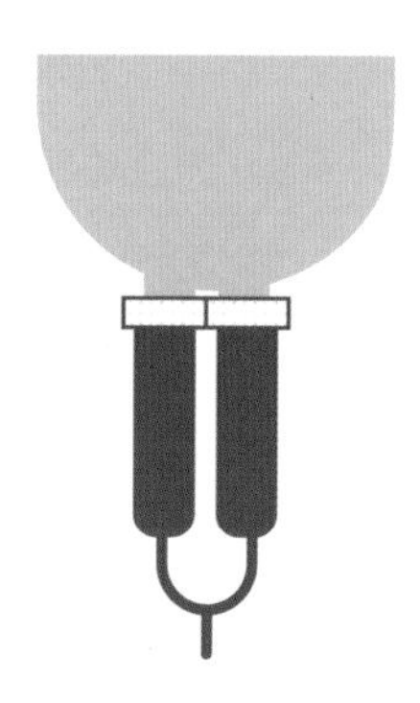

凝固

ミルクは液体、チーズは固体である。液体から固体にするには、まずミルクを凝固させ、凝乳（カード）にしなければならない。3つの方法があり、それぞれタイプの異なる凝乳ができる。

液体

凝乳（カード）

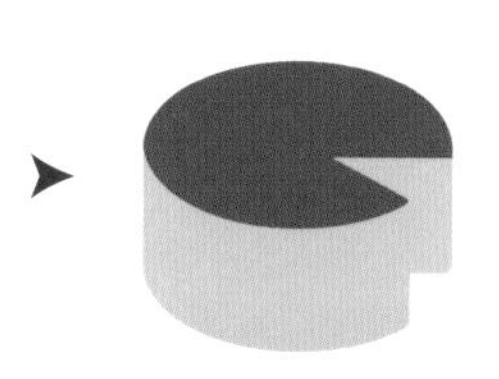

固体

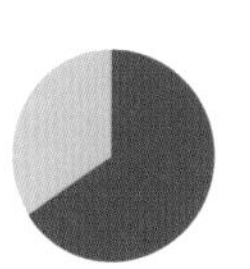

8〜36時間

乳酸菌の割合が多い凝乳（乳酸凝固型）
乳酸菌を凝乳酵素よりも多く添加する。
8〜36時間で凝乳が形成される。
酸味が強めである。

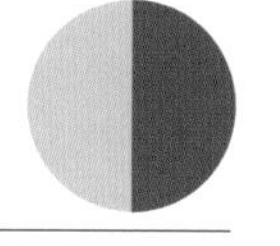

45分〜4時間

同量混合物による凝乳
乳酸菌と凝乳酵素を同量添加する。
45分〜4時間で凝乳が形成される。
酸味とまろやかさのバランスが良い。

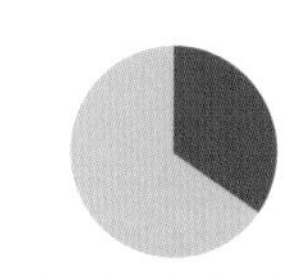

20〜45分

凝乳酵素の割合が多い凝乳（酵素凝固型）
凝乳酵素を乳酸菌よりも多く添加する。
凝固にかかる時間が短くなる（25〜45分）。よりまろやかな味わい。

凝乳酵素（レンネット）とは？

離乳していない反芻動物の仔の第4胃から抽出された酵素。
ミルクを凝固させる（液体からゲル状にする）タンパク質（キモシン）を含んでいる。

 型詰め

チーズが、それと特定できる最終的な形状をとり始める段階。
型詰めの方法はチーズの種類、凝乳（カード）の状態によって異なる。

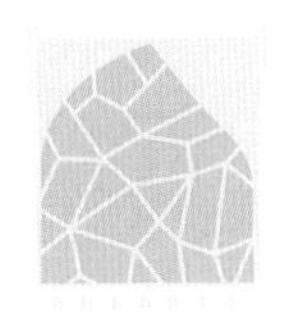

凝乳を布で包み木型に詰める
コンテやボーフォール、アボンダンスなどの圧搾タイプ（加熱／非加熱）に最もよく用いられる。凝乳は他のタイプよりも固めである。

凝乳をレードルですくって型に入れる
凝乳をレードルで1杯ずつすくいながら型を満たす。乳業大手でも採用されている（複数のレードルを一度に使う！）。乳酸凝固型の凝乳やカマンベールなどの一部の白カビタイプに用いられている方法である。

凝乳を型で直接すくう
凝乳の中に型を沈めて入れる。形が崩れないほどの固さのある凝乳に用いられる。

凝乳をプレートから型に流し入れる
並んだ複数の型の上に各型に相応する穴があいたプレートを置き、そこから凝乳を型に流し入れる。

凝乳をプレートから数段に重ねた型に流し入れる
左記とほぼ同じ方法だが、穴があいたプレートの下に型を1段ではなく数段に重ねて並べ、凝乳を流し入れる。

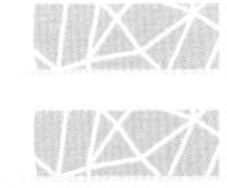

凝乳が入った槽を裏返して型に詰める
凝乳が入った槽の中に、凝乳を小分けする型枠を沈め、その上から、型枠に合うように穴があいたプレートと型を被せる。その後、全体を裏返す。

 凝乳と乳清の分離

乳清（ホエー）と呼ばれる水分を凝乳（カード）から排出する。チーズの水分量を決め、次の工程に影響するため、重要な工程である。方法は2つあり、重力を用いた（凝乳の自重で水切りする）方法と、一定の圧力をかけて圧搾する方法がある。チーズの種類や目標とする硬さに応じて、いずれかの方法を用いる。

乳酸凝固型の凝乳
重力の作用で自然に水気を切る。乳清はゆっくりと排出される。

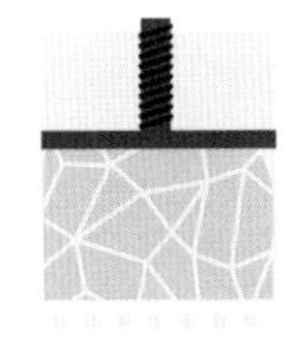

圧搾タイプ（コンテなど）
凝乳を圧搾して乳清を除去する。

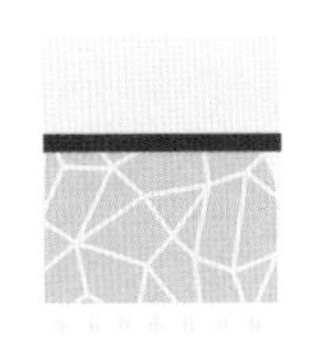

ソフトタイプ（カマンベールなど）
細かくカットした凝乳は、水切り用の穴があいた型に詰められ、その穴から乳清が自然に排出される。

青カビタイプ
分離は数日かけてゆっくり行われる。乳清が十分に除去されるように、凝乳を定期的にひっくり返す。

加塩

余分な乳清（ホエー）を排出した後でチーズを型から取り出す。熟成庫に入れる前に必ず塩を加える。塩がなければ、チーズはできないといっても過言ではない！ 塩はチーズに欠かせない原料のひとつであり、さまざまな役割を担っている。

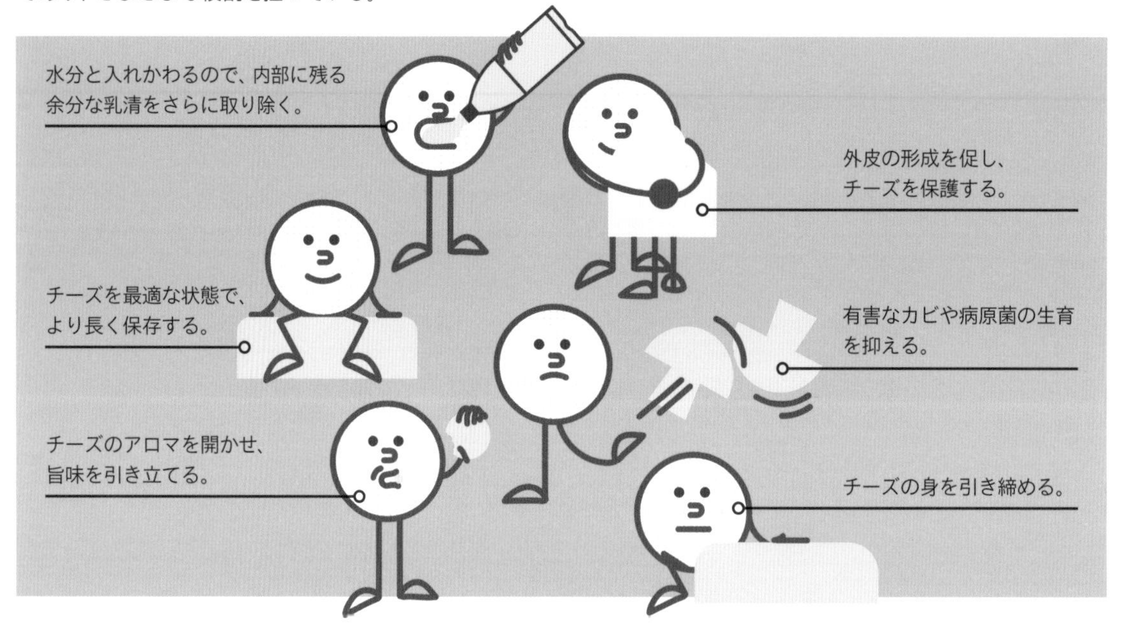

加塩は型から出してから24時間以内に、以下の2つの方法で行われる。

乾塩法（顆粒状の塩を表面にすりこむ、または噴きつける）
チーズの片面と側面に塩をまぶしてすりこむ。翌日、反対側の面と側面に同じ作業を繰り返す。この方法では、塩がチーズの水分を自然に吸収する。この工程にかかる日数はチーズのタイプによって異なる。サイズが小さいものは短いが、熟成に時間を要する圧搾タイプはより長い。

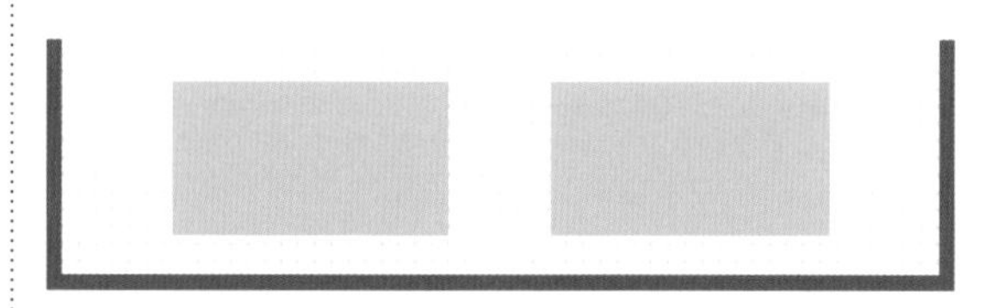

ブライン法（塩水にチーズを浸漬する）
水分を除去するために塩水にチーズを漬けるのは矛盾しているように思われるが、この工程でチーズはある程度の塩を吸収し、水分は自然に抜ける。この現象を「浸透」という。塩が水分（乳清）を取り込み、チーズが塩水を吸収する。

凝乳への加塩

フルム・ド・モンブリゾン、フェタ、ウェストカントリー・ファームハウス・チェダーチーズなどの一部のチーズは、槽に入った大量の凝乳に加塩する。型詰め前に余分な乳清を取り除くことのできる方法で、独特な食感と風味を出すことができる。

熟成

チーズの色味、外皮、テクスチャー、香り、風味を引き出す仕上げの工程が熟成である。この工程で、チーズは通気性の良い場所で、熟成士が調整した微生物(細菌、酵母、カビ)の働きによって変化する。非常に重要な温度と湿度のバランスはチーズのタイプによって異なる(ただし、熟成させないフレッシュチーズ、乳清チーズは除く)。それぞれのチーズの個性はこの熟成の段階で形成される。

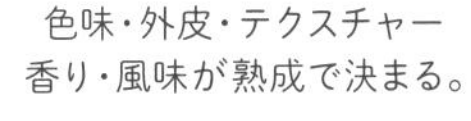

色味・外皮・テクスチャー
香り・風味が熟成で決まる。

熟成士(アフィヌール〈Affinere〉)とは?

チーズを育て、ベストな熟成具合へと導く専門家。そのためには外気、温度、湿度の3つのパラメーターを巧みに操らなければならない。その作業はいつの時代も変わらず、チーズを繰り返し磨き、洗い、反転させ、熟成度をほぼ毎日見ながら、その魅力を引き出す。精密さ、反復、忍耐、情熱が求められる職業である!

人員と場所

熟成士は妥協のない最適な条件でチーズを熟成させるために、湿度、温度、換気の条件がそれぞれ異なる3〜5の熟成庫(カーヴ)を有している。手作業、または特に大型タイプの場合は機械で日々管理するスタッフとともにチーズを仕上げていく。熟成は即興ではできない、熟練の技を要する工程である!

木材は完璧なマテリアルである!

多孔質の木材の表面には細菌、カビ、酵母で構成されるバイオフィルムが形成されている。このバイオフィルムがチーズを包み、有害な微生物から保護する。さらに、科学的な研究で木材がリステリア菌の増殖を抑え、他の病原菌を排除することが分かっている。つまり、チーズを守る抗菌剤のような役割を果たしているのである。

熟成に必要な道具

熟成士はその繊細な感性に加えて、さまざまなタイプのチーズを扱うための道具を各種揃えている。

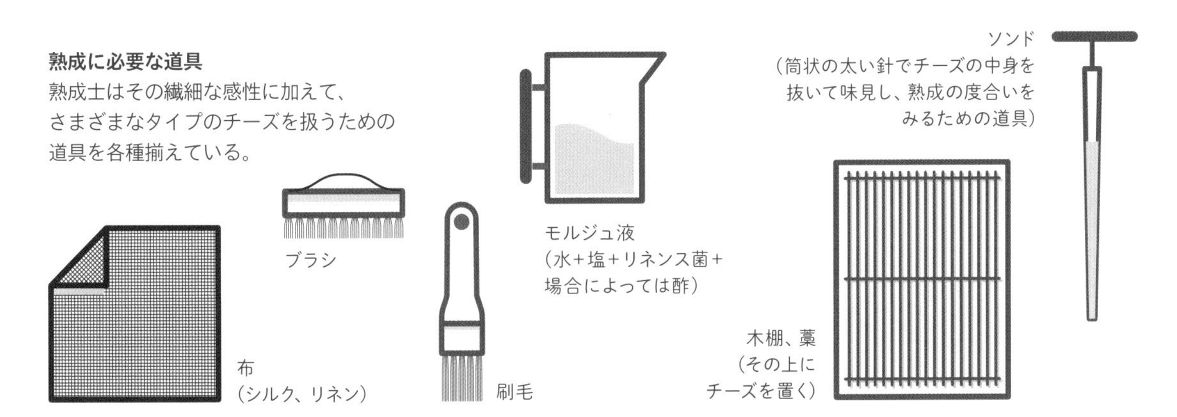

熟成方法2種:表面からの熟成、内側からの熟成

ひとつはチーズの内側から熟成が始まり進んでいく方法で、特にブルーチーズ(ロックフォール、ブルー・ド・ジェックス、アイルランドのクロジャー・ブルーなど)やワックスで覆われたチーズ(オランダ産ゴーダ)に用いられる。もうひとつは熟成が表面から始まり、少しずつ内側に進んでいく方法で、自然に外皮が形成されるタイプのチーズ(コンテ、レティヴァなど)の大部分が該当する。熟成を促すために微生物を添加するチーズ(カマンベール、エポワスなど)もある。

チーズの分類：11タイプ

チーズ専門店のドアは感覚の旅への入口である。店内に入ると色、香り、触感、風味、さらには音（チーズを紙で包む音など）が次々と感じられ、五感が満たされてゆく。専門店はチーズをタイプ別に並べている。ショーケースから少し離れてみると、それぞれのタイプに相応する色ごとにまとまっているのが分かるだろう。純白のものから灰緑色、黄色、茶色、赤褐色、オレンジ色、ベージュ色など多彩である。

01 FROMAGES FRAIS

フレッシュチーズ

フェタ、ブルース・デュ・ローヴ、ローヴ・デ・ガリーグなど

p. 27, 42-51

02 FROMAGES DE LACTOSÉRUM

乳清チーズ（ホエーチーズ）

ブロッチュ、セラック、リコッタ・ロマーナなど

p. 28, 52-55

03 PÂTES MOLLES À CROÛTE NATURELLE

外皮自然形成チーズ

サント＝モール・ド・トゥーレーヌ、シャビシュー・デュ・ポワトゥー、ヴァランセなど

p. 29, 56-69

04 PÂTES MOLLES À CROÛTE FLEURIE

白カビチーズ

カマンベール・ド・ノルマンディー、ブリー・ド・モー、シャウルスなど

p. 30, 70-79

05 PÂTES MOLLES À CROÛTE LAVÉE

ウォッシュチーズ

リヴァロ、エポワス、マンステールなど

p. 31, 80-97

06 PÂTES PRESSÉES NON CUITES

非加熱圧搾チーズ（セミハードチーズ）

トム・デ・ボージュ、サレール、モルビエなど

p. 32, 98-151

07 PÂTES PRESSÉES CUITES

加熱圧搾チーズ（ハードチーズ）

コンテ、ボーフォール、グリュイエール・スイスなど

p. 33, 152-165

08 PÂTES PERSILLÉES

青カビチーズ（ブルーチーズ）

ロックフォール、ブルー・ドーヴェルニュ、フルム・ダンベールなど

p. 34, 166-183

09 PÂTES FILÉES

パスタ・フィラータチーズ

モッツァレッラ・ディ・ブーファラ・カンパーナ、プロヴォローネ・デル・モナコ、ブッラータ・ディ・アンドリアなど

p. 35, 184-187

10 PÂTES FONDUES

プロセスチーズ

カンコイヨット、フォール・ド・ベテューヌ、ポ・コルスなど

p. 36, 188-189

11 PRÉPARATIONS FROMAGÈRES

チーズ加工品

ガプロン・ドーヴェルニュ、ブーレット・ダヴェーニュ、セルヴェル・ド・カニュ

p. 37, 190-191

01

FROMAGES FRAIS
フレッシュチーズ

乳白色の生地で、この上なく爽やかな風味が口の中に広がる。ミルクの自然な凝固から得られるため、最も古くから存在するチーズのタイプといえるだろう。特に他の材料を加える必要はなく、上質なミルクさえあればそれで十分である。

代表的なチーズ
フェタ(Feta)、
ブルース・デュ・ローヴ
(Brousse du Rove)、
ローヴ・デ・ガリーグ
(Rove des garrigues)、
ジョンシェ(jonchée)、
サヴール・デュ・マキ
(Saveurs du maquis)など

色味
アイボリー。
外皮はない。

取り分け方と道具
柔らかい生地のものは横口レードルで適量をすくって皿に盛る。

テクスチャー
とてもなめらかで柔らかい。フランスでは子供が初めて口にするチーズは主にこのタイプである。フロマージュ・ブラン(Fromage blanc)、プティ=スイス(Petit-suisse)もこのタイプに分類される。

プティ=スイス(PETIT-SUISSE)……は、ノルマンディー産!

子どもが大好きなプティ=スイスは実はノルマンディー地方で生まれた。一説によると、オワーズ県(Oise)のヴィレ=シュル=オシー村(Villers-sur-Auchy)にある農場で、スイス系の職人が主のエルール(Herould)夫人に、ヌーシャテル(Neufchârel)の樽栓形のボンドンチーズ生産用の牛乳に生クリームを加えることを提案した。夫人はこの提案を聞き入れ、出来上がった小さなチーズに水分吸収用の薄い紙を巻いて売り出すことにした。そして、発明者の職人に敬意を表して、この新製品を「プティ=スイス」と命名したという。このチーズはたちまちのうちに評判となり、夫人はパリの中央市場、レ・アールでシャルル・ジェルヴェ(Charles Gervais)という仲買人を介して販売することに決めた。後にこのジェルヴェ氏が生産を引き継ぎ、その名を冠したプティ・スイスはフランス全土を席巻した。

02

FROMAGES DE LACTOSÉRUM
乳清チーズ（ホエーチーズ）

水分を多く含んでいるため（水分量82%）、光に当たると輝いて見える。その特殊な製法から「フェイクチーズ」と呼ばれることもある。このタイプはフレッシュチーズや他のチーズの水切りを行う工程で得られる乳清（ホエー）から作られる。出来上がった凝乳（カード）からさらに水分を取り除くために、水切りざるに入れることが多い。

代表的なチーズ

ブロッチュ（Brocciu）、マヌーリ（Manouri）、セラック（Sérac）、リコッタ・ロマーナ（Ricotta romana）、ニーハイマー・ケーゼ（Nieheimer Käse）など

取り分け方と道具

チーズ専門店ではカップ入りで販売されている。取り分ける時はリールや穴あきスプーンを使用する。

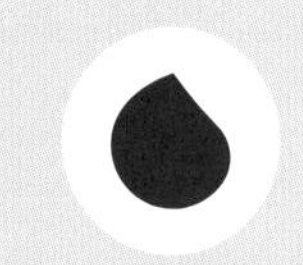

色味

純白または灰色がかった白。

テクスチャー

ほろほろと崩れやすく柔らかい。粒状。

ほぼ同じチーズでも名称が違う

このタイプのチーズは食糧を確保するために何も無駄にできない（してはならない）山岳地帯や遠隔地で生まれた。地域によって呼び方は異なるが、どれもよく似ている。違うのは乳種のみである。バスク地方に羊乳製のグリュイル（Greuilh）というチーズがあるが、ほぼ同じチーズがアヴェロン地方ではルキュイット（Recuite）と呼ばれている。フランシュ＝コンテ地方には牛乳製のセラック（Sérac）またはセーラ（Serra）というチーズがあり、コルシカ島では山羊乳または羊乳製のブロッチュ（Brocciu）が作られている。フランス以外ではカナダにネージュ・ド・ブルビ（Neige de brebis）、ギリシャに山羊乳または羊乳のマヌーリ（Manouri）というチーズがある。

03

PÂTES MOLLES À CROÛTE NATURELLE
外皮自然形成チーズ

内側にも外側にもカビをほとんど植え付けないタイプで、山羊乳製のシェーブルチーズが多い。表面に灰色の木炭粉をまぶしたサンドレタイプを除き、外皮は自然に形成される。ほとんどの場合、1個単位で販売される小ぶりなチーズで、大きさも形状も多様である。乾燥すると独特なクセが強くなるので、できるだけ早く食べ切ったほうがよい。

代表的なチーズ
サント=モール・ド・トゥーレーヌ(Sainte-maure de Touraine)、シャビシュー・デュ・ポワトゥー(Chabichou du Poitou)、ヴァランセ(Valençay)、ペライユ・デ・カバス(Pérail des Cabasses)、ビジュー(Bijou)など

取り分け方と道具
小ぶりなので、1個単位で販売される。柔らかい生地が崩れないようにリールでカットしたほうがよい。

色味
生成り色から雪のような白色までさまざまなニュアンスがある。淡いベージュ色を帯びていることもある。サンドレタイプは淡灰色、青灰色の外皮をまとっている。

テクスチャー
熟成が進むにつれてソフトからクリーミー、セミ・ドライ(ドゥミ・セック)、ドライ(セック)な組織へと変化する。長期熟成の場合、乾燥が進み、硬く引き締まった生地になる。

マルチスタイル!

サント=モール・ド・トゥーレーヌ(Sainte-maure de Touraine)、セル=シュル=シェール(Selles-sur-cher)、ヴァランセ(Valençay)は木炭粉で覆われた灰色の外皮(サンドレ)を特徴とする。プーリニィ=サン=ピエール(Pouligny-saint-pierre)やケベック産のコルヌビック(Cornebique)の外皮は白く、細かいしわが寄っている(細い溝や筋が全体に入っている)。形状は実にバラエティー豊かである。小型であるため、生産者たちはユニークな形状を考え出すことで、オリジナリティーを競い合っている。円柱形、ピラミッド形、レンガ形、練炭形、キューブ形、リング形など、想像力には際限がない!

04

PÂTES MOLLES À CROÛTE FLEURIE
白カビチーズ

チーズ界を代表するタイプで、白い綿毛のようなカビに覆われた、なめらかで艶やかな外皮をまとっている。この外皮は凝乳に「ペニシリウム・カメンベルティ(Penicillium Camemberti)」などの白カビを植え付けることで得られる。白カビに覆われたソフトタイプのチーズはフランスだけの特産品ではない。アイルランドではゴートナモナ(Gortnamona)、オーストラリアではホライズン(Horizon)、ニュージーランドではヴォルケーノ(Volcano)などが作られている。

代表的なチーズ

カマンベール・ド・ノルマンディー(Camembert de Normandie)、ブリー・ド・ムラン(brie de Melun)、ブリー・ド・モー(Brie de Meaux)、シャウルス(chaource)、ボンチェスター・チーズ(Bonchester Cheese)など

取り分け方と道具

小さいものは1個そのまま、大きいものは適量に切り分けてサーブする。生地が刃に付きにくいブリーナイフまたは穴あきナイフを用いる。

色味

灰色がかった白色、生成り色、亜麻色、雪色など、同じ白色でも種類によって色調が微妙に異なる。

テクスチャー

ほどよく熟成すると、とろりとしたクリーム状の組織になる。若いものは中心に「白い芯」がある。これは白カビタイプ特有の質感である。

緑色から白色へ

その昔、外皮を覆うカビは必ずしも白色ではなかった。カマンベール・ド・ノルマンディー(Cammbert de Normandie)、ヌーシャテル(Neufchâtel)、シャウルス(Chaource)などはかつては青灰色、灰緑色を帯びており、所々に茶色や赤色がかった斑点があった。外皮が白色になったのは、「ペニシリウム・カメンベルティ(Penicillium Camemberti)」または「ジェオトリクム・カンディデュム(Geotrichum candidum)」という微生物が培養されるようになった20世紀中頃である。

05

PÂTES MOLLES À CROÛTE LAVÉE
ウォッシュチーズ

最も匂いが強いタイプ！ 生地を塩水などで洗うことで表面に湿った膜ができ、そこから独特な香りが放たれる。ただし、その強烈な匂いに惑わされないように。その陰には繊細でまろやかな味、さらには深い旨みが隠れている。ラングル（Langres）、マロワル（Maroilles）、ビール風味のシール・ド・クレキ・ア・ラ・ビエール（Sire de Créquy À La Bière）、カナダのケベック名物のピエ=ド=ヴァン（Pied-de-vent）の強い香りを嗅いでみよう！ アメリカ産のハービソン（Harbison）、ボッサ（Bossa）は、それほど匂いは強くないが、ウォッシュタイプ特有のオレンジ色を帯びている。

代表的なチーズ

リヴァロ（Livarot）、
エポワス（Époisses）、
マンステール（Munster）、
ピエ=ド=ヴァン
（Pied-de-vent）など

取り分け方と道具

ホールを1個そのまま、あるいは適量に切り分けてサーブする。生地の柔らかさに応じて穴あきナイフ、リール、バターカッターなどを用いる。

色味

オレンジ色、褐色、銅色、赤胴色。

テクスチャー

しっとりとなめらかで、熟成が進むとクリーム状になる。

オレンジ色の由来は？

ウォッシュタイプ特有のオレンジがかった色味はリネンス菌（Brevibacterium linens）の働きによるものである。この菌を投入した塩水などで表面を何度も洗いながら熟成させるが、オレンジ色は表面にしか現れず、中身はより淡いベージュ色をしている。ベニノキの種子から抽出されるアナトー色素で外皮を磨いて色味を出す場合もある。ラテンアメリカ原産のこの植物はカロテノイド（黄・橙色の色素）を多く含んでおり、天然の素材で着色することができる。

06

PÂTES PRESSÉES NON CUITES
非加熱圧搾チーズ（セミハードチーズ）

11タイプの中でチーズの種類が最も多い。中型（1〜5kg）が一般的だが、15kg、20kgに及ぶ大型のものもある。生地を加熱しないで圧搾するという製法で作られる。他のタイプと異なり、山地でも平野でも生産が可能である。サイズもテクスチャーも実に多様である。

代表的なチーズ
トム・デ・ボージュ（Tome des Bauges）、サレール（Salers）、モルビエ（Morbier）、ケソ・マンチェゴ（Queso manchego）、ペコリーノ・ロマーノ（Pecorino romano）など

色味
種類が豊富であるため、淡いベージュ色からオレンジ色、黄土色、栗色、さらには灰色まで色のパレットも幅広い。

取り分け方と道具
大型タイプはまずワイヤー・チーズカッターで切り分けた後で、角型のチーズナイフで真っ直ぐきれいにカットする。

テクスチャー
硬質なイメージがあるが、しなやかで弾力のあるタイプ、身が引き締まって乾いたタイプ、クリーミーなタイプなどさまざまである。

Tome？ それともTomme？

綴りは2通りあるが、意味はほぼ同じである。「Tome」という綴字は主に（ただし、これに限らず）ボージュ山塊産のトム・デ・ボージュ（Tome des Bauges）に用いられている。このAOPチーズの生産仕様書（Cahier des charges）には「Tome」または「Tomme」の語源は、サヴォワ地方の方言で「高地牧草地（アルパージュ）で作られたチーズ」を意味する「Toma」であることが記されている。トム・デ・ボージュの生産者たちは他の地方のトムと差別化するために、「Tome」と綴ることを望んだ。「Tomme」という綴字は、男性名詞の「Tome」と区別するために女性名詞にする意図から選ばれたとも考えられる。

07

PÂTES PRESSÉES CUITES
加熱圧搾チーズ（ハードチーズ）

大型が多く、重さが11kgに及ぶものもある！ そのほとんどが長期保存の利く山のチーズである。熟成が進むとチロシンの白い結晶が形成される。粗塩と間違われやすいこの結晶ができる頃には旨味アミノ酸であるグルタミン酸がチーズ中に増えていき、塩味も増す。サイズが大きいだけでなく、フルーティーな芳香、とろけるような食感も際立っている。濃厚な旨味がぎゅっと詰まっている！

代表的なチーズ

コンテ（Comté）、
ボーフォール（beaufort）、
グリュイエール・スイス
（gruyère suisse）、
パイオニア（pionnier）、
ハイディ（Heidi）など

色味

外皮は、ベージュ色、黄土色、栗色などを帯びている。中身は黄色、クリーム色をしているが、その濃淡は種類や熟成度によって異なる。

取り分け方と道具

ワイヤー・カッターでホールを半分、4等分、8等分にカットすることができる。その後で両端に柄の付いたチーズナイフでカットする。

テクスチャー

緻密でしっとりとなめらかな組織。

なぜ大型が多いのか？

このタイプのチーズは山岳地方で生まれた。酪農場や搾乳場が人里離れた場所にあるため、生産者たちは原料をできる限り無駄にしないように、大量のミルクを一度にチーズに加工する必要があった。各農家が所有する家畜の頭数は限られていたため、特に冬場に産物を分かち合うことができるように、それぞれが生産したミルクを持ち寄ってチーズを高地で共同で作る仕組みが生まれた。こうして人が背負って谷まで運ぶことができる大きさのチーズが作られ、村の住民に供給されるようになった。

PÂTES PERSILLÉES
青カビチーズ（ブルーチーズ）

その姿を見て思わず怯んでしまう人もいるだろう。青カビが生地全体に生えているため、クセと刺激が強いタイプと思われがちだが、必ずしもそうではなく、穏やかな味わいのものも少なくない。ペニシリウム・ロックフォルティ（Penicillium roqueforti）またはペニシリウム・グラーカム（Penicillium glaucum）を凝乳または成型したチーズに添加して植え付ける。あるいは青カビを人工的に添加せず、自然に繁殖させる製法もある。

代表的なチーズ

ロックフォール（Roquefort）、ブルー・ドーヴェルニュ（Bleu d' Auvergne）、フルム・ダンヴェール（Fourme d' Ambert）、スティルトン（Stilton）、ゴルゴンゾーラ・ドルチェ（Gorgonzola dolco）など

取り分け方と道具

ベストな道具は崩れやすい生地をきれいにカットできるリール（複数のサイズがある）、またはソフトチーズ・カッター（ロックフォルテーズ）。

色味

白色、アイボリーの地に青、黒、緑のカビのマーブル模様が入っている。

テクスチャー

ほろほろと崩れるように柔らかく、バターのようにねっとりしているものが多い。

ピアシング

19世紀中頃、ロックフォール生産者の孫であったアントワーヌ・ルーセル（Antoine Roussel）が試行錯誤を重ねた結果、ペニシリウム・ロックフォルティ（Penicillium roqueforti）を凝乳に植え付けると、青カビが生地全体に広がることを発見した。彼はまた、カビが空気との接触で繁殖しやすくなることにも気づき、編針と同じ太さの針が何本も付いた専用の道具を生地に刺し、穴をあけて空気を通す製法「ピアシング」を開発した。この工程により、細かな青カビがまんべんなく均等に分布し、美しい模様ができる。

09

PÂTES FILÉES
パスタ・フィラータチーズ

歴史的な理由からフランスではほとんど知られていなかったが、世界で最も販売されているタイプのひとつである。食品産業でピザなどの加工食品に使われることも多い。このグループのスターはいうまでもなく、モッツァレッラ・ディ・ブーファラ・カンパーナ(Mozzarella di bufala Campana)であるが、(時に不出来な)模造品も少なくない。発祥地はイタリアだが、他の国でも作られている。

代表的なチーズ

モッツァレッラ・ディ・ブーファラ・カンパーナ(Mozzarella di bufala Campana)、カチョカヴァッロ・シラーノ(caciocavallo silano)、プロヴォローネ・デル・モナコ(provolone del Monaco)、ブッラータ・ディ・アンドリア(burrata di Andria)、ケソ・テティージャ(queso Tetilla)など

取り分け方と道具

多くの場合、1個単位で販売される。大きいものは、店頭で先の尖ったナイフで切り分けられる。

色味

純白、アイボリー、生成り色など。スモークドタイプは黄色を帯びている。

テクスチャー

生地はもっちりと柔らかく、(鶏ささみ肉のように)糸状にさけるという特徴がある。加熱するとよく伸びる。弾力があり過ぎてゴムのような食感のものは、あまり上質ではない。

幸運なアクシデント

モッツァレッラはチーズ職人見習いが凝乳(カード)を熱湯の中に誤って落としたことで、偶然に生まれたものだという説がある。取り出した生地は練ると途切れることなく糸状に伸び、これを紡ぐとさまざまな形に成形することができたという。こうして、モッツァレッラとその仲間たちが誕生したのだった! モッツァレッラに関する最古の記述は12世紀に遡る。16世紀にナポリやカプアの市場で取引されるようになった。モッツァレッラ・ディ・ブーファラ・カンパーナは現在、イタリアのカンパニア州だけでなく、プーリア州、バジリカータ州、ラツィオ州で生産されている。

10

PÂTES FONDUES
プロセスチーズ

子供が好きなチーズはこのタイプのものが多い。伝統的なチーズ専門店ではあまり見かけることはなく、スーパーマーケットで販売されている。数種のナチュラルチーズを、乳化剤などを加えて加熱して溶かし、再び成形する製法で作られる。ほとんどが工場製だが、工房製（アルティザナル）の逸品も存在する。乳清チーズと同様、ミルクからチーズを作った後に残る乳清（ホエー）を原料とするものもある。

代表的なチーズ
カンコイヨット（Cancoillotte）、フォール・ド・ベテューヌ（fort de Béthune）、ポ・コルス（pôt corse）、メジャン（mégin）、コッホケーゼ（Kochkäse）など

取り分け方と道具
サイズが小さく、プラスチック容器や箱に入っているものが多い。1個、1パック単位で販売されている。

色味
緑色または黄色がかった光沢のある白色。

テクスチャー
なめらかで緻密な組織。つぶつぶした食感のものもある。

「笑う牝牛」が描かれたプロセスチーズ、「ラ・ヴァッシュ・キ・リ（La Vache qui rit®）」の誕生秘話

第一次世界大戦の時、レオン・ベル（Léon Bel）という人物が「新鮮な肉」の調達部隊に配属された。フランス軍の各トラックの役割を図柄ですぐに分かるようにするために、参謀部がデザインのコンクールを実施した。レオンが配属された「新鮮な肉」調達部隊のトラックには、ベンジャマン・ラビエ（Benjamin Rabier）の名で応募された、「笑う牝牛（仏語でラ・ヴァッシュ・キ・リ）」のデザインが選ばれた。このデザインにはまもなくして、ドイツ軍のトラックの紋章である勇猛な戦いの女神「ワルキューレ（Valkyrie）」を嘲笑するために、発音が似ている「ヴァッシュキリ（Wachkyrie）」というあだ名が付けられた。1921年、レオン・ベルはプロセスチーズを開発したが、この愉快なデザインを懐かしく思い、「ラ・ヴァッシュ・キリ（La Vache qui rit）」と命名した。

11

PRÉPARATIONS FROMAGÈRES
チーズ加工品

このタイプは伝統的に、不毛な土地に住む村民が農産物をできるだけ無駄にしないために考え出した「かさ増しチーズ」といえるだろう。材料になるものは何でも利用して混ぜ合わせ、ひとつのチーズに変身させた。乳製品の生産時にできるさまざまな残り物を寄せ合わせて作るため、どれも実に個性的である。

代表的なチーズ
ガプロン・ドーヴェルニュ（Gaperon d' Auvergne）、ブーレット・ダヴェーヌ（Boulette d' Avesnes）、セルヴェル・ド・カニュ（Cervelle de canut）、アフエガル・ピトゥ（Afuega' l Pitu）、ヤヌ・シエルス（Janu siers）など

取り分け方と道具
チーズの種類によって1個ずつ、またはレードルですくって分ける。

色味
さまざまな材料が添加されるのでカラーバリエーションも豊か。

テクスチャー
硬く締まったタイプ、ぽろぽろと砕けやすいタイプ、なめらかな柔らかいタイプ、スプレッドタイプなど、さまざまである。

バラエティー豊か

にんにくと胡椒のアクセントが利いたガプロン・ドーヴェルニュは、バターミルク（クリームやミルクからバターを作った後に残る液体）から作られる。ブーレット・ダヴェーヌはマロワルの凝乳をベースに、パセリ、タラゴン、胡椒、クローブなどを混ぜたものである。さらには、フレッシュな凝乳に、残ったチーズの切れはしを加えて作る、クリーミーなスプレッドタイプのフロマージュ・フォール（Fromage fort）もある。地方によっては白ワイン、塩、スパイス各種を加えることもある。残ったチーズにクリーム、バターミルク、あるいはミルクを混ぜれば、誰でもオリジナル・レシピを創作することができる！

ラベル／表示（フランスの場合）

チーズ選びに悩まないためには、最低限の情報を知っておいたほうがよい。販売業者が守るべき表示義務、衛生上の規定がある。十分な情報を得られない場合は、店を変えたほうがよい！

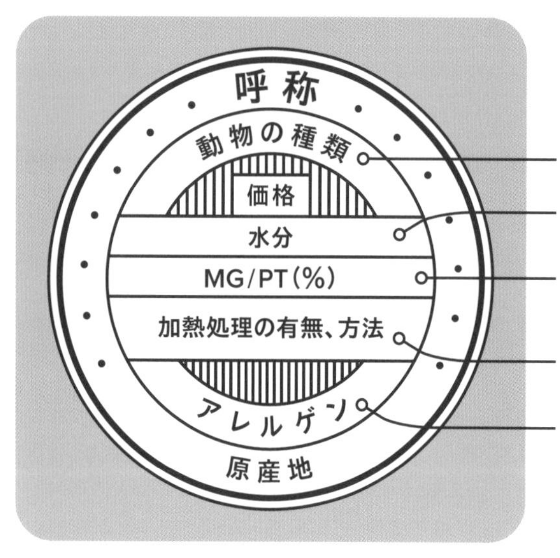

義務表示

動物の種類が明記されていない場合、乳種は自動的に「牛乳」と見なされる。

フロマージュ・ブランのみに必要

「チーズ全重量」中に占める「脂肪／重量」の割合（Matière grasse/Poids total=MG/PT）を%で表示。不明な場合は、「不定（MGNP）」と表記しなければならない※。

レ・クリュ（生乳）、レ・テルミゼ（サーミゼーション乳）、レ・パストゥリゼ（低温殺菌乳）など

一般的に、メインのラベル外に記載される。販売店はアレルゲンのリストを用意しておかなければならない。

特例

AOP、IGP認定のチーズの場合、呼称、ミルクの加熱処理の有無とその方法、認定の種類、価格の表記のみが義務付けられている。該当する認定のロゴ（AOP, IGP）が貼り付けられる。

任意表示

生産場所（フェルミエ、アルティザナル、レティエ、フリュイティエール、アンデュストリエル）の表示は法律で義務付けられていないため、任意である。

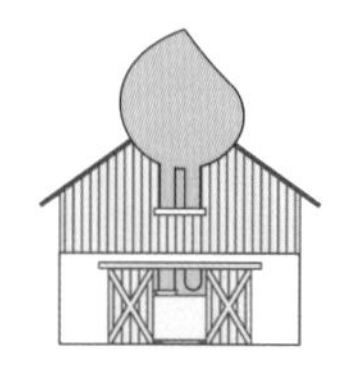

FROMAGE FERMIER
フロマージュ・フェルミエ
（農家製）

ひとつの農家が自分の所有する家畜のミルクのみで、伝統製法に基づいて作る。チーズへの加工は搾乳と同じ場所で行われなければならない。熟成は同じ場所、または外部の熟成士の工房で行われる。生産量が少ないが、土地柄と個性がよく表れたチーズとなる。

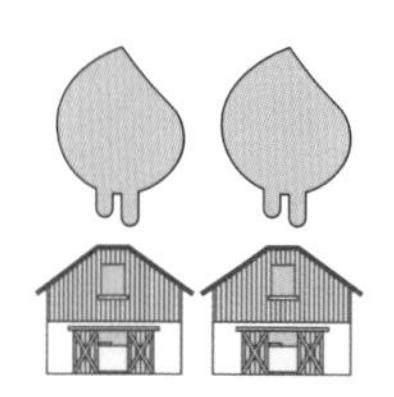

FROMAGE ARTISANAL
フロマージュ・アルティザナル
（工房製）

伝統製法を守る職人登録簿に登録された個人の工房で手作りされるチーズ。ミルクは工房付近の複数の酪農家から調達する。フェルミエ製よりも個性はやや控えめとなる。

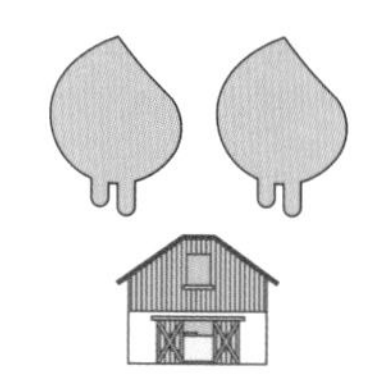

FROMAGE LAITIER
フロマージュ・レティエ
（共同酪農場製）

複数の酪農家が持ち寄ったミルクをもとに、酪農工場や協同組合で生産。一部のAOPチーズ（アボンダンス、サン=ネクテール、ルブロションなど）のみに認められており、所定の仕様書（生産基準）を満たさなければならない。フェルミエ製、アルティザナル製の同じチーズよりも、個性の弱い風味となる。

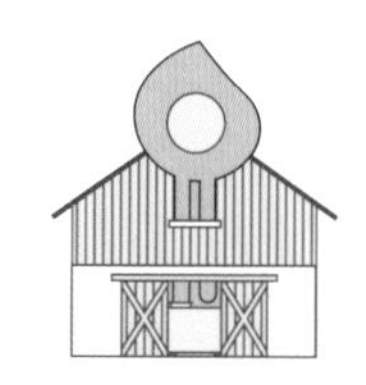

FROMAGE DE FRUITIÈRE
フロマージュ・ド・フリュイティエール
（酪農協同組合製）

アルプスやジュラなどの山岳地方の酪農協同組合をフリュイティエールという。複数の酪農家から収集された生乳で、協同組合の工房で伝統製法に基づいて作られる。原料となる生乳の搾乳回数は連続で2回しか認められておらず、2回目の搾乳から半日以内に、凝乳酵素を加えなければならない。加熱圧搾タイプ（ハードタイプ）の大型チーズに多い。

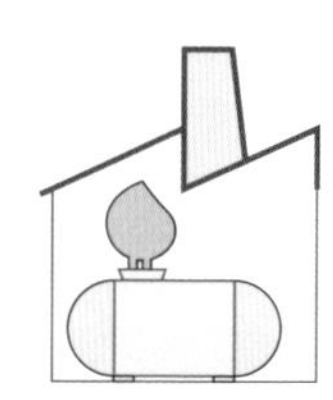

FROMAGE INDUSTRIEL
フロマージュ・アンデュストリエル
（乳業工場製）

多くの場合、生乳よりも細菌のリスクが少ない低温殺菌乳を使用している。標準的な味のものが多い。伝統的なチーズ専門店ではあまり（ほとんど）販売されていない。

※フランスでは以前はチーズから水分を除いた「固形分重量」の中に占める「脂肪分重量」（Matière grasse/Extrait sec=MG/ES）を%で表示する慣習があったが、現在は2007年の法改定でMG/PTの表示が義務付けられている。その代わりに最終製品100g中の脂質の含有量を記した栄養成分表を表示してもよい。MG/ESを併記することも認められている。

さまざまな品質保証ラベル

原産地や生産基準が限定されていることを示す品質保証ラベルを記載しているチーズが各種ある。
これらのラベルは歴史、伝統の味、食遺産を守り、広く伝えるためにある。

AOP (APPELLATION D' ORIGINE PROTÉGÉE) / PDO (PROTECTED DESIGNATION OF ORIGIN):
原産地保護呼称

模造品防止のためのラベル。AOPを取得するためには、厳格に定められた生産地域内で、その土地の伝統製法に基づいて、原料生産、加工、熟成までの全工程を行わなければならない。フランスに昔から存在していたAOC(アペラシオン・ドリジン・コントロレ/原産地統制呼称)をEU全域に拡大するために設けられた認証である。しかし、AOPの仕様書(生産基準)が他よりも緩い地域もいくつかあり、カンタル、シャビシュー・デュ・ポワトゥー、サン=ネクテールなどは、生産者によって品質が異なり、AOPラベルが記されていても、そのチーズ特有の風味があまり感じられないものもある。

IGP (INDICATION GÉOGRAPHIQUE PROTÉGÉE) / PGI (PROTECTED GEOGRAPHICAL INDICATION):
地理的表示保護

原料生産、加工または熟成の少なくともいずれか1つが特定の生産地域内で行われ、その地域の特徴がよく表れている農作物、食品に認められるラベル。IGPの仕様書(生産基準)はAOPよりも制約が少ない。

STG (SPÉCIALITÉ TRADITIONNELLE GARANTIE) / TSG (TRADITIONAL SPECIALITY GUARANTEED):
伝統的特産品保証

その土地の伝統的な材料、あるいは昔ながらの製法で作られた食品に認められる。生産基準はIGPより厳しくない。

LABEL ROUGE:
ラベル・ルージュ(赤ラベル)

フランスの認証。特定の生産・製造条件を満たしていて風味が特に優れた食品に付与される。
生産地域は必ずしも限定されていない。

AB / BIO (AGRICULTURE BILOGIQUE):
有機農産物/オーガニック食品保証

オーガニック食品であることを保証するフランスのラベル。有機農法で作られたAOPコンテには、このラベルが表示されている。環境や動植物を保護するための規定に基づいて生産されたことを示す認証で、家畜の飼育からチーズ生産までの全工程において、合成化学物質、遺伝子組み換え作物の使用が禁止されている。

Les fromages du monde

世界のチーズ

01 フレッシュチーズ

爽やかでありながらクリーミーな味わい。ほどよい酸味があるので、塩、胡椒、フレッシュハーブ、ジャム、蜂蜜など、色々な香味料と合わせて賞味してもよい。春や夏に食べると特に美味しく感じられるチーズである。

ANEVATO
アネヴァト (ギリシャ:マケドニア地方/Makedonia)

AOP認定
乳種 | 羊乳または山羊乳(生乳)
MG/PT※ | 5%

地図 | p.226-227

大陸性気候の山地で生産されている。柔らかく、粒々とした食感のある生地で、塩味と酸味がやや強い。販売前に2カ月間、熟成させるという特徴があり、熟成士は外皮ができないように気を配りながら、他の地域ではほぼ見られない在来品種、グレーヴニオティカ種(Gréveniotika)の山羊、羊のミルクのみで作る。

BATZOS
ベジョス (ギリシャ:テッサリア地方、マケドニア地方/Thessalía, Makedonia)

AOP
depuis
1996

AOP認定
乳種 | 羊乳および/または山羊乳
(生乳または低温殺菌乳)
大きさ | 長:20cm 高:10cm
重さ | 1kg
MG/PT | 6%

地図 | p.226-227

口の中でほろほろと崩れる乾いた食感で、羊乳、山羊乳特有の酸味がしっかりと感じられる。3カ月以上、塩水に漬けて熟成させるため、塩味も効いている。その起源は数世紀前に遡り、持ち運びに適した硬く引き締まった組織だったため、遊牧民が羊や山羊の群れを季節移動させる時の貴重な食糧であった。当時の人々はフレッシュなままで、あるいは焼いて食べていた。

※「チーズ全重量」中に占める「脂肪分重量」の割合(%)を示す(P.263参照)。なお記載している数値は目安であり、同じチーズであっても生産者、生産場所、熟成度などによって±数%異なる。

BLODER-SAUERKÄSE
ブローダー／ザウワーケーゼ（スイス：ザンクト・ガレン州／Sankt Gallen、リヒテンシュタイン公国）

AOP認定
乳種 | 牛乳（生乳または
サーミゼーション乳）
重さ | 100g〜8kg
MG/PT | 8〜18%

地図 | p.222-223

実際には2種類ある。ブローダーケーゼはフレッシュタイプで、ザウワーケーゼは水分を抜くために2カ月以上乾燥させたタイプである。ブローダーはアイボリー色で外皮はなく、その生地はなめらかでありながら引き締まっていて、カットするとほろほろと崩れる。口に含むと、酸味のあるミルキーな風味が広がり、フィニッシュに動物系のアロマを感じる。ザウワーは薄い外皮におおわれていて、ブローダーよりもクセのある濃厚な味わいとなる。

BROUSSE DU ROVE
ブルース・デュ・ローヴ（フランス：プロヴァンス＝アルプ＝コート・ダジュール地域圏／Provence-Alpes-Côte d'Azur）

AOC認定　AOP認定
乳種 | 山羊乳（生乳）
大きさ | 直径：2.2〜3.2cm　長：8.5cm
重さ | 45〜55g
MG/PT | 14%

地図 | p.200-201

生乳を加熱し、水で薄めたホワイト・ヴィネガーを添加した後で得られる綿状の凝固物から作られる。ローヴ種は乳量が少ない肉食用の品種であるため、生産量はごく少ない。光沢のある純白色で、柔らかくほろほろと溶ける組織をしている。しっとりと湿った口当たりと、優しいシェーヴルのアロマが心地よい。フレッシュな状態で楽しむタイプで、爽やかで繊細な余韻が長く続く。

BRYNDZA PODHALAŃSKA
ブリンザ・ポドハラニスカ（ポーランド：マウォポルスカ県／Małopolskie）

AOP
depuis
2007

AOP認定
乳種 | 羊乳と牛乳（40%まで）の混合
（生乳）
MG/PT | 6%

地図 | p.224-225

生産期間は5月から9月。黄味がかった白色の生地で、豊かなアロマと塩味、ほのかな酸味が感じられる。羊の品種は、ポーランド原産の毛の長いポルスカ・オフツア・グルスカ種（Polska owca górska）（「ポーランドの山の羊」という意味）である。

CASATELLA TREVIGIANA
カザテッラ・トレヴィジアーナ（イタリア：ヴェネト州／Veneto）

AOP
depuis
2008

AOP認定
乳種｜牛乳（生乳または低温殺菌乳）
大きさ｜小型：直径5〜12cm　高4〜6cm
大型：直径18〜22cm　高5〜8cm
重さ｜小型：200〜700g
大型：1.8〜2.2kg
MG/PT｜18〜27%

地図｜p.210-211

柔らかくクリーミーな食感。とても繊細なバターとミルクの風味が感じられる。生地に小さな穴があいている場合もあるが、味に影響はない。

2012年に、AOPの仕様書（生産基準）が改定され、乳牛の品種としてブルリーナ種（Burlina）（トレヴィーゾ県の在来種）が加えられた。カザテッラ・トレヴィジアーナの生産に昔から貢献してきた品種であるにもかかわらず、2008年当時の仕様書では除外されていた。

CHEESE BARN COTTAGE CHEESE
チーズバーン・カッテージ・チーズ（ニュージーランド：ワイカト地方／Waikato）

乳種｜牛乳（低温殺菌乳）
重さ｜1カップ：
220〜380g
MG/PT｜3%

地図｜p.232-233

有機農法にこだわり、ニュージーランドのチーズ品評会で数々の賞を受賞しているハイ夫妻（Haigh）によるカッテージチーズ。植物性レンネットを使用しており、脂肪分が特に少ない。ほろほろとした、ふわっと溶けるような口当たりで、爽やかな酸味が広がる。

CŒUR DE FIGUE
クール・ド・フィーグ（フランス：ヌーヴェル=アキテーヌ地域圏／Nouvelle-Aquitaine）

乳種｜山羊乳（低温殺菌乳）
大きさ｜直径：5cm　高：1.5〜2cm
重さ｜80g
MG/PT｜12%

地図｜p.204-205

みずみずしく、しっとりと柔らかいテクスチャー。フレッシュ感と酸味、中に詰めたイチジクジャムのほのかな甘みのバランスが絶妙。ペリゴール地方の特産品で、「クール・グルマン（Coeur Gourmand）」とも呼ばれている。プルーンや栗のジャムを中に詰めたバリエーションもある。

FETA
フェタ（ギリシャ：イピロス地方、マケドニア地方、トラキア地方、テッサリア地方、中央ギリシャ地方、ペロポネソス地方、レスヴォス県／Ípiros, Makedonia, Thracia, Thessalía, Stereá Elláda, Pelopónnisos, Lesvos）

AOP
depuis
2002

AOP認定
乳種 | 羊乳（生乳または低温殺菌乳）
（山羊乳を加える場合もある）
MG/PT | 21%

地図 | p.226-227

AOPを取得する前は模造品や偽装品が多く、デンマークで大量生産されていたこともある！ ギリシャ発祥のチーズではあるが、17世紀に遡る「feta」という言葉の語源はラテン語の「fette」であり、チーズを木樽の中に入れるためにスライスする行為を意味する。身は引き締まっているが崩れやすい。フレッシュな酸味と独特な塩味、ミルクの旨味、ハーブのニュアンスが感じられる。

ギリシャでは、国民1人当たりのフェタの年間平均消費量は12kg以上である！

GALOTYRI
ガロティリ（ギリシャ：イピロス地方、テッサリア地方／Ípiros, Thessalía）

AOP
depuis
1996

AOP認定
乳種 | 羊乳および／
または山羊乳（低温殺菌乳）
MG/PT | 10%

地図 | p.226-227

ギリシャ最古のチーズの1つとされている。古代の文書に、現代のガロティリを想起させるチーズの記述があり、生地は白色でクリーム状。フレッシュチーズ特有の爽やかさがあり、酸味が効いている。

HALLOUMI
ハルーミ（キプロス：ニコシア、リマソール、ラルナカ、ファマグスタ、パフォス、キレニア地区／Nicosia, Limassol, Larnaca, Famagusta, Paphos, Kyrenia）

AOP
depuis
2015

AOP認定
乳種 | 羊乳および／
または山羊乳および／
または牛乳（低温殺菌乳）
大きさ | 長：9～15cm
高：5～7cm
重さ | 150～350g
MG/PT | 24%

地図 | p.226-227

ミルクとバターミルクの濃厚な香りが特徴。口に含むと、キュッキュッとした独特な歯ごたえとともに、ミントのアロマとピリッとした刺激、強い塩気が感じられる。生地を2つ折りにしてミントの葉を包み、40日間以上塩水に漬けた熟成タイプもある。フレッシュタイプよりも濃厚で刺激も強い。

ハルーミに関する最古の記述は1554年に遡る。その文書はヴェネツィア、コッレール市立博物館に保管されている。

JONCHÉE

ジョンシェ（フランス：ヌーヴェル=アキテーヌ地域圏／Nouvelle-Aquitaine）

乳種 | 牛乳（生乳または低温殺菌乳）
大きさ | 長：20cm　高：3〜4cm
重さ | 120〜130g
MG/PT | 8%

地図 | p.204-205

鐙心草（天然またはプラスチック）の巻きすに包まれた細長いチーズ。生産日から80時間以内に食べるのが望ましい。生産者はごく少なく、ロッシュフォール（Rochefort）、ロワイヤン（Royan）、ラ・ロッシェル（La Rochelle）の町を結ぶ三角地帯に集中している。牛乳は20分で凝固し、ミルキーでクリーミーな優しい味わいのフレッシュチーズとなる。ビターアーモンドで香り付けしたタイプもある。

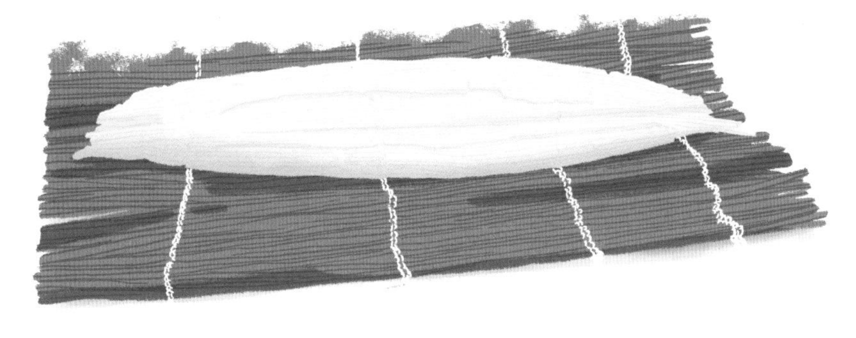

KALATHAKI LIMNOU

カラサキ・リムヌ（ギリシャ：リムノス島／Límnos）

AOP
depuis
1996

AOP認定
乳種 | 羊乳（生乳）
（山羊の生乳を混ぜる場合もある）
大きさ | 直径：10〜15cm　高：8〜9cm
重さ | 700g〜1.3kg
MG/PT | 20%

地図 | p.226-227

しなやかで引き締まった組織をしており、フレッシュミルクとハーブのアロマが口の中に広がる。羊乳特有の酸味があり、塩水で漬けるため、塩気がほどよく効いている。水切りに使われる小さなかご（カラサキア／Kalathakia）の跡が表面に付いている。

KATIKI DOMOKOU

カティキ・ドモク（ギリシャ：テッサリア地方／Thessalía）

AOP
depuis
1996

AOP認定
乳種 | 山羊乳と羊乳（30%まで）の
混合（低温殺菌乳）
MG/PT | 8%

地図 | p.226-227

クリーミーな生地でパンなどに塗りやすく、スプーンですくって食べてもよい。塩気のある濃い味わいで、山羊乳と羊乳特有の酸味がしっかりと感じられる。料理に添えるタイプのチーズである。既定の形状も重量もなく、凝乳は布袋に詰められるため、農家によってサイズが異なる。

LIETUVIŠKAS VARŠKĖS SŪRIS
リエトゥヴィシュカス・ヴァルシュケス・スーリス（リトアニア）

IGP認定
乳種｜牛乳（低温殺菌乳）
重さ｜100g～5kg
MG/PT｜7～25%

地図｜p.220-221

三角形の布袋に入れて手で成型するチーズで、火を通しても、燻製にしても美味しい。淡い黄白色、薄褐色、銅色などのタイプがある。製法によって、柔らかくほろほろとした組織に仕上がることもあれば、細かく砕ける引き締まった組織になることもある。ほのかな酸味のある爽やかな味わいで、焼くとスパイス香がかすかにあらわれる。スモークドタイプは、香ばしい燻香が際立つ。

LIL' MOO
リルムー（アメリカ合衆国：ジョージア州／Georgia）

乳種｜牛乳（生乳）
重さ｜1カップ：230g
MG/PT｜4%

地図｜p.228-229

このチーズを生産している農場の乳牛は、ジョージア州南部の理想的な気候のもと、1年中、フレッシュな牧草を食べて育つ。淡黄色の身は粒状で柔らかく、口どけが良い。ほどよい酸味とハーブの芳香を楽しめる。ヨーグルトに似ていて、パンに塗って食べてもよい。

MOHANT
モハント（スロベニア：ゴレンスカ地方／Gorenjska）

AOP認定
乳種｜牛乳（生乳）
MG/PT｜11%

地図｜p.222-223

明るい黄色、ベージュ、アイボリー色をしており、身はそぼろ状で柔らかく、成形しにくい。独特なクセとピリッとした辛味があり、舌を刺すような刺激があるタイプもある。この特徴を引き出すために、空気の入らない、大きな密閉容器で熟成させる。熟成時に放出されるガスで生地に気孔が形成され、力強い風味があらわれる。

このチーズのラベルには「Samo eden je Mohant Bohinj（ボヒンスキ・モハントは1つしか存在しない）」という表示が義務付けられている。

OVČÍ HRUDKOVÝ SYR-SALAŠNÍCKY

オヴツィ・ヘルーツコヴィー・シール－サラスニツキー（スロバキア）

STG
depuis
2010

STG認定
乳種｜羊乳（生乳）
重さ｜5kg以下
MG/PT｜10%

地図｜p.224-225

生産期間が春と夏に限定されている。夏の間、山中で放牧される羊のミルクで作られるチーズ（「サラスニツキー」は夏季放牧のための場所を意味する）で、球状、塊状をしており、表面はつるっとしていて乾いている。生地に細かい溝や穴が見られる。表面は黄色がかった白色、中身は純白色で光沢を帯びている。目が詰まった弾力のある食感でほのかな酸味と藁の香りが広がる。

PICHTOGALO CHANION

ピクトガロ・ハニオン（ギリシャ：クレタ島／Kriti）

AOP
depuis
1996

AOP認定
乳種｜山羊乳および／または羊乳（生乳）
MG/PT｜8%

地図｜p.226-227

柔らかいクリーム状のテクスチャーで、かすかな塩気とハーブ香を帯びた爽やかな味わい。クレタ島西部のハニア地域（Chaniá）で古くから作られてきた歴史あるチーズで、島名物の菓子、ブーガッツァ・ハニオン（Bougatsa Chanion）の材料としても使われている。

PURE GOAT CURD

ピュア・ゴート・カード（オーストラリア：ビクトリア州／Victoria）

乳種｜山羊乳
重さ｜500g
MG/PT｜8%

地図｜p.232-233

生産者であるタマラ夫人（Tamara）は、フランスのプロヴァンス地方を旅していた時にシェーヴルチーズに魅了され、21世紀初めにこのチーズを誕生させた。つややかな白色できめ細かい組織をしており、フランスのフレッシュ・シェーヴルの系統に属するタイプである。清涼感、心地よい酸味、ハーブの香味が際立つ。

QUARTIROLO LOMBARDO
クアルティローロ・ロンバルド（イタリア：ロンバルディア州／Lombardia）

AOP
depuis
1996

AOP認定
乳種｜牛乳（生乳）
大きさ｜正方形：1辺18～22cm
高6cm
重さ｜1.5～3.5kg
MG/PT｜21%

地図｜p.210-211

ほろほろと崩れるテクスチャーで、フレッシュタイプは酸味が優しく、甘みのある味わいだが、熟成が進むにつれて酸味が強くなる。クアルティローロという名は、1年で最良の時期とされる4回目の草刈り（夏の終わり頃）で得た牧草（erba quartirola）に由来する。伝統的には9月末に作られるチーズであったが、現在は必ずしもそうではない。

ROVE DES GARRIGUES
ローヴ・デ・ガリーグ（フランス：プロヴァンス=アルプ=コート・ダジュール地域圏／Provence-Alpes-Côte d'Azur）

乳種｜山羊乳（生乳または低温殺菌乳）
大きさ｜直径：4.5cm　高：3cm
重さ｜80g
MG/PT｜22%

地図｜p.200-201

純白色で小さな玉のような形をしている。表面はなめらかで、身はきめが細かく、しっとりしている。口に含むと香草と花のアロマが豊かに広がる。生産者によってはレモンの果汁を数滴加えることもあり、爽やかなレモンの香りを帯びたタイプもある。レモンを食べる山羊のミルクで作られている訳ではない！

SAINT-JOHN
セント=ジョン（カナダ：オンタリオ州／Ontario）

乳種｜山羊乳（低温殺菌乳）
重さ｜1カップ：350g
MG/PT｜14%

地図｜p.230-231

セント=ジョンの生産者たちは、トロントに移住したポルトガル領アゾレス諸島出身のポルトガル人で、故郷の味に近いチーズを作り続けている。生地は引き締まっているが口どけが良く、フレッシュ・シェーヴル特有の優しい風味が心地よい。フィニッシュにはほのかな塩気と酸味があらわれる。植物性レンネットを使用しているため、ベジタリアンにも適している。

SAVEURS DU MAQUIS
サヴール・デュ・マキ（フランス：コルス地域圏／Corse）

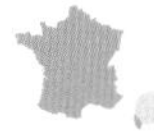

乳種｜羊乳（低温殺菌乳）
大きさ｜円形：直径11cm　高6cm
正方形：1辺10〜12cm　高6cm
重さ｜600〜700g
MG/PT｜15%

地図｜p.200-201

※P.262に解説

「フルール・デュ・マキ（Fleurs du Maquis）」または「ブラン・ダムール（Brin d'amour）」とも呼ばれるフレッシュチーズ。表面が「マキ※」と呼ばれるコルシカ島で育つハーブ（タイム、セイボリー、オレガノ、マジョラム）、杜松の実、ピマン・オワゾー（小さな唐辛子）でおおわれている。メンソールのような豊かな芳香と同時に、とろけるように柔らかい食感が口の中に広がる。

SILK
シルク（オーストラリア：ビクトリア州／Victoria）

乳種｜山羊乳（生乳）
大きさ｜直径：5cm　高：4cm
重さ｜140g
MG/PT｜14.5%

地図｜p.232-233

1999年にアンヌ・マリー（Anne-Marie）とカーラ（Carla）が所有する農場で生まれたチーズ。二人はサーネン種とアルピーヌ種の山羊乳でオーガニック・チーズを作る夢を叶えた。ころんとした玉のような形が愛らしく、シェーヴル特有の純白色をしている。その姿はフランスの「ローヴ・デ・ガリーグ（Rove des Garrigues）」（p.49）に似ている。清々しい爽やかな味わいで、ほのかな酸味とハーブ香が心地よい。

SLOVENSKÁ BRYNDZA
スロヴェンスカ・ブリンザ（スロバキア）

IGP
depuis
2008

IGP認定
乳種｜羊乳100%
または羊乳と牛乳の混合
（(生乳または低温殺菌乳)
重さ｜1カップ：125g〜5kg
MG/PT｜22%

地図｜p.224-225

このチーズはまず容量5〜10kgの「Galety」という木桶（乳や乳製品を入れるための容器）で保管され、販売店はそこから客が望む分量をカップにすくって提供する。（カップ1杯の量が5kgに及ぶこともある！）パンなどに塗りやすいスプレッドタイプ。ほろほろと溶けるような口当たりで、羊乳特有の酸味と爽やかな風味とともに、ハーブなどの植物のニュアンスがふわっと広がる。

SQUACQUERONE DI ROMAGNA
スクァックェローネ・ディ・ロマーニャ (イタリア：エミリア=ロマーニャ州／Emilia-Romagna)

AOP
depuis
2012

AOP認定
乳種 | 牛乳(生乳)
大きさ | 直径：6～25cm
高：2～5cm
重さ | 100g～2kg
MG/PT | 15%

地図 | p.210-211

「Squacquerone di Romagna」という原産地呼称を、「Sari Extra Bold Italique」という字体で、決められた色の青色の文字と白色の文字でラベルに表示することが義務付けられている。なめらかなクリーム状、さらにはとろりと流れるようなテクスチャーをしているため、パンなどに塗って食べるのに適している。口に含むとまず繊細な塩気が感じられ、後からハーブ香を帯びた爽やかな風味があらわれる。

TELEMEA DE IBĂNEŞTI
テレメア・デ・イバネシュティ (ルーマニア：トランシルヴァニア地方／Transylvania)

AOP
depuis
2016

AOP認定
乳種 | 牛乳(生乳または低温殺菌乳)
重さ | 300g～1kg
MG/PT | 11%

地図 | p.224-225

テクスチャーは均質で柔らかくなめらかである。純白色～灰白色を帯び、甘酸っぱい風味の中にほのかな塩気が隠れている。生産地はグルギウ地域(Gurghiu)の山間に限定されており、フレッシュタイプは生産日から24時間以内に賞味するのがベストである。熟成タイプ(生産日から20日間以上)もある。

ルーマニア初のAOP認定チーズ。

XYGALO SITEIAS
クシガロ・シティアス (ギリシャ：クレタ島／Kriti)

AOP
depuis
2011

AOP認定
乳種 | 山羊乳および／または羊乳
(生乳または低温殺菌乳)
MG/PT | 10%

地図 | p.226-227

低山性山地から中山性山地で生産されている。外見は白色でクリーム状のものもあれば、そぼろ状のものもある。清涼感と酸味、塩気のバランスが良い。このAOP認定チーズは、クレタ島土着の羊であるシティア(Siteia)種、プシロリティ(Psiloriti)種、スファキア(Sfakia)種のミルクから作られている。

02 乳清チーズ（ホエーチーズ）

フレッシュチーズと同様、そのまま食べても、フルーツやハーブ、ジャム、蜂蜜などと一緒に食べても美味しいタイプ。春や夏にぴったりのフレッシュな味わいが魅力である。乳清（ホエー）から作られるが、ミルクやクリームを添加するものもあり、フレッシュチーズよりも脂肪分が多い傾向にある。

BROCCIU
ブロッチュ（フランス：コルス地域圏／Corse）

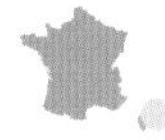

AOC認定　AOP認定
乳種｜羊乳および／または山羊乳（生乳）
大きさ｜底面の直径：9〜20cm、
表面の直径：7.5〜14.5cm　高：6.5〜18cm
（サイズは250g、500g、1kg、3kgの4種）
重さ｜250g〜3kg
MG/PT｜20%

地図｜p.200-201

フランスの乳清チーズでAOPを取得しているのはこのブロッチュのみ！ 加熱したバターミルク（全乳を添加）を丹念に撹拌して、フレッシュなチーズへと変身させる。季節限定のため、フランス本土で入手するのは難しい。ほどよい酸味と、なめらかな中に粒々とした食感を楽しめる。21日以上熟成させたものはブロッチュ・パッシュ（Brocciu Passu）、塩を加えたものはブロッチュ・サリテュ（Brocciu salitu）と呼ばれる。4カ月以上熟成させたブロッチュ・セキュ（Brocciu secu）もあり、歯ごたえのあるテクスチャーとなる。

BROUSSE DE LA VÉSUBIE
ブルース・ド・ラ・ヴェシュビー（フランス：プロヴァンス=アルプ=コート・ダジュール地域圏／Provence-Alpes-Côte d'Azur）

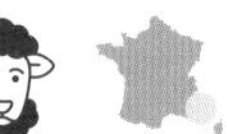

乳種｜山羊乳または羊乳
（低温殺菌乳）
MG/PT｜18%

地図｜p.200-201

つややかな白色で、口の中でほろほろと溶けていく食感を持つ。表面に成型に使うかごの跡が付いている。ハーブ香と酸味が際立ち、そのバランスが絶妙である。ニース（Nice）の内陸部で生産されており、スパイスやフレッシュハーブ、オリーブ、胡椒、蜂蜜を加えても美味しい。

GREUILH
グルイル（フランス：ヌーヴェル=アキテーヌ地域圏／Nouvelle-Aquitaine）

乳種｜羊乳（生乳）
MG/PT｜15%

地図｜p.202-203

ふわふわのそぼろ状の生地、爽やかな酸味が魅力。ベアルン地方（Bearn）の特産品であり、この地の方言である「grulh」（凝塊）から名が付けられた。地元では夏になると、このチーズを甘いコーヒーあるいはアルマニャックと一緒に味わう習慣がある。隣のバスク地方（Pays Basque）では「ゼンベラ（Zenbera）」という名で呼ばれており、ブラックチェリーのジャムと合わせることが多い。

HESSISCHER HANDKÄSE
ヘッシシャー・ハントケーゼ（ドイツ：ヘッセン州／Hessen）

IGP認定
乳種 | 牛乳（低温殺菌乳）
重さ | 20g～125kg
MG/PT | 1%

地図 | p.218-219

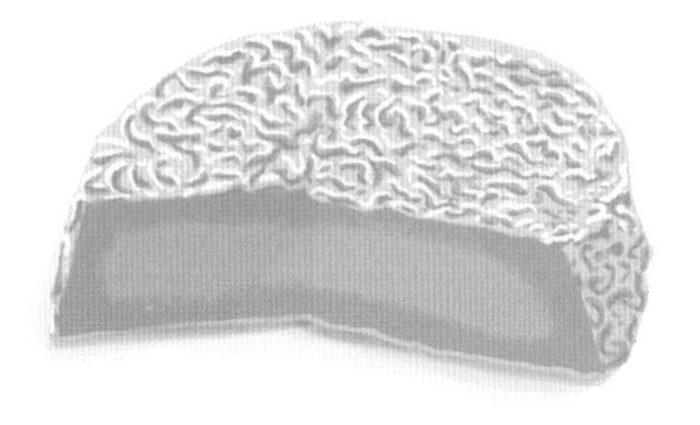

ヘッセン州名物の手作りチーズ（「ハント」は手、「ケーゼ」はチーズを意味する）。表面はなめらかで光沢があり、黄金色や赤褐色を帯びている。中身は白っぽく、黄色がかっている。むっちりと弾力のある食感で、ピリッとしたスパイシーなアロマが広がる。「ゲルブケーゼ（Gelbkäse）」と呼ばれるウォッシュタイプもあり、より強い匂いを放つ。

MANOURI
マヌーリ（ギリシャ：テッサリア地方、マケドニア地方／Thessalía, Makedonia）

AOP
depuis
1996

AOP認定
乳種 | 羊乳および／
または山羊乳（低温殺菌乳）
大きさ | 直径：10～12cm　高：20～23cm
重さ | 800g～1.1kg
MG/PT | 36%

地図 | p.226-227

凝乳ができた後で（羊または山羊の）ミルクとクリームを添加する。緻密な組織だが、クリームのようになめらかなチーズである。酸味は控えめで、ミルキーでフレッシュな風味が心地よい。着色料、防腐剤、抗生剤の使用は禁止されている。

NEIGE DE BREBIS
ネージュ・ド・ブルビ（カナダ：ケベック州／Québec）

乳種 | 羊乳（低温殺菌乳）
重さ | 250g
MG/PT | 33%

地図 | p.230-231

生産農家の「ラ・ムートニエール（La Moutonnière）」（サントル＝デュ＝ケベック地方、サント＝エレーヌ・ド・チェスター／Centre-du-Québec, Sainte-Hélène-de-Chester）は、家畜の飼料や飼養環境にこだわり、品質を保証するためのラベルを表示している。チーズもひとつひとつ、丹念に作られている。ほのかな酸味と甘みのある優しい味わいで、小さな気孔があいた生地は、しっとりとなめらか。

NIEHEIMER KÄSE
ニーハイマー・ケーゼ（ドイツ：ノルトライン=ヴェストファーレン州／Nordrhein-Westfalen）

IGP認定
乳種 | 牛乳（低温殺菌乳）
大きさ | 直径：4～4.5cm　高：2～2.5cm
重さ | 32～37g
MG/PT | 1%

地図 | p.218-219

外皮がなめらかで、黄色～灰緑色をしている。ホップの葉で包まれているタイプもある。目の詰まった硬質の生地に、キャラウェイシード（ハーブの種）がちりばめられている。ピリッとした刺激のあるクセの強いチーズである。薄く削る、すりおろすなどして料理に加えると美味しい。IGPチーズとしては珍しく、牛乳と凝乳は、ニーハイム市の指定区域外でも生産することができる。

RECUITE
ルキュイット（フランス：オクシタニー地域圏／Occitanie）

乳種 | 羊乳（生乳）
重さ | 400g
MG/PT | 12%

地図 | p.202-203

ルエルガ（rouergat）（ラングドック地方の方言）の言葉であるルケシャ（Recuècha）またはルクォシャ（Recuòcha）という名でも知られている。つややかな純白色で、表面がしっとりと濡れている。アヴェロン地方（Aveyron）の名物で、なめらかで引き締まった組織をしており、口どけが良い。ミルクの甘みと酸味が心地よい、さっぱりとしたチーズである。

RICOTTA DI BUFALA CAMPANA
リコッタ・ディ・ブーファラ・カンパーナ（イタリア：カンパニア州、ラツィオ州、モリーゼ州、プーリア州／Campania, Lazio, Molise, Puglia）

AOP認定
乳種 | 水牛乳（生乳、サーミゼーション乳、低温殺菌乳のいずれか）
重さ | 2kg以下
MG/PT | 12%

地図 | p.212-215

「fresca（フレスカ）」と「fresca ommogeneizzata（フレスカ・オモジェネザータ）」の２種類がある。後者は軽く加熱されるため、21日間保存が利く。フレッシュタイプの「フレスカ」の賞味期限は7日となっている。モッツァレッラ・ディ・ブーファラ（Mozzarella di Bufala）の生産後に得られる乳清（ホエー）から作られるチーズで、つやのある白磁器のような色味を帯びている。ややざらついた柔らかな生地で、粒々が舌の上ですっと溶けていく食感を楽しめる。爽やかな酸味があり、クリーミーである。

RICOTTA ROMANA
リコッタ・ロマーナ (イタリア：ラツィオ州／Lazio)

AOP depuis 2005

AOP認定
乳種 | 羊乳 (生乳または低温殺菌乳)
重さ | 2kg以下
MG/PT | 12%

地図 | p.212-213

ラツィオ州に古くから伝わるチーズであることは確かだが、現存する最も古い記録は1920年代と比較的新しく、生産地域の商工手工芸農業会議所に登録された時のものである。口の中でほろほろと溶けていく食感で、まず羊乳特有の酸味がしっかりと感じられ、後からまろやかなコクとこの上なく爽やかな風味が広がる。

SÉRAC
セラック (フランス：ブルゴーニュ=フランシュ=コンテ地域圏／Bourgogne-Franche-Comté)

乳種 | 牛乳、山羊乳、羊乳のいずれか (低温殺菌乳)
MG/PT | 15%

地図 | p.198-199

伝統製法では、この土地のハードチーズであるコンテ (Comté) (p.156) とグリュイエール (Gruyère) (p.160) の生産後に残った乳清 (ホエー) で作られていた。脱脂乳やバターミルクを加えることもある。目が詰まった、なめらかな生地でフレッシュな味わい。スモークドタイプもあり、ほどよい酸味を残しつつ、より深みのある味わいとなる。

サヴォワ県のムーティエ (Moûtiers, Savoie) 発祥のチーズだが、国境の向こう側のスイスでも「ツィガー (Ziger)」という名で生産されている。

XYNOMYZITHRA KRITIS
クティノミジスラ・クリティス (ギリシャ：クレタ島／Kriti)

AOP depuis 1996

AOP認定
乳種 | 羊乳および／または山羊乳 (低温殺菌乳)
MG/PT | 35%

地図 | p.226-227

グラヴィエラ・クリティス (Graviera Kritis)、ケファロティリ・クリティス (Kefalotýri Kritis) の生産後に得られる乳清 (ホエー) に、羊乳、山羊乳のいずれか、あるいは両方を混ぜて作る。テクスチャーはしなやかで、酸味が効いている。羊乳はクレタ島にしかほぼ存在しないスファキア (Sfakia) 種のものである。

03 外皮自然形成チーズ

山羊乳製のチーズが圧倒的に多い。バノン以外のほとんどのシェーヴルチーズは、主に乳酸菌が作る酸でミルクを凝固させ、自然脱水を行っているため、特に爽やかな酸味が感じられる。現在では1年中生産されているが、より美味しく賞味できるのは3月から10月にかけてである。

AGATE
アガット（カナダ：ケベック州／Québec）

乳種 | 山羊乳（低温殺菌乳）
大きさ | 直径：4〜5cm　高：3〜4cm
重さ | 60g
MG/PT | 22%

地図 | p.230-231

2004年にケベック州に移住したベルギー出身のアーヒエ・デニス氏（Aagje Denys）が生産しているチーズ。有機農法を実践し、チーズ作りにもその原則を適用している。生地はきめ細かくなめらかで、外皮は薄く柔らかく、所々に青い斑点がある。山羊特有のアロマが際立つが、クセはそれほど強くない。全体的に調和のとれた味わい。

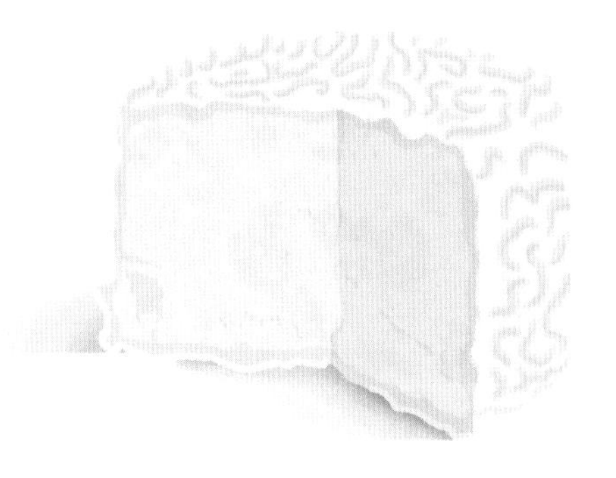

BANON
バノン（フランス：プロヴァンス=アルプ=コート・ダジュール地域圏／Provence-Alpes-Côte d'Azur）

AOC depuis 2003　AOP depuis 2007

AOC認定　AOP認定
乳種 | 山羊乳（生乳）
大きさ | 直径：7.5〜8.5cm　高：2〜3cm
重さ | 90〜110g
MG/PT | 21%

地図 | p.200-201

プロヴァンス地方を象徴するチーズ。バノン村（Banon）とサン=クリストル村（Saint-Christol）に保管されている1270年の文書に、このチーズに関する最古の記述が残っている。褐色からベージュ色を帯びた円盤状で、ほどよく熟成させると、とろりと流れるクリーム状の生地となる。山羊の野性味と森の下草の香りが濃厚で、表面に巻かれた栗の葉のタンニンが独特な酸味と混ざり合い、山羊乳特有の風味を際立たせている。

栗の葉で包む前に、マールやオー・ド・ヴィーに浸すタイプもある。乾燥した栗の葉は熱湯、または酢を5%加えた熱湯あるいは水で、湿らせてからチーズに巻く。

BIJOU
ビジュー（アメリカ合衆国：バーモント州／Vermont）

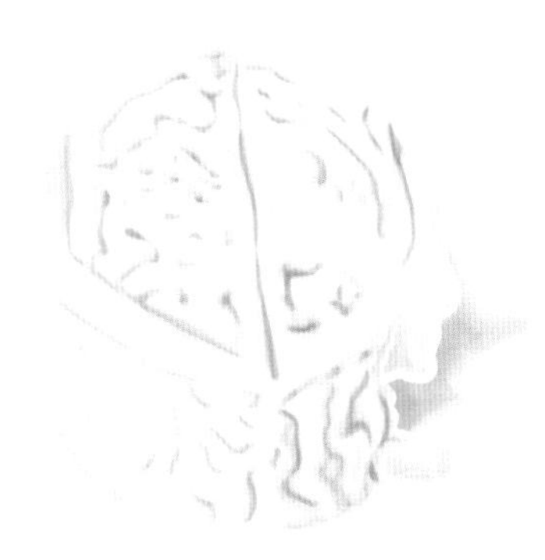

乳種｜山羊乳（低温殺菌乳）
大きさ｜直径：5cm　高：3cm
重さ｜40g
MG/PT｜22%

地図｜p.230-231

ころんとした小ぶりのチーズで、綿毛のような薄い外皮（酵母「Geitrichum」による）におおわれている。「ドゥミ・セック（demi-sec）」（半分乾燥した）の状態が食べ頃で、山羊乳特有の酸味がしっかりと感じられ、爽やかな風味が口に広がる。フランス語で「宝石」を意味するビジューは、アメリカのチーズ品評会で数々の賞に輝いている。

BONDE DE GÂTINE
ボンド・ド・ギャティヌ（フランス：ヌーヴェル＝アキテーヌ地域圏／Nouvelle-Aquitaine）

乳種｜山羊乳（生乳）
大きさ｜直径：5〜6cm　高：5〜6cm
重さ｜140〜160g
MG/PT｜22%

地図｜p.204-205

ガティーヌ地方（ポワトゥー＝シャラント地方／Poitou-Charentes）の木炭粉を表面にまぶしたサンドレタイプのチーズ。外皮の下にバターのようになめらかな層があり、中心は白色でチョーク状の芯があるが柔らかい。フィニッシュに山羊のアロマが広がり、塩味と酸味、ほのかなヘーゼルナッツの風味があらわれる。大樽を塞ぐ栓（bonde）に形状が似ていることから、この名が付けられた。

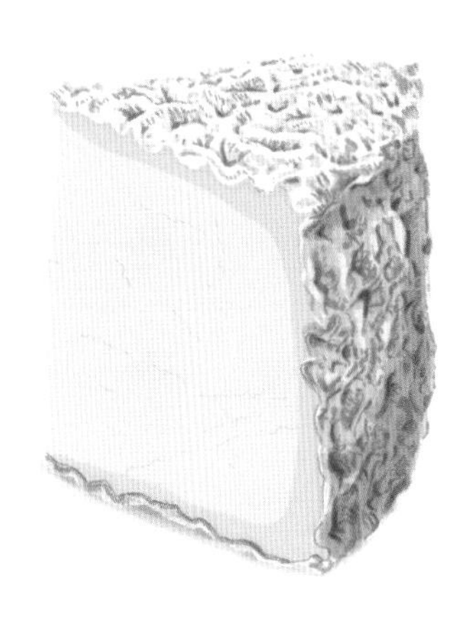

BONNE BOUCHE
ボンヌ・ブーシュ（アメリカ合衆国：バーモント州／Vermont）

乳種｜山羊乳（低温殺菌乳）
大きさ｜直径：10cm　高：3cm
重さ｜200g
MG/PT｜22%

地図｜p.230-231

色味、食感、風味のいずれも、フランスのトゥーレーヌ地方（Touraine）のサンドレタイプに似ている。山羊の野生的な香りと、ヘーゼルナッツ、ミルクのアロマが混ざり合う。生産者はより美味しく見せるために、「ゲオトリクム・カンディダム（Geotorichum Candidum）」という酵母を表面に吹きかけている。白い薄衣をまとった灰青色の外皮が美しい。

BRIGID'S WELL
ブリジッズ・ウェル（オーストラリア：ビクトリア州／Victoria）

乳種｜山羊乳（生乳）
大きさ｜直径：15cm
高：5cm
重さ｜650g
MG/PT｜27%

地図｜p.232-233

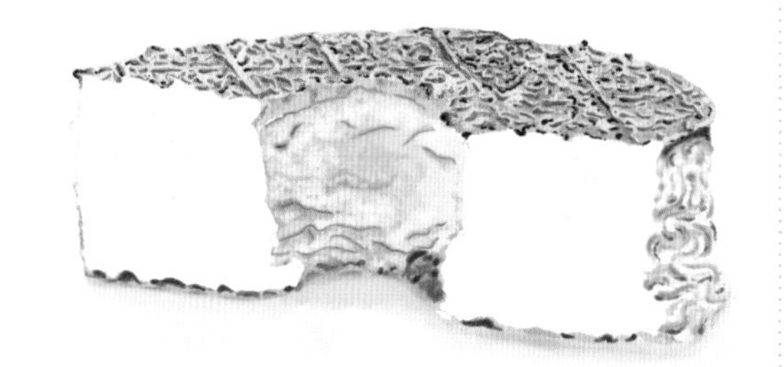

生産者である「ホリー・ゴート・チーズ農家（Holy Goat Cheese）」は、環境に優しい有機農法を実践している。ブリジッズ・ウェルは王冠状のサンドレタイプで、灰色の外皮に細かい皺が寄っている。しっとりとなめらかな食感、フレッシュな風味、ヘーゼルナッツと柑橘系のアロマを楽しめる。

CATHARE®
カタール®（フランス：オクシタニー地域圏／Occitanie）

乳種｜山羊乳（生乳）
大きさ｜直径：12.5cm
高：1.2〜1.5cm
重さ｜180g
MG/PT｜23%

地図｜p.200-201

木炭粉をまぶした灰色の外皮に、原産地の紋章であるオック地方独特の十字架（クロワ・オクシターヌ）が刻まれている。外皮は柔らかく、中身はとろっとしたクリーム状で爽やかな味わい。山羊独特のニュアンスが徐々にあらわれてくるが、それほど強くない。「Cathare」という呼称は本物であることを保証するために、商標登録されている。

CERIDWEN
ケリードウェン（オーストラリア：ビクトリア州／Victoria）

乳種｜山羊乳（低温殺菌乳）
大きさ｜直径：4cm　長：8cm
重さ｜90g
MG/PT｜22%

地図｜p.232-233

小さな棒状のサンドレタイプ。表面にまぶした木炭粉にはブドウの株を使用している。歯ざわりが良く、なめらかなテクスチャーで、芯は柔らかい。山羊乳特有の爽やかな酸味が際立ち、爽快感がある。後から繊細なキノコの香りがあらわれる。植物性レンネットを使用しているため、ベジタリアンにも適している。

CHABICHOU DU POITOU
シャビシュー・デュ・ポワトゥー（フランス：ヌーヴェル＝アキテーヌ地域圏／Nouvelle-Aquitaine）

AOC depuis 1990　AOP depuis 1996

AOC認定　AOP認定
乳種｜山羊乳（生乳）
大きさ｜直径：5cm　高：6cm
重さ｜140g
MG/PT｜21%

地図｜p.204-205

凝乳を詰める型に「CdP」という文字が刻まれていて、チーズ表面にその文字が押印される。樽栓（ボンド）形をしており、細かい皺が寄った外皮はアイボリー色、緑色、青色を帯びている。その手触りは柔らかく、しっとりしている。中身は乳白色できめが細かい。口に含むとまず山羊乳の爽やかさが広がり、後から藁の香りや繊細なヘーゼルナッツの風味が加わる。生産場所（工房製、農家製、工場製など）や品質にばらつきがあるため、生産者をよく知って選ぶべきAOPチーズである。

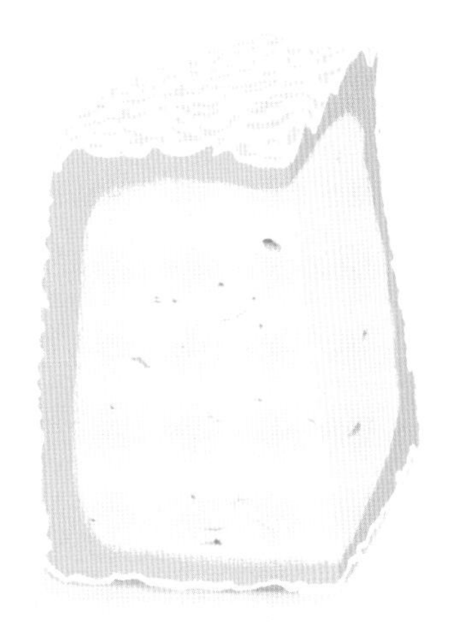

「シャビシュー」の語源は、アラビア語で山羊を意味する「シェブリ（chebli）」。7〜8世紀にアラブ人がポワトゥー地方に定住していたことの証である。

CHAROLAIS
シャロレ（フランス：ブルゴーニュ＝フランシュ＝コンテ地域圏、オーヴェルニュ＝ローヌ＝アルプ地域圏／Bourgogne-Franche-Comté, Auvergne-Rhône-Alpes）

AOC depuis 2010　AOP depuis 2014

AOC認定　AOP認定
乳種｜山羊乳（生乳）
大きさ｜直径：6〜7cm
高：7〜8.5cm
重さ｜250〜310g
MG/PT｜23%

地図｜p.198-199

その起源は16世紀に遡る。慎ましい農家の人たちは牛の飼育の傍ら、家族を養うために山羊を飼っていた。この時代、山羊は厳しい環境でもよく育ち、貴重な食糧であるミルク、さらにはチーズをもたらしてくれたため、「貧しい民の牛」と呼ばれていた。身がぎゅっと詰まった重量感のあるチーズで、250gサイズを作るのに2〜2.5ℓのミルクを必要とする！外皮はアイボリー色で所々に青緑色のカビが生えており、ややごつごつしている。しっとりとした緻密な組織は、数日かけて凝乳から水分を抜く製法から得られる。熟成が進むと濃厚な味わいとなり、植物の香りやナッツ類、バターの風味が感じられる。目が詰まっているため、保存が長く利く。

CLACBITOU®

クラックビトゥー®（フランス：ブルゴーニュ=フランシュ=コンテ地域圏、オーヴェルニュ=ローヌ=アルプ地域圏／Bourgogne-Franche-Comté, Auvergne-Rhône-Alpes）

乳種 | 山羊乳（生乳）
大きさ | 直径：6〜7cm
高：7〜8.5cm
重さ | 250〜310g
MG/PT | 23%

地図 | p.198-199

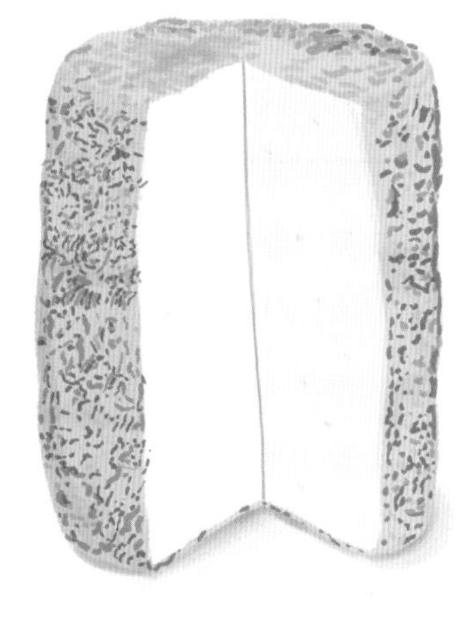

シャロレ（Charolais）の従弟のようなチーズで、形も味もよく似ている。1個あたり2.4ℓのミルクが必要である。中身は純白色で、きめが細かくずっしりしている。ウッディーでナッティーな風味が魅力。組織が密に詰まっているため、数週間の輸送でも型崩れしにくい。クラックビトゥーは、シャロレ地方の俚言で「山羊のチーズ」を意味する。「ラ・ラコティエール（La Racotière）」という農家によって、40年以上前から商標登録されている伝統チーズである。

CORNEBIQUE

コルヌビク（カナダ：ケベック州／Québec）

乳種 | 山羊乳（低温殺菌乳）
大きさ | 直径：4.5cm
高：8cm
重さ | 150g
MG/PT | 22%

地図 | p.230-231

サントル=デュ=ケベック地域（Centre-du-Québec）のサント=ソフィ=ダリファウー（Sainte-Sophie-d'Halifax）という町で、シャンタル・マチュー氏（Chantal Mathieu）とラファエル・モラン氏（Raphaël Morin）によって生産されている。2人は2年かけて、主にアルピーヌ種の60頭の山羊とともに定住できる農場を見つけた。そのチーズはフランスのロワール地方産のシェーヴルチーズを想起させる。皺が寄った外皮は柔らかく、バターのようになめらかである。中心にチョークのような芯があり、ほどよい酸味とともに、繊細かつ爽やかな風味が口の中に広がる。フィニッシュに蜂蜜のような甘みを感じる。

COURONNE LOCHOISE®

クーロンヌ・ロショワーズ®（フランス：サントル=ヴァル・ド・ロワール地域圏／Centre-Val de Loire）

乳種 | 山羊乳（生乳）
大きさ | 直径：12cm　高：3.5cm
重さ | 170g
MG/PT | 23%

地図 | p.204-205

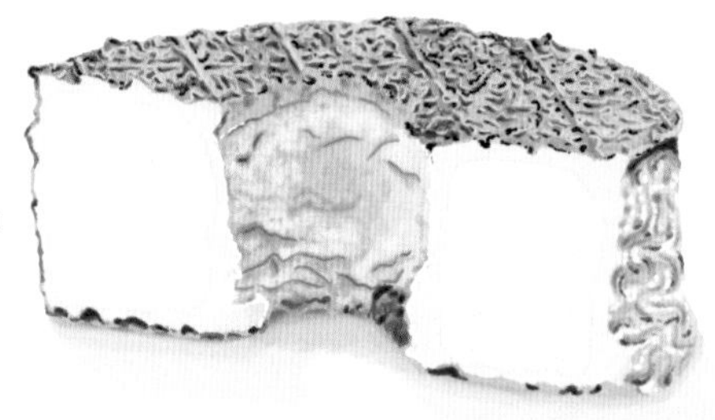

サンドレタイプ。うっすらと皺の寄った灰色の外皮の下に、クリーミーな生地が隠れている。中心はムースのようで、フレッシュミルクのアロマが際立つ。フィニッシュに山羊乳特有の酸味がしっかりと感じられる。チーズの呼称は商標登録されており、唯一の生産元である農家が本物の味を守り続けている。

CROTTIN DE CHAVIGNOL
クロタン・ド・シャヴィニョル（フランス：サントル=ヴァル・ド・ロワール地域圏／Centre-Val de Loire）

AOC depuis 1976　**AOP** depuis 1996

AOC認定　AOP認定
乳種｜山羊乳（生乳）
大きさ｜直径：4～5cm　高：3～4cm
重さ｜60～90g
MG/PT｜22%

地図｜p.204-205

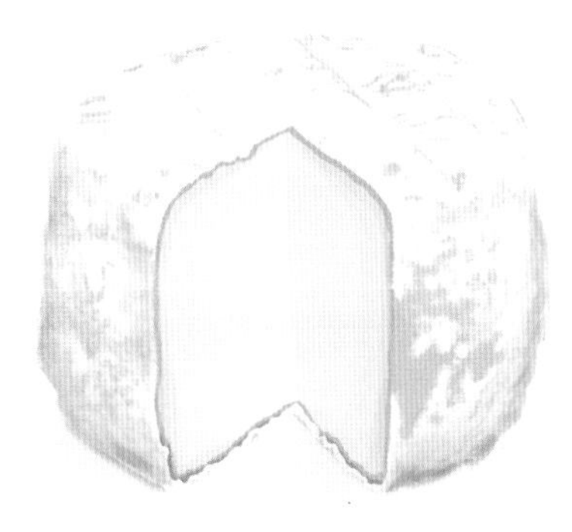

「クロタン」という名はベリー地方の俚言で「穴」を意味する「クロ（crot）」に由来。その昔、農家の人たちはクロタン・ド・シャヴィニョルの元祖であるチーズの凝乳を入れる型を作るために、「穴」と呼ばれていた川辺から粘土質の土を採集していたゆえんである。外皮が乾いた状態になると食べ頃で、外皮と中身の間に美しい境目ができる。山羊乳の爽やかな風味と、果実、ハーブ、ヘーゼルナッツのアロマが混ざり合った、香り高いチーズである。生地は乾いているがほっくりした食感で、口の中でほろほろと溶けていく。薄く削って食べても美味しい。

GOUR NOIR
グール・ノワール（フランス：ヌーヴェル=アキテーヌ地域圏／Nouvelle-Aquitaine）

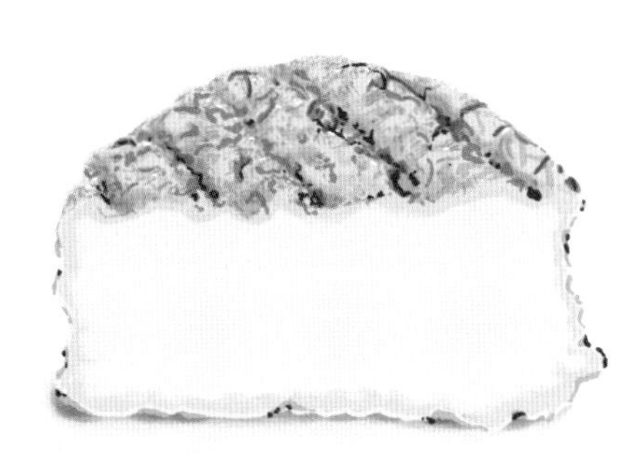

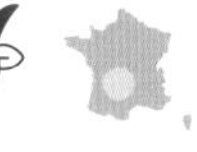

乳種｜山羊乳（生乳）
大きさ｜長：8～11cm　幅：5～6cm
高：2.5～3cm
重さ｜200g
MG/PT｜22%

地図｜p.202-203

1980年代にアルノー家（Arnaud）によって考案されたチーズ。春から初夏が旬で、この上なく繊細な風味を楽しめる。シェーヴル特有の濃厚なムースのような食感とともに、フレッシュな酸味、ハーブの芳香が口の中に広がる。熟成が進むとバターのようなテクスチャーに変化してアロマも強くなるが、優しい味わいである。

MÂCONNAIS
マコネ（フランス：ブルゴーニュ=フランシュ・コンテ地域圏／Bourgogne-Franche-Comté）

AOC depuis 2006　**AOP** depuis 2010

AOC認定　AOP認定
乳種｜山羊乳（生乳）
大きさ｜底面：直径5cm　上面：直径4cm
高：4cm
重さ｜50～65g
MG/PT｜22%

地図｜p.198-199

多くのシェーヴルチーズと同様に、マコネはワイン生産者が副収入を得るために作り始めたチーズである。小ぶりで乾いた姿からクセの強い味を想像するが、実際はクリーミーで爽やかな味わい。ナッツの香りがほのかに感じられる。フレッシュタイプも熟成タイプも優しい酸味が心地よい。熟成がかなり進むと、山羊独特のアロマが濃くなる。

MOTHAIS-SUR-FEUILLE
モテ=シュル=フォイユ（フランス：ヌーヴェル=アキテーヌ地域圏／Nouvelle-Aquitaine）

乳種｜山羊乳（生乳）
大きさ｜直径：10～12cm
高：2～3cm
重さ｜180～200g
MG/PT｜22%

地図｜p.204-205

外皮はつややかなアイボリー色で、青緑色がかっているものもある。外皮に近い部分の生地は柔らかくクリーミーで、中心部は締まっていてなめらかである。フレッシュミルクの風味とナッツの香りが心地よい。目印はチーズの下に敷かれた栗の葉で、チーズの水分調整に役立っている。

MURAZZANO
ムラッツァーノ（イタリア：ピエモンテ州／Piemonte）

AOP
depuis
1996

AOP認定
乳種｜羊乳100%または羊乳と牛乳（40%まで）の混合（生乳または低温殺菌乳）
大きさ｜直径：10～15cm　高：3～4cm
重さ｜300～400g
MG/PT｜24%

地図｜p.210-211

外皮は薄く、中身はアイボリー色、淡い麦藁色をしている。酸味のある爽やかな味わいで、羊乳特有の干草の香りがほのかに漂う。野菜とブドウ果汁から作られるピエモンテ州特産のチャツネ、「クーニャ（cugnà）」を添えるのが伝統的な食べ方である。

PÉLARDON
ペラルドン（フランス：オクシタニー地域圏、プロヴァンス=アルプ=コート・ダジュール地域圏／Occitanie, Provence-Alpes-Côte d'Azur）

AOC
depuis
2000

AOP
depuis
2001

AOC認定　AOP認定
乳種｜山羊乳（生乳）
大きさ｜直径：6～7cm
高：2.2～2.7cm
重さ｜60g
MG/PT｜22%

地図｜p.200-201

その起源はとても古く、大プリニウス（1世紀に活躍したローマ帝国時代の博物学者）がその著書の中で、「胡椒」を意味する「ペードル（pèdre）」から派生した「ペラルドゥー（péraldou）」という名のチーズに言及している。現在の呼称となったのは19世紀末になってからのことである。小さな円盤状のチーズで、「demi-sec（ドゥミ=セック）」（半乾燥）または「sec（セック）」（乾燥）の状態が食べ頃である。「ドゥミ=セック」はとろりと流れ出るほどクリーミーで、山羊乳とフレッシュハーブの繊細な風味を感じる。より熟成が進んだ「セック」は、野性味がやや強くなり、ヘーゼルナッツのアロマがあらわれる。

PÉRAIL DES CABASSES
ペライユ・デ・カバス（フランス：オクシタニー地域圏／Occitanie）

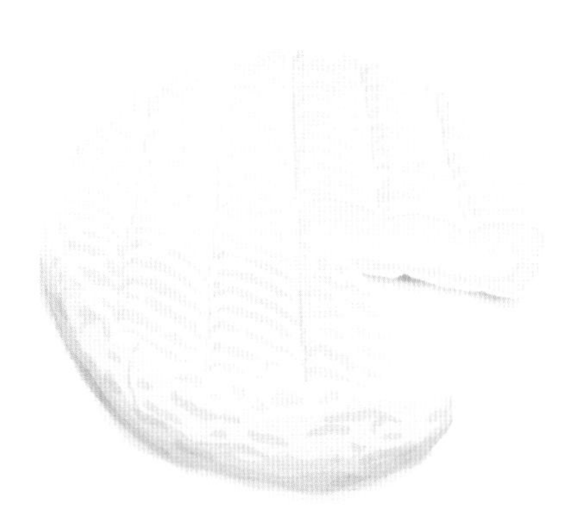

乳種｜羊乳（生乳またはサーミゼーション乳または低温殺菌乳）
大きさ｜直径：8〜10cm
高：2〜2.5cm
重さ｜100gまたは150g
MG/PT｜25%

地図｜p.202-203

美しい円盤状で2サイズある。アイボリー色〜ライトベージュ色を帯び、表面に薄い縞模様が入っている。香りも味わいも、羊乳、藁、干草、フレッシュハーブのニュアンスが濃厚で、上品な塩味も感じられる。とろっとしたクリーム状でパンなどに塗りやすい。生産者数はフェルミエ（農家製）タイプで12軒、レティエ（共同酪農場製）タイプで3軒となっている。

PICODON
ピコドン（フランス：オーヴェルニュ=ローヌ=アルプ地域圏／Auvergne-Rhône-Alpes）

AOC認定　AOP認定
乳種｜山羊乳（生乳）
大きさ｜直径：5〜7cm
高：1.8〜2.5cm
重さ｜60g
MG/PT｜22%

地図｜p.200-201

ドローム県（Drôme）とアルデッシュ県（Ardèche）の山岳地帯で代々受け継がれてきた山羊の放牧から生まれたチーズ。ピコドン（オック語で「ピリッと辛い」という意味）は冬に作られる。山羊の乳量は少なくなるが、それでも農家が冬を越すことができるチーズを作るだけの量は確保できる。外皮はベージュ色で青緑色の斑点が見られる。干草と湿ったカーヴの香りを放ち、ナイフでカットするとミルキーな香りが立ち上る。身は若いうちはほっくりと柔らかいが、熟成が進むにつれて硬く引き締まり、もろくなる。森の下草やヘーゼルナッツのアロマが増し、ピリッとしたシャープさが出てくる。

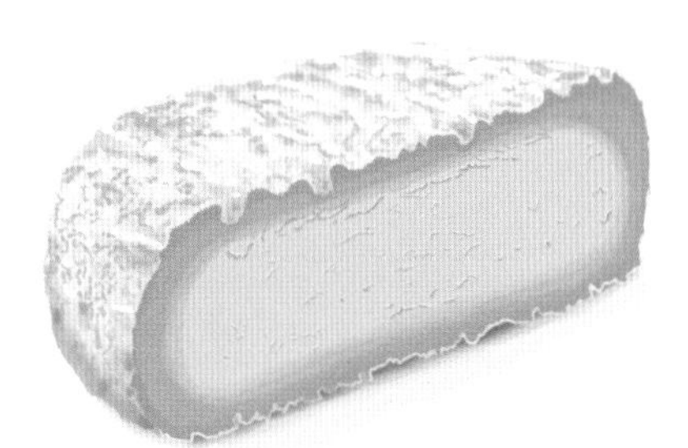

POULIGNY-SAINT-PIERRE
プーリニィ=サン=ピエール（フランス：サントル=ヴァル・ド・ロワール地域圏／Centre-Val de Loire）

AOC認定　AOP認定
乳種｜山羊乳（生乳）
大きさ｜ピラミッド形：底辺9cm
高12.5cm
重さ｜250g
MG/PT｜22%

地図｜p.204-205

シェーヴルタイプとして初めてAOCを取得したチーズ。熟成法によって2種類ある。1つは「affinage en blanc（アフィナージュ・アン・ブラン）」で、白い「ゲオトリクム・カンディダム（Geotrichum Candidum）」におおわれ、ほどよい酸味と塩気、優しい山羊のアロマを特徴とする。もう1つは「affinage en bleu（アフィナージュ・アン・ブルー）」で、青灰色の「ペニシリウム・アルバム（Penicillium Album）」に覆われ、身がより引き締まっており、味わいも濃厚でヘーゼルナッツのアロマが際立つ。フェルミエ（農家製）には緑のラベル、アルティザナル（工房製）、レティエ（共同酪農場製）、アンデュストリエル（工場製）には赤のラベルが貼られる。

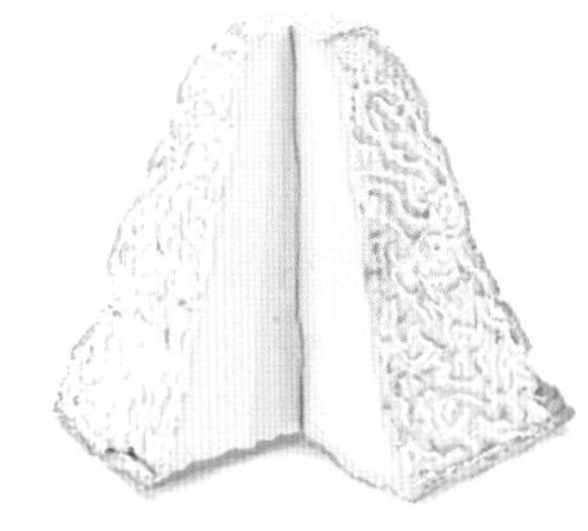

RIGOTTE DE CONDRIEU

リゴット・ド・コンドリュー（フランス：オーヴェルニュ=ローヌ=アルプ地域圏／Auvergne-Rhône-Alpes）

AOC depuis 2009　AOP depuis 2013

AOC認定　AOP認定

乳種｜山羊乳（生乳）
大きさ｜直径：4.2〜5cm
重さ｜30g以上
MG/PT｜21%

地図｜p.198-199

その名は生産地であるピラ山塊（Pilat）から流れる小川を示す「リゴル（rigol）」または「リゴ（rigot）」に由来する。19世紀、このチーズの売買の中心地はコンドリュー村だった。小さな愛らしい姿をしているが、歴史のある偉大なチーズである！外皮はアイボリー色で青色や緑色の斑点が入ったものもある。爽やかな山羊乳と花の芳香が鼻腔をくすぐる。きめ細かくなめらかな口当たりにヘーゼルナッツのアロマが加わり、とても上品な味わいである。

ROBIOLA DI ROCCAVERANO

ロビオラ・ディ・ロッカヴェラーノ（イタリア：ピエモンテ州／Piemonte）

AOP depuis 1996

AOP認定

乳種｜山羊乳（50%以上）、牛乳、羊乳の混合（生乳）
大きさ｜直径：10〜14cm　高：2.5〜4cm
重さ｜250〜400g
MG/PT｜23%

地図｜p.210-211

外皮がほぼない真っ白な円盤状のチーズ。きめの細かい身はなめらかで口どけが良く、花、ヘーゼルナッツ、山羊のアロマを帯びた優しい風味を特徴とする。原産地であるロッカヴェラーノ村のシンボルである塔のマークと組み合わせた「R」の文字（大文字／茶色）を、ラベルに表示しなければならない。「R」文字の目の部分にチーズの型、脚の部分にランガの丘を表す緑と黄色の飾り線が描かれている。

ROCAILLOU DES CABASSES

ロカイユー・デ・カバス（フランス：オクシタニー地域圏／Occitanie）

乳種｜羊乳（生乳）
大きさ｜直径：5.5cm　高：2.5〜2.8cm
重さ｜80g
MG/PT｜19%

地図｜p.202-203

ペライユ・デ・カバス（Pérail des Cabasses）（p.63）と同じ農家で作られている。ペライユよりも小さく、藁や干草の香りが強い。口に含むと胡椒のニュアンスがほのかに感じられるが、後には残らない。生地は締まっていてなめらかである。中心部はとろりとしたクリーム状。

ROCAMADOUR
ロカマドゥール（フランス：ヌーヴェル=アキテーヌ地域圏、オクシタニー地域圏／Nouvelle-Aquitaine, Occitanie）

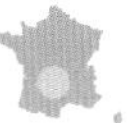

AOC depuis 1996　AOP depuis 1999

AOC認定　AOP認定
乳種｜山羊乳（生乳）
大きさ｜直径：6cm　高：1.6cm
重さ｜35g
MG/PT｜22.5%

地図｜p.202-203

「カベクー・ド・ロカマドゥール（Cabecou de Rocamadour）」とも呼ばれているこのチーズは中世の時代、通貨の役割を果たしていた。ケルシー地方（Quercy）の高原で作られている最も古いチーズの1つである。「カベクー」（オック語で「小さな山羊乳のチーズ」という意味）はこの地方産の数々のシェーヴルチーズの総称であるが、AOPに認定されているのは、このロカマドゥールのみ。サイズは小ぶりで、アイボリー色の外皮に薄い縞模様が入っている。熟成が若いうちの生地は柔らかいが、熟成が進むと水分が抜けてぎゅっと引き締まる。クリームと藁のアロマが際立ち、マイルドかつリッチな味わいで、山羊乳特有の酸味とヘーゼルナッツの風味が感じられる。熟成した「sec（セック）」の状態になるとコクが増し、ピリッとした刺激が出てくる。

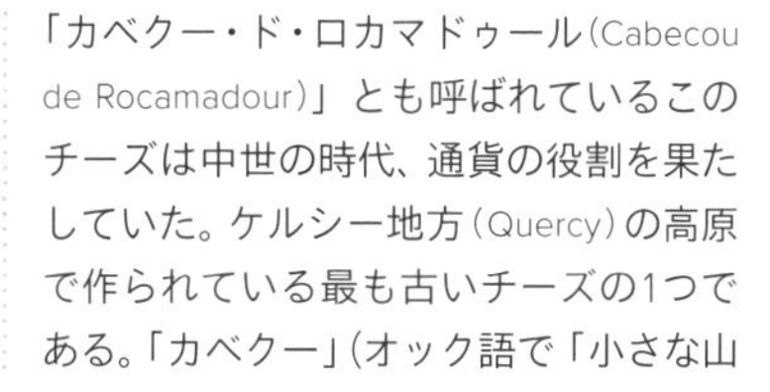

ROCKET'S ROBIOLA
ロケッツ・ロビオラ（アメリカ合衆国：ノースカロライナ州／North Carolina）

乳種｜牛乳（低温殺菌乳）
大きさ｜正方形：1辺10cm
高3.8cm
重さ｜340g
MG/PT｜22%

地図｜p.228-229

この地方で最初に酪農とチーズ生産を始めた農家の1つであるゲンケ家（Genke）が、2015年から作っているチーズ。木炭粉をまぶしたサンドレタイプで、しっとりとクリーミーな生地をしている。アーモンドとフレッシュキノコのアロマがまずあらわれ、徐々にミルクの旨味と酸味が増してくる。

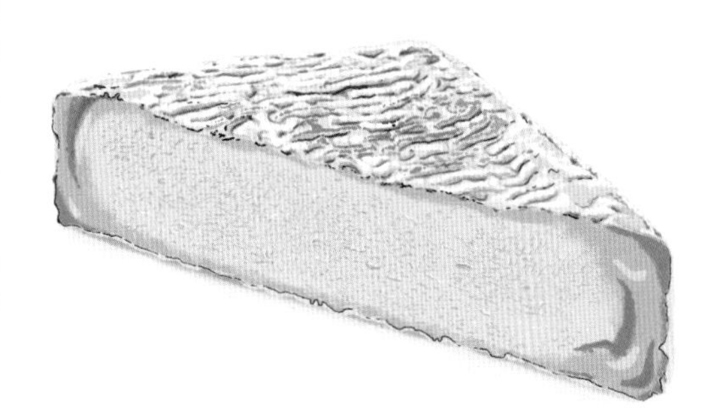

ROUELLE DU TARN
ルエル・デュ・タルン（フランス：オクシタニー地域圏／Occitanie）

乳種｜山羊乳（生乳）
大きさ｜直径：10cm　高：3.5cm
重さ｜250g
MG/PT｜21%

地図｜p.202-203

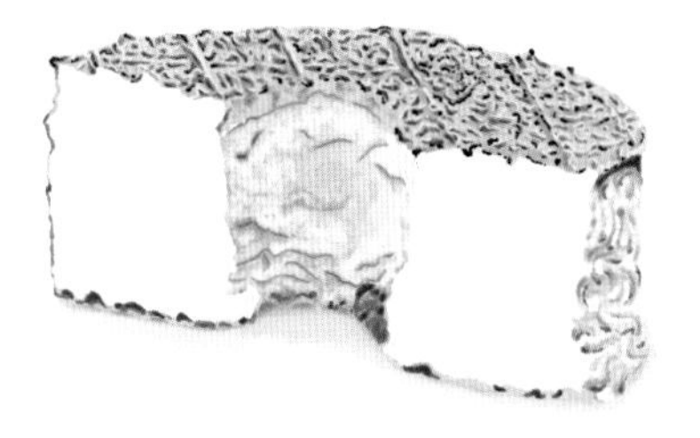

タルン県のペンヌ村（Penne）の農家「ル・ピック（Le Pic）」で作られているサンドレタイプのシェーヴル。指で触れると柔らかく、口どけはなめらかである。フレッシュな味わいで、山羊、花、植物のアロマが口の中に広がり、ほのかな酸味と塩気が余韻に残る。

ROVETHYM
ローヴタン（フランス：プロヴァンス＝アルプ＝コート・ダジュール地域圏／Provence-Alpes-Côte d'Azur）

乳種 | 山羊乳（生乳）
大きさ | 長：7cm　幅：3cm
高：2.5cm
重さ | 100g
MG/PT | 22%

地図 | p.200-201

エクリュー色の外皮に包まれた生地はきめ細かく、バターのようになめらか。口どけが良く、爽やかな酸味、ハーバル、フローラルなアロマが開花する。「タンタマール（tymtamarre）」という名でも親しまれており、表面にあしらったタイムの枝の香りが心地よい。春と夏が旬のチーズである。

ローヴ種（Rove）の山羊の生乳から作られ、上面の窪みにタイム（Thyhme）が添えられることから、「ローヴタン（Rovethym）」と名付けられた。

SABOT DE BLANCHETTE
サボ・ド・ブランシェット（カナダ：ケベック州／Québec）

乳種 | 山羊乳（低温殺菌乳）
大きさ | 底面：直径7.5cm
上面：直径5cm
高：3.8cm
重さ | 150g
MG/PT | 19%

地図 | p.230-231

このチーズを生産しているのは、スイス出身のファビエンヌ・マチュー氏（Fabienne Mathieu）とノルマンディー地方出身のフレデリック・ギテル氏（Frédéric Guitels）で、彼らの農場は「スイス・ノルマンド（Suisse normande）」という！　細かい皺が寄った外皮のすぐ下の生地はクリーミーで、中心にチョークのような芯があるが柔らかい。シェーブル特有のフレッシュ感が際立ち、ミルクの甘みと酸味、花のニュアンスが余韻に残る。

SAINTE-MAURE DE TOURAINE
サント＝モール・ド・トゥーレーヌ（フランス：オーヴェルニュ＝ローヌ＝アルプ地域圏／Auvergne-Rhône-Alpes）

AOC depuis 1990　AOP depuis 1996

AOC認定　AOP認定
乳種 | 山羊乳（生乳）
大きさ | 直径：5.5cm（大きい側）
4.5cm（小さい側）
長：16〜18cm
重さ | 250g
MG/PT | 22%

地図 | p.204-205

伝説によると、8世紀に捕虜となっていたサラセン人がサント＝モール村の民にこのチーズの製法を教えたという。灰色の外皮と純白色の中身のコントラストが美しい。森の下草やキノコの香りをまとい、夏には干草、秋にはヘーゼルナッツのアロマが感じられる。外皮の下にバターのようにねっとりした層ができたら食べ頃である。

型崩れを防ぐために、ライ麦の藁が中心に差し込まれている。この藁には生産元の情報が刻まれている。

SAINT-MARCELLIN
サン=マルセラン (フランス：オーヴェルニュ=ローヌ=アルプ地域圏／Auvergne-Rhône-Alpes)

IGP 認定
乳種 | 牛乳（生乳または
サーミゼーション乳）
大きさ | 直径：6.5〜8cm
高：2〜2.5cm
重さ | 80g以上
MG/PT | 24%

地図 | p.200-201

伝統的には山羊乳、または山羊乳と牛乳の混合乳で作られていた。サン=マルセランに関する最古の記述は15世紀、国王ルイXI世統治時代の会計簿に残っている。つまり、すでにこの時代に、トゥーレーヌからパリへと運ばれていたことを物語っている。サン=マルセランが特に人気を博すようになったのは19世紀で、国王ルイ・フィリップI世時代の首相、カジミール・ペリエが1863年にこのチーズを賞味して、「何たる美味！ 毎週、城に納入するように」、と命じたことがきっかけだった。現在は牛乳100%で作られている小ぶりなチーズで、白いカビがうっすらと生えた外皮はクリーム色からベージュ色、灰青色を帯びている。生地はきめ細かくなめらかで、所々に小さな気孔があいている。

とろりとした食感と濃厚なミルクの旨味が広がり、ヘーゼルナッツと蜂蜜のアロマ、ほのかな塩気のバランスがとても良い。

SAINT-NICOLAS DE LA DALMERIE
サン=ニコラ・ド・ラ・ダルムリー (フランス：オクシタニー地域圏／Occitanie)

乳種 | 羊乳（生乳）
大きさ | 長：9cm　幅：3cm
高：2.5cm
重さ | 140g以上
MG/PT | 24%

地図 | p.200-201

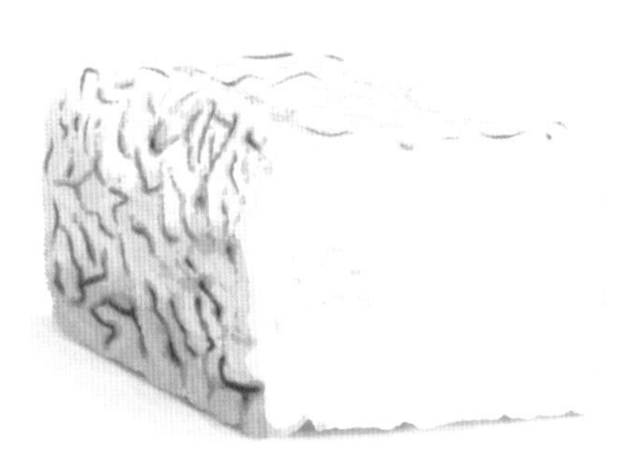

当初は山羊乳で作られていたが、キリスト教正統派の修道士たちが家畜の群れを山羊から羊に変えたことで、レシピが変わった。

皺が入った純白色の細長いチーズで、タイム、ローズマリー、牧舎のアロマを放ち、南仏の風土を感じさせる。きめ細かくなめらかな組織は熟成が進むとよりクリーミーになり、フレッシュミルク、フレッシュハーブ、藁と干草のアロマが溢れ出す。「UTA」というフランスの航空会社が、1990年の廃業まで10年以上にわたり、このチーズ（当時は山羊乳製）を独占販売していた。

SELLES-SUR-CHER

セル=シュル=シェール (フランス:サントル=ヴァル・ド・ロワール地域圏/Centre-Val de Loire)

AOC depuis 1975

AOP depuis 1996

AOC認定　AOP認定

乳種 | 山羊乳(生乳)
大きさ | 底面:直径9cm
上面:直径8.5cm
高:3cm
重さ | 150g
MG/PT | 22%

地図 | p.204-205

元々は女性が作り、農家で消費されていたが、19世紀末、卸商が他の食糧とともにこのチーズを仕入れて、この地方の中心地、セル=シュル=シェールで売るようになった。木炭粉をまぶしたサンドレタイプで、均一な灰青色の衣をまとっている。外皮には細かい皺が寄っていて、マットな乳白色の生地はきめ細かくシルキーで、ややねっとりしている。牧場、フレッシュハーブ、キノコの繊細な香りが立ち上り、ヘーゼルナッツの香り、塩気、酸味、苦味のバランスが絶妙である。フィニッシュは爽やかで、ほのかな苦味を感じる。

SIMPLY SHEEP

シンプリー・シープ (アメリカ合衆国:ニューヨーク州/New York)

乳種 | 羊乳(低温殺菌乳)
大きさ | 直径:7.6cm
高:3.2〜3.5cm
重さ | 225g
MG/PT | 21%

地図 | p.230-231

生産農家は動物のサンクチュアリのようである。ロレ　ヌ・ランビエ　ズ氏(Lorraine Lambiase)とシェイラ・フラナガン氏(Shella Flanagan)は動物が過ごしやすい環境のもと、有機農法に基づいてチーズを生産している。アメリカでは珍しい100%羊乳製のシンプリー・シープは、湿ったカーヴと新鮮な酵母の香りを放つ。バターとミルクのコクが広がり、フィニッシュに繊細な酸味があらわれる。

TAUPINIÈRE CHARENTAISE®

トピニエール・シャランテーズ® (フランス:ヌーヴェル=アキテーヌ地域圏/Nouvelle-Aquitaine)

乳種 | 山羊乳(生乳)
大きさ | 直径:9cm
高:5cm
重さ | 270g
MG/PT | 23%

地図 | p.204-205

もぐら塚のようなドーム状をしたサンドレタイプ。灰青色の外皮におおわれた生地はきめ細かくなめらかである。山羊乳の爽やかな酸味、ヘーゼルナッツ、森の下草のアロマがしっかりと感じられる。「シャラント地方のもぐら塚」を意味する「トピニエール・シャランテーズ」の呼称は、模造品を防ぎ、本物の味を保証するために、生産元の「ジューソーム農家(Jousseaume)」によって商標登録されている。

TRUFFE DE VENTADOUR
トリュフ・ド・ヴァンタドゥール（フランス：ヌーヴェル=アキテーヌ地域圏／Nouvelle-Aquitaine）

乳種 | 山羊乳（生乳）
大きさ | 直径：10cm
高：7〜8cm
重さ | 350g
MG/PT | 24%

地図 | p.202-203

コレーズ県（Corrèze）特産の木炭粉をまとった球状のシェーヴル。灰黒色〜青灰色を帯びた、トリュフのような姿がユニークである。ミルク、フレッシュハーブ、森の下草のアロマが立ち上り、ナイフでカットすると、つやのある純白色の身があらわれる。口どけがなめらかで、山羊乳特有の爽やかな風味とともに、ミルクの甘み、ハーブの芳香が広がる。

VALENÇAY
ヴァランセ（フランス：サントル=ヴァル・ド・ロワール地域圏／Centre-Val de Loire）

AOP
depuis
2004

AOC認定　AOP認定
乳種 | 山羊乳（生乳）
大きさ | 底面：直径7〜8cm
上面：直径4〜5cm　高：6〜7cm
重さ | 200〜300g
MG/PT | 22%

地図 | p.204-205

有名な伝説によると、最初はエジプトのギザのピラミッドのように頂点が尖ったピラミッド形をしていた。ところが、ヴァランセ城の領主であったタレーラン公が、皇帝ナポレオン1世を招くにあたり、エジプトでの敗戦を思い出さないようにするために、頂点を切り落とすよう命じたという。こうして、ヴァランセは現在の形になったと語り継がれている。この他にも産地であるルヴルー村（Levroux）の教会の鐘を模して作られたという説もあり、より有力と見なされている。無殺菌の全乳製で木炭粉をまとっている。山羊乳と花の芳香がふわりと漂い、きめ細かくしっとりした生地から、ミルクの甘みと爽やかな酸味、刈りたての干草、ナッツのアロマが解き放たれる。

「AOP Valençay」はチーズだけでなく、ワインにも認められている原産地呼称である。

04 白カビチーズ

ビロードのように美しい白カビの衣をまとい、しなやかでとろけるように柔らかい生地から、キノコと森の下草の香り、ミルクとクリームの濃厚なコクが解き放たれる。このタイプの主な特徴をまとめるとこう表現できるだろう！ 1年を通して美味しく味わうことができるタイプで、軽やかな赤ワイン、白ワイン、発泡性ワイン、シードル、ポワレとの相性が素晴らしい。

ALTENBURGER ZIEGENKÄSE
アルテンブルガー・ツィーゲンケーゼ（ドイツ：ザクセン=アンハルト州、テューリンゲン州／Sachsen-Anhalt, Thüringen）

AOP認定
乳種｜牛乳と山羊乳（15％まで）の混合（生乳）
大きさ｜直径：10〜11cm　高：3〜4cm
重さ｜250g
MG/PT｜23%

地図｜p.218-219

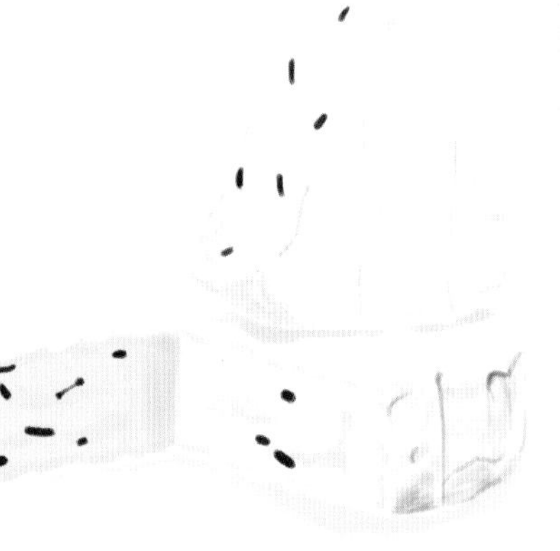

とろりとクリーミーな食感で、フレッシュかつマイルドな味わい。山羊乳がほのかな酸味と爽やかな後味をもたらす。生地にクミンシードを練り込んだタイプもある。

BENT RIVER
ベント・リバー（アメリカ合衆国：ミネソタ州／Minnesota）

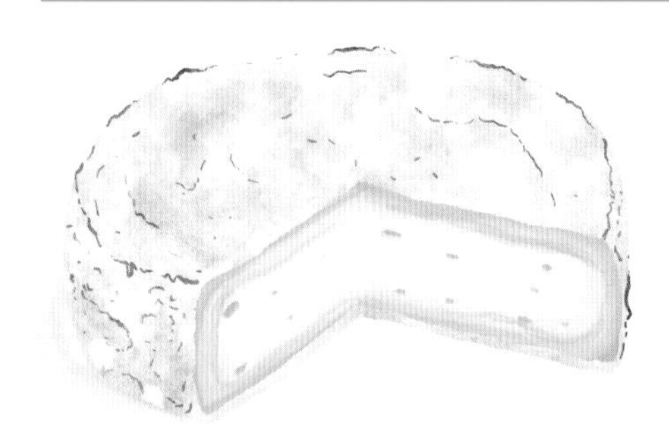

乳種｜牛乳（低温殺菌乳）
大きさ｜直径：11cm
高：5cm
重さ｜370g
MG/PT｜25%

地図｜p.228-229

カリフォルニア州で事業に失敗したキース・アダムス氏（Keith Adams）が心機一転、2008年にミネソタ州に「アレマー農場（Alemar）」を開業してチーズ作りに身を投じ、見事に成功を収めた！ ベント・リバーはむっちりとしなやかなテクスチャーで、湿ったカーヴ、森の下草の香りを放つ。バターとミルクのコクとともに、キノコのアロマが口の中に広がる。

BONCHESTER CHEESE
ボンチェスター・チーズ（イギリス：スコットランド、スコティッシュ・ボーダーズ地方／Scottish Borders）

AOP
depuis
1996

AOP認定
乳種｜牛乳（生乳）
大きさ｜直径：35cm　高：3cm
重さ｜2.8〜3kg
MG/PT｜24%

地図｜p.216-217

イングランドとの国境沿いにあるスコットランドの「イースター・ウィーンズ・ファーム（Easter Weens Farm）」で1980年に誕生したチーズ。生地は淡黄色をしており、マイルドかつクリーミーな味わい。ミルクとクリームのコクが濃厚で、外皮の白カビがフィニッシュにほどよい酸味をもたらす。

BRESLOIS
ブレスロワ（フランス：ノルマンディー地域圏／Normandie）

乳種｜牛乳（生乳）
大きさ｜直径：7cm
高：7.5cm
重さ｜240g
MG/PT｜20%

地図｜p.194-195

農家を営むヴィリエ夫人（Villiers）が1990年に考案したチーズ。形状も風味もシャウルス（Chaource）（p.75）に似ているが、生地中心部の芯はより柔らかく、しっとりしている。そのテクスチャーもシャンパーニュ地方のシャウルスよりクリーミーだが、ほどよく酸味の効いた爽やかな風味は共通している。

BRIE DE MEAUX
ブリー・ド・モー（フランス：イル＝ド＝フランス地域圏、グラン＝テスト地域圏、ブルゴーニュ＝フランシュ＝コンテ地域圏、サントル＝ヴァル・ド・ロワール地域圏／Île-de-France, Grand-Est, Bourgogne-Franche-Comté, Centre-Val de Loire）

AOC depuis 1980　**AOP** depuis 1996

AOC認定　AOP認定
乳種｜牛乳（生乳）
大きさ｜直径：36〜37cm
高：3.5cm
重さ｜2.6〜3.3kg以上
MG/PT｜23%

地図｜p.196-197

1815年、ナポレオン戦争終結後のヨーロッパの秩序再建と領土分割のためのウィーン会議の際に、タレーラン公によって主催されたチーズ・コンクールで「チーズの王」の栄光に輝いたのが、このブリー・ド・モーであった。カール大帝、フィリップ2世（シャンパーニュ伯の妃、ブランシュ・ド・ナヴァールからこのチーズを献上されていた）、アンリ4世、ルイ16世などの歴代の国王から愛されたという事実からも、「王」という称号がふさわしいチーズである。ルイ16世にいたっては、毎日のように所望するほど、このチーズに目がなかった。国王の食卓に欠かさず供して来賓を喜ばせるために、産地のモー村からヴェルサイユ宮殿へ毎週、50台の馬車が往復したという。白カビタイプの中で一番大きいチーズである。フレッシュクリームとマッシュルームのアロマが濃厚で、とろりと柔らかい生地は、パン・ド・カンパーニュ（田舎パン）との相性が抜群である。

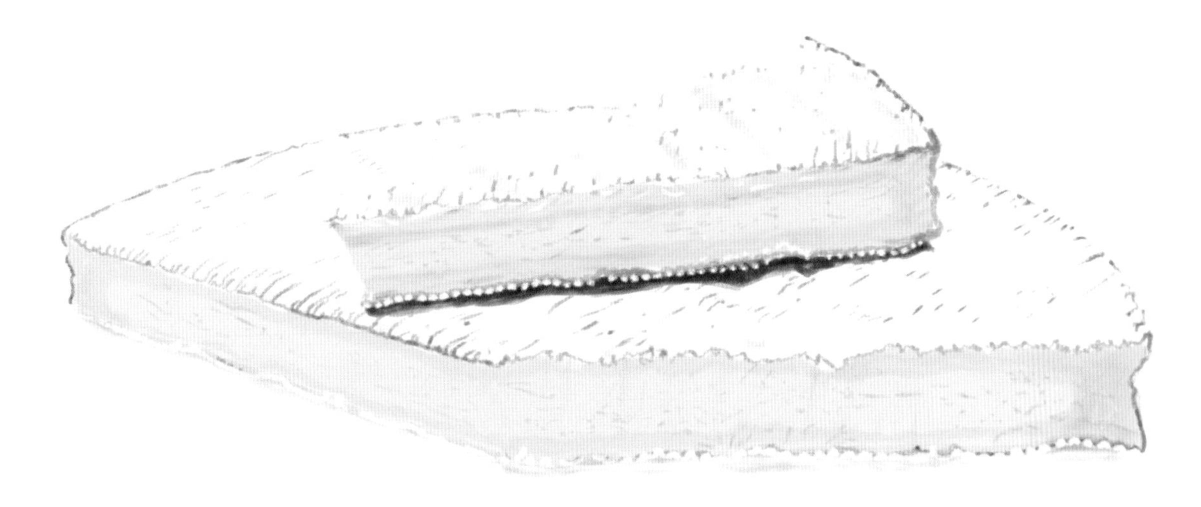

BRIE DE MELUN
ブリー・ド・ムラン（フランス：イル＝ド＝フランス地域圏、グラン＝テスト地域圏、ブルゴーニュ＝フランシュ＝コンテ地域圏／Île-de-France, Grand-Est, Bourgogne-Franche-Comté）

AOC depuis 1980　AOP depuis 1996

AOC認定　AOP認定
乳種｜牛乳（生乳）
大きさ｜直径：28cm　高：4cm
重さ｜1.5〜2.2kg以上
MG/PT｜23%

地図｜p.196-197

「ラ・フォンテーヌ寓話」の「カラスとキツネ」で、カラスが嘴でくわえているチーズがこのブリー・ド・ムランである。

ガロ＝ロマン時代（紀元前52〜紀元後486年頃）にすでに存在していたことから、世界最古のブリーと考えられる。ブリー・ド・モー（Brie de meaux）（p.71）よりも小さく、個性が強く濃厚である（凝固にかかる時間がブリー・ド・モーは40〜60分であるのに対し、ブリー・ド・ムランは18時間と長い）。外皮の白地に入った茶色の縞模様は、藁の台の上で時々ひっくり返しながら熟成させる工程で付いた跡である。野性的な土壌の匂いと、キノコのアロマが際立つフルーティーな味わいを特徴とする。全てがとろけるようにクリーミーな生地に溶け込んでいる。

BRIE DE MONTEREAU
ブリー・ド・モントロー（フランス：イル＝ド＝フランス地域圏／Île-de-France）

乳種｜牛乳（生乳）
大きさ｜直径：18〜20cm　高：3cm
重さ｜800g以上
MG/PT｜23%

地図｜p.196-197

「ヴィル＝サン＝ジャック（Ville-saint-Jacques）」とも呼ばれるブリー・ド・ムラン（上記）に似たタイプのチーズである（側面〈タロン〉の様相は異なる）。熟成室で最低でも1カ月間寝かせるため、濃厚な味わい。森の下草のアロマとともに、キノコ、ホットミルクの風味と苦味が感じられる。

BRIE DE PROVINS
ブリー・ド・プロヴァン（フランス：イル＝ド＝フランス地域圏／Île-de-France）

乳種｜牛乳（生乳）
大きさ｜直径：27cm
高：4cm
重さ｜1.8kg
MG/PT｜20%

地図｜p.196-197

古くからあるチーズで一度は生産が途絶えたが、1979年にプロヴァン村のチーズ職人、ジャン・ヴァイスゲルバー氏（Jean Weissgerber）とジャン・ブロール氏（Jean Braure）の熱意で蘇った。彼らは商標登録のために、生産基準書でレシピを限定した。現在、このチーズは農家製（フェルミエ）で、「ベンジャミン&エドモンド・ド・ロッチルド社（Benjamin et Edomond de Rothschild）」の所有する「トラント・アルパン農場（Trente Arpents）」のみで生産されている。白色の外皮に褐色、黄褐色の斑点や線が入っている。しなやかでなめらかな

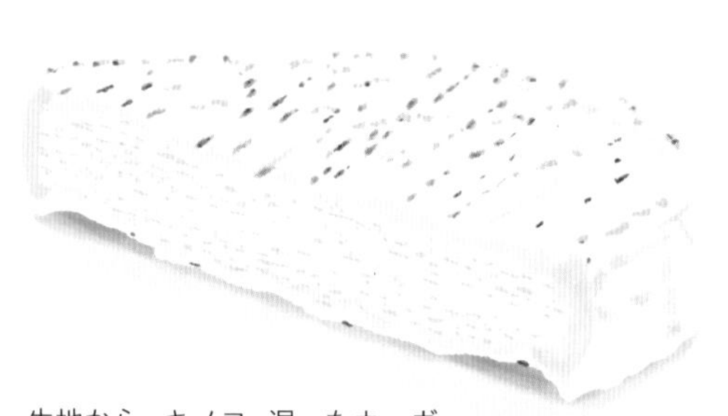

生地から、キノコ、湿ったカーヴ、森の下草の香りが漂う。クセはブリー・ド・モー（Brie de Meaux）（p.71）よりも強く、ブリー・ド・ムラン（Brie de Melun）（上記）よりも穏やかである。

BRIE NOIR
ブリー・ノワール（フランス：イル=ド=フランス地域圏／Île-de-France）

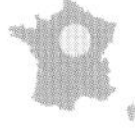

乳種｜牛乳（生乳）
大きさ｜直径：30cm　高：2cm
重さ｜1.45kg以上
MG｜23%

地図｜p.196-197

個性の強いチーズを求める通から高く評価されている。農家の人たちが不出来なブリー・ド・モー（Brie de Meaux）（p.71）を無駄にしないで数カ月間保存したことから生まれたチーズで、穀物やブドウの収穫期の貴重な食糧となった。当初はブリー・ド・モーより安価だったが、今ではより高値が付けられる傾向にある。つまり、ブリー・ノワールは18カ月〜2年熟成させたブリー・ド・モーであり、外皮（褐色または黒色）が分厚く、身は少なく乾いている。動物の野性味と、カーヴやキノコのニュアンスがバランス良く調和した、独特なクセのあるチーズである。

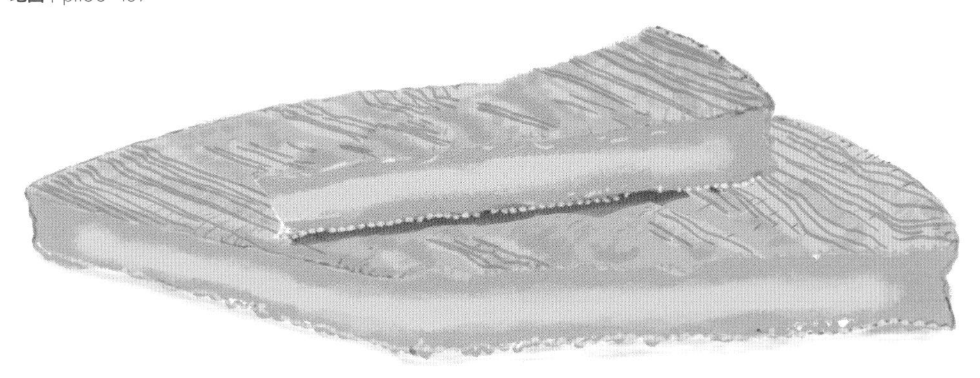

BRILLAT-SAVARIN
ブリア=サヴァラン（フランス：イル=ド=フランス地域圏、ブルゴーニュ=フランシュ=コンテ地域圏／Île-de-France, Bourgogne-Franche-Comté）

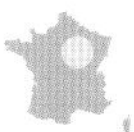

IGP
depuis
2017

IGP 認定
乳種｜牛乳（生乳または低温殺菌乳）と牛乳製クリーム（低温殺菌乳）の混合
大きさ｜小型：直径6〜10cm　高3〜6cm
大型：直径11〜14cm　高4〜7cm
重さ｜小型：100〜250g　大型：500g以上
MG/PT｜35%

地図｜p.196-199

元祖のチーズは1890年、ノルマンディー地方のフォルジュ=レ=ゾー村（Forges-les-Eaux）で、デュビュック家（Dubuc）によって考案された。当時は「エクセルシオール（Excelsior）」または「デリス・デ・グルメ（Delice des Gourmets）」と呼ばれていた。

1930年代にパリのチーズ職人／熟成士であったアンリ・アンドゥルーエ氏（Henri Androuet）により、弁護士かつ政治家で美食家のブリア=サヴァラン（1825年刊の「美味礼賛」の著者）を讃えるために改名された。凝乳に牛乳製のクリームを加えて作るタイプで、まろやかで濃厚な味わいと、とろけるような舌触りが魅力。バターと生クリームの香りがふわりと立ち上り、シルキーな生地からほのかな塩気と酸味が感じられる。後から追いかけるようにクリームとフレッシュミルクのリッチなコクが広がる。

BUFFALO BRIE

バッファロー・ブリー （カナダ：ブリティッシュコロンビア州／British Columbia）

乳種｜水牛乳（低温殺菌乳）
大きさ｜直径：10cm
高：2.5cm
重さ｜200g
MG/PT｜24%

地図｜p.228-229

カナダ西部産で北米では数少ない水牛乳製のチーズの1つ。その名の示す通りブリーの仲間ではあるが、水牛乳から作られるため、より優しい味わい。キノコや森の下草のアロマよりも、ミルクとバターの風味がより強く感じられる。

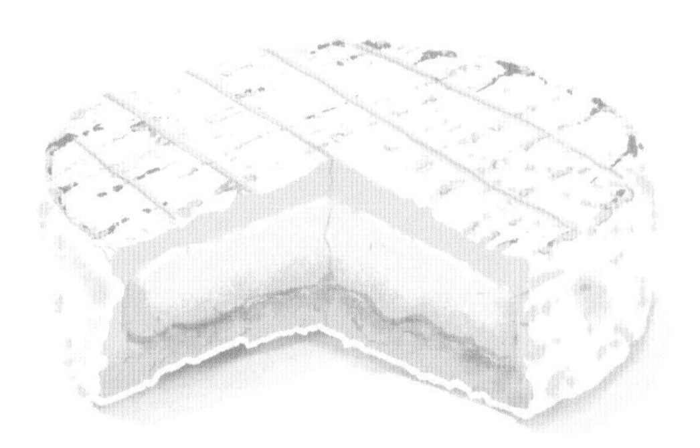

CAMEMBERT DE NORMANDIE

カマンベール・ド・ノルマンディー （フランス：ノルマンディー地域圏／Normandie）

AOC depuis 1983
AOP depuis 1996

AOC認定　AOP認定
乳種｜牛乳（生乳）
大きさ｜直径：10.5〜11cm
高：3〜4cm
重さ｜250g以上
MG｜22%

地図｜p.194-195

1867年のフレール（ノルマンディー地方）ーパリ間の鉄道線の開通により、その存在が広く知られるようになった。さらに1899年にウージェーヌ・リデル氏（Eugene Ridel）とジョルジュ・ルロワ氏（George Loroy）が専用の丸い木箱を発明したことで各地に流通し、ますますポピュラーになった。第一次世界大戦中であった1918年には、フランス兵の食糧として、毎月100万個以上のカマンベールが配給された。前線から退き、故郷へ帰った兵士たちはその味を忘れられず、地元の食料品店にカマンベールを仕入れるよう要望したという。こうして、その名声はノルマンディー地方にとどまらず世界各地に広がり、地球上で最も有名なチーズの1つとなっている。牛の生乳から作られるカマンベール・ド・ノルマンディーは白カビの綿衣をまとい、表面に赤褐色の縞模様が入っている。熟成が進むと黄色い生地から森の下草、マッシュルーム、土壌の豊かな香りが漂う。しなやかでむっちりとした食感の生地からは、ミルクの旨味とほのかな酸味、腐植土やキノコのアロマが広がる。長く熟成させると野性味もあらわれる。

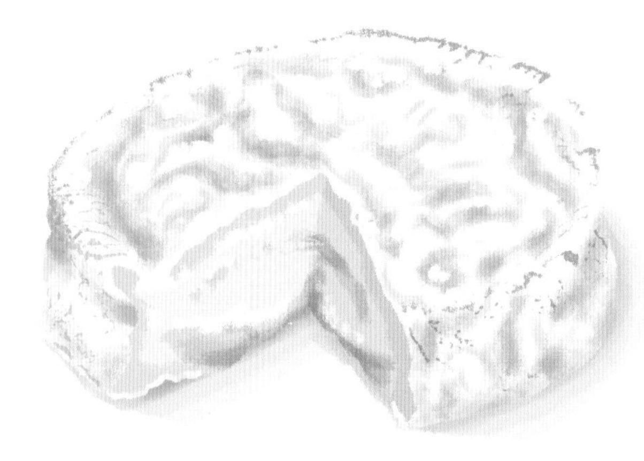

2021年から、「Camembert de Normandie（カマンベール・ド・ノルマンディー）」という呼称のみが存在することになる。乳業大手によって使用され、しばしば混乱を招いていた「Camembert fabrique en Normandie（ノルマンディー地方製のカマンベール）」という呼称は認められなくなる。一方で新規則により、ノルマンディー種の乳の割合が低減され（50→30%）、低温殺菌乳の使用が認められるようになり、「本物の」カマンベール・ド・ノルマンディーには、「Authentique（正真正銘の）」、「Veritable（本物の）」または「Historique（由緒ある）」という文言の併記が可能となった。新たな混乱の始まりとなるか……？

CHAOURCE
シャウルス（フランス：ブルゴーニュ=フランシュ=コンテ地域圏、グラン=テスト地域圏／Bourgogne-Franche-Comté, Grand-Est）

AOC depuis 1970　AOP depuis 1996

AOC認定　AOP認定
乳種｜牛乳（生乳）
大きさ｜直径：8.5〜11.5cm
　高：5〜7cm
重さ｜250〜700g
MG/PT｜23%

地図｜p.196-197

名の由来となったシャウルス村の紋章には2匹の猫と1頭の熊が描かれている。

このチーズに関する最古の記述は12世紀に遡り、シャウルス村の農夫がラングル（Langres）の司教にレシピを送った時の記録が残っている。14世紀に国王シャルル4世がこの地方を訪れた際に賞味たという。カマンベール・ド・ノルマンディー（Camembert de Normandie）（p.74）よりも高さがあって幅が狭い形状をしており、その外皮はふわふわの白カビにおおわれている。クリームとマッシュルームの香りが際立ち、バターとヘーゼルナッツのアロマを帯びたフルーティーな風味を楽しめる。中心のチョークのような芯の部分が、ほのかな塩気と爽やかな後味をもたらす。

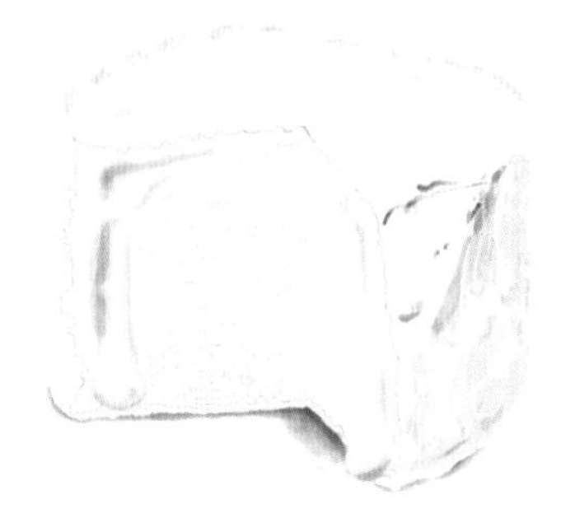

COOLEENEY
クーリーニー（アイルランド：マンスター地方／Munster）

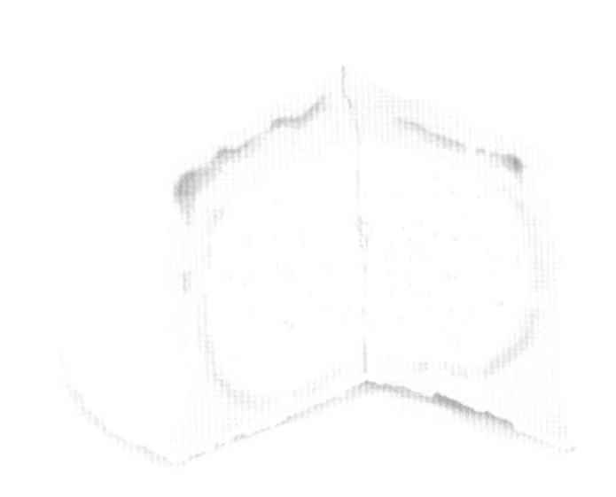

乳種｜牛乳（生乳または低温殺菌乳）
大きさ｜直径：10〜30cm
　高：3〜4cm
重さ｜200g、1.7kg
MG/PT｜25%

地図｜p.216-217

ティペラリー県（Tipperary）のサーリス村（Thurles）近くで農家を営むブレダ・マハー夫人（Breda Maher）が1986年に考案したカマンベールタイプのチーズ。その外皮は白くなめらかで、クリーミーな生地から樹木やキノコのアロマが感じられる。フリソンヌ種のミルク特有の酸味が爽やかな余韻を残す。

COULOMMIERS
クロミエ（フランス：イル=ド=フランス地域圏／Île-de-France）

乳種｜牛乳（生乳または低温殺菌乳）
大きさ｜直径：12.5〜15cm
　高：3〜4cm
重さ｜400〜500g
MG/PT｜24%

地図｜p.196-197

近縁種のブリー・ド・モー（Brie de Meaux）（p.71）、ブリー・ド・ムラン（Brie de Melun）（p.72）と同じく長い歴史を誇るクロミエは、1878年のパリ万国博覧会で一躍有名になったチーズ。かつてはさまざまなサイズが存在したが、現在のサイズで定着したようである。白色の外皮に薄い縞模様と赤い斑点が入っている。ミルクのアロマが際立つ生地は中心に芯があり、その周りはクリーミーである。ほのかな酸味とミルクの甘みが、生クリームのコクと溶け合い、リッチな味わいを楽しめる。

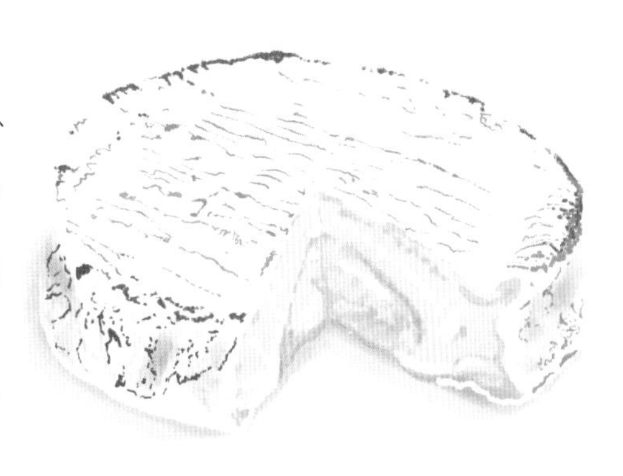

ÉCUME DE WIMEREUX

エキューム・ド・ヴィムルー（フランス：オー=ド=フランス地域圏／Hauts-de-France）

乳種｜牛乳（生乳）と牛乳製クリーム（低温殺菌乳）の混合
大きさ｜直径：9cm　高：5cm
重さ｜200〜250g
MG/PT｜30%

地図｜p.196-197

オパール海岸でチーズ生産と熟成を営むベルナール兄弟（Bernard）により、20世紀末に創作されたチーズで、ブリア=サヴァランのようにクリームを加える。白カビの羽衣に包まれた生地は、シルクのようになめらか。優しく溶けていく食感と、ミルク、バター、クリームのコクが心地よい。フィニッシュにヨードのニュアンスが感じられ、爽やかな余韻が続く。

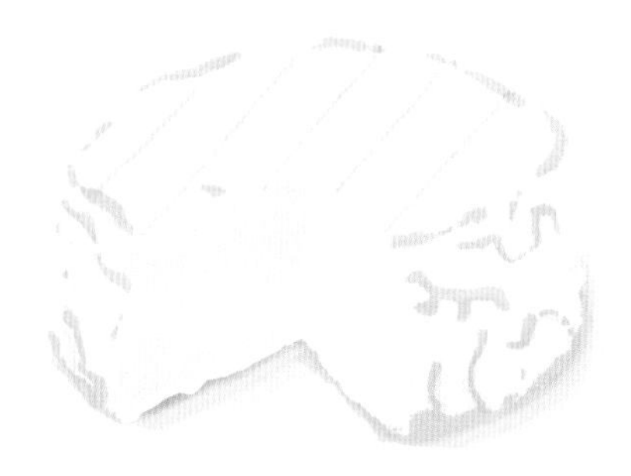

ENCALAT

アンカラ（フランス：オクシタニー地域圏／Occitanie）

乳種｜羊乳（サーミゼーション乳）
大きさ｜直径：10cm　高：3〜4cm
重さ｜250g
MG/PT｜22%

地図｜p.202-203

「アンカラ」はその昔、アヴェロン県（Aveyron）とカンタル県（Cantal）で夏の終わりに作られる牛乳製の小さなチーズを示す言葉だった。しばらくして、より南部のラルザック県（Larzac）へと伝わり、現在では羊乳製チーズの呼称になっている。独特な個性はあるが繊細なアンカラは、1996年にアンドレ・パランティ氏（André Parenti）が結成したラルザック羊飼養者共同組合（Coopérative Les Bergers du Larzac）によって生産されている。外観はカマンベール・ド・ノルマンディー（Camembert de Normandie）(p.74)にそっくりだが、藁や干草の香りがより強く感じられる。中身のテクスチャーもよく似ているが、色味はより淡く白い。口に含むとまずミルクのコクと酸味が広がり、後から徐々に牧舎や干草のアロマがあらわれる。羊乳ならではの爽やかな余韻が残る。

GORTNAMONA

ゴートナモナ（アイルランド：マンスター地方／Munster）

乳種｜山羊乳（低温殺菌乳）
大きさ｜直径：10〜30cm　高：3〜4cm
重さ｜80g〜1.7kg
MG/PT｜22%

地図｜p.216-217

クーリーニー（Cooleeney）(p.75)の生みの親、ブレダ・マハー夫人（Breda Maher）作。外皮は白く、薄い縞模様が入っている。厚めの外皮に包まれた中身は山羊乳特有の純白色を帯び、クリーミーな食感である。塩気と酸味がほどよく効いた、繊細な山羊のアロマが心地よい。熟成が進むと繊細さが失われ、クセが強くなる。

GRATTE-PAILLE®

グラット=パイユ®（フランス：イル=ド=フランス地域圏／Île-de-France）

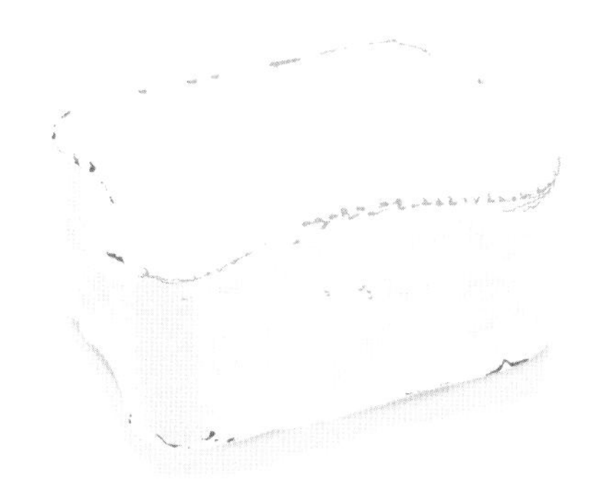

乳種｜牛乳（生乳）と牛乳製クリーム（低温殺菌乳）の混合
大きさ｜長：8〜10cm　幅：6〜7cm　高：6cm
重さ｜300〜350g
MG/PT｜39%

地図｜p.196-197

1980年代に「ルーゼール工房（Rouzaire）」によって創作されたチーズで、その名は荷車に積んだ藁が引っかかってしまうほど険しい薮に囲まれた小道に由来する。この小道には「ラ・ビュイソン・グラット=パイユ（Le Buisson Gratte-Paille）」という通称名が付いているのだ。クリームを加えるタイプで、縞模様が入った灰白色の外皮をまとっている。中身はしっとりとなめらかで、クリームとバターのコクが濃厚である。中心に少し芯があるが、口どけは良く、バターのまろやかな風味と酸味をもたらす。

HORIZON

ホライズン（オーストラリア：ビクトリア州／Victoria）

乳種｜山羊乳（低温殺菌乳）
大きさ｜直径：7cm　高：4cm
重さ｜200g
MG/PT｜24%

地図｜p.232-233

ベジタリアンに適したチーズも生産している専門店の作品。円形で、白カビが生えた外皮は白色から灰色までのニュアンスを帯びている。生地の中心に入っている木炭粉の線が、ほのかな酸味と塩気をもたらす。森の下草のアロマ、クリームとバターの旨味がしっかりと感じられる。フィニッシュはシェーブルらしく、とても爽やか。

LUCULLUS

リュキュリュス（フランス：ノルマンディー地域圏／Normandie）

乳種｜牛乳（生乳）と牛乳製クリーム（低温殺菌乳）の混合
大きさ｜直径：8〜12cm　高：4〜5cm
重さ｜225〜450g
MG/PT｜23%

地図｜p.194-195

主な産地はエヴルー村（Évreux）で、クリームを加えるリッチなタイプ。白カビにおおわれた外皮の中から、とろりとしたクリーミーな生地があらわれる。独特な熟成香とカーヴの香りが立ち上り、ヘーゼルナッツとミルクの風味、ほどよい酸味が口の中に広がる。

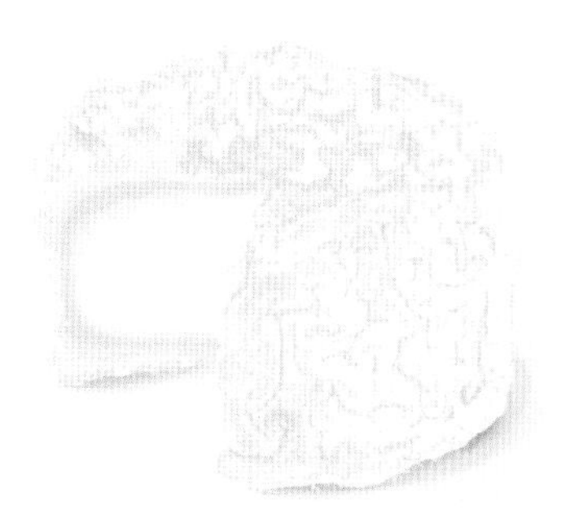

NEUFCHÂTEL

ヌーシャテル（フランス：ノルマンディー地域圏／Normandie）

AOC depuis 1969　AOP depuis 1996

AOC認定　AOP認定
乳種｜牛乳（生乳または低温殺菌乳）
大きさ｜樽栓形：（小）直径4.3〜4.7cm　高6.5cm
（大）直径5.6〜6cm　高8cm
正方形：1辺6.3〜6.7cm　高2.4cm
長方形：長6.8〜7.2cm
幅4.8〜5.2cm　高3cm
ハート形：（小）中心軸8〜9cm
横幅9.5〜10.5cm　高3.2cm
（大）中心軸10〜11cm
横幅13.5〜14.5cm　高5cm
重さ｜100〜600g
MG/PT｜22%

地図｜p.194-195

ノルマンディー地方のチーズのなかで最も知名度が低いかもしれないが、最も古いチーズであることは確かである！現存する最古の記録は1035年、シニー（Signy）修道院のユーグ・ド・グルネイ（Hugues de Gournay）が租税として納めたとの記載である。白カビをまとった外皮はなめらかで筋が入っている。ちょうど良い熟成状態になると、外皮の下にアイボリー色のバター状の層が形成され、中心の白い芯もより柔らかくなる。ヨードのニュアンスがさっぱりとした後味をもたらし、ミルクの優しい甘みが舌に残る。

PITHIVIERS

ピティヴィエ（フランス：サントル=ヴァル・ド・ロワール地域圏／Centre-Val de Loire）

乳種｜牛乳（低温殺菌乳）
大きさ｜直径：12cm
高：2.5cm
重さ｜300g
MG/LT｜23%

地図｜p.196-197

「ボンダロワ（Bondaroy）」とも呼ばれていたピティヴィエは、その昔は夏季に作られ、秋まで干草の中で保存されて、ブドウの収穫期に農夫たちに振る舞われていた。白い綿毛のようなカビにおおわれた外皮はしなやかである。熟成が進んで食べ頃になると、とろっとしたテクスチャーになる。干草とキノコの香りがふわりと漂い、ほどよい酸味とともに、クリームとバターのコクが口の中に広がる。

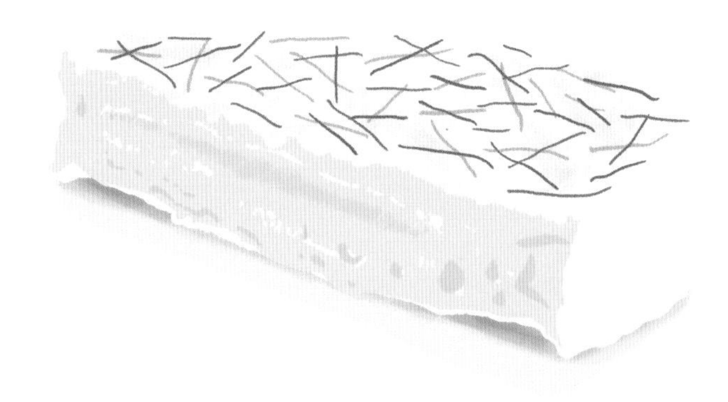

SAINT-FÉLICIEN
サン=フェリシアン（フランス：オーヴェルニュ=ローヌ=アルプ地域圏／Auvergne-Rhône-Alpes）

乳種｜牛乳（生乳または低温殺菌乳）
大きさ｜直径：8〜10cm
高：1〜1.5cm
重さ｜90〜120g
MG/PT｜28%

地図｜p.200-201

元祖は山羊乳製だったが、現在は牛乳のみで作られている。サン=マルセラン（Saint-marcellin）（p.67）によく似ているが、サイズはより大きく、クリームを加えることもある。外皮はややでこぼこしている。どこまでもクリーミーな味わいで、とろりと柔らかい生地から、爽やかな酸味と動物的な香りが感じられる。熟成が進んで生地が流れ出るほどになったら、スプーンですくって食べる。

VOLCANO
ヴォルケーノ（ニュージーランド：ワイカト地方／Waikato）

乳種｜水牛乳（低温殺菌乳）
大きさ｜直径：7〜8cm
高：5cm
重さ｜90〜120g
MG/PT｜23%

地図｜p.232-233

小さな円筒形をしたヴォルケーノは、月に1度しか作られない希少な水牛乳製の白カビチーズである。ニュージーランドのチーズ品評会で何度も優勝している。アイボリー色を帯びた外皮は引き締まっているが柔らかい。中身はクリーミーで、ほどよく酸味が効いた爽やかな味わい。フィニッシュにあらわれるクリームのコクと塩気が、繊細な味をより引き立てる。

WOOLAMAI MIST
ウーラマイ・ミスト（オーストラリア：ビクトリア州／Victoria）

乳種｜羊乳（サーミゼーション乳）
大きさ｜正方形：1辺10cm
高3cm
重さ｜250g
MG/PT｜24%

地図｜p.232-233

歯触りの良い、柔らかい外皮から森の下草やキノコの香りがふわりと漂う。生地はクリームのようになめらかで、室温になじませると、とろりと流れるほどになる。キノコのアロマが際立ち、生クリームの風味がほのかに感じられる。

05 ウォッシュチーズ

外皮を水や酒などで洗いながら熟成させるタイプで、独特な匂いを特徴とする。中には鼻をつくほど強烈な匂いを放つチーズもある！ しかし意外なことに、味は匂いほど強くなく、まろやかなものも少なくない。テクスチャーはねっとりと柔らかく、熟成が進むと、とろとろになるものもある。

A CASINCA
ア・カシンカ（フランス：コルス地域圏／Corse）

乳種｜山羊乳（低温殺菌乳）
大きさ｜直径：10cm　高：3cm
重さ｜350g
MG/PT｜27%

地図｜p.200-201

ヴナコ（Venaco）（p.97）の従弟のようなチーズで、30名ほどの飼養者から集めた山羊乳で作られている。コルシカ島のウォッシュタイプに共通して見られるオレンジ色の外皮に包まれている。若いうちは爽やかな酸味のあるマイルドな味わいで、かすかにラードの風味が感じられる。熟成が進むと、独特なクセが出てくる。

ALLGÄUER WEISSLACKER
アルゴイヤー・ヴァイスラッカー（ドイツ：バーデン=ヴュルテンベルク州、バイエルン州／Baden-Württemberg, Bayern）

AOP
depuis
2015

AOP認定
乳種｜牛乳（生乳または低温殺菌乳）
大きさ｜正方形：1辺11〜13cm
重さ｜1〜2kg
MG/PT｜23%

地図｜p.218-219

表面を何度も繰り返し洗うため、外皮はなく、ねっとりしたモルジュ（morge）におおわれている。外側は白色〜黄色を帯びており、中身は白く、型詰めや発酵の工程で生じた小さな気孔が見られる。アロマは強く、胡椒の香りがする。塩辛く、刺激の強いチーズである。

1876年に、世界で初めて（王室の）特許を取得したチーズ。

BADENNOIS
バダノワ（フランス：ブルターニュ地域圏／Bretagne）

乳種｜牛乳（生乳）
大きさ｜直径：28cm　高：5cm
重さ｜2.3kg
MG/PT｜26%

地図｜p.194-195

モルビアン県（Morbihan）のヴァンヌ市の西にあるバダン村（Baden）で生産されている。外皮はざらざらしていて、オレンジ色がかった黄色をしている。3日に1回、チーズをひっくり返して塩水で洗う作業を3〜5週間繰り返す。黄金色の生地はバターのようなコクがあり、樹脂と動物のアロマを感じさせる。後味は爽やかで、ほのかな酸味が残る。

U BEL FIURITU
ウ・ベル・フィウリッツ（フランス：コルス地域圏／Corse）

乳種｜羊乳（低温殺菌乳）
大きさ｜直径：10cm　高：4cm
重さ｜400g
MG/PT｜27%

地図｜p.200-201

ア・カシンカ（A casinca）（p.80）と同様、オート=コルス県（Haute-Corse）産で、外皮のオレンジ色はやや薄めである。とてもフレッシュな味わいで、ハーブやヘーゼルナッツの風味、ほどよい塩気がある。熟成が進むと、柔らかな生地に旨味が凝縮されてくるが、クセも刺激もそれほど強くない。コルシカ島原産の羊種のミルクのみで作られる。

BOSSA
ボッサ（アメリカ合衆国：ミズーリ州／Missouri）

乳種｜羊乳（低温殺菌乳）
大きさ｜直径：10cm　高：2.5cm
重さ｜150g
MG/PT｜24%

地図｜p.228-229

アメリカでは珍しい羊乳製ウォッシュチーズの1つ。独特なアロマを放ち、湿ったカーヴやキノコのニュアンスを帯びている。クリーミーな生地（熟成が進むと、とろりと流れるほどになる）から、羊乳の旨味と爽やかな風味が滲み出る。このチーズの特徴が最も濃くあらわれる秋が旬である。

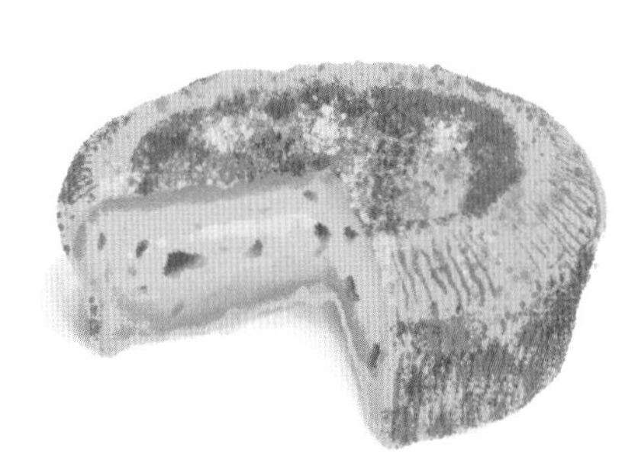

CLANDESTIN
クランデスタン（カナダ：ケベック州／Québec）

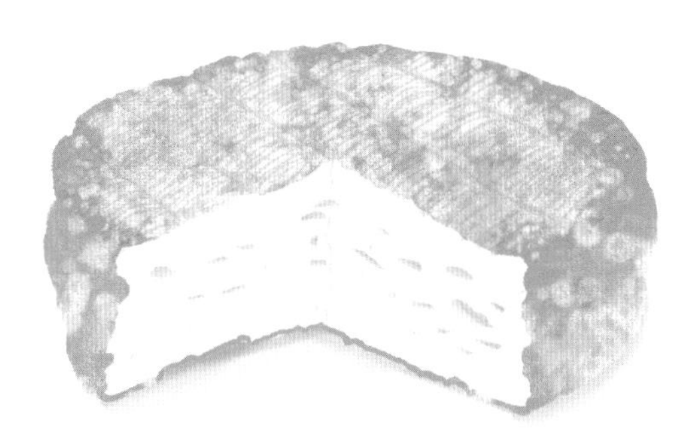

乳種｜牛乳と羊乳の混合
（低温殺菌乳）
大きさ｜直径：15cm
高：5cm
重さ｜1.2kg
MG/PT｜27%

地図｜p.230-231

生産農家があるガスペ半島（Gaspé）ではその昔、密造酒が通貨の代わりだったことがある。クランデスタン（「非合法」という意味）という名はその歴史に由来する。テミスクアタ地区（Temiscouata）で生産されており、外皮はオレンジ色、中身はベージュ色でむっちりと柔らかい。干草や藁の香りが立ち上り、少し塩気も感じる。旨味が凝縮された濃厚な味わいだが、羊乳がクセを和らげている。

COMPASS GOLD
コンパス・ゴールド（オーストラリア：ビクトリア州／Victoria）

乳種｜牛乳（低温殺菌乳）
大きさ｜長：9cm　幅：6cm　高：2.5cm
重さ｜180g
MG/PT｜26%

地図｜p.232-233

オーストラリアの品評会で、ウォッシュタイプ部門で数々の賞を受賞している。ジャージー種のミルクで作られており、地元のライトビールで週に2回、外皮を洗って熟成させる。とろとろな生地から、酵母と湿ったカーヴの香りが立ち上る。口に含むとまずミルクのまろやかな風味が広がり、徐々に深みのあるコクが出てくる。

CRAYEUX DE RONCQ
クラユー・ド・ロンク（フランス：オー＝ド＝フランス地域圏／Hauts-de-France）

乳種｜牛乳（生乳）
大きさ｜正方形：1辺10cm　高4.5cm
重さ｜480g
MG/PT｜27%

地図｜p.196-197

熟成が若い状態のものは「カレ・デュ・ヴィナージュ（Carré du Vinage）」ともいう。フランス北部のロンク村に近い「ヴィナージュ農家（Vinage）」で、熟成士＆乳製品販売商のフィリップ・オリヴィエ氏（Philippe Olivier）とテレーズ＝マリー・クーヴルール夫人（Thérèse-Marie Couvreur）によって考案された。熟成法が独特で、湿度が高く、通気が良い涼所で行われる。塩水とビールの混合液で、30日間繰り返し洗う。香りはそれほど強くなく、外皮の下の層はとろりと柔らかく、中心にチョークのような芯がある。新鮮なミルクと酵母のアロマ、ほのかな酸味をまとっている。

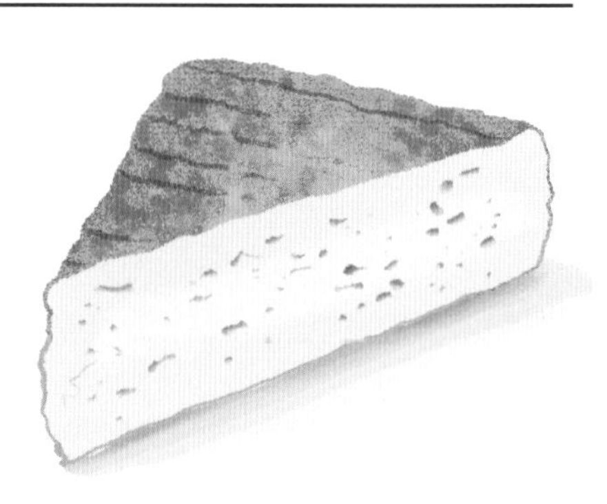

CRÉMEUX DE CARAYAC
クレムー・ド・カラヤック（フランス：オクシタニー地域圏／Occitanie）

乳種｜羊乳（生乳）
大きさ｜直径：15cm　高：3cm
重さ｜300g
MG/PT｜26%

地図｜p.202-203

灰色がかったベージュ色の円盤形のチーズ。縞模様が入った外皮は乾いている。カットすると、灰色の光沢のある白いクリーム状の生地があらわれる。フレッシュ感、植物と動物のアロマが混然一体となった味わいで、クセは強くない。ロット県（Lot）のフィジャック村（Figeac）産のこのチーズは繊細さが魅力である。生産者のジェルヴェーズ＆ドニ・プラディーヌ夫妻（Gervaise & Denis Pradines）は有機農法に基づいて、さまざまな羊乳製のチーズを作っている。トムタイプの香り付けと着色に使用するサフランも栽培している。

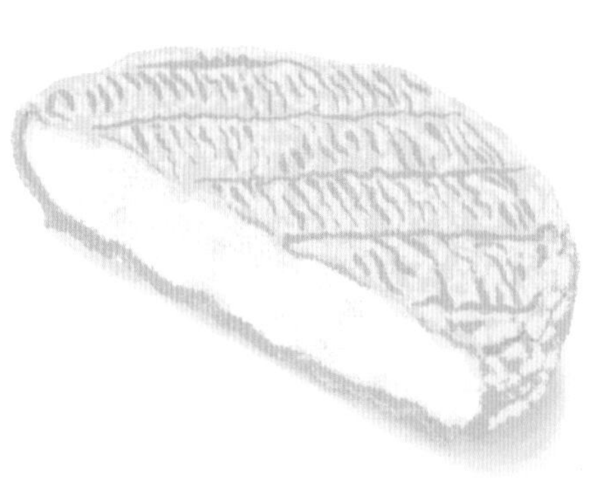

CUPIDON
キュピドン（フランス：オクシタニー地域圏／Occitanie）

乳種 | 羊乳（生乳）
大きさ | 直径：9cm
高：3cm
重さ | 210g
MG/PT | 27%

地図 | p.202-203

アリエージュ県、ルービエール村（Loubières, Ariège）で農家を営むガロ夫婦（Garros）が、モン=ドール（Mont-d'Or）（p.88）とヴァシュラン・デ・ボージュ（Vacherin des Bauges）（p.96）と同様の製法で作っている。清水で洗いながら熟成させた生地はクリーミーで、側面に巻かれたモミの木（エピセア）の樹皮のタンニンが溶け込んでいる。羊乳特有の酸味が、フローラルかつナッティーなアロマを引き立てる。濃厚さと繊細さの絶妙なバランスを追求したチーズで、比較的若いうちに、外皮の起伏が強くなる前に賞味するのがベスト。

LE CURÉ NANTAIS®
ル・キュレ・ナンテ®（フランス：ペイ・ド・ラ・ロワール地域圏／Pays de la Loire）

乳種 | 牛乳（低温殺菌乳）
大きさ | 正方形：1辺9cm
高：3cm
重さ | 200g
MG/PT | 27%

地図 | p.204-205

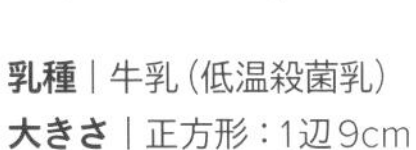

フランス革命時にロワール地方に逃れてきた1人のヴァンデ修道士の手によって誕生したといわれている。その呼称は「トリバラ・ノイヤル社（Triballat Noyal）」によって商標登録されている。1〜2カ月の間、週に2回塩水（白ワインのミュスカデを加えることもある）で洗われる外皮には小さな穴があいている。黄金色を帯びたクリーム状の生地にも、所々に穴が見られる。牛乳のフレッシュ感が際立ち、後から燻製ラードやスパイスの香味があらわれる。

円形もあり、200gと800gの2サイズがある。

DEAUVILLE
ドーヴィル（フランス：ノルマンディー地域圏／Normandie）

乳種 | 牛乳（サーミゼーション乳）
大きさ | 直径：15cm　高：3cm
重さ | 300g
MG/PT | 27%

地図 | p.194-195

セルジュ・ルシャヴリエ氏（Serge Lechavelier）の作品。ポン=レヴェック（Pont-l'évêque）（p.91）に似たタイプだが、形状は正方形ではなく円盤形である。元々は、ドーヴィル市（Deauville）の南西にあるトゥールジェヴィル村（Tourgéville）の農家で代々作られていたチーズである。匂いは強いが、テクスチャーはしっとりとなめらかで、ホットミルクやクリームのまろやかなコクが感じられる。

ÉPOISSES
エポワス（フランス：ブルゴーニュ=フランシュ=コンテ地域圏／Bourgogne-Franche-Comté）

AOC depuis 1991　**AOP** depuis 1996

乳種｜牛乳（生乳または低温殺菌乳）
大きさ｜小型：直径9.5〜11.5cm　高3〜4.5cm
大型：直径16.5〜19cm　高3〜4.5cm
重さ｜小型：250〜350g
大型：700g〜1.1kg
MG/PT｜27%

地図｜p.198-199

シトー派修道士が16世紀に考案したレシピをエポワス地方の農家が受け継ぎ、改良を加えた伝統あるチーズ。20世紀半ばに消滅しかけたが、シモーヌ＆ロベール・ベルトー夫妻（Simone & Robert Berthaut）の手により蘇った。レンネットではなく、乳酸菌で乳を凝固させる珍しいウォッシュタイプの1つ。その奥深い味の秘密は、オー・ド・ヴィー（蒸留酒）とスパイスで凝乳に香りを付けて、マルク・ド・ブルゴーニュ（ブドウの搾り滓で作るブランデー）で外皮を洗いながら熟成させる独特な製法にある。その結果、外皮がねばねばした状態になり、独特な匂いを発散する。（チーズ入門者であれば、思わず怯んでしまうほど！）表面はレンガ色〜濃いオレンジ色をしており、動物と森の下草のアロマが際立つ。中身はとろりとクリーミーで、ミルクの旨味が凝縮された芳醇な味わい。じっくり熟成させて、その独特な個性が申し分なく開花した時が食べ頃だが、刺激が出てくる前に味わうのがベスト。

農家製（フェルミエ）エポワスの生産者は1軒のみとなっている。エポワス村から65km離れたところにある「マロニエ農家（Marronniers）」である。

GALACTIC GOLD
ギャラクティック・ゴールド（ニュージーランド：ワイカト地方／Waikato）

乳種｜牛乳（低温殺菌乳）
大きさ｜正方形：1辺19cm　高3cm
重さ｜1kg
MG/PT｜27%

地図｜p.232-233

橙黄色の外皮は、真水で何度も洗うため（2〜3日に1回）、ねっとりしている。湿ったカーヴの匂いを放ち、口に含むと少しピリッとした刺激を感じるが、徐々にクリーミーなコクが増してくる。ギャラクティック・ゴールドはニュージーランドで「ベストウォッシュチーズ・オブ・ザ・イヤー」の称号を何度も受賞している。

GROS LORRAIN
グロ・ロラン（フランス：グラン=テスト地域圏／Grand-Est）

乳種｜牛乳（生乳）
大きさ｜直径：33cm
高：10cm
重さ｜5kg
MG/PT｜27%

地図｜p.196-197

ジェラールメ地域（Gérardmer）の伝統的なチーズが、ナンシー市（Nancy）の熟成士、フィリップ・マルシャン氏（Philippe Marchand）の手により蘇った。彼の祖母が書き残したレシピを納屋の中で偶然発見し、2年の月日をかけてこのチーズを復活させた。大型のウォッシュタイプ（5kgのチーズを作るのに40ℓの牛乳が必要！）で、クラユー・ド・ロンク（Crayeux de Roncq）とマンステール（Munster）の中間のような味わいである。個性は強めだがフルーティーで、ミルクの繊細な風味が感じられる。

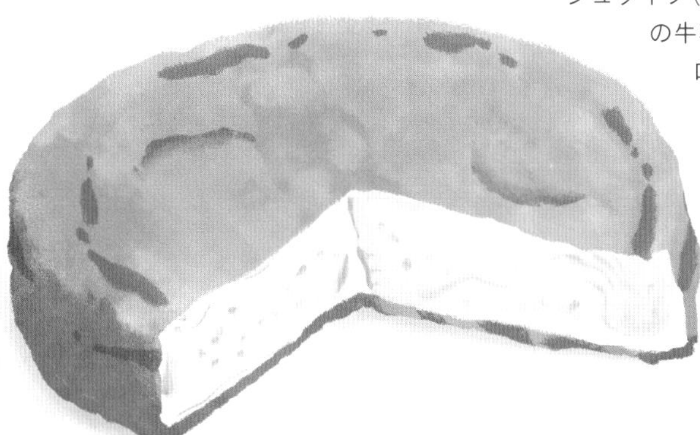

HARBISON
ハービソン（アメリカ合衆国：ヴァーモント州／Vermont）

乳種｜牛乳（低温殺菌乳）
大きさ｜直径：10〜12cm
高：4cm
重さ｜250g
MG/PT｜24%

地図｜p.230-231

生産農家の近くで育つシロトウヒの樹皮が側面に巻かれている。中身はとろとろでスプーンですくって味わう。樹木や植物、レモンの風味が際立つ。

HERVE
エルヴ（ベルギー：リエージュ州／Liège）

AOP
depuis
1996

AOP認定
乳種｜牛乳（生乳）
大きさ｜立方体：1辺6cm
重さ｜200g
MG/PT｜24%

地図｜p.218-219

長い歴史を誇る名品で、このチーズに言及した最古の記録は1228年に遡る。レンガ色〜オレンジ色がかった外皮には粘りがあり、中身はむっちりしている。真水や牛乳で外皮を洗いながら熟成させるが、その進み具合によって、「doux（ドゥー）」（まろやか）、「demi-doux（ドゥミ=ドゥー）」（ややまろやか）、「piquant（ピッカン）」（辛い）へと味の強さが変化する。長く熟成させても繊細な味わいは変わらず、ラードとクリームのアロマがほのかに感じられる。現在、この伝統あるチーズを作り続けている生産者は3軒のみとなっている。

KAU PIRO
カウ・ピロ（ニュージーランド：ノースランド地方／Northland）

乳種｜牛乳（低温殺菌乳）
大きさ｜直径：8～20cm　高：3cm
重さ｜150g～1kg
MG/PT｜26%

地図｜p.232-233

生産農家の「グリニング・ゲッコー（Grinning Gecko）」は有機農法と動物愛護に取り組んでいる。2016年に「ベスト・ウォッシュチーズ・オブ・ニュージーランド」に選ばれた。外皮は白味がかったベージュ色、褐色を帯び、中身はとろりと柔らかく、少し穴があいている。森の下草、刈りたての牧草のアロマがふわりと広がり、ほのかな酸味が心地よい。

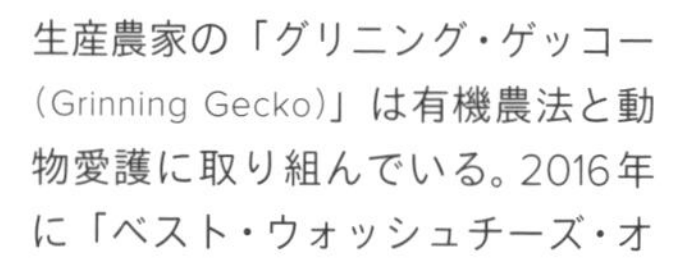

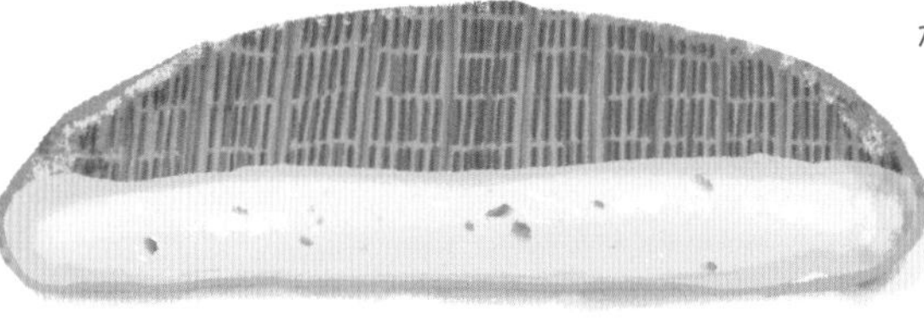

KING RIVER GOLD
キング・リバー・ゴールド（オーストラリア：ビクトリア州／Victoria）

乳種｜牛乳（低温殺菌乳）
大きさ｜直径：10cm　高：3cm
重さ｜250g
MG/PT｜25%

地図｜p.232-233

1988年にビクトリア州でデーヴィッド＆アンヌ・ブラウン夫妻（David & Anne Brown）が初めて考案したチーズのうちの1つ。植物性レンネットを使用しているため、ベジタリアンにも適している。香りも味もマイルドで外皮は乾いているが、中身はしっとりと柔らかい。フレッシュミルクのアロマとともに、繊細なスモーク香が感じられる。

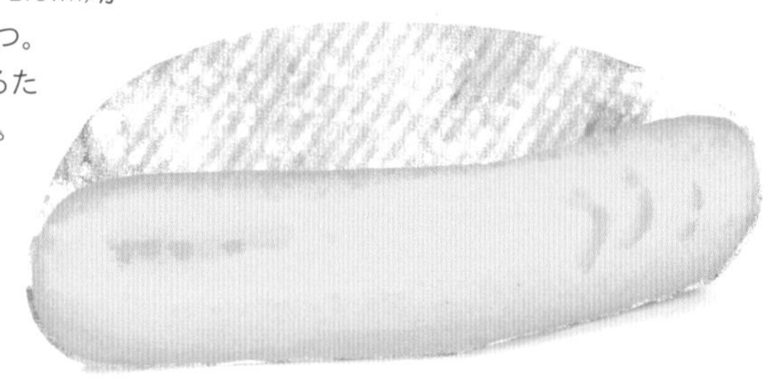

LANGRES
ラングル（フランス：ブルゴーニュ=フランシュ=コンテ地域圏、グラン=テスト地域圏／Bourgogne-Franche-Comté, Grand-Est）

AOC depuis 1991　AOP depuis 1996

AOC認定　AOP認定
乳種｜牛乳（生乳、低温殺菌乳、サーミゼーション乳のいずれか）
大きさ｜直径：7～20cm
高：4～7cm（小・中・大）
重さ｜150g～1.3kg
MG/PT｜25%

地図｜p.196-197

熟成期間に一度も反転させないため、上面の中心に「フォンテーヌ（fontaine）」と呼ばれる窪みができる。この窪みにシャンパーニュやマルク（ブドウの搾り滓で造ったブランデー）を垂らして味わうのが通な食べ方。

ラングルに関する最古の記録は18世紀に遡る。当時は全て農家製（フェルミエ）で、生産地の家庭で消費されるチーズだった。その後しばらく経ってから地方内で、さらには全国的に流通するようになった。橙黄色～赤褐色の外皮には、白いカビがうっすらと生えている。匂いは強めだが、爽やかさも感じられる。しなやかで柔らかい生地から、ナッツ、フレッシュハーブ、クリームのアロマが溢れ出す。ラードのニュアンスを帯びているものもある。

LIVAROT
リヴァロ（フランス：ノルマンディー地域圏／Normandie）

AOC depuis 1975　**AOP** depuis 1996

AOC認定　AOP認定
乳種｜牛乳（生乳、低温殺菌乳、サーミゼーション乳のいずれか）
大きさ｜直径：8〜21cm　高：4〜5cm
重さ｜200g〜1.5kg
MG/PT｜23%

地図｜p.194-195

リヴァロの元祖といえるチーズに関する記述が、1690年の行政文書に残っている。カマンベールが誕生するまでの長い間、ノルマンディー地方No.1のチーズだったリヴァロは、19世紀には「貧しい民の肉」と呼ばれていた。外皮は植物性色素のロクーでオレンジ色〜赤色に着色される。外皮はざらざらしているが、中身はもっちりと弾力があり、ねっとりとしている。土壌や牧舎の匂い、スモーク香を帯びた刺激的なアロマを放つ。側面に巻かれた5本のレーシュ（葦の一種）または紙の輪が、陸軍大佐の階級章に似ていることから、「コロネル（Colonel）」という愛称で親しまれている。

LOU CLAOUSOU
ルー・クラウスー（フランス：オクシタニー地域圏／Occitanie）

乳種｜羊乳（生乳）
大きさ｜長：13.5cm　幅：7cm　高：3.5cm
重さ｜300g
MG/PT｜25%

地図｜p.202-203

ロゼール県（Lozère）産の楕円形のチーズで生地はしっとりと柔らかい。縞模様が入った外皮は、ベージュ色、茶色、褐色を帯びている。表面をおおう白いカビは、チーズの特徴や風味を損なうものではない。ミヨー村（Millau）近くにある「フェドゥー農家（Fédou）」産で、側面にエピセアの樹皮が巻かれている。その外観は遠くから見るとモン=ドール（Mont-d'Or）（p.88）のように見える（ただし、木箱に梱包されていない）。ウッディーな香りを放ち、羊乳が爽やかで繊細な風味をもたらす。クリーミーな生地から、バターやキノコ、腐葉土、干草のアロマが広がる。

MAROILLES
マロワル（フランス：オー=ド=フランス地域圏／Hauts-de-France）

AOC depuis 1955　AOP depuis 1996

AOC認定　AOP認定
乳種｜牛乳（生乳、低温殺菌乳、サーミゼーション乳のいずれか）
大きさ｜正方形：1辺8〜13cm
高2.5〜6cm
重さ｜約180〜720g
MG/PT｜23%

地図｜p.196-197

おそらく、フランスで最も古い歴史を誇る原産地呼称チーズであろう。その起源は7世紀に遡る。当時はまだマロワルと呼ばれていなかったが、レシピが酷似しているチーズが、マロワル村のベネディクト派の修道士によって作られていた。920年にマロワル村がカンブレーの町（Cambrai）に合併されたことで、「クラクロン（Craquelon）」という名で普及し、その300年後に、カンブレー司教のギュイⅠ世・ド・ラオンの決定で、「マロワル」と命名された。このチーズの生産地はフランスとベルギーの国境沿いのティエラシュ地区（Thiérache）に限定されている。3〜5週間繰り返し表面を洗い、ブラシをかけることで、ミルクに添加されたリンネス菌（Brevibacterium linens）が活発に働き、独特なオレンジ色の外皮が形成される。匂いは刺激的だが、味わいは意外にもまろやかで、フレッシュミルクのコクが感じられる。生地は全体的にねっとりと柔らかく、中心に少し芯がある。4種類の大きさがあり、マロワルと呼ばれる標準サイズは1辺12.5〜13cmで、3/4サイズは「sorbais（ソルベ）」、1/2サイズは「mignon（ミニョン）」、1/4サイズは「quart（カール）」という名が付いている。

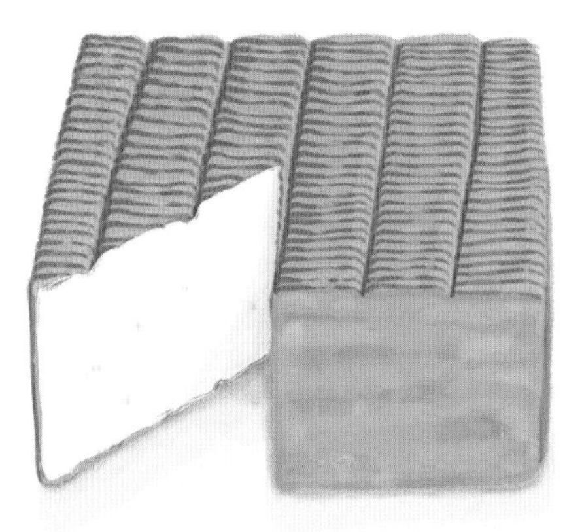

MONT-D'OR
モン=ドール（フランス：ブルゴーニュ=フランシュ=コンテ地域圏／Bourgogne-Franche-Comté）

AOC depuis 1981　AOP depuis 1996

AOC認定　AOP認定
乳種｜牛乳（生乳）
大きさ｜木箱の底面：直径11〜33cm
木箱の高さ：6〜7cm
重さ｜480g〜3.2kg（木箱を含む）
MG/PT｜24%

地図｜p.198-199

生産地である標高1,463mの「モン・ドール（黄金の山）」から名付けられた。別名「ヴァシュラン・デュ・オー=ドゥー（Vacherin du Haut-Doubs）」。スイスとフランスの間で発祥地争いが長い間続いていたが、スイスが断念し、フランスが原産地ということで決着が付いた。スイスは「ヴァシュラン・モン=ドール」（Vacherin Mont-d'Or）（p.96）という名のチーズを生産しているが、サーミゼーション乳製である。シンメンタール種、モンベリアルド種のミルクを原料とするモン=ドールは、側面をエピセアの樹皮で巻き、表面を塩水で繰り返し洗いながら熟成させる。山のような起伏のある外皮はバラ色がかっており、白いカビがうっすら生えることもある。中身はつややかで、とろりと流れるほどクリーミー。樹木と動物のアロマ、ミルクの旨みが混然一体となった味わいである。

モン=ドールは9月10日〜翌年5月10日の期間のみ販売できる期間限定のチーズである。

MUNSTER
マンステール（フランス：グラン=テスト地域圏／Grand-Est）

AOC depuis 1969　**AOP** depuis 1996

AOC認定　AOP認定
乳種｜牛乳（生乳）
大きさ｜直径：7.5〜19cm
高：4〜7cm
重さ｜120g〜1.75kg
MG/PT｜24%

地図｜p.196-197

現在の姿のマンステールが誕生したのは7世紀。フシュト渓谷（Fecht）にあるサン=グレゴリー修道院のベネディクト派修道士が生みの親である。「マンステール」という名は、フランス語で修道院を示す「モナステール（monastère）」に由来。ミルクを無駄にせず、近隣の村民たちに配給するために作られていたチーズである。

ねっとりと湿った外皮は黄色からオレンジ色がかった赤色に変化する。北部地方の仲間であるマロワル（Maroilles）（p.88）と同じく、独特な強い匂いを放つが、味わいはどちらかというとまろやかで、舌触りもなめらか。クリーミーな生地からほどよい塩気と酸味、フローラルな芳香（さらには樹木の香り）が漂い、余韻が長く続く。

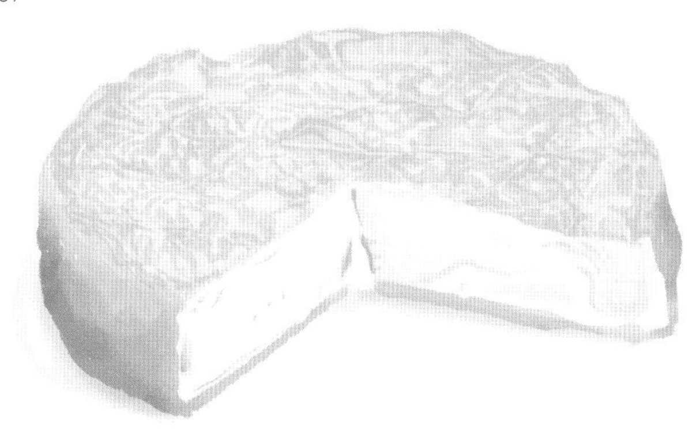

別名「マンステール＝ジェロメ（Munster-Géromé）」。ヴォージュ山脈（Vosges）東側のアルザス地方（Alsace）では「マンステール」、ヴォージュ山脈西側のロレーヌ地方（Lorraine）では「マンステール＝ジェロメ」と呼ばれている。

ODENWÄLDER FRÜHSTÜCKSKÄSE
オーデンヴァルダー・フリューシュトゥックスケーゼ（ドイツ：バーデン=ヴュルテンベルク州、ヘッセン州／Baden-Württemberg, Hessen）

AOP depuis 1997

AOP認定
乳種｜牛乳（低温殺菌乳）
重さ｜200〜500g
MG/PT｜10%以下

地図｜p.218-219

13世紀、このチーズは農地の小作料として領主に納められていた。仔牛の胃から生成されるレンネットのみを使用。ねばねばした外皮は黄色〜褐色を帯びている。中身はアイボリー色〜黄色で弾力がある。フリューシュトゥックスケーゼは「朝食のチーズ」という意味だが、味わいはスパイシーで、ピリッとした刺激もある。

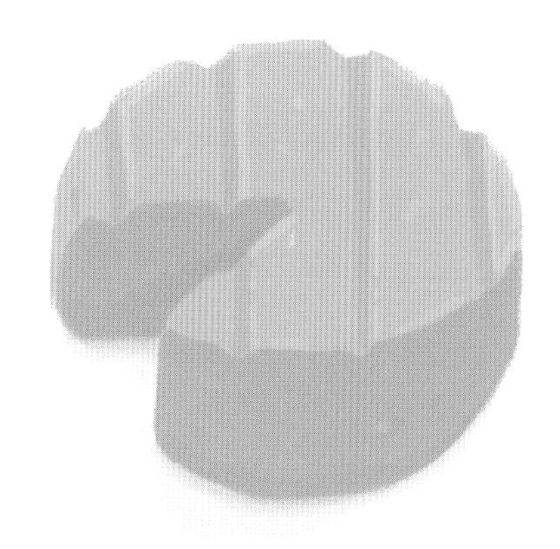

PETIT FIANCÉ DES PYRÉNÉES

プティ・フィアンセ・デ・ピレネー（フランス：オクシタニー地域圏／Occitanie）

乳種 | 山羊乳（生乳）
大きさ | 直径：12cm　高：3cm
重さ | 300g
MG/PT | 26%

地図 | p.202-203

ガロ夫妻（Garros）（主人は先祖代々の生業を受け継いだ山羊飼い。夫人は彼に恋をしたケベック出身の歌手）の手によって誕生したチーズ。夫妻はキュピドン（Cupidon）（p.83）の生産者でもある。プティ・フィアンセはルブロション（Reblochon）（p.136）に似た姿をしているが、山羊乳製である。もっちりとした食感が自慢で、その独特なテクスチャーを得るための製法は極秘である！ オレンジ色、オークル色の外皮には、白カビがうっすらと生えている。しなやかな生地から、山羊と土壌のアロマが立ち上り、湿ったカーヴのようなフレーバーが、山羊乳の甘みと酸味、柑橘類の香りとともに広がる。

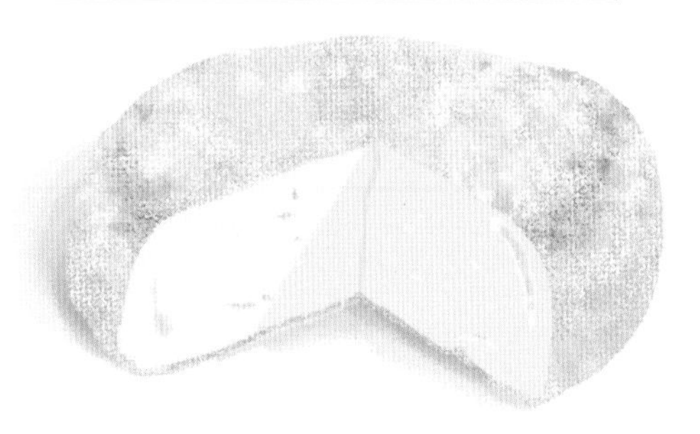

PETIT GRÈS

プティ・グレ（フランス：グラン=テスト地域圏／Grand-Est）

乳種 | 牛乳（生乳）
大きさ | 長：10cm　幅：6cm
高：2.5cm
重さ | 125g
MG/PT | 26%

地図 | p.196-197

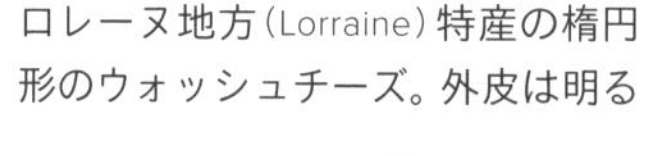

ロレーヌ地方（Lorraine）特産の楕円形のウォッシュチーズ。外皮は明るいオレンジ色でざらざらしており、細かい線が入っている。外側はややねっとりしているが、中身はしなやかでもっちりとした弾力がある。香りは優しく、ミルクと湿ったカーヴの香りがほのかに感じられる。どこまでも繊細な味わいで、フレッシュミルク、スモークド・ラードの風味とともに、爽やかな酸味が広がる。

PIED-DE-VENT

ピエ=ド=ヴァン（カナダ：ケベック州／Québec）

乳種 | 牛乳
（サーミゼーション乳）
大きさ | 直径：18cm
高：3cm
重さ | 1kg
MG/PT | 27%

地図 | p.230-231

1998年、ジェレミー・アルスノー氏（Jérémie Arseneau）が、ケベック州の東にあるマドレーヌ諸島（Îles de la Madeleine）に乳牛を導入し、酪農の伝統を復活させることを決意。この地方に古くから存在する、島々の気候に適応しやすいカナダ品種を厳選した。オレンジ色がかったローズ色の外皮には皺が寄っていて、表面が少しざらざらしている。中身はしなやかで、所々に小さな気孔があいている。口どけが良く、ヘーゼルナッツとクリームのアロマがしっかりと感じられ、ほどよい塩気がある。

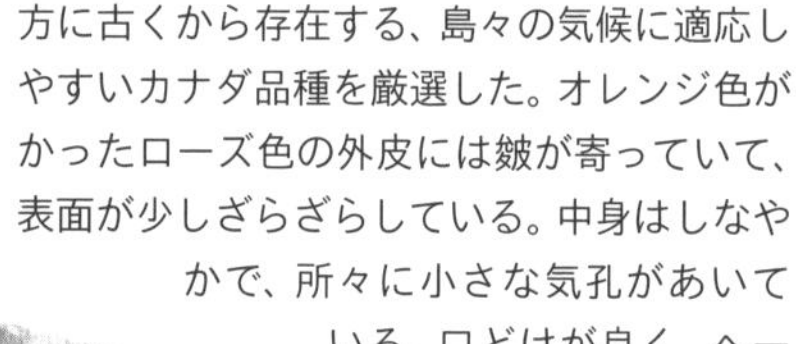

PONT-L'ÉVÊQUE
ポン=レヴェック（フランス：ノルマンディー地域圏／Normandie）

AOC depuis 1972　**AOP** depuis 1996

AOC認定　AOP認定
乳種 | 牛乳（生乳、低温殺菌乳、サーミゼーション乳のいずれか）
大きさ | 正方形：1辺8.5〜21cm
重さ | 180g〜1.6kg
MG/PT | 23%

地図 | p.194-195

ポン=レヴェックに関する最古の記述は13世紀に遡り、ギヨーム・ド・ロリスとジャン・ド・マン著の「ル・ロマン・ド・ラ・ローズ」に描写されている。当時は「アンジュロン（Angelon）」、「アンジュロ（Angelot）」という名で親しまれていた。現在の呼称になったのは1600年頃である。17世紀、ノルマンディー地方では正方形のチーズが珍しかったため、他のチーズよりも人目を引く存在だった。外皮は淡いオレンジ色〜ローズ色を帯び、綿毛のような白カビにおおわれている。もっちりと柔らかい生地から干草や牧舎、湿ったカーヴのアロマが漂う。ミルクのコクとヘーゼルナッツの香味が口の中に広がり、やや動物の野性味があらわれることもある。最も美味しい時期は9月から翌年6月まで。

QUEIJO DE AZEITÃO
ケイジョ・デ・アゼイタォン（ポルトガル：リスボン県／Lisboa）

AOP depuis 1996

AOP認定
乳種 | 羊乳（生乳）
大きさ | 直径：5〜11cm　高：2〜5cm
重さ | 100〜250g
MG/PT | 23%

地図 | p.208-209

型崩れ防止用の薄いガーゼに包まれている。少し黄色がかった中心部がとろとろの状態になった時が食べ頃で、上面を切り取って、スプーンですくって味わう。藁や干草、牧舎のアロマをまとった独特な味わいで、少し苦味がある。

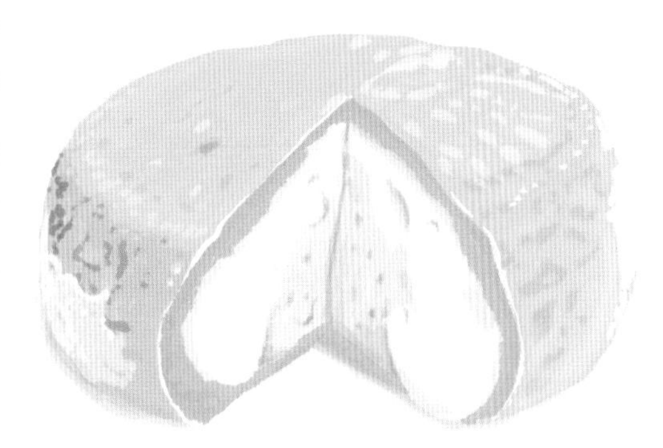

QUEIJO SERPA
ケイジョ・セルパ（ポルトガル：アレンテージョ地方／Alentejo）

AOP depuis 1996

AOP認定
乳種 | 羊乳（生乳）
大きさ | 直径：10〜30cm
高：3〜8cm
重さ | 200g〜2.5kg
MG/PT | 23%

地図 | p.208-209

柔軟性のある生地が特徴。4サイズあり、小さいものから順に、「merendeiras（メレンデイラス）」、「cunca（クンカ）」、「normais（ノルマイス）」、「gigantes（ジガンテス）」という呼び名が付いている。表面は淡い麦藁色をしているが、これはパプリカで着色したオリーブオイルを何度も塗るためである。中心部は黄白色〜麦藁色をしているが、空気に触れると色が濃くなる。とろりと流れるテクスチャーで独特なクセがあり、刺激も強めである。

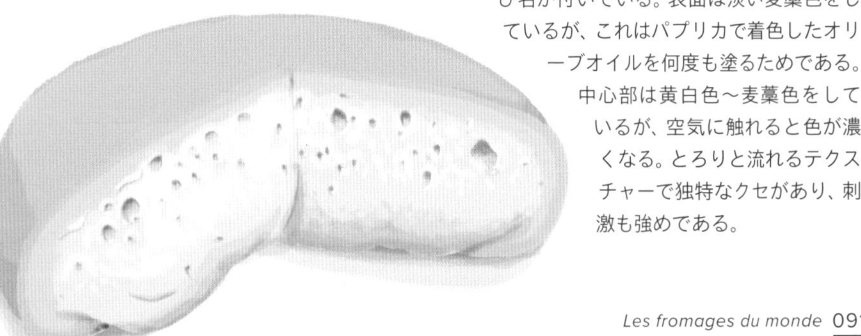

QUEIJO SERRA DA ESTRELA

ケイジョ・セーラ・ダ・エストレーラ（ポルトガル：セントロ地方／Centro）

AOP
depuis
1996

AOP認定
乳種｜羊乳（生乳）
大きさ｜直径：11〜20cm
高：3〜6cm
重さ｜700g〜1.7kg
MG/PT｜23%

地図｜p.208-209

16世紀、カラベラ船で航海に出る水夫たちが食糧としていたチーズ。熟成期間の異なる2タイプ、「スタンダード」と「velho（ヴェーリュ）」がある。長く熟成させた「ヴェーリュ」はより小さく濃厚である。この地の伝統品種であるボルダレラ・セーラ・ダ・エストレーラ種（Bordaleira Serra da Estrella）、またはシューラ・モンデゲイラ種（Churra Mondegueira）の羊乳から作られている。若いうちは白色、淡黄色をしており、熟成が進むにつれてオレンジ色または薄褐色へと変化する。熟成が若いタイプはマイルドで少し酸味が効いている。熟成タイプは動物のアロマと塩気が強くなり、後味にピリッとした刺激が残る。

ROLLOT

ロロ（フランス：オー＝ド＝フランス地域圏／Hauts-de-France）

乳種｜牛乳（生乳または低温殺菌乳）
大きさ｜直径：7〜8cm
高：3〜4cm
重さ｜250〜300g
MG/PT｜26%

地図｜p.196-197

ピカルディー地方（Picardie）特産の個性が強いチーズ。1678年、国王ルイ14世がフランドルへ向かう道中でオルヴィエ村（Orvillers）に立ち寄り、このチーズを賞味したことで有名になった。その美味しさに魅了された国王は、生産者のデブルジュ氏（Debourges）に「王のチーズ職人」という称号を付与した。この称号とともに、当時としては高額の600リーブルの褒賞が与えられた。表面は灰色、白色またはローズ色を帯びており、爽やかな香りが漂う。塩気、酸味が強く、後味も爽やか。ハート形のバージョンもあるが、その多くは工場製（アンデュストリエル）である。

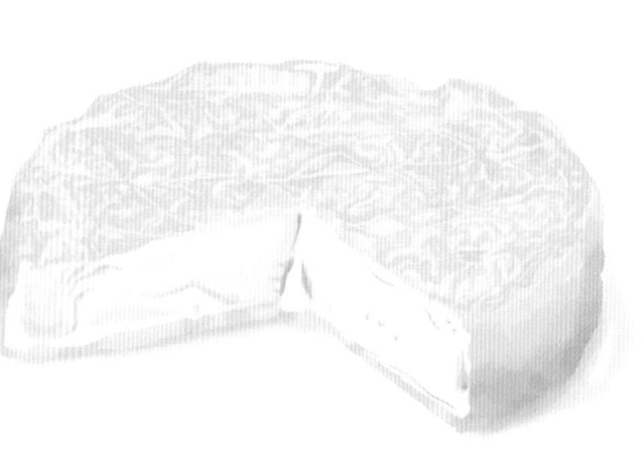

SAWTOOTH
ソートゥース（アメリカ合衆国：ワシントン州／Washington）

乳種｜牛乳（生乳または低温殺菌乳）
大きさ｜直径：13cm　高：4cm
重さ｜500g
MG/PT｜26%

地図｜p.228-229

ざらざらとした柔らかい外皮をまとっている。生地はしっとりしていて、新鮮なキノコ、ナッツの風味が感じられ、蜂蜜のような甘みが余韻に残る。熟成室で2カ月以上熟成させてから出荷される。

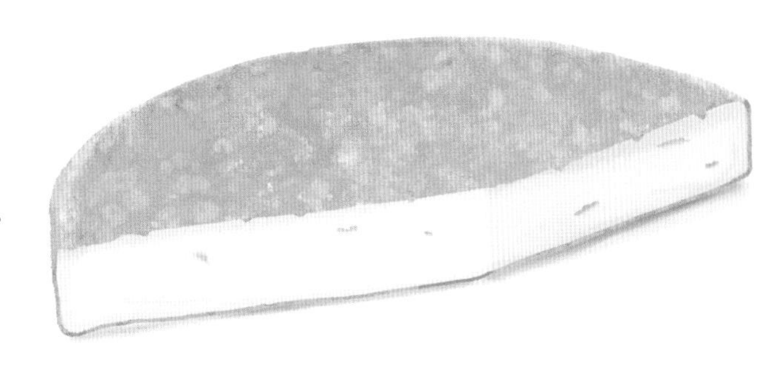

SHEARER'S CHOICE
シェアラーズ・チョイス（オーストラリア：ビクトリア州／Victoria）

乳種｜羊乳（低温殺菌乳）
大きさ｜直径：17cm　高：4cm
重さ｜1kg
MG/PT｜27%

地図｜p.232-233

ビクトリア州にある「ベリーズ・クリーク（Berrys Creek）」農家産のシェアラーズ・チョイスはバリー・チャールトン氏（Barry Charlton）の作品の1つ。羊乳製でローズ色〜オレンジ色をした外皮は噛むと少しざらざらしているが柔らかい。土壌、森の下草、キノコのアロマが立ち上がり、酸味がさっぱりとした後味をもたらす。

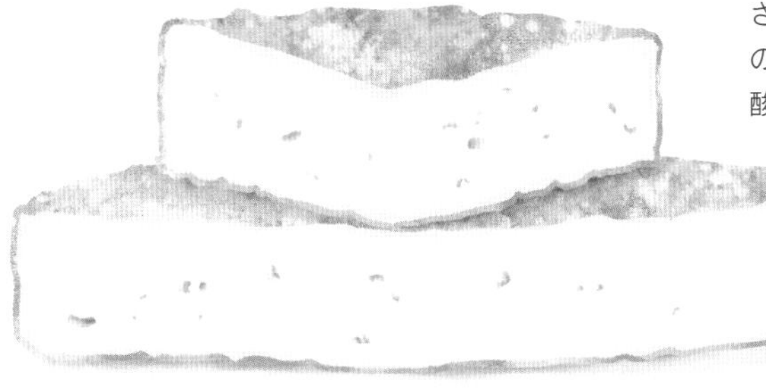

SIRE DE CRÉQUY À LA BIÈRE
シール・ド・クレキ・ア・ラ・ビエール（フランス：オー＝ド＝フランス地域圏／Hauts-de-France）

乳種｜牛乳（生乳またはサーミゼーション乳）
大きさ｜直径：10cm　高：3cm
重さ｜280g
MG/PT｜25%

地図｜p.196-197

型に詰めて水気を切った後、熟成室で週に2回、表面を塩水で洗う。この作業を合計10回続けながら5週間熟成させた後、ビールの中に48時間漬けて、そのアロマをしっかり浸み込ませる。その後で表面にパン粉をまぶす。ビールによる発酵の香りを放ち、表面のパン粉が香ばしさとさくさくした食感をもたらす。ミルクのまろやかなコクがほのかなホップの香味とともに口の中に広がり、余韻が長く続く。

SOUMAINTRAIN

スーマントラン (フランス：ブルゴーニュ=フランシュ=コンテ地域圏／Bourgogne-Franche-Comté)

IGP
depuis
2016

IGP認定
乳種 | 牛乳（生乳または低温殺菌乳）
大きさ | 直径：9～13cm
高：2.2～3.3cm
重さ | 180～600g
MG/PT | 27%

地図 | p.198-199

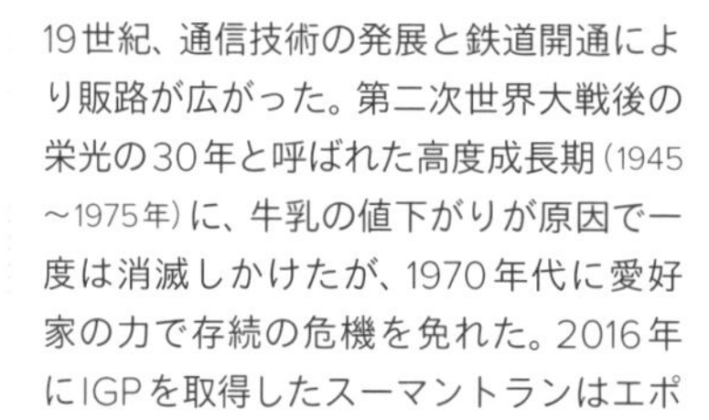

19世紀、通信技術の発展と鉄道開通により販路が広がった。第二次世界大戦後の栄光の30年と呼ばれた高度成長期（1945～1975年）に、牛乳の値下がりが原因で一度は消滅しかけたが、1970年代に愛好家の力で存続の危機を免れた。2016年にIGPを取得したスーマントランはエポワス（Époisses）（p.84）に似ており、淡黄色～黄土色の外皮に包まれている。表面は少し湿っていて、網目が付いている。動物と植物のアロマを放ち、生地はしっとりとなめらかで口どけが良い。ミルクの旨味とほどよい酸味とともに、野性味がかすかに感じられる。

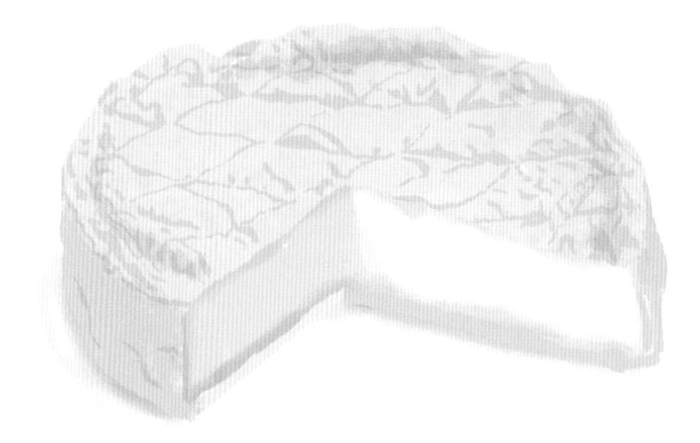

SUNRISE PLAINS

サンライズ・プレインズ (オーストラリア：ビクトリア州／Victoria)

乳種 | 水牛乳（低温殺菌乳）
大きさ | 直径：20cm
高：3cm
重さ | 1.2kg
MG/PT | 26%

地図 | p.232-233

世界でも珍しい水牛乳製のウォッシュタイプの1つ。オレンジ色の外皮はねっとりしていて、格子模様が入っている。とろりとクリーミーな食感で、爽やかな牧草の香り、ミルクのコクが際立つ。熟成が進むとラードの風味があらわれる。

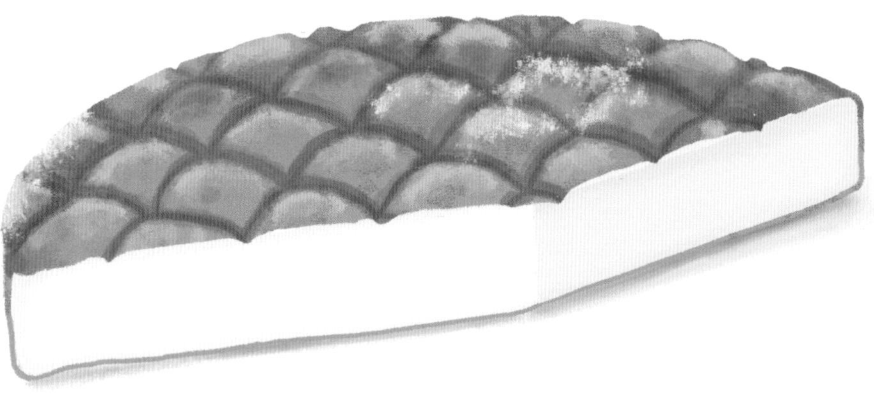

TIMANOIX
ティマノワ（フランス：ブルターニュ地域圏／Bretagne）

乳種｜牛乳（低温殺菌乳）
大きさ｜直径：9cm　高：3.5cm
重さ｜300g
MG/PT｜26%

地図｜p.194-195

モルビアン県（Morbihan）のノートルダム・ドゥ・ティマドゥ修道院（Abbaye Notre-Dame de Timadeuc）の修道士が、ペリゴール地方（Périgord）の修道女より伝授されたレシピで作っているチーズ。1923年にエシュルニャック村（Echourgnac）に建立されたノートルダム・ド・ボンヌ=エスペランス修道院（Abbaye Notre-Dame de Bonne-Espérance）の修道女たちは、1910年に廃業となっていたチーズ製造所を復活させた。そして1990年、チーズとペリゴール地方特産の胡桃を組み合わせることを思い付き、胡桃のリキュールで外皮を洗い、香り高いチーズに仕上げ、自慢のチーズを「トラップ・デシュルニャック（Trappe d'Echourgnac）」と名付けた。ティマノワはその秘伝を受け継いだ修道院のチーズであり、その生地はむっちりと弾力がある。香りも味わいも胡桃の香ばしさが際立つが、ミルクの旨味もしっかりと感じられる。

TRICORNE DE PICARDIE
トリコルヌ・ド・ピカルディー（フランス：オー=ド=フランス地域圏／Hauts-de-France）

乳種｜牛乳（低温殺菌乳）
大きさ｜直径：9cm　高：3cm
重さ｜250g
MG/PT｜26%

地図｜p.196-197

飼養家／チーズ職人のアンセルム・ボードゥアン氏（Anselme Beaudouin）、ビール醸造家のブノワ・ヴァン・ベル氏（Benoit Van Belle）、乳製品販売商／チーズ熟成士のジュリアン・プランション氏（Julien Planchon）の3名のエキスパートが手を組み、2011年に完成させたチーズ。その形状はアンシャン・レジーム期（フランス革命前の旧制度の時代）のピカルディー人が被っていた帽子を連想させる。週に数回、外皮をブラウンビール、「エル・ベル・ブリューヌ（El Belle Brune）」で洗うことで、苦味のある独特なフレーバーがあらわれる。外皮は少しざらざらとしているが、ウォッシュらしいクリーミーな食感を楽しめる。

VACHERIN DES BAUGES
ヴァシュラン・デ・ボージュ （フランス：オーヴェルニュ＝ローヌ＝アルプ地域圏／Auvergne-Rhône-Alpes）

乳種｜牛乳（生乳）
大きさ｜直径：21cm
高：4～4.5cm
重さ｜1.4kg
MG/PT｜26%

地図｜p.198-199

「ヴァシュラン・デ・ザイヨン（Vacherin des Aillons）」とも呼ばれる希少なチーズ。トム・デ・ボージュ（Tome des Bauges）（p.145）の産地でもあるボージュ山塊で少量生産されている。エヴィアン＝レ＝バン市（Evian-les-Bains）の古文書館に保管されている1314年の文書に、このチーズが14世紀から存在していたことが記録されている。褐色、ローズ色がかった白い外皮から、樹脂や発酵乳の香りが漂い、中身はとろりとクリーミーで、ウッディーかつミルキーな風味が優しく広がる。舌が喜ぶ極上のチーズである。

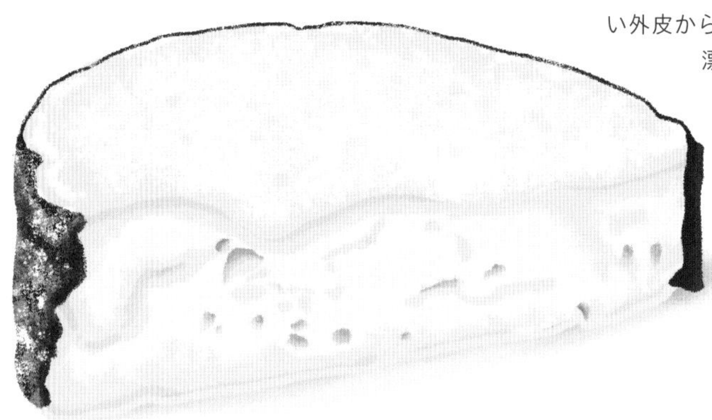

VACHERIN MONT-D'OR
ヴァシュラン・モン＝ドール （スイス：ヴォー州／Vaud）

AOP
depuis
2003

AOP認定
乳種｜牛乳（サーミゼーション乳）
大きさ｜直径：10～32cm
高：3～5cm
エピセア製の箱：高6cm
蓋の厚み：0.5cm
底の厚み：0.6cm
重さ｜350g～3kg
MG/PT｜23%

地図｜p.222-223

このチーズに関する最古の記録は、1812年6月6日付の税金を詳述した法文書である。元々は山羊乳製で「シュヴロタン（Chevrotin）」と呼ばれていたが、山羊乳が希少になったため、牛乳を使うようになり、「ヴァシュラン・モン＝ドール」に改名された。9月から翌年3月までしか生産されない期間限定のチーズである。フランスのモン＝ドール（p.88）とは違い、スイスのヴァシュランの側面に巻かれる樹皮は、原産地であるヴォー州産のものを使用しなければならない。外皮は明るいベージュ色で起伏があり、なめらかな生地は室温になじませると、とろとろになる。ミルクのコクと樹木の香りが際立ち、フィニッシュにあらわれる爽やかな酸味で、全体の味が軽くなる。

VENACO
ヴナコ（フランス：コルス地域圏／Corse）

乳種｜羊乳および／
または山羊乳（生乳）
大きさ｜正方形：1辺12cm
高3～5cm
円盤形：直径9cm
高3～4cm
重さ｜350g
MG/PT｜28%

地図｜p.200-201

コルシカ島を代表するチーズ（島では数少なくなった生乳製チーズの1つ）で、その呼称は山間の村名に由来する。真水に古いチーズの外皮（モルジュ）を溶かした液体で外皮を手で擦りながら洗うという独特な製法で作られる。3カ月後に熟成のピークを迎える。正方形と円盤形があり、赤レンガ色～褐色の外皮に包まれている。動物と発酵のアロマが強く、鼻をつんと刺激する。味わいは独特だが、香りほど強くはない。

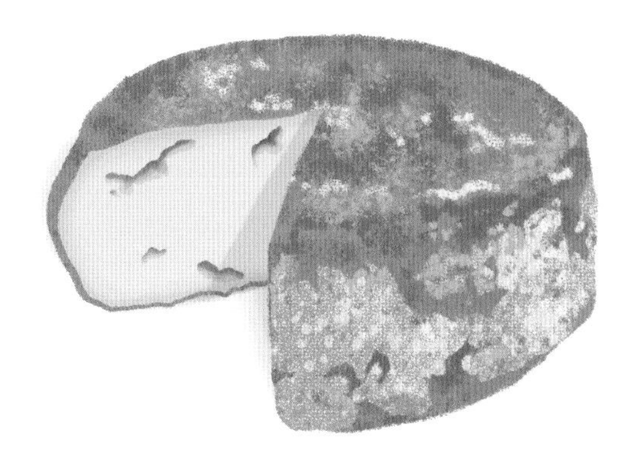

VIEUX-LILLE
ヴュー=リール（フランス：オー=ド=フランス地域圏／Hauts-de-France）

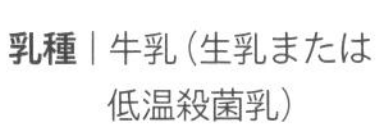

乳種｜牛乳（生乳または
低温殺菌乳）
大きさ｜正方形：1辺6～13cm
高2.5～6cm
重さ｜200～800g
MG/PT｜23%

地図｜p.196-197

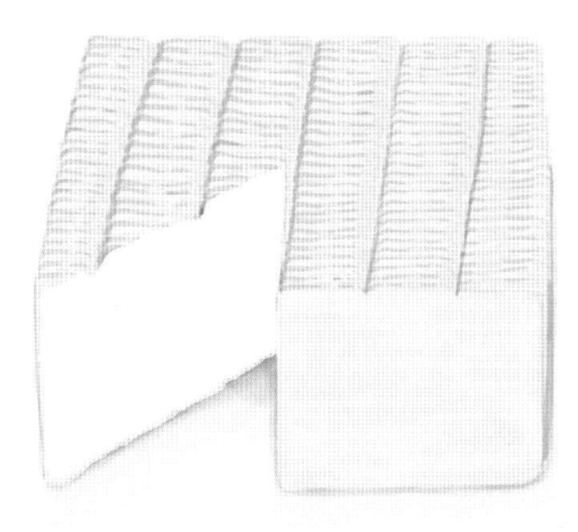

「グリ・ド・リール（Gris de Lille）」、「ピュアン・マセレ（Puant Macéré）」、「ピュアン・ド・リール（Puant de Lille）」という愛称を持つ（「puant」はフランス語で「臭いもの」という意味）。実際にはリール市ではなくアヴスノワ地方（Avesnois）産で、マロワル（Maroille）（p.88）をベースとしているが、表面を洗う時に塩水をより多く使用する。匂いがことのほか強く、強烈なものもある。表皮は薄く灰色がかっており、アンモニア臭を放つ。塩気とミルクの旨味がしっかりと感じられ、後味にピリッとした刺激が残る。

WARATAH
ワラタ（オーストラリア：ビクトリア州／Victoria）

乳種｜羊乳（サーミゼーション乳）
大きさ｜長：15cm
幅：6cm　高：2～3cm
重さ｜230g
MG/PT｜26%

地図｜p.232-233

しなやかな食感と芳醇な香りが魅力で、羊乳の繊細な風味が感じられる。口に含むとまず動物のアロマが広がり、徐々にほのかな酸味があらわれる。熟成が進むと生地がクリーム状になりクセも強くなる。

06 非加熱圧搾チーズ（セミハードチーズ）

11タイプの中で最も種類が豊富。身が引き締まった小型のチーズが多いが、例えばトムは、もっちりしたものもあれば、とろりとクリーミーなものもあり、サイズも小中大とあって、超大型も存在する！ このタイプに属するチーズは実に多種多様で、バラエティーに富んでいる。

APPENZELLER
アッペンツェラー

（スイス：アッペンツェル・インナーローデン準州、アッペンツェル・アウサーローデン準州、ザンクト・ガレン州、トゥールガウ州／Appenzell Innerrhoden, Appenzell Ausserrhoden, Sankt Gallen, Thurgau）

乳種｜牛乳（生乳）
大きさ｜直径：30〜33cm
高：7〜9cm
重さ｜6〜7kg
MG/PT｜26%

地図｜p.222-223

スイス東部、ボーデン湖（Bodensee）とゼンティス山（Säntis）の間に広がる丘陵地帯で700年以上前から作られている伝統的なチーズ。その深い味わいの秘密は、発酵植物、白ワイン、香辛料を調合した磨き液、「スルズ（sulz）」にある。熟成度の異なるさまざまなタイプがあり、色味もアイボリー色から麦藁色、金色へと変化する。ミルクとバターのコクがまろやかなタイプ、スパイス、ハーブ、花のアロマを帯びたタイプ、刺激のある濃厚なタイプなどがある。フレーバーのパレットが豊かなチーズである。

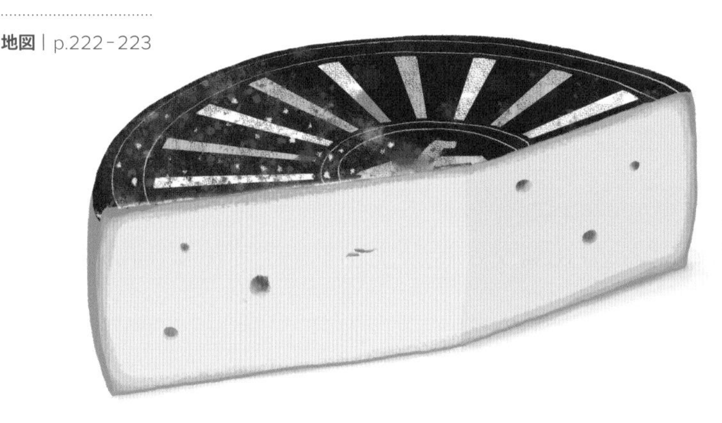

スルズ（sulz）の秘伝のレシピは銀行の貸金庫に保管されている。1世代につき2名の継承者しか開けることができない。

AROHA RICH PLAIN
アロハ・リッチ・プレイン

（ニュージーランド：ワイカト地方／Waikato）

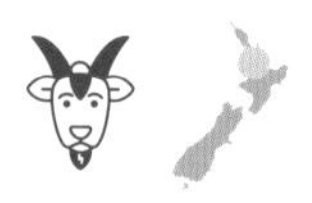

乳種｜山羊乳（生乳）
大きさ｜直径：12cm
高：6cm
重さ｜800g
MG/PT｜27%

地図｜p.232-233

生産元である農家は有機農法を実践し（それも生乳を使いながら！）、動物の健康と生活環境に配慮しながら、チーズを作っている。オレンジ色がかったベージュ色の外皮に包まれた中身は白〜青味がかっており、所々に小さな気孔があいている。きめが細かく、口どけの良いテクスチャーで、ミルクの甘みと優しい酸味とともに、山羊のニュアンスがほのかに感じられる。熟成が進むと旨味が増すが、山羊乳特有の爽やかさは残る。

ARZÚA-ULLOA
アルスア=ウジョア（スペイン：ガリシア州／Galicia）

AOP認定
乳種｜牛乳（生乳または低温殺菌乳）
大きさ｜直径：10〜26cm 高：5〜12cm
重さ｜500g〜3.5kg
MG/PT｜24%

地図｜p.206-207

ガリシアンブロンド種とブラウンスイス種のミルクから作られるチーズ。なめらかな薄い外皮は弾力と光沢があり、淡黄色〜濃黄色をしている。バターやヨーグルトのような香りが漂い、バニラ、クリーム、ナッツのアロマがあらわれる。どちらかというとマイルドな味わいで、ミルクの甘みとほどよい塩気が心地よい。熟成が進むと香りも味わいも強くなり、ピリッとした刺激と苦味が舌に残る。

ASIAGO
アジアーゴ（イタリア：ヴェネト州／Veneto）

AOP認定
乳種｜牛乳（生乳または低温殺菌乳）
大きさ｜アジアーゴ・プレッサート：直径30〜40cm 高11〜15cm
アジアーゴ・ダレーヴォ：直径30〜36cm 高9〜12cm
重さ｜アジアーゴ・プレッサート：11〜15kg
アジアーゴ・ダレーヴォ：8〜12kg
MG/PT｜28%

地図｜p.210-211

若い「アジアーゴ・プレッサート（Assiago Pressato）」と熟成した「アジアーゴ・ダレーヴォ（Assiago d'allevo）」の2タイプがある。「プレッサート」はフレッシュかつミルキーで、ほどよい酸味がある。「ダレーヴォ」はバターのようなコクがあり、動物の野性味を感じさせる（ピリッとした刺激が出てくることもある）。熟成が進んでも心地よい酸味は残り、爽やかな余韻が続く。

BARELY BUZZED
バーレイ・バズド（アメリカ合衆国：ユタ州／Utah）

乳種｜牛乳（低温殺菌乳）
大きさ｜直径：40cm 高：8cm
重さ｜7kg
MG/PT｜27%

地図｜p.228-229

コーヒー、ラヴェンダー、植物油の調合液で磨きながら熟成させたチェダータイプのチーズ。芳醇なアロマが浸み込んだ生地は、サレール（Salers）（p.138）のように引き締まっていながらも、とろけるように柔らかい。

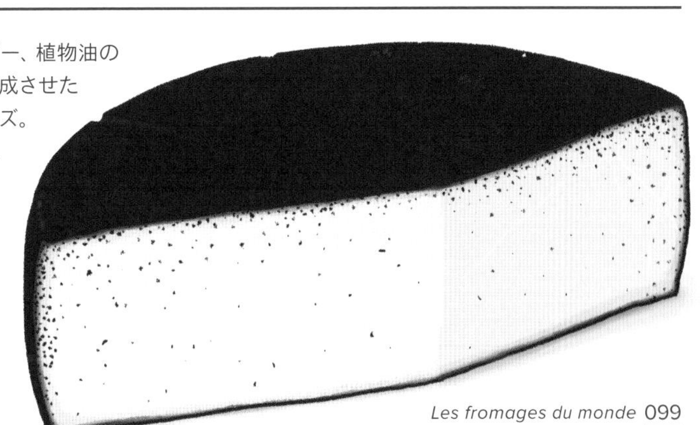

BARGKASS
バルカス（フランス：グラン=テスト地域圏／Grand-Est）

乳種｜牛乳（生乳）
大きさ｜直径：30cm
高：8cm
重さ｜7〜8kg
MG/PT｜26%

地図｜p.196-197

「bergkäs」、「barkas」、「barkass」、「barikass」とも綴られる山のチーズ。何度も表面を磨き、ひっくり返しながら熟成させる。外皮には成型に使う布の跡が付いている。身は締まっているが、クリーミーで口どけが良い。ミルク感たっぷりのまろやかな味わい。

BASLER
バスラー（カナダ：ブリティッシュコロンビア州／British Columbia）

乳種｜牛乳（低温殺菌乳）
大きさ｜直径：30cm
高：10〜13cm
重さ｜5〜6kg
MG/PT｜27%

地図｜p.228-229

ジェナ&エマ姉妹（Jenna & Emma）が経営する「ゴールデン・イアーズ農場（Gorden Ears）」で、手作りされているチーズ。黄金色の外皮からメープルとハーブの香りが漂う。身は淡黄色で、中心はアイボリー色をしている。バターとハーブのアロマ、酸味が際立つ。熟成させるとより旨味が強くなるが、クセや刺激はなく食べやすい。

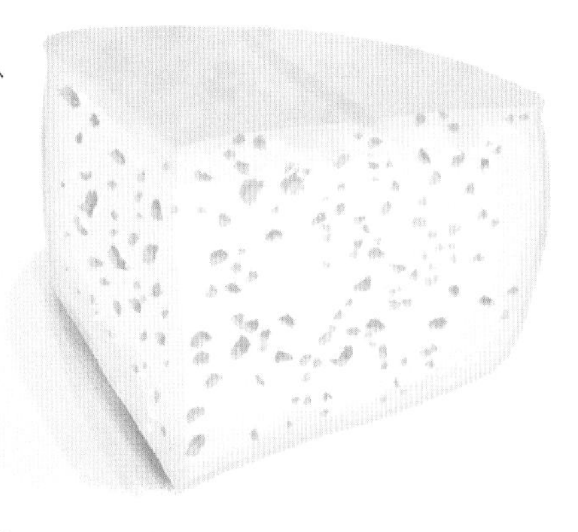

BEACON FELL TRADITIONAL LANCASHIRE CHEESE
ビーコン・フェル・トラディショナル・ランカシャー・チーズ（イギリス：イングランド、ノース・ウェスト・イングランド地域／North West England）

AOP
depuis
1996

AOP認定
乳種｜牛乳（低温殺菌乳）
重さ｜小型：5kg
大型：18〜22kg
MG/PT｜27%

地図｜p.216-217

現在、5農家と6専門店が生産、熟成を続けている。20世紀初頭には生産者の数は200を超えていた！

その起源は古く、1170年代、プランタジネット朝初代の王、ヘンリー2世の統治期に遡る。外皮のあるタイプとワックスや布でおおわれたタイプがある。身は緻密だがなめらかで、しっとりしている。バターのようにとろける食感と、ミルキー&ハーバルなアロマが口の中に広がる。熟成が進むとさらに柔らかくなり、パンなどに塗りやすくなる。

BELLAVITANO GOLD
ベラヴィターノ・ゴールド（アメリカ合衆国：ウィスコンシン州／Wisconsin）

乳種｜牛乳（低温殺菌乳）
大きさ｜直径：40cm
高：12cm
重さ｜10kg
MG/PT｜26%

地図｜p.228-229

イタリア系のサルトーリ家（Sartori）が作っているチーズで、2013年の「ワールド・デイリー・エクスポ（World Dairy Expo）」で「グランド・チャンピオン」に輝いた。テクスチャーはパルミジャーノ・レッジャーノ（Parmigiano Reggiano）（p.163）に似ているが、きめがより細かい。バターやクリームのようなコクのある濃厚な味わいで、黒胡椒やメルロ種のブドウの種、挽いたコーヒー豆を加えて熟成させるタイプもある。

BETHMALE
ベトマル（フランス：オクシタニー地域圏／Occitanie）

乳種｜牛乳（生乳）
大きさ｜直径：25〜40cm
高：8〜10cm
重さ｜3.5〜6kg
MG/PT｜27%

地図｜p.202-203

歴史のあるチーズで、最古の記録は12世紀に遡る。当時、このチーズを作っていた村の1つ、サン=ジロン（Saint-Girons）に立ち寄った国王ルイ6世（肥満王）が賞味したという逸話が残っている。ベトマルは2〜6カ月かけて熟成させるチーズで、表面をブラシで磨き、真水で洗うため、オレンジ色、ローズ色を帯びた外皮をまとっている。湿ったカーヴの香りを放ち、身はしなやかで全体に小さな気孔が散っている。ミルキーでマイルドな味わいの中に、ほのかな甘みと塩気を感じる。熟成が進むとピリッとした刺激が出てくる。

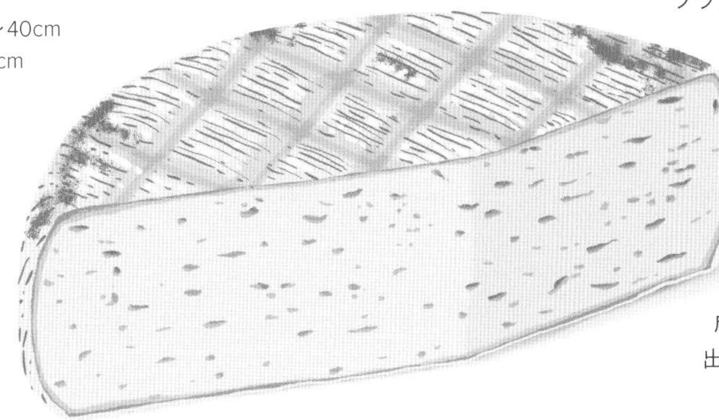

BILLY THE KID
ビリー・ザ・キッド（ニュージーランド：ワイカト地方／Waikato）

乳種｜山羊乳（低温殺菌乳）
大きさ｜直径：12.5cm　高：7cm
重さ｜1kg
MG/PT｜30%

地図｜p.232-233

小型のトムのようなこのチーズは、モニカ・セナ・サレルノ氏（Mônica Senna Salerno）（イタリア系ブラジル人）とジェニー・オールドハム氏（Jenny Oldham）の作品である。2人は科学者であったが、チーズ職人に転身した。乳種は異なるが、イタリアのペコリーノを思わせる。外皮はざらつきがあり、身はもろく口の中でほろほろと溶けていく。山羊乳独特の風味がしっかりと感じられ、酸味がさっぱりとした後味をもたらす。

BLACK SHEEP
ブラック・シープ（ニュージーランド：ワイカト地方／Waikato）

乳種｜羊乳（低温殺菌乳）
大きさ｜直径：25cm
高：8cm
重さ｜4kg
MG/PT｜27%

地図｜p.232-233

燻したパプリカを使って熟成させるため、そのニュアンスがチーズの香りと味によくあらわれている。テクスチャーは緻密で口どけが良い。ナッツとバターのアロマが際立ち、クリーミーなまろやかさが舌に残る。

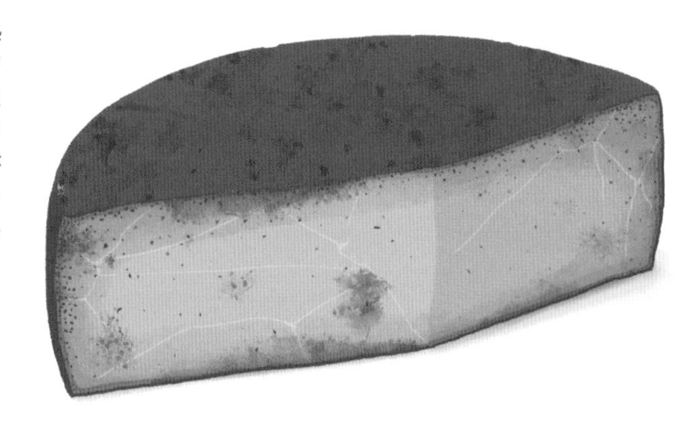

BOEREN-LEIDSE MET SLEUTELS
ブーレン=レイツェ・メッツ・スルーテルズ（オランダ：南ホラント州／Zuid-Holland）

AOP認定
乳種｜牛乳（生乳）
重さ｜3kg以上
MG/PT｜28%

地図｜p.218-219

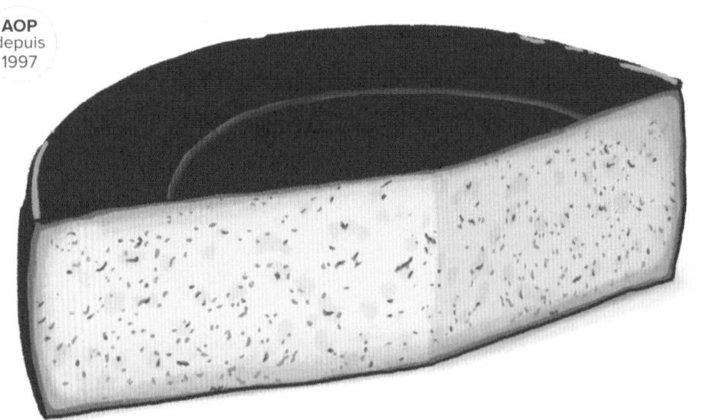

その名が刻まれた煉瓦色の外皮が目印。クミンシードが練り込まれた生地は引き締まっており、粒々した食感がある。レシピでは牛乳100ℓにクミンシード75gを加えるよう定められている。

BOVŠKI SIR
ボフシュキー・シール（スロベニア：イストラ半島、ゴリシュカ・ブルダ地域／Istra, Goriška）

AOP認定
乳種｜羊乳（牛乳および／または山羊乳を最大20%まで加えるタイプもある）（生乳）
大きさ｜直径：20～26cm　高：8～12cm
重さ｜2.5～4.5kg以上
MG/PT｜27%

地図｜p.222-223

ボヴェツ（bovec）原産の羊種のミルクから作られるチーズ。なめらかな外皮は、灰褐色～淡いベージュ色を帯びている。生地は目が詰まっていて弾力がある。熟成が進むとレンズ豆大の穴が所々にあらわれる。独特なクセのある味わいで、牧舎のアロマがしっかりと感じられ、酸味がピリッと刺すような後味をもたらすこともある。牛乳または山羊乳を加えるとよりマイルドな味になる。

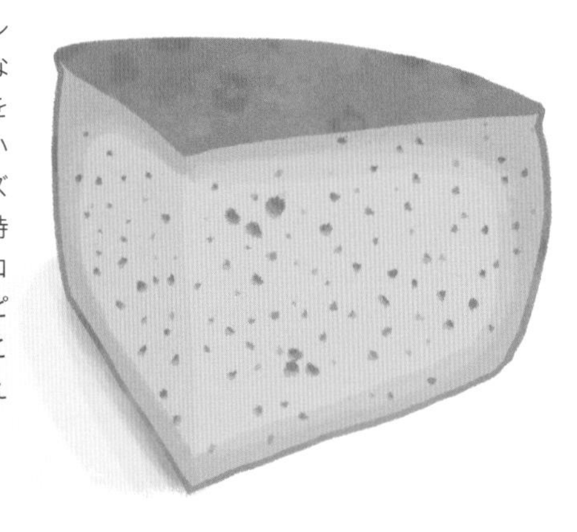

BRA
ブラ（イタリア：ピエモンテ州／Piémont）

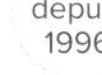

AOP
depuis
1996

AOP認定
乳種｜牛乳（羊乳および／または山羊乳を最大20%まで加えるタイプもある）（生乳または低温殺菌乳）
大きさ｜直径：30〜40cm　高：6〜10cm
重さ｜最低6〜9kg
MG/PT｜28%

地図｜p.210-211

AOP仕様書によると、熟成度により、柔らかい「tenero（テネロ）」と硬い「duro（デューロ）」の2タイプに分類される。「テネロ」はミルキーかつフローラルなアロマが心地よく、さっぱりしている。カビの発生を防ぐために油で磨くこともある「デューロ」は、より芳醇な味わいとなる。

BUFFALINA
ブファリーナ（カナダ：オンタリオ州／Ontario）

乳種｜水牛乳（低温殺菌乳）
MG/PT｜24%

地図｜p.230-231

生産元の「フィフス・タウン農場（Fifth Town）」は有機農法を採用している。水牛乳製だが、オランダのゴーダチーズのレシピに沿って作られている。自然に生成される外皮は淡黄色をしており、身はぎゅっと詰まっていて、バターのようになめらかである。水牛乳ならではの優しい繊細な風味が魅力。クリームとバターのコクが広がり、爽やかな酸味が心地よい。フィニッシュにほのかな塩気が残る。

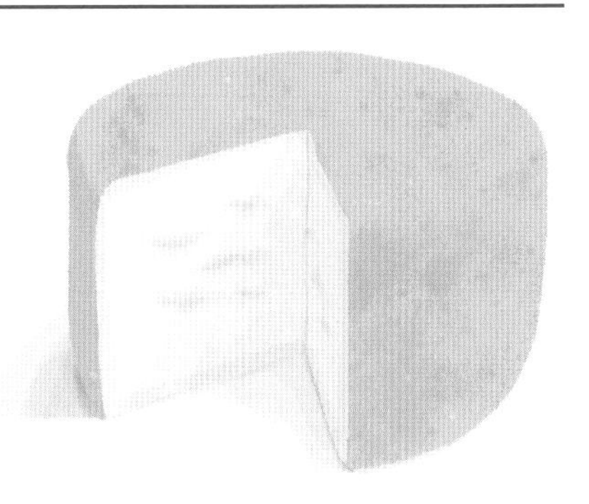

CANESTRATO PUGLIESE
カネストラート・プリエーゼ（イタリア：プーリア州／Puglia）

AOC
depuis
1985

AOP
depuis
1996

AOC認定　AOP認定
乳種｜羊乳（生乳または低温殺菌乳）
大きさ｜直径：25〜34cm　高：10〜18cm
重さ｜10〜14kg以上
MG/PT｜28%

地図｜p.212-215

「カネストラート（canestrato）」は地元の職人が作る植物繊維製のかごに凝乳を入れる作業を意味する。プーリア州原産のこのチーズは、現在もこの伝統製法で作られている。生産時期は羊の群れがアブルッツオ州（Abruzzo）からプーリア州へ移動する12月から翌年5月である。乾いた硬質のテクスチャーで、独特な酸味がある。

CANTAL
カンタル（フランス：オーヴェルニュ=ローヌ=アルプ地域圏／Auvergne-Rhône-Alpes）

AOC認定　AOP認定
乳種｜牛乳（生乳または低温殺菌乳）
大きさ｜大型：直径36〜42cm
高40cm
小型：20〜22cm
重さ｜大型：35〜45kg
小型：8〜10kg
MG/PT｜29%

地図｜p.202-203

その名はカンタル連山の最高峰、ル・プロン・デュ・カンタル（Le Plomb du Cantal）に由来。正式名称となったのは1298年のことだが、このチーズを想起させる記述が、古代の書物にも残っている。ローマ帝国時代の博物学者、大プリニウスは「ローマ帝国で最も称賛すべきチーズはガバレスとジェヴォーダン地方産のものである」と記している。現在は「フルム・ド・カンタル（Fourme de Cantal）」とも呼ばれている。熟成期間に応じて「Cantal jeune（カンタル・ジューヌ）」（30〜60日間）、「Cantal entre-deux（カンタル・アントル＝ドゥー）」（90〜210日間）、「Cantal vieux（カンタル・ヴュー）」（210日間以上）と分類され、ラベルに表記することができる。淡灰色の外皮から、ミルクとカーヴの香りが漂う。時とともにアイボリー色から麦藁色、黄金色へと変化する身は締まっていて硬めであるが、口の中ですっと溶ける。ヘーゼルナッツの香味とともに、濃厚なミルクとバターの旨味、酸味が広がる。

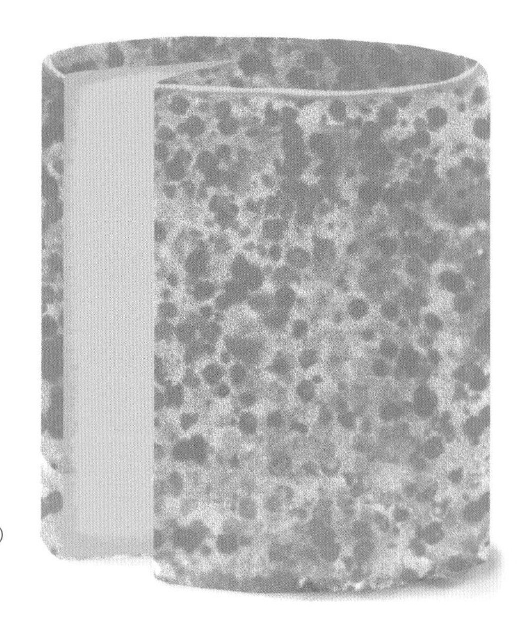

個々のカンタルに生産元を保証するアルミ製の鑑札が埋め込まれる。
例：CA15ES（CA：カンタル　15：生産県の番号　ES：生産者を示す略号）

CASCIOTTA D'URBINO
カショッタ・ドゥルビーノ（イタリア：マルケ州／Marche）

AOP認定
乳種｜羊乳（70〜80%）と牛乳（20〜30%）の混合（生乳または低温殺菌乳）
大きさ｜直径：12〜16cm
高：5〜9cm
重さ｜800g〜1.2kg
MG/PT｜27%

地図｜p.212-213

イタリア・ルネサンス期の芸術家たちに愛されたチーズ。昔から熟成が若いうちに楽しむタイプで、外皮は薄く中身は生成色〜麦藁色を帯びている。ミルク感たっぷりのフレッシュな味わいで、ほのかな酸味が心地よい。

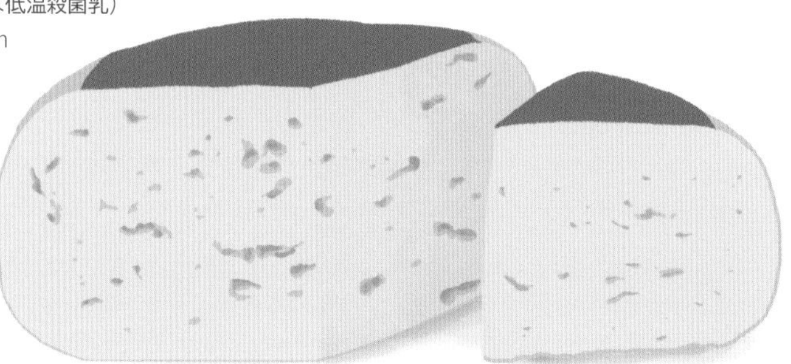

マルケ州では、ミケランジェロ（Michelangelo Buonarroti）とその友人のフランチェスコ・アマトーリ・ダ・カステルデュランテ（Francesco Amatori da Casteldurante）のお気に入りのチーズだったと語り継がれている。

CAUSSENARD
コスナール（フランス：オクシタニー地域圏／Occitanie）

乳種｜羊乳（サーミゼーション乳）
大きさ｜パヴェ（長方形）：長26.5cm
幅11cm　高9.5cm
トム（円筒形）：直径23cm
高8cm
重さ｜パヴェ：2.9kg
トム：3.2kg
MG/PT｜26%

地図｜p.202-203

熟成期間が短い「jeune（ジューヌ）」と、長い「affiné（アフィネ）」の２タイプがある。「ジューヌ」は直方体をしており、縞模様の入った茶色〜ベージュ色の外皮に、白いカビの斑点が見られる。身はアイボリー色に近く、麦藁色の光沢を帯びている。目が詰まっているが、なめらかなテクスチャーで、繊細な酸味とヘーゼルナッツの香味とともに、バターのコクとハーブのアロマが口の中に広がる。「アフィネ」は円筒形で、外皮に穴がぽこぽことあいている。藁や干草のニュアンスがしっかりと感じられる。酸味が増すが、その味わいはどこまでも繊細である。

CEBREIRO
セブレイロ（スペイン：ガリシア州／Galicia）

AOP
depuis
2008

AOP認定
乳種｜牛乳（低温殺菌乳）
大きさ｜直径：13〜14cm　高：12cm
窪みのある部分：高3cm
重さ｜300g〜2kg
MG/PT｜25%

地図｜p.206-207

18世紀、ポルトガル王妃への贈り物として、毎年24個のセブレイロが献上されていた。

コック帽またはキノコのような形状をしていて、均一な外皮をまとっている。中の色味は白色から黄色、鮮やかな黄色とさまざまである。テクスチャーは熟成度によって異なり、ざらざらしたものから柔らかいもの、引き締まったものまである。熟成の若いタイプはほんのりミルキーで、熟成が進むとミルクの旨味が増し、ピリッとした刺激が出てくる。

CHAUMINE
ショーミン（アメリカ合衆国：オレゴン州／Oregon）

乳種｜山羊乳（生乳）
大きさ｜正方形：1辺20cm　高6cm
重さ｜2.3kg
MG/PT｜24%

地図｜p.228-229

フランスのサヴォワ地方出身で、平原や山に囲まれて育ったチーズ職人の作品。幼少時代に過ごした藁ぶき屋根の家を懐かしんで考案したチーズで、その外皮は藁ぶき色をしている。引き締まった白い身はややざらつきがあり、口どけが良い。繊細な山羊乳の風味とともに、爽やかな酸味が感じられる。

CHEVROTIN
シュヴロタン（フランス：オーヴェルニュ=ローヌ=アルプ地域圏／Auvergne-Rhône-Alpes）

AOC depuis 2002　AOP depuis 2005

AOC認定　AOP認定
乳種｜山羊乳（生乳）
大きさ｜直径：9〜12cm
高：3〜4.5cm
重さ｜250〜350g
MG/PT｜25%

地図｜p.198-199

シュヴロタンはアルプス地方で18世紀から作られているチーズで、その生産区域は、乳牛の飼養とルブロション（p.136）の生産区域と重なっている。100%農家製で全て手作り。真水で洗う外皮の色はピンク色がかっており、中身はしなやかなテクスチャーをしている。熟成が進むと外皮は「ゲオトリクム・カンディダム（Geotrichum Candidum）」の白い薄衣でおおわれる。クリーム色〜アイボリー色の生地には所々に小さな気孔が見られる。しっとりとなめらかな口当たりで、草花の芳香をまとった山羊らしいアロマが際立つ。時折、ヘーゼルナッツのニュアンスがあらわれる。

DANBO
ダンボー（デンマーク）

IGP depuis 2017

IGP認定
乳種｜牛乳（低温殺菌乳）
MG/PT｜28%

地図｜p.220-221

19世紀から20世紀に変わる節目に、フュン島（Fyn）の「カーケビー製造所（Kirkeby）」のラスムス・ニールセン部長（Rasmus Nielsen）によって考案された。この新商品は大成功を収め、今ではデンマークの国民的チーズの1つとなっている。白色〜淡黄色の生地には豆粒大の穴が所々にあいている。ダンボーはミルクの香りとほのかな酸味が心地よく、バターのようなまろやかな風味を楽しめる。クミンを入れたタイプもある。

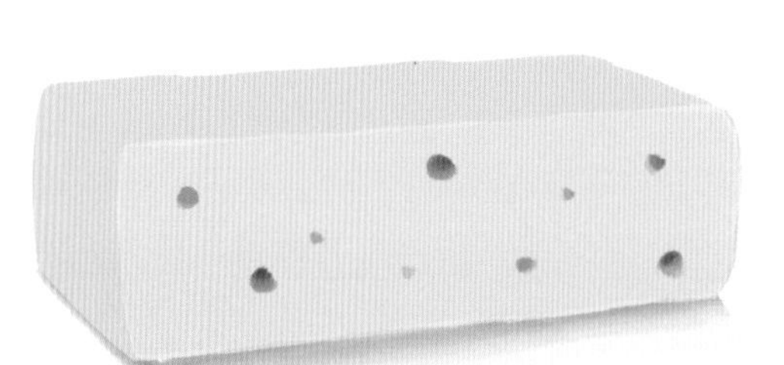

DANCING FERN
ダンシング・ファーン（アメリカ合衆国：テネシー州／Tennessee）

乳種｜牛乳（生乳）
大きさ｜直径：14cm
高：3cm
重さ｜500g
MG/PT｜24%

地図｜p.228-229

生産元はナタン＆パジェット・アーノルド夫妻（Nathan & Padgett Arnold）が経営する100%太陽光発電の農場、「シクアッチー・コーヴ・クリーマリー（Sequatchie Cove Creamery）」。ルブロション（Reblochon）（p.136）の製法で作られており、同様のクリーミーでとろけるような食感を特徴とする。フレッシュミルクの甘みに、土壌、森の下草、椎茸の風味が溶け合う。

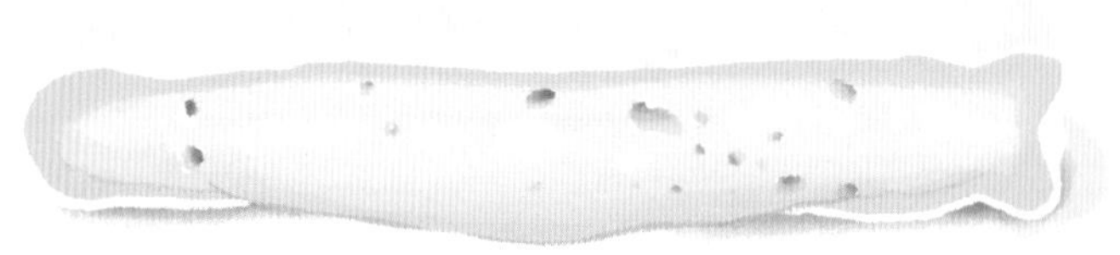

生産農場はおそらく、世界で最もエコロジカルな農場の1つに数えられるだろう。

EDAM HOLLAND

エダム・ホラント（オランダ：南ホラント州、北ホラント州／Zuid-Holland, Noord-Holland）

IGP depuis 2010

IGP認定
乳種｜牛乳（低温殺菌乳）
重さ｜1.5〜20kg
MG/PT｜28%

地図｜p.218-219

7つの形状が存在し、20kgが最大。上下がやや平坦な球形が基本だが、ローフ状のものやブロック状のものもある。仲間のエダム（オランダ以外でも生産可能）とは異なり、外皮は自然に形成される。熟成が若いものは弾力があり、切りやすい。熟成が進むと水分が少なくなり、より硬くなる。若いうちはミルキーな優しい味わいだが、長く熟成させると動物のニュアンスが強くなり、ピリッとした刺激が出てくる。

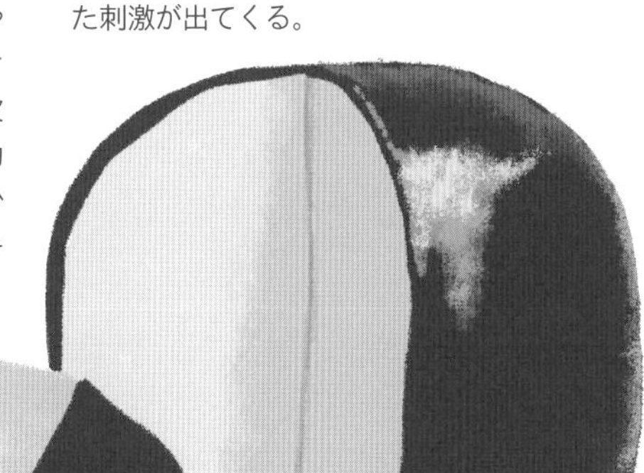

ESROM

エスロム（デンマーク）

IGP depuis 1996

IGP認定
乳種｜牛乳（低温殺菌乳）
大きさ｜長方形：長さは幅の2倍と規定されている。高3.5〜7cm
重さ｜200g〜2kg超
MG/PT｜27%

地図｜p.220-221

11世紀にエスロム修道院の僧侶の手によって誕生。その後、デンマーク王国全域に普及し、国を代表するチーズの1つとなっている。外皮は黄色〜オレンジ色がかった黄色で、中身は白色〜黄色を帯びており、不揃いの小さな穴が全体に散っている。爽やかな酸味とともに、ミルク、フレッシュバターの甘みとコクが感じられる。

FIORE SARDO

フィオーレ・サルド（イタリア：サルデーニャ州／Sardegna）

AOP depuis 1996

AOP認定
乳種｜羊乳（生乳）
大きさ｜直径：15〜25cm　高：10〜15cm
重さ｜1.5〜4kg
MG/PT｜28%

地図｜p.212-215

長い歴史を誇るチーズだが、「フィオーレ・サルド」（サルデーニャの花）という名で生産されるようになったのは19世紀末からである。素朴な外皮の色は濃く、茶色、黒褐色、黄土色を帯びている。羊とカーヴの匂いが混ざった独特な風味を特徴とする。動物の野性味が強く、刺激もかなりある。

FONTINA
フォンティーナ（イタリア：ヴァッレ・ダオスタ州／Valle d'Aosta）

AOP
depuis
1996

AOP認定
乳種｜牛乳（生乳）
大きさ｜直径：35～45cm
高：7～10cm
重さ｜7.5～12kg
MG/PT｜28%

地図｜p.210-211

熟成度によって、外皮は淡褐色から濃褐色へと変化する。中身はアイボリー色、麦藁色を帯び、もっちりと弾力がある。バターとハーブの上品な芳香とほのかな酸味が心地よい、まろやかな味わいのチーズである。

FORMAGGELLA DEL LUINESE
フォルマッジェッラ・デル・ルイネーゼ（イタリア：ロンバルディア州／Lombardia）

AOP
depuis
2011

AOP認定
乳種｜山羊乳（生乳）
大きさ｜直径：13～15cm
高：4～6cm
重さ｜700～900g
MG/PT｜26%

地図｜p.210-211

イタリアの他のシェーブルチーズとは異なり、フォルマッジェッラ・デル・ルイネーゼは農家の収入を補うためのチーズだった。17世紀の文書に、副収入を得るためのみに作られていたことが記されている。外皮は自然に形成され、所々に白カビが生えている。乳白色の生地はしなやかで口どけが良い。山羊乳ならではの爽やかな風味が、ほどよい酸味、ハーブのアロマと溶け合う。

FORMAGGIO D'ALPE TICINESE
フォルマッジオ・ダルペ・ティチネーゼ（スイス：ティチーノ州／Ticino）

AOC
depuis
1981

AOP
depuis
2002

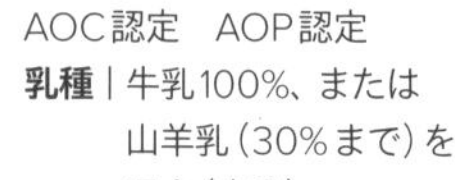

AOC認定　AOP認定
乳種｜牛乳100%、または山羊乳（30%まで）を混合（生乳）
大きさ｜直径：25～50cm
高：6～10cm
重さ｜3～10kg
MG/PT｜33%

地図｜p.222-223

乾いた外皮は灰褐色をしている。身はつややかな黄色で、所々に小さな気孔が見られる。フルーツとバターの芳香が鼻腔をくすぐる。ねっとりとなめらかな舌触りの生地から、ナッツの香ばしいアロマが立ち上り、バターのコクとかすかな樹木香があらわれる。ハーブの爽やかな余韻が残る。

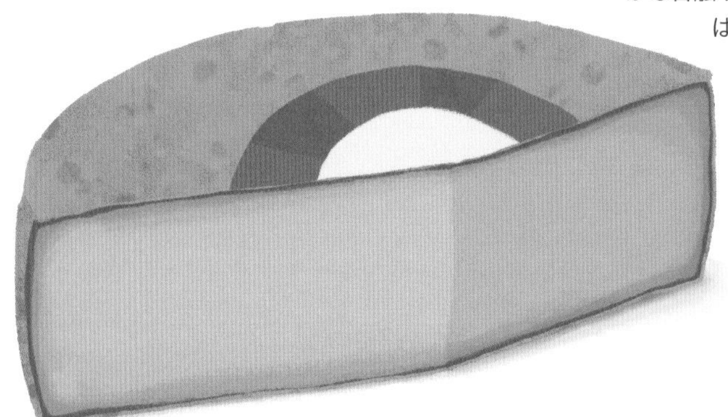

FORMAGGIO DI FOSSA DI SOGLIANO

フォルマッジョ・ディ フォッサ・ディ・ソリアーノ（イタリア：エミリア=ロマーニャ州、マルケ州／Emilia-Romagna, Marche）

AOP depuis 2009

AOP認定
乳種 | 羊乳100%、
または牛乳（80%まで）と
羊乳（20%以上）の混合
（生乳または低温殺菌乳）
重さ | 500g〜1.9kg
MG/PT | 28%

地図 | p.210-213

中世の時代から存在するチーズで、その当時に「巣穴（フォッサ）」で熟成させる方法が普及した。脂っぽい外皮は不均質で、黄色、黄土色の小さなカビが生えていることもある。カビは味を損なうものではなく、このチーズの個性を引き立てている。琥珀色がかった白色、麦藁色の生地は目が詰まっていて、ほろほろと崩れやすい。森の下草、トリュフのようなキノコの香りが際立つ。この上なく芳醇な味わいで、フィニッシュにピリッとした刺激を感じることもある。

FORMAI DE MUT DELL'ALTA VALLE BREMBANA

フォルマイ・デ・ムット・デッラルタ・ヴァッレ・ブレンバーナ（イタリア：ロンバルディア州／Lombardia）

AOP depuis 1996

AOP認定
乳種 | 牛乳（生乳）
大きさ | 直径：30〜40cm　高：8〜10cm
重さ | 8〜12kg
MG/PT | 28%

地図 | p.210-211

麦藁色（熟成が進むと灰色に変化する）の外皮をまとった大型のトムで、身はアイボリー色〜黄金色。バター、クリーム、ハーブのアロマによる繊細な風味を楽しめる。

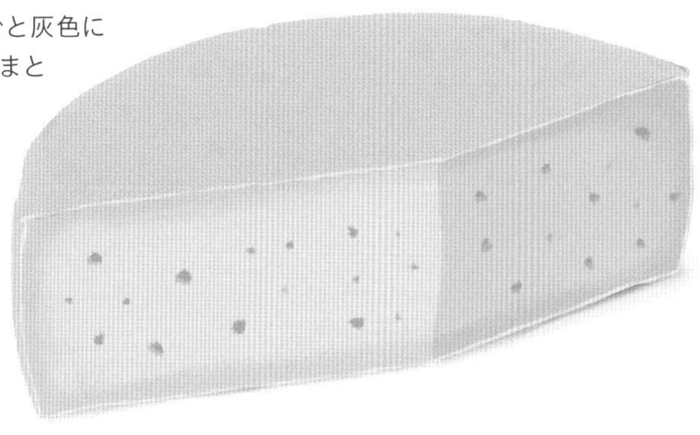

FUMAISON

フュメゾン（フランス：オーヴェルニュ=ローヌ=アルプ地域圏／Auvergne-Rhône-Alpes）

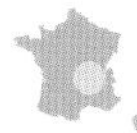

乳種 | 羊乳（生乳）
大きさ | 長：27cm
幅：12cm　高：12cm
重さ | 2kg
MG/PT | 26%

地図 | p.202-203

酪農技術者だったパトリック・ボーモン氏（Patrick Beaumont）が1980年代にオーヴェルニュ地方のピュイ=ギヨーム村（Puy-Guillaume）に移り住み、1991年に誕生させたチーズ。形状（角型）、外皮の模様（ソーセージのような紐の跡）、芳香（スモーキー）、風味（スモーキー&ウッディーで酸味がある）のいずれも印象的である。とろりと柔らかい食感で、チーズプレートに加えても、他のチーズとよく調和するタイプである。熟成させてから燻煙をかけるため、香ばしさが際立ち、ラクレットにするとまた新鮮な味を楽しめる。

GLARNER ALPKÄSE

グラルナー・アルプケーゼ（スイス：グラールス州／Glarus）

AOP認定
乳種 | 牛乳（生乳）
大きさ | 直径：28〜32cm
高：10〜12cm
重さ | 5〜9kg
MG/PT | 29%

地図 | p.222-223

柔らかくしなやかなテクスチャー。草花とミルクの芳香、フルーティーなアロマが際立ち、その中にほのかなロースト香が隠れている。バターとミルクのまろやかなコク、ハーブの香味が広がり、塩気、酸味もかすかに感じられる。

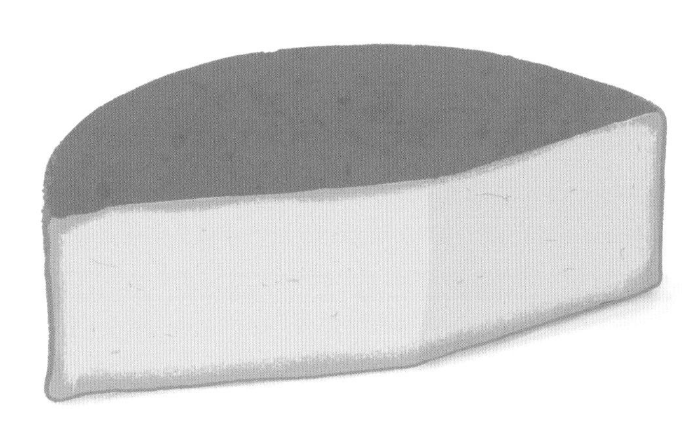

GOUDA HOLLAND

ゴーダ・ホラント（オランダ：南ホラント州、北ホラント州／Zuid-Holland, Noord-Holland）

IGP
depuis
2010

IGP認定
乳種 | 牛乳（低温殺菌乳）
重さ | 2.5〜20kg
MG/PT | 30%

地図 | p.218-219

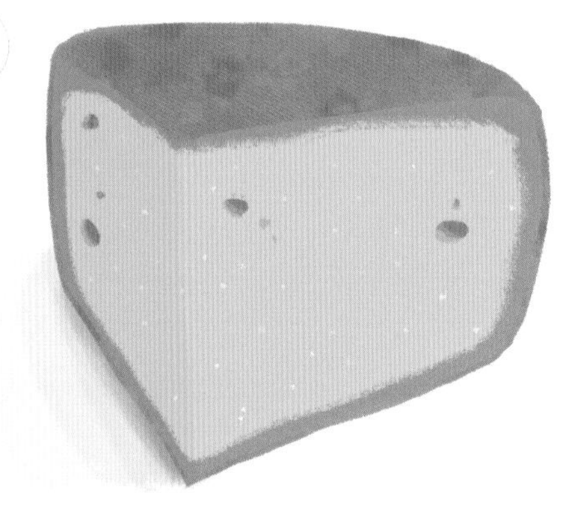

中世の時代に誕生したゴーダ・ホラントは17世紀の貿易の発展により広く普及した。硬質な生地とフルーティーでマイルドな風味を特徴とする。凝乳にクミンシードを加えるタイプもあり、よりスパイシーな味わいとなる。長く熟成させるとバター、さらにはキャラメルのようなコクが増し、白い粗粒子状のチロシンの結晶が形成されて、シャリシャリした食感が出てくる。

HAVARTI

ハヴァティ（デンマーク）

IGP認定
乳種 | 牛乳（低温殺菌乳）
MG/PT | 28%

地図 | p.220-221

1800年代半ばに、ハンナ・ニールセン氏（Hanne Nielsen）によって考案された。「ハヴァティ」という名称は、コペンハーゲンの北にあった彼女の牧場名にちなむ。表面をモルジュ液で拭くタイプと拭かないタイプがあり、生地は乳白色、アイボリー色、淡黄色である。柔らかくなめらかな組織でスライスしやすい。全体に不揃いの気孔があいている。ミルクの甘みと酸味がしっかりと感じられ、熟成が進むとよりクリーミーでリッチな味わいとなる。ディルやシブレットなどの香草を凝乳に加えるタイプもある。

HOLLANDSE GEITENKAAS

ホランセ・ヒーテンカース（オランダ：南ホラント州、北ホラント州／Zuid-Holland, Noord-Holland）

IGP認定
乳種 | 山羊乳（低温殺菌乳）
重さ | 1.5〜20kg
MG/PT | 30%

地図 | p.218-219

19世紀末に、ゴーダ作りで培った知識から生まれたチーズ。そのまま熟成させて外皮が自然に形成されるタイプもあれば、ラップで包まれた外皮のないタイプもある。テクスチャーは変わりやすく、熟成が進むと硬くなる。塩味がほどよく効いた、山羊乳の爽やかな風味を楽しめる。

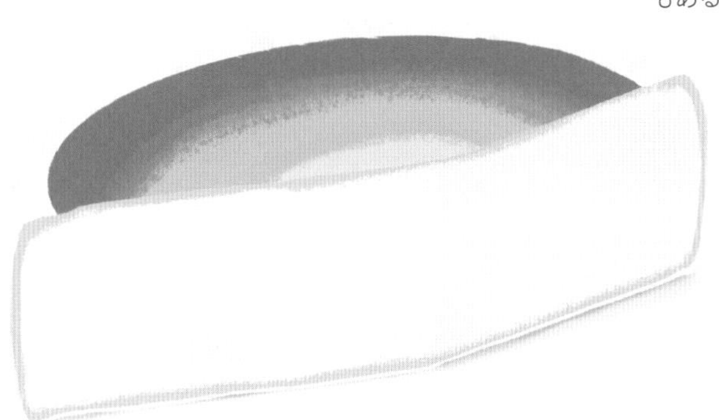

HOLSTEINER TILSITER

ホルシュタイナー・ティルジッター（ドイツ：シュレースヴィヒ＝ホルシュタイン州／Schleswig-Holstein）

IGP認定
乳種 | 牛乳（生乳または低温殺菌乳）
重さ | 3.5〜5kg
MG/PT | 30%

地図 | p.218-219

シュレースヴィヒ＝ホルシュタイン州で酪農業が始まったのは16世紀末で、オランダ人亡命者によって導入された。このチーズは彼らの伝統知識から生まれた。若いうちはマイルドな味わいだが、熟成が進むにつれて刺激が出てくる。クミンシードを凝乳に加えたタイプもある。

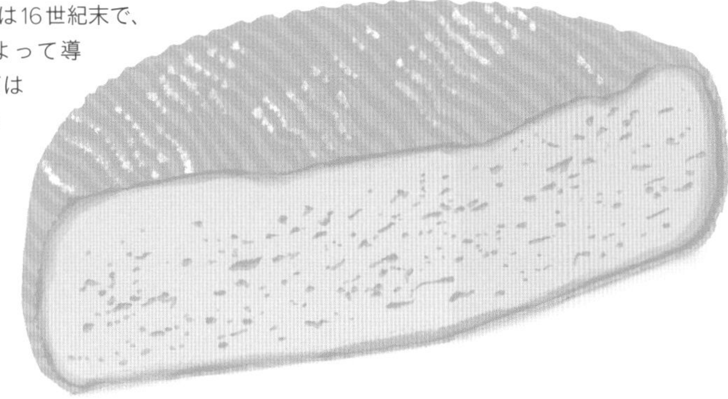

HUSHÅLLSOST

フースハルソスト（スウェーデン）

STG認定
乳種 | 牛乳（低温殺菌乳）
大きさ | 直径：10〜13.5cm
高：10〜15cm
重さ | 1〜2.5kg
MG/PT | 26%

地図 | p.220-221

このチーズに言及した最初の文献は1898年に遡る。スウェーデンの食卓に欠かせない、最も多く消費されているチーズである。その名は文字通り「家庭のチーズ」を意味し、スウェーデンではフランスのテーブルワインに匹敵するほどポピュラーな存在である。小型のトムタイプで、しなやかでなめらかなテクスチャーをしている。さっぱりとした酸味のあるフレッシュな味わい。

IDIAZABAL
イディアサバル (スペイン:バスク州、ナバラ州/País Vasco, Navarra)

AOC depuis 1987　AOP depuis 1996

AOC認定　AOP認定
乳種 | 羊乳(生乳)
大きさ | 直径:10〜30cm
高:8〜12cm
重さ | 1〜3kg
MG/PT | 24%

地図 | p.206-207

カエデとブナのチップで燻したバージョンもある珍しいAOPチーズの1つ。外皮はなめらかで淡黄色をしており、スモークにすると濃褐色に変化する。アイボリー色〜麦藁色の生地は均一で引き締まっていながらも口どけは良く、ややざらつきがある。ハーブ香、ピリッとした刺激、酸味を含む濃厚な味わいで、余韻が長く続く。スモークドタイプは燻香も加わり、香ばしい風味を楽しめる。

IMOKILLY REGATO
イモキリー・レガート (アイルランド:マンスター地方/Munster)

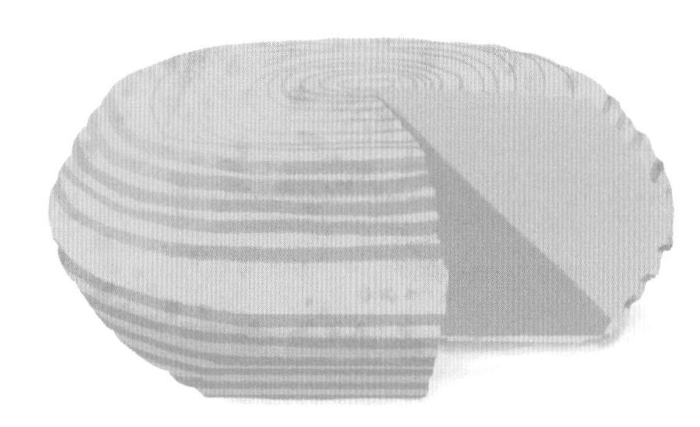

AOP depuis 1999

AOP認定
乳種 | 牛乳(低温殺菌乳)
MG/PT | 28%

地図 | p.216-217

1980年代から生産量が倍増しており、現在では年間4,000tに及んでいる。細い線が何本も入った黄金色の外皮が特徴的で、引き締まった身は麦藁色をしている。甘みのあるまろやかな風味の中にピリッとした刺激があり、他のトムとは一味違う個性的なチーズである。

ISLE OF MULL
アイル・オブ・マル (イギリス:スコットランド/Scotland)

乳種 | 牛乳(生乳)
大きさ | 直径:32cm
高:25cm
重さ | 25kg
MG/PT | 27%

地図 | p.216-217

スコットランドで最も古いチーズの1つ。農家製のチェダーチーズ(Cheddar)に似た姿をしているが、より塩気が強く、穀類(特に大麦)と香草の風味がしっかりと感じられる。身は締まっていながらもとろけるようになめらかで、少しざらついている。アイル・オブ・マルはカンタル(Cantal)(p.104)、サレール(Salers)(p.138)、ライオル(Laguiole)(p.114)と同じ製法で作られている。自然と青味を帯びてくることもあるが、味に影響はない。

KALTBACH
カルトバッハ（スイス：グラールス州、ルツェルン州、ニートワルデン準州、オプワルデン準州、シュヴィーツ州、ウーリ州、ツーク州／Glarus, Luzern, Nidwalden, Obwalden, Schwyz, Uri, Zug）

乳種 | 牛乳（低温殺菌乳）
大きさ | 直径：24cm
高：7cm
重さ | 4kg
MG/PT | 29%

地図 | p.222-223

ザンテンベルク山（Santenberg）にある奥行き2km以上の洞窟内で熟成させる特別なグリュイエール。ここでは約10万個のカルトバッハが肩を並べ、時の経過を待っている。香草、干草、バター、クリームの芳醇なアロマが溢れ出す。テクスチャーはとろけるようになめらかで、クリーミーなコクの余韻が驚くほど長く続く。

KANTERKAAS
カンターカース（オランダ：フリースラント州、フローニンゲン州／Friesland, Groningen）

AOP depuis 2000

AOP認定
乳種 | 牛乳（低温殺菌乳）
重さ | 3～8.5kg
MG/PT | 22%

地図 | p.218-219

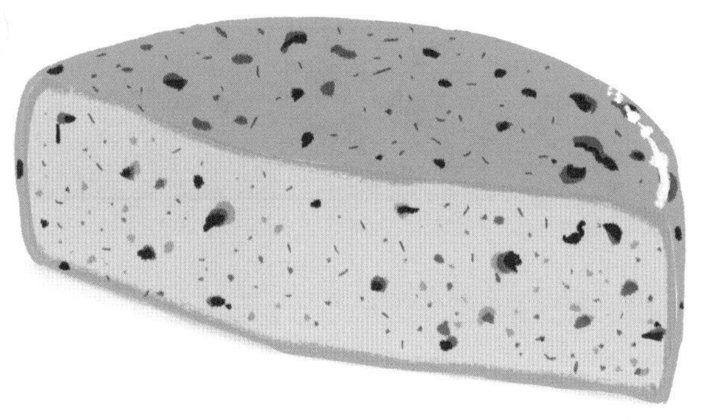

自然な外皮におおわれたタイプ、黄色、赤色のワックスでコーティングされたタイプがある。若いものはマイルドな味わいだが、熟成が進むとスパイシーな辛味があらわれる。クローブ入り（Kanternagelkass）やクミンシード入り（Kanterkomijnekaas）もある。

KEFALOGRAVIERA
ケファログラヴィエラ（ギリシャ：マケドニア地方、イピロス地方、西ギリシャ地方／Makedonia, Ípiros, Ditiki Ellada）

AOP depuis 1996

AOP認定
乳種 | 羊乳100%または
羊乳と山羊乳の混合
（低温殺菌乳）
MG/PT | 21%

地図 | p.226-227

白味がかった外皮をまとったトムで、身は締まっているが柔らかい。小さな気孔が全体に散っている。ミルキーなコクと酸味が口の中に広がり、塩気がほどよく効いている。オリーブオイルでこんがり焼くと、ギリシャの伝統料理、「サガナキ（Saganáki）」になる。

KLENOVECKÝ SYREC
クレノヴェツキー・シレツ（スロバキア：バンスカー・ビストリツァ県、コシツェ県／Banská Bystrica、Košice）

IGP認定
乳種｜羊乳または牛乳（生乳）
大きさ｜直径：10〜25cm　高：8〜12cm
重さ｜1〜4kg
MG/PT｜27%

地図｜p.224-225

十字架や四つ葉のクローバーを円で囲んだマークが、原産地を保証するために個々のチーズの上面に押印されている。目が詰まった、なめらかな組織のトムで、湿ったカーヴと発酵のアロマが際立つ。燻製タイプもあり、香ばしい風味を楽しめる。

LADOTYRI MYTILINIS
ラゾティリ・ミティリニス（ギリシャ：北エーゲ地方／Vório Egéo）

AOP認定
乳種｜羊乳100%または羊乳と山羊乳の混合（低温殺菌乳）
大きさ｜直径：4〜5cm　高：7〜8cm
重さ｜800g〜1.2kg
MG/PT｜22%

地図｜p.226-227

レスヴォス島（Lesvos）のみで作られている小型のチーズ。かごに詰めて熟成させるため、その跡が表面に付いている。身は締まっていてややざらざらしているが、口の中でほろほろと溶けるような食感である。羊乳ならではの独特な酸味と塩気がある。チーズを乾燥させた後にオリーブオイルの入った素焼きの壺に漬け込むのが伝統製法だが、現在ではワックスで表面をコーティングしたタイプもある。

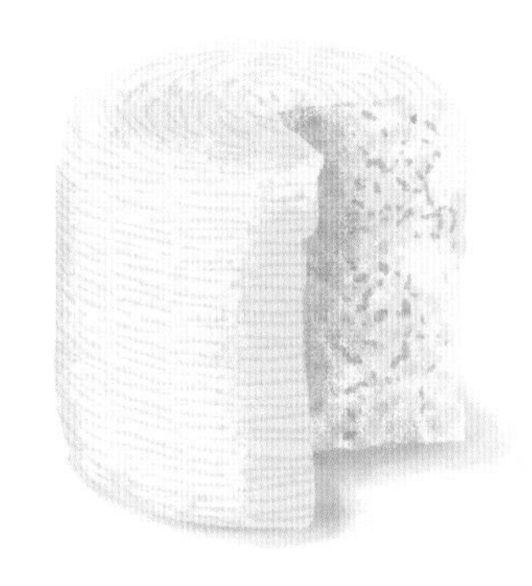

LAGUIOLE
ライオル（フランス：オクシタニー地域圏／Occitanie）

AOC認定　AOP認定
乳種｜牛乳（生乳）
大きさ｜直径：30〜40cm　高：30〜40cm
重さ｜20〜50kg
MG/PT｜29%

地図｜p.202-203

古代ローマの博物学者、大プリニウスの「博物誌」にも登場する伝説的なチーズ。かつては修道士たちが家畜を山中に放牧する夏季に作っていた。現在は1年を通して生産されているが、産地は標高800〜1,400mの高地に限られている。ごつごつとした素朴な外観だが、その内側に濃厚ではあるが上品かつ繊細なアロマが隠れている。テクスチャーはバターのようになめらか。ミルクやクリーム、バターのまろやかなコク、ロースト香、ハーブとナッツのアロマが混ざり合った、豊かな風味を楽しめる。

LAVORT
ラヴォール（フランス：オーヴェルニュ=ローヌ=アルプ地域圏／Auvergne-Rhône-Alpes）

乳種｜羊乳（生乳）
大きさ｜直径：20cm
高：12cm
重さ｜2kg
MG/PT｜27%

地図｜p.202-203

オーヴェルニュ地方に移住し、チーズ職人に転身したパトリック・ボーモン氏（Patrick Beaumont）の作品。フュメゾン（Fumaison）（p.109）の考案者でもある。同氏はスペインへ砲弾の型を探しに行き、1988年にこの型を使ったラヴォールを考案した。その形状は実にユニークである！ 外皮は無骨で荒々しく、湿ったカーヴやキノコの香りをまとっているが、中の生地はしっとりと柔らかい。ほどよい酸味とミルキーでハーバルなアロマがふわりと広がり、ほのかな甘みも感じられる。

LILIPUTAS
リリピュタス（リトアニア）

IGP depuis 2015

IGP認定
乳種｜牛乳（低温殺菌乳）
大きさ｜直径：7～8.5cm
高：7.5～13cm
重さ｜400～700g
MG/PT｜30%

地図｜p.220-221

リトアニアの乳製品の伝統的な産地であるベルヴェデリス村（Bervederis）のみで作られている。この村には1921年に農学専門校が創設され、「酪農科」も設けられた。外皮はなめらかで、主に黄色のワックスでコーティングされている。生地は弾力があり、噛めば噛むほど旨味が滲み出てくる。所々に不揃いの小さな気孔が見られる。発酵乳の独特な風味が感じられ、塩辛さとえぐみが出てくることもある。

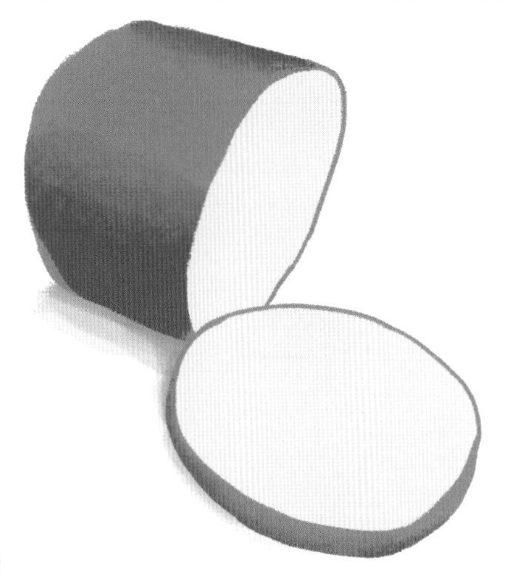

MAHÓN-MENORCA
マオン=メノルカ（スペイン：バレアレス諸島／Islas Baleare）

AOC depuis 1985　AOP depuis 1996

AOC認定　AOP認定
乳種｜牛乳と羊乳（5%まで）の混合
（生乳または低温殺菌乳）
大きさ｜正方形：1辺20cm　高5～9cm
重さ｜1～4kg
MG/PT｜24%

地図｜p.206-207

褐色の外皮におおわれた生地は目が詰まっていて乾いているが、指で触れると脂っぽい。ざらざらしているが、口どけは良い。バターやコーンミールの風味が感じられる。

MIMOLETTE
ミモレット（フランス：オー＝ド＝フランス地域圏／Hauts-de-France）

乳種 | 牛乳（生乳または低温殺菌乳）
大きさ | 直径：20cm
高：15cm
重さ | 2.5～4kg
MG/PT | 27%

地図 | p.196-197

リール出身のシャルル・ド・ゴール第18代大統領に愛されたチーズとしても有名。

発祥地はフランスかオランダか？ この論争は決着をみないが、1つだけ確かな史実がある。それは17世紀にコルベール財務総督が戦争を理由にオランダ産エダムチーズの輸入を禁じたことである。そしてフランスの農夫にエダムに似た国産チーズ（当時の名称は「ブール・ド・リール〈Boule de Lille〉」）に色を付けて区別できるようにすることを命じた。その後しばらくして、オランダ人も自国のエダムを「オレンジ色」に着色するようになった。使用されている色素は植物性のアナトーである。2つのチーズの重要な違いは外皮にある。フランスのミモレットは自然に形成されるが、オランダのエダムはワックスでおおわれている。ミモレットは熟成期間によって、「jeune（ジューヌ）」（6カ月以下）、「demi-vieille（ドゥミ＝ヴィエイユ）」（6～12カ月）、「vieille（ヴィエイユ）」（12～18カ月）、「extra-vieille（エクストラ＝ヴィエイユ）」（18カ月以上）に分類される。「ジューヌ」と「ドゥミ＝ヴィエイユ」は柔らかく弾力があり、マイルドな味わい。熟成が進むと身が締まって硬くなり、旨味が凝縮され、ヘーゼルナッツの風味が増すが、刺激はない。

MONTASIO
モンタジオ（イタリア：フリウリ＝ヴェネツィア・ジュリア州、ヴェネト州／Friuli-Venezia Giulia, Veneto）

AOC depuis 1986　AOP depuis 1996

AOC認定　AOP認定
乳種 | 牛乳（生乳）
大きさ | 直径：27～35cm　高：8cm
重さ | 5.5～8kg
MG/PT | 29%

地図 | p.210-211

このチーズに関する最古の記録は18世紀に遡る。当時はベネディクト派のモッジョ修道院（Moggio）の僧侶が羊乳で作っていた。なめらかで均一な外皮におおわれている。麦藁色の生地は目が詰まっていて、小さな穴が散っている。若いものはしっとりと柔らかく、ミルキーな味わい。熟成が進むと乾いた、ざらつきのある組織に変化し、動物の野性味が増し、ピリッとした刺激があらわれる。

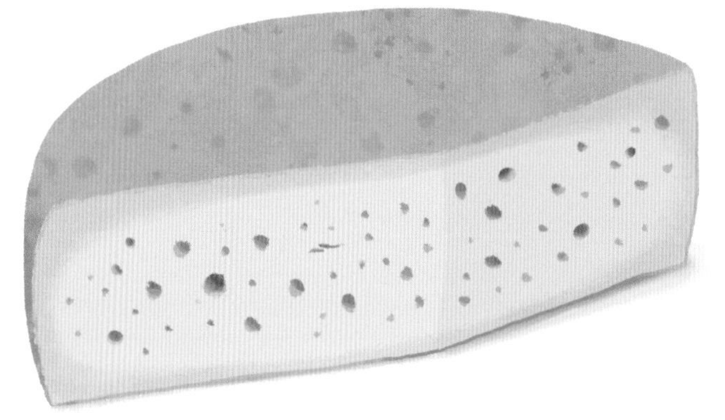

MONTE VERONESE

モンテ・ヴェロネーゼ（イタリア：ヴェネト州／Veneto）

AOP depuis 1996

AOP認定
乳種 | 牛乳（生乳）
大きさ | 直径：25〜35cm
高：6〜11cm
重さ | 6〜10kg
MG/PT | 29%

地図 | p.210-211

現在、「latte intero（ラッテ・アンテロ）」（全乳）と「d'allevo（ダレーヴォ）」（熟成・脱脂乳）の2タイプがある。いずれも本物であることを証明する「Monte Veronese」のマークが側面に刻印される。「ラッテ・アンテロ」は熟成が若いタイプで、味わいはマイルドでフレッシュバターやヨーグルトの爽やかな香りを特徴とする。テクスチャーは柔らかく弾力がある。新鮮なミルクの甘みが際立ち（熟成期間はわずか25日間）、ほどよい酸味とハーブのアロマが心地よい。一方、「ダレーヴォ」の熟成期間は90日間以上で、よりごつごつした素朴な外観に変化する。芳香もより豊かになり、ヘーゼルナッツ、バター、クリームの風味が増す。フィニッシュはややスパイシー。

モンテ・ヴェロネーゼは少なくとも1世紀頃から存在していたといわれている。当時のヴェネト州の会計帳簿にこのチーズが通貨として使われていたことが記されている。

MORBIER

モルビエ（フランス：オーヴェルニュ=ローヌ=アルプ地域圏、ブルゴーニュ=フランシュ=コンテ地域圏／Auvergne-Rhône-Alpes, Bourgogne-Franche-Comté）

AOC depuis 2000　**AOP** depuis 2002

AOC認定　AOP認定
乳種 | 牛乳（生乳）
大きさ | 直径：30〜40cm　高：5〜8cm
重さ | 5〜8kg
MG/PT | 29%

地図 | p.198-199

その昔、モルビエは大型のコンテ（Comté）（p.156）を生産するためのミルクが十分に採集できなかった時に作られるチーズだった。農家では夕方搾乳したミルクから凝乳を作り、虫から守るために鍋の底に付いている煤を表面にまぶしていた。そして、翌朝の搾乳からできた凝乳をその上に重ねていた。ローズ色〜オレンジ色がかったベージュ色の外皮は少しねっとりしていて、硫黄のような匂いをまとっている。もっちりと柔らかい生地はクリーミーで、ヘーゼルナッツの香味を感じさせる。味わいはまろやかで酸味は控えめである。

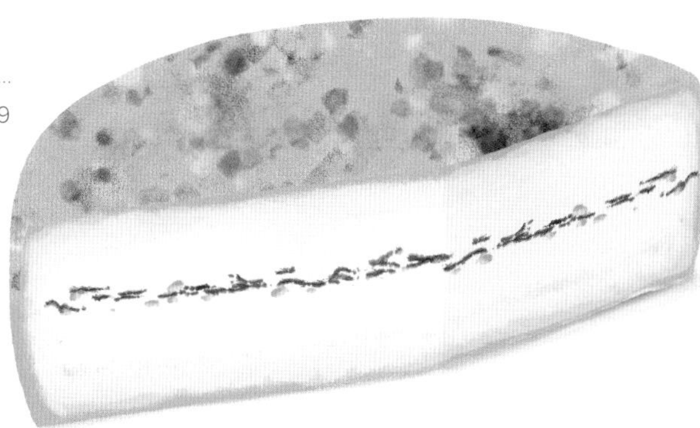

中心に入った青黒い線はカビではなく、2回（夕方と翌日の朝）の搾乳で得られる凝乳を区分するためにまぶされた植物性の灰である。

NANOŠKI SIR
ナノシュキー・シール（スロベニア：イストラ半島、ゴリシュカ・ブルダ地方／Istra, Goriška）

AOP depuis 2011

AOP認定
乳種｜牛乳（低温殺菌乳）
大きさ｜直径：32〜34cm
高：7〜12cm
重さ｜8〜11kg
MG/PT｜23%

地図｜p.222-223

ナノス高原（Nanos）で16世紀から作られている伝統的なチーズ。黄色い外皮に赤レンガ色〜褐色の斑点が入っている。中身は濃黄色で弾力があり、目が詰まっている。控えめではあるが、ピリッとした刺激と塩気がある。

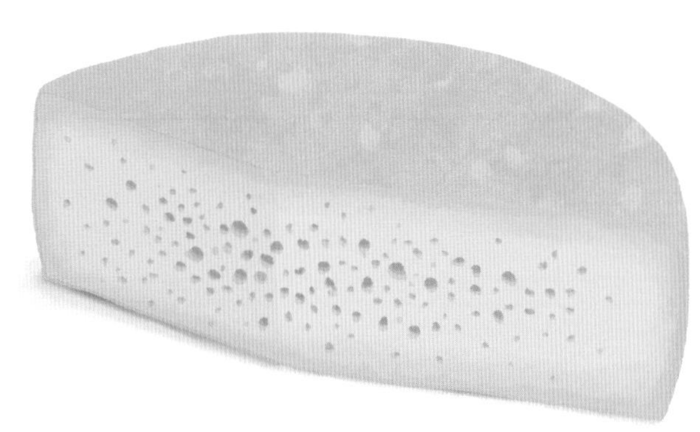

NOORD-HOLLANDSE EDAMMER
ノールト=ホランセ・エダマー（オランダ：北ホラント州／Noord-Holland）

AOP depuis 1996

AOP認定
乳種｜牛乳（低温殺菌乳）
重さ｜1.7〜1.9kg
MG/PT｜28%

地図｜p.218-219

最も有名なオランダチーズの1つ。全てレティエ（共同酪農場製）である。数世紀前から、エダム（Edam）やアイセル湖（Ijssel）の港から世界各地へ輸出されていた。表面をおおう赤またはオレンジ色のワックスが目印。食感は弾力があり、むっちりしている。フレッシュミルクとバターのまろやかな風味を楽しめる。

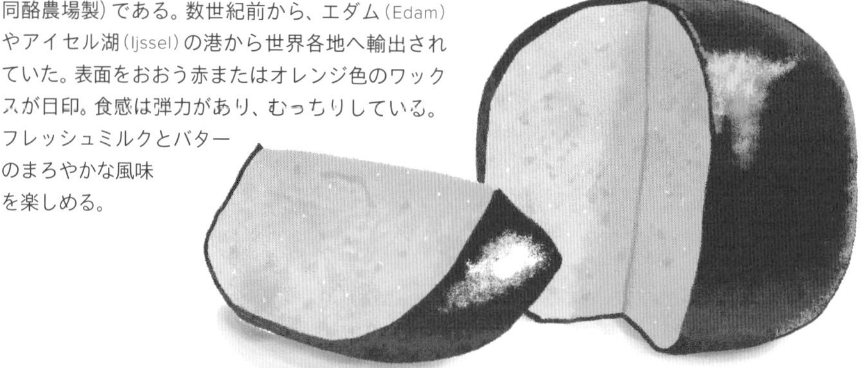

NOORD-HOLLANDSE GOUDA
ノールト=ホランセ・ゴーダ（オランダ：北ホラント州／Noord-Holland）

AOP depuis 1996

AOP認定
乳種｜牛乳（低温殺菌乳）
重さ｜2.5〜30kg
MG/PT｜28%

地図｜p.218-219

毎週木曜日の朝、港町のゴーダでは、ゴーダチーズをホール単位で取引する競売が開かれる。オランダのチーズ専門店やスーパーでは、オレンジ色のワックスでおおわれたその姿を見かけないことはない。それほどポピュラーな国民的チーズである。若いうちは弾力があり柔らかいが、熟成が進むと硬くなり、チロシンの結晶である白い粒が生地全体にあらわれ、バターとヘーゼルナッツの風味が増し、ほのかな甘みが出てくる。

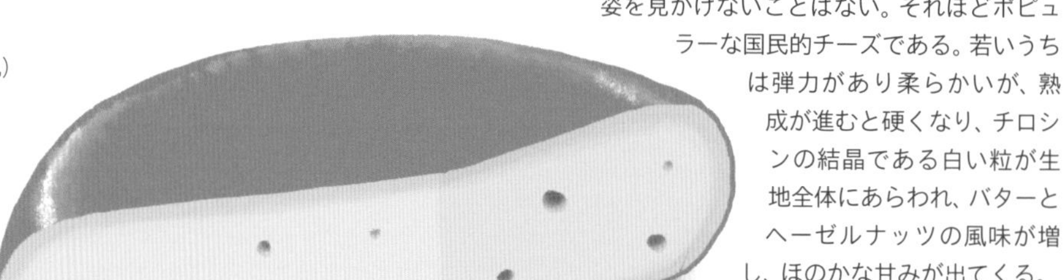

NOSTRANO VALTROMPIA
ノストラーノ・ヴァルトロンピア (イタリア：ロンバルディア州／Lombardia)

AOP depuis 2012

AOP認定
乳種 | 牛乳（生乳）
大きさ | 直径：30～45cm　高：8～12cm
重さ | 8～18kg
MG/PT | 28%

地図 | p.210-211

外皮は黄色～赤褐色を帯びていて、テクスチャーはやや脂っぽく、目が詰まっている。生乳にサフランを加えるため、身は黄金色をしている。旨味たっぷりの味わいで、サフランの香味がほのかに漂う。長く熟成させると、少しピリッとした刺激があらわれる。

OLD GRIZZLY
オールド・グリズリー (カナダ：アルバータ州／Alberta)

乳種 | 牛乳（低温殺菌乳）
大きさ | 直径：36cm　高：10cm
重さ | 10kg
MG/PT | 26%

地図 | p.228-229

シャルクウィック家（Schalkwyk）がカナダに移住し、ゴーダタイプのチーズの生産を始めたのは1995年のこと。オールド・グリズリーは歯ごたえのあるテクスチャー、バターのようなマイルドな味わいを特徴とする。ナッツやフレッシュクリームのニュアンスも感じられる。

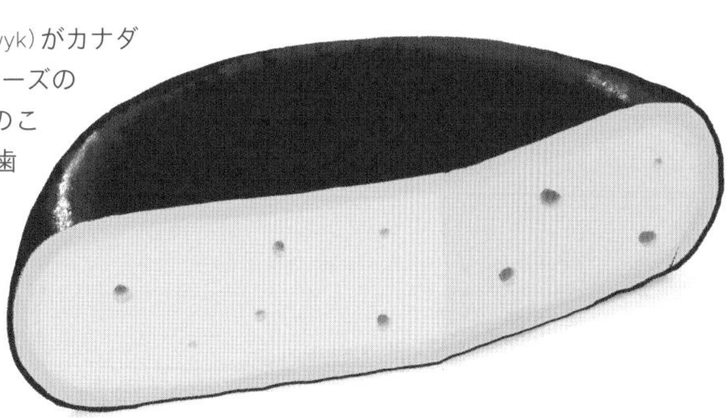

OLOMOUCKÉ TVARŮŽKY
オロモウツケー・トヴァルーシュキ (チェコ：オロモウツ州／Olomouc)

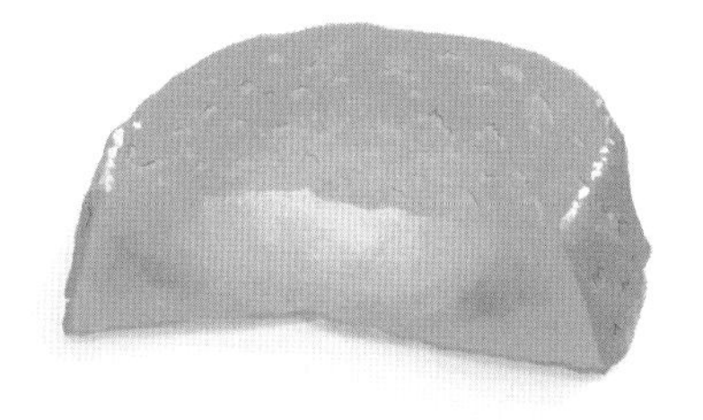

IGP depuis 2010

IGP認定
乳種 | 牛乳（低温殺菌乳）
重さ | 20～30kg
MG/PT | 24%

地図 | p.224-225

小ぶりのトムで、金色がかった蝋質の外皮におおわれている。軟質、やや軟質、硬質のタイプがある。形状も円盤状、環状、薪状などがある。熟成が進むにつれて、まろやかな風味から刺激のある風味へと変化する。

ORKNEY SCOTTISH ISLAND CHEDDAR
オークニー・スコティッシュ・アイランド・チェダー (イギリス：スコットランド／Scotland)

IGP depuis 2013

IGP認定
乳種 | 牛乳（低温殺菌乳）
重さ | 20kg
MG/PT | 33%

地図 | p.216-217

熟成度によって、「medium（ミディアム）」（6～12カ月）、「mature（マチュア）」（12～15カ月）、「extra mature（エクストラ・マチュア）」（15～18カ月の3タイプに分類される。イギリスのチェダー・チーズ特有のヘーゼルナッツとスパイスのアロマと、ほどよい酸味を感じさせる。

OSCYPEK

オスツィペック(ポーランド:シレジア地域/Śląskie)

AOP
depuis
2008

AOP認定

乳種|羊乳100%または羊乳と牛乳の混合(生乳)

大きさ|直径:6～10cm(中心部)
長:17～23cm

重さ|600～800g

MG/PT|31%

地図|p.224-225

「OSCYPEK」という呼称は製法に関係しており、「細かく砕く」という意味の「osczypywac」と、このチーズの形状を想起させる「小さな槍」を示す「oszcypek」に由来している。生産期間は5月から9月に限定されている。乾燥後に燻製にするため、外皮はつややかな黄金色～淡褐色を帯びている。スモーク香と動物のアロマ、酸味が混ざり合った独特な味わい。

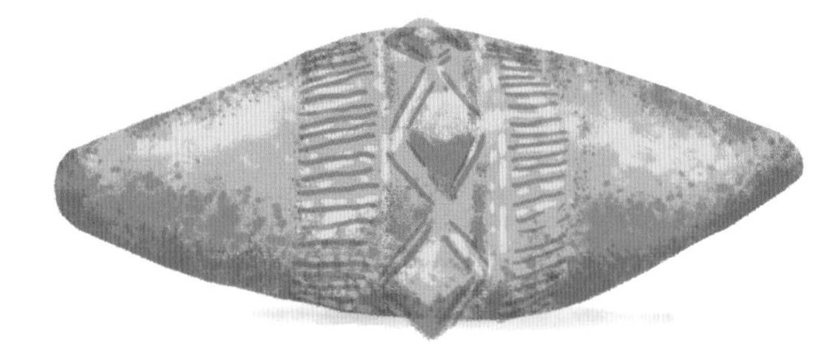

OSSAU-IRATY

オッソー=イラティ(フランス:ヌーヴェル=アキテーヌ地域圏/Nouvelle-Aquitaine)

AOC
depuis
1980

AOP
depuis
1996

AOC認定　AOP認定

乳種|羊乳(生乳または低温殺菌乳)

大きさ|直径:17～27cm　高:7～14cm

重さ|1.8～6kg

MG/PT|30%

地図|p.202-203

バスク地方(Pays basque)、ベアルン地方(Béarn)を代表するチーズで、中世の時代から存在する。14世紀の公正証書に、小作人と地主の分益小作契約で、このチーズが小作料として納められていたことが記されている。その呼称はベアルン地方のオッソー谷と、バスク地方のイラティ山にちなんでいる。生産場所によって次の3タイプに分類される。レティエ(共同酪農場製)には外皮の中央に羊の横顔、フェルミエ(農家製)には正面を向いた羊の顔が刻まれる。さらにエスティーヴ(山小屋製)には、正面を向いた羊の顔とエーデルワイスの花が刻まれる。チーズのタイプによって外皮の色も異なり、オレンジ色がかった黄色から淡灰色までさまざまである。フレッシュハーブや干草、バターのアロマが際立つ。緻密な生地はねっとりと溶けるような口当たりで、動物の野性味とミルクのコク、香ばしい風味が広がる。

ミッシェル・トゥヤルー氏(Michel Touyarou)作の小型のオッソー=イラティ・エスキルー(Ossau-iraty Exquirrou)が2018年にアメリカで開かれた大会で、3,400種の中からワールドベストチーズに選ばれた。

OSSOLANO
オッソラーノ（イタリア：ピエモンテ州／Piemonte）

AOP
depuis
2017

AOP認定
乳種｜牛乳（生乳）
大きさ｜直径：29～32cm
高：6～9cm
重さ｜2～7kg
MG/PT｜28%

地図｜p.210-211

この山のチーズには2タイプあり、夏季に標高のより高い場所で生産される貴重な「alpage（アルパージュ）」には、茶色のラベルが貼られる。いずれも生地は淡黄色～麦藁色でとろけるようになめらか。フローラル、ナッティーな芳香が心地よく、草花やバニラ、スグリなどのベリー系のアロマを帯びた芳醇な風味を楽しめる。

OVČÍ SALAŠNÍCKY ÚDENÝ SYR
オヴツィ・サラニツキー・オジュニ・シール（スロバキア）

STG
depuis
2010

STG認定
乳種｜羊乳（生乳）
重さ｜100g～1kg
MG/PT｜28%

地図｜p.224-225

スロバキアを代表するスモークドチーズで、さまざまな形状がある（半球形、動物形、ハート形）。生産は夏季に限定されている。茶色がかった表面は乾いていて、燻製による斑点が見られる。身は締まっており、小さな穴が散っている。スモークの香ばしさが際立ち、ほどよい酸味も感じられる。

PECORINO CROTONESE
ペコリーノ・クロトネーゼ（イタリア：カラブリア州／Calabria）

AOP
depuis
2014

AOP認定
乳種｜羊乳（生乳、サーミゼーション乳、低温殺菌乳のいずれか）
大きさ｜直径：10～30cm
高：6～20cm
重さ｜500g～10kg
MG/PT｜28%

地図｜p.214-215

熟成度の異なる3タイプがあり、若いものから「fresco（フレスコ）」、「semiduro（セミデューロ）」、「stagionato（スタジョナート）」（6カ月以上熟成）に分類される。外皮は白色から麦藁色、褐色へと変化する。羊乳独特の香り、干草、ハーブ、ナッツのアロマが際立つ。しっとりとなめらかな口当たりで、若いうちはマイルドな味わいだが、熟成が進むにつれて旨味が増し、ピリッとした刺激が出てくる。「スタジョナート」は外皮を柔らかくし、より深みのある味にするためにオリーブオイルを塗ることもある。

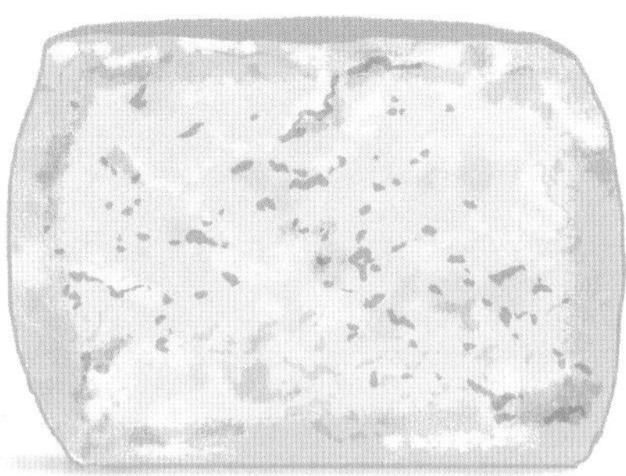

PECORINO DELLE BALZE VOLTERRANE
ペコリーノ・デッレ・バルツェ・ヴォルテッラーネ（イタリア：トスカーナ州／Toscana）

AOP
depuis
2015

AOP認定
乳種｜羊乳（生乳）
大きさ｜直径：10〜20cm
高：5〜15cm
重さ｜600g〜7kg
MG/PT｜28%

地図｜p.212-213

植物性レンネットを使用しているため、ベジタリアンにも適している。熟成度によって4タイプに分類される。「fresco（フレスコ）」（1〜6週間）、「semi-stagionato（セミ＝スタジョナート）」（6週間〜6カ月）、「stagionato（スタジョナート）」（6〜12カ月）、「da asserbo（ダ・アセルボ）」（12カ月以上）である。生地は熟成が進むにつれて緻密になり、乳白色から黄金色へと変化する。ミルクやハーブ、黄色い花の香りを放ち、口に含むとまずフローラルな優しい風味が広がるが、徐々にバターとミルクのまろやかなコクがあらわれる。熟成が長いタイプはフィニッシュにピリッとした刺激を感じる。

PECORINO DI FILIANO
ペコリーノ・ディ・フィリアーノ（イタリア：バジリカータ州／Basilicata）

AOP認定
乳種｜羊乳（生乳）
大きさ｜直径：15〜30cm　高：8〜18cm
重さ｜2.5〜5kg
MG/PT｜28%

地図｜p.212-215

外皮に成型に使用したかごの跡が付いている。アロマをより豊かにするために、エクストラ・バージン・オリーブオイルと白ワインヴィネガーを表面に塗る。身は引き締まり、乾いている。若いタイプはミルキーな甘みのある味わいで、熟成が進むにつれて動物の野性味と辛味が出てくる。

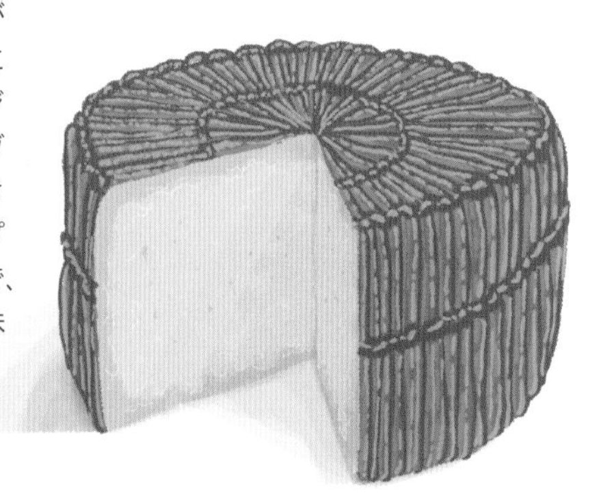

PECORINO DI PICINISCO
ペコリーノ・ディ・ピチニスコ（イタリア：ラツィオ州／Lazio）

AOP認定
乳種｜羊乳100%または羊乳と山羊乳（25%まで）の混合（生乳）
大きさ｜直径：12〜25cm　高：7〜12cm
重さ｜500g〜2.5kg
MG/PT｜29%

地図｜p.212-213

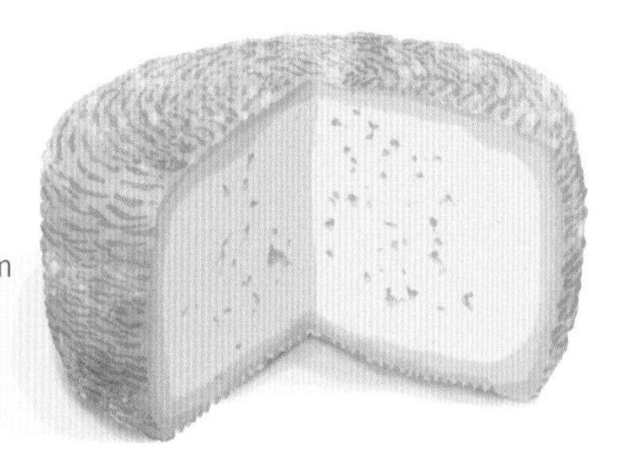

熟成度によって、「scamosciato（スカモシアート）」（30〜60日）と「stagionato（スタジョナート）」（90日以上）の2タイプがある。外皮はごつごつしていて、生地に小さな気孔があいている。「スカモシアート」は牧草の香りと、ハーブ、ミルクのアロマが際立つ爽やかな味わい。「スタジョナート」はより旨味が凝縮され、動物の野性味が増し、香りも味も力強くなる。

PECORINO ROMANO
ペコリーノ・ロマーノ（イタリア：ラツィオ州、サルデーニャ州、トスカーナ州／Lazio, Sardegna, Toscana）

AOP depuis 1996

AOP認定
乳種 | 羊乳（生乳、サーミゼーション乳、低温殺菌乳のいずれか）
大きさ | 直径：25〜35cm 高：25〜40cm
重さ | 1〜3.5kg
MG/PT | 28%

地図 | p.212-215

古代ローマの詩人、ウェルギリウスの著書「アエネーイス」に、領土拡大に出征したローマ軍兵士に活力を与えるために、各人に毎日27gのペコリーノ・ロマーノが配給されていたことが記されている。ロマーノという呼称だが、ローマのあるラツィオ州のみではなく、サルデーニャ州やトスカーナ州でも生産されている。黒いワックスでおおわれているが、外皮は白色で、テクスチャーは硬質でもろく、ざくざくしている。塩気が強く、羊小屋の匂い、干草や香辛料のアロマが感じられる。

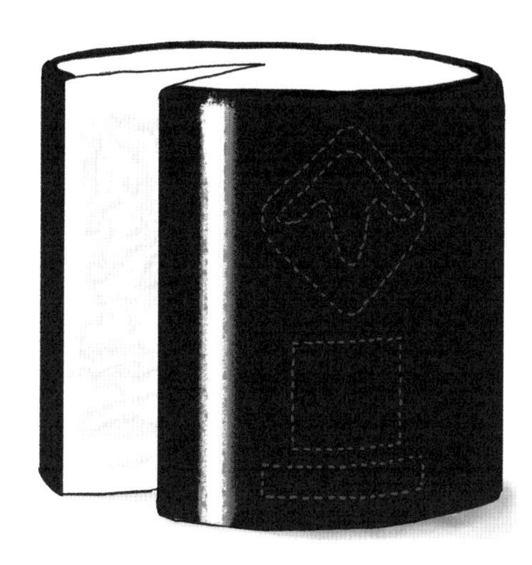

PECORINO SARDO
ペコリーノ・サルド（イタリア：サルデーニャ州／Sardegna）

AOC depuis 1991　AOP depuis 1996

AOC認定　AOP認定
乳種 | 羊乳（生乳、サーミゼーション乳、低温殺菌乳のいずれか）
大きさ | 直径：15〜22cm 高：8〜13cm
重さ | 1〜4kg
MG/PT | 28%

地図 | p.212-215

熟成度の異なる2タイプがある。まず「dolce（ドルチェ）」（フレッシュタイプ／熟成20〜60日）は、外皮がなめらかで、乳白色〜黄色を帯びている。生地は緻密で弾力があり、小さな気孔が見られる。ミルクの甘みと酸味が心地よい爽やかな味わいを楽しめる。「maturo（マトゥーロ）」（熟成12カ月以上）は外皮が黄色〜褐色を帯びており、生地は少しざらざらしているが口どけはなめらかである。ペコリーノ特有の旨味が強く、少し辛味がある。

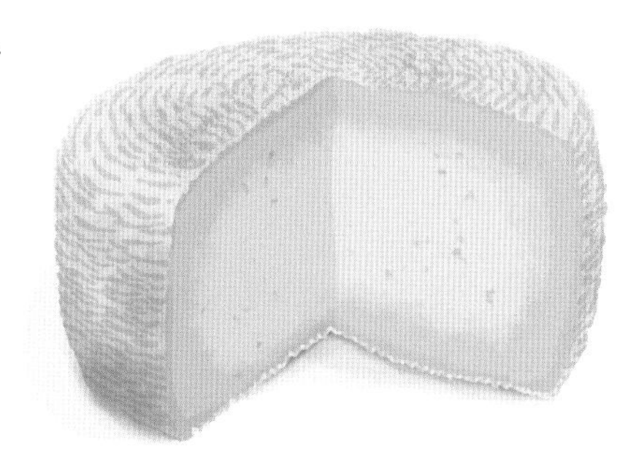

PECORINO SICILIANO
ペコリーノ・シチリアーノ（イタリア：シチリア州／Sicilia）

AOC depuis 1955　AOP depuis 1996

AOC認定　AOP認定
乳種 | 羊乳（生乳）
大きさ | 直径：10〜30cm　高：10〜25cm
重さ | 3〜14kg
MG/PT | 31%

地図 | p.214-215

紀元前8世紀ギリシャの吟遊詩人、ホメーロスの「オデュッセイア」にも言及されている程、歴史がある。生産時期は10月から翌年6月に限られているが、最低でも4カ月熟成させなければならないため、1年を通して賞味できる。他のペコリーノと同様に、外皮はつややかで、熟成時に使用するかごの跡（縞模様）が付いている。身は緻密でざらつきがある。羊小屋の匂いが立ち上り、独特な風味とともに、ピリッとした塩味が感じられる。

PECORINO TOSCANO
ペコリーノ・トスカーノ（イタリア：ラツィオ州、ウンブリア州、トスカーナ州／Lazio, Umbria, Toscana）

AOP depuis 1996

AOP認定
乳種｜羊乳（生乳または低温殺菌乳）
大きさ｜直径：15〜22cm
高：7〜11cm
重さ｜750g〜3.5kg
MG/PT｜29%

地図｜p.212-213

ローマ時代の博物学者、大プリニウスの著書にも言及されているチーズで、その発祥地は、紛れもなくトスカーナ地方だが、今日ではウンブリア州とラツィオ州でも生産されている。カビを取り除くために、オリーブオイルで磨かれた外皮は、黄色、濃黄色、黄金色をしている。黄味がかった白色の身は熟成が進むとベージュ色になる。テクスチャーはしなやかなものもあれば、引き締まって硬いものもあり、所々に小さな気孔が見られる。ミルキーなコクから干草、ナッツ、スパイスのアロマまで、熟成度によって異なる風味を楽しめる。

PHÉBUS
フェビュ（フランス：オクシタニー地域圏／Occitanie）

乳種｜牛乳（生乳）
大きさ｜直径：22cm
高：7cm
重さ｜2.7kg
MG/PT｜26%

地図｜p.202-203

キュピドン（Cupidon）（p.83）とプティ・フィアンセ・デ・ピレネー（Petit Fiancé des Pyrénées）（p.90）の生産者であるガロ夫妻（Gallos）の作品。呼称はこの地方で中世期に活躍した高名な騎士かつ著述家のガストン・フェビュ伯爵を偲んで名付けられた。ローズ色〜オレンジ色がかった外皮には白い斑紋が入っている。テクスチャーはしなやかでクリーミー。フレッシュミルクの香りが際立ち、草花と干草のニュアンスも感じられる。ミルクの甘みとほのかな酸味、フルーティーなアロマが一体となった繊細な味わいが魅力。オーブンでとろけるまで焼いても、ラクレットにしても美味しい。

PIACENTINU ENNESE
ピアチェンティヌ・エンネーゼ（イタリア：シチリア州／Sicilia）

AOP depuis 2011

AOP認定
乳種｜羊乳（生乳）
大きさ｜直径：20〜21cm
高：14〜15cm
重さ｜3.5〜4.5kg
MG/PT｜29%

地図｜p.214-215

その呼称はイタリア語で「楽しい、心地よい」という意味の「ピアチェンティ（piacenti）」から来ている。現存する古文書に12世紀から存在していたことが記されている。外皮の美しい黄色はシチリア産のサフランによるもの。凝乳に黒胡椒を加えることから、スパイシーなピリッとした辛味が舌を刺激する。身は引き締まっているが口どけは良い。

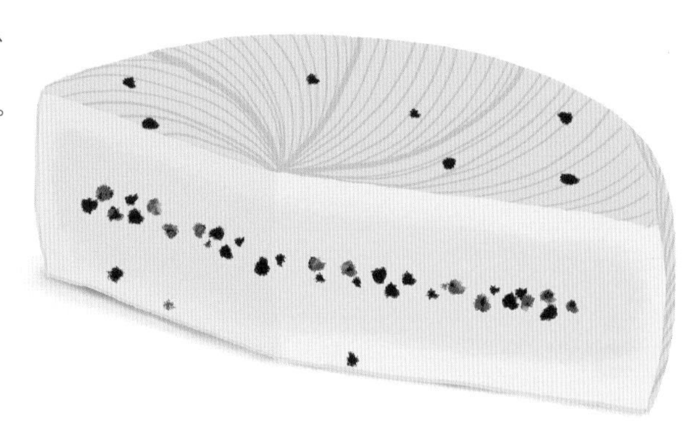

PIAVE
ピアーヴェ（イタリア：ヴェネト州／Veneto）

AOP
depuis
2010

AOP認定
乳種｜牛乳（生乳または低温殺菌乳）
大きさ｜直径：25.5〜34cm
高：5〜10cm
重さ｜4.5〜8kg
MG/PT｜20〜35%

地図｜p.210-211

熟成度によって5タイプに分類される。「fresco（フレスコ）」（20〜60日）、「mezzano（メッツァーノ）」（60〜180日）、「vecchio（ヴェッキオ）」（6カ月以上）、「vecchio selezione oro（ヴェッキオ・セレチィオーネ・オーロ）」（12カ月以上）、「vecchio riserva（ヴェッキオ・リゼルヴァ）」（18カ月以上）。タイプによって大きさ、重量、乳脂肪分が異なる。「フレスコ」と「メッツァーノ」はミルキー感が強く、フレッシュでマイルドな味わい。外皮は明るい色で中身は白く、均一なテクスチャーである。熟成が進むと濃厚になり、バターとクリームのコクと甘みが増すが、刺激はほとんどない。中身は麦藁色から淡褐色へと変化し、より乾いた、ざらざらした組織になる。

PITCHOUNET
ピチュネ（フランス：オクシタニー地域圏／Occitanie）

乳種｜羊乳（生乳）
大きさ｜直径：9〜10cm　高：6〜7cm
重さ｜380g
MG/PT｜28%

地図｜p.202-203

ルキュイット・ド・ラヴェロン（Recuite de l'Aveyron）（p.54）、ブルー・ド・セヴラック（Bleu de Séverac）（p.169）を生産しているセガン家（Sequin）が考案。「ピチュネ」はこの地方の方言で「小さな子供」を意味する。上品かつ繊細な味わいで、フレッシュミルク、刈りたての牧草、藁のアロマが広がり、フィニッシュに軽い苦味とキノコのニュアンスがあらわれる。

PRINZ VON DENMARK
プリンツ・フォン・ダンマルク（デンマーク：ユトランド半島／Jylland）

乳種｜牛乳（低温殺菌乳）
大きさ｜直径：31cm　高：9cm
重さ｜6.6kg
MG/PT｜29%

地図｜p.220-221

黒いワックスにおおわれた生地は弾力があり、小さな穴があいている。やや刺激のあるミルキーな味わいを特徴とする。乳白色の色味からマイルドな味を想像するが、実はそうではない！口に含むとまず爽やかな酸味が広がり、徐々に動物的なアロマが強くなり、フィニッシュにピリッとした辛味を感じる。意外性を楽しめるチーズである。

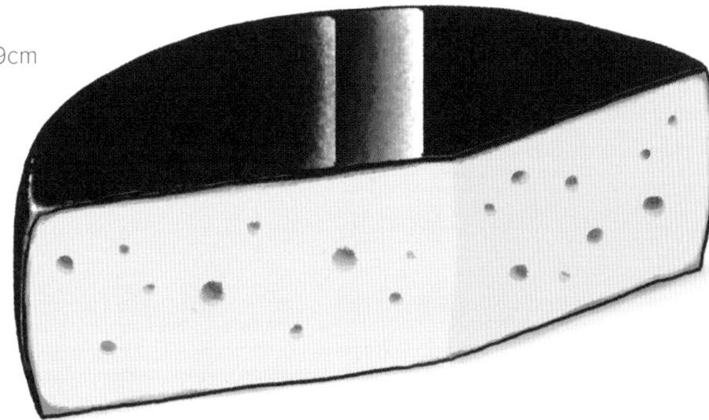

PUZZONE DI MOENA/SPRETZ TZAORI
プッツォーネ・ディ・モエナ／スプレッツ・ツァオーリ（イタリア：トレンティーノ＝アルト・アディジェ州／Trentino-Alto Adige）

AOP depuis 2013

AOP認定
乳種｜牛乳（生乳）
大きさ｜直径：34〜42cm
高：9〜12cm
重さ｜9〜13kg
MG/PT｜28%

地図｜p.210-211

1つのチーズに呼称が2つ！「puzzone」は「臭い」という意味。外皮はしっとりとなめらかで、その色味は黄色からベージュ色、茶色、ローズ色がかった褐色までとさまざまである。温かい塩水で洗うため、外皮から放たれる香りが強く、ややアンモニア臭がする。中身はつややかなアイボリー色〜淡黄色で、むっちりと弾力のあるテクスチャーをしている。旨味がぎゅっと詰まった味わいで、ほのかな塩気とピリッとした刺激を感じさせる。

PYENGANA
ピエンガナ（オーストラリア：タスマニア州／Tasmania）

乳種｜牛乳（生乳）
MG/PT｜27%

地図｜p.232-233

「Pyengana」は原住民の言語で「2本の川が合流する場所」を意味する。古くから乳牛を飼養してきたヒーリー家（Healey）の4代目が、1992年に一家として初めてチーズ生産を開始した。ややざらつきのある、口どけの良いテクスチャーで、熟成が進むにつれて、クリーム、フレッシュオニオン、ナツメグ、さらにはクミンの風味が出てくる。熟成度に関係なく、調和のとれた余韻が長く続く。

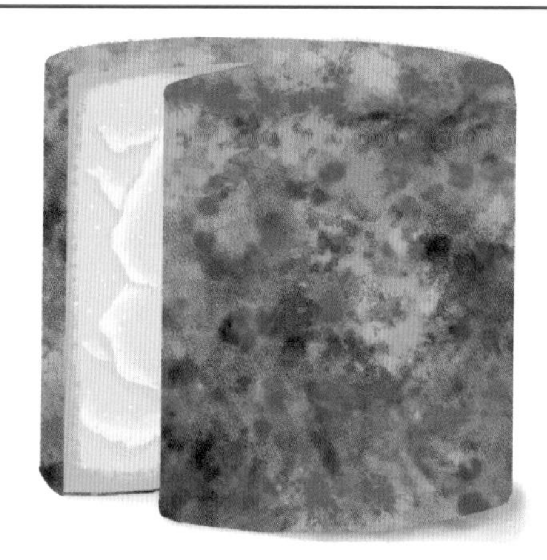

QUEIJO DA BEIRA BAIXA
ケイジョ・ダ・ベイラ・バイシャ（ポルトガル：セントロ地方／Centro）

AOP depuis 1996

AOP認定
乳種｜羊乳および／または山羊乳（生乳）
大きさ｜直径：9〜13cm
高：6cm
重さ｜500g〜1kg
MG/PT｜29%

地図｜p.208-209

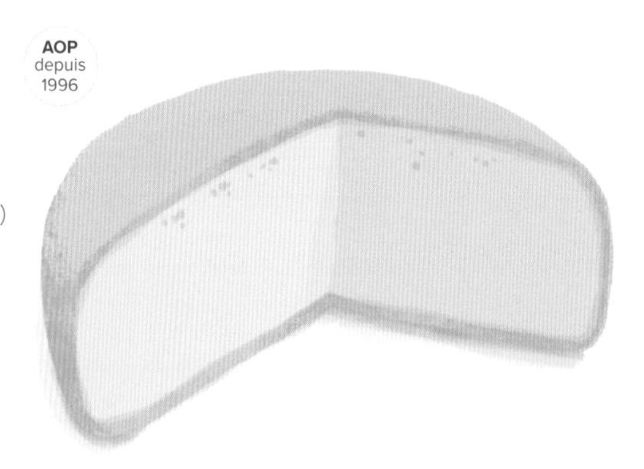

このAOP認定にはケイジョ・デ・カステロ・ブランコ（Queijo de Castelo Branco）、ケイジョ・アマレロ・ダ・ベイラ・バイシャ（Queijo Amarelo da Beira Baixa）、ケイジョ・ピカンテ・ダ・ベイラ・バイシャ（Queijo Picante da Beira Baixa）も包括される。ピカンテはスパイシーで力強いが、それ以外のタイプは酸味のあるミルキーな風味を特徴とする。

QUEIJO DE CABRA TRANSMONTANO
ケイジョ・デ・カブラ・トランスモンターノ（ポルトガル：ノルテ地方／Norte）

AOP認定
乳種｜山羊乳（生乳）
大きさ｜直径：6～19cm
高：3～6cm
重さ｜250～900g
MG/PT｜29%

地図｜p.208-209

セラーナ種（Serrana）の山羊乳のみで作られている。白色の外皮は硬くなめらかである。オリーブオイルとサフランの混合液で表面を磨いたものもあり、赤味がかった外皮をまとっている。生地はしっとりとなめらかで、所々に小さな気孔が見られる。フレッシュハーブとクリームのアロマが際立ち、動物的なニュアンスを感じさせる。フィニッシュに少し辛味が残る。

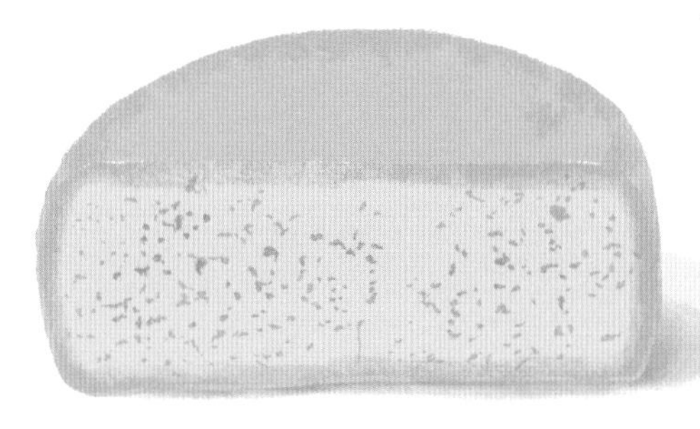

QUEIJO DE ÉVORA
ケイジョ・デ・エヴォラ（ポルトガル：アレンテージョ地方／Alentejo）

AOP認定

乳種｜羊乳（生乳）
大きさ｜直径：6cm
高：2～3cm
重さ｜250～900g
MG/PT｜28%

地図｜p.208-209

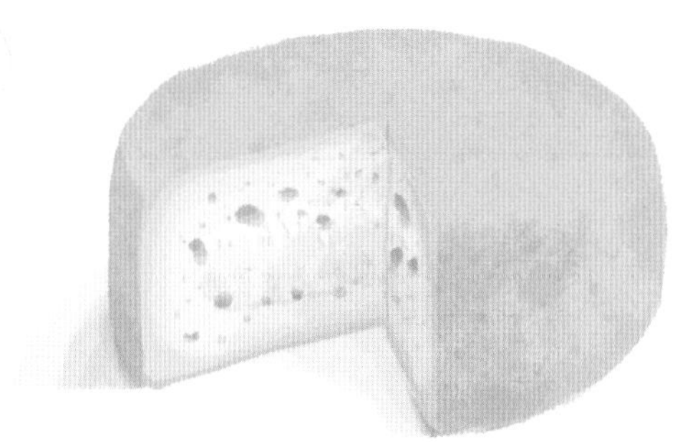

カルドン由来の植物性レンネットを使用しているため、ベジタリアンにも適している。淡黄色～黄金色の外皮に包まれた生地は硬質または半硬質。カーヴや羊小屋のアロマを放ち、塩気と辛味の効いた力強い味わいで、羊独特の野性味もしっかりと感じられる。

QUEIJO DE NISA
ケイジョ・デ・ニーザ（ポルトガル：アレンテージョ地方／Alentejo）

AOP認定
乳種｜羊乳（生乳）
重さ｜200g～1.3kg
MG/PT｜28%

地図｜p.208-209

カルドン由来の植物性レンネットを使用。外皮は熟成度によって、マットな白色から黄金色へと変化する。身は緻密で所々に小さな気孔があいている。牧草と動物のアロマ、酸味が際立つ独特な味わいで、長く熟成させたものは、フィニッシュにピリッとした刺激が残る。

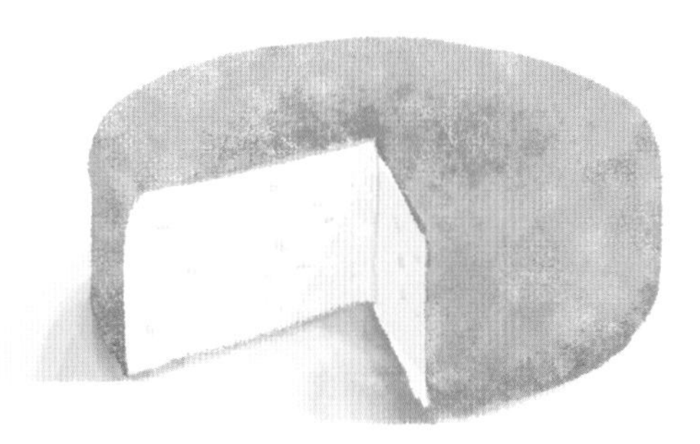

QUEIJO DO PICO
ケイジョ・ド・ピコ（ポルトガル：アソーレス諸島／Açores）

AOP
depuis
1998

AOP認定
乳種 | 牛乳（生乳）
大きさ | 直径：16〜17cm
高：2〜3cm
重さ | 650〜800g
MG/PT | 25%

地図 | p.208-209

大西洋のポルトガル沖に浮かぶアソーレス諸島という大陸から離れた立地から、チーズ生産は住民にとって重要な生活の糧となっている。黄色の外皮は粘りがあり、しなやかである。身は引き締まっていながらも、とろりとクリーミー。ミルキーな香りがふわっと広がり、酸味もほどよく感じられる。塩気の効いた、野性味のある濃厚な味わい。

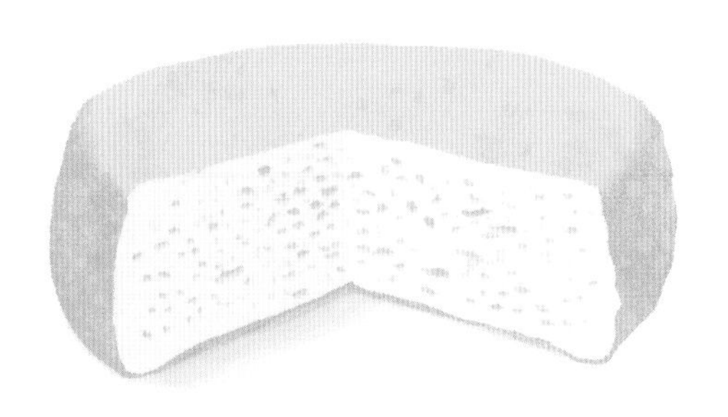

QUEIJO MESTIÇO DE TOLOSA
ケイジョ・メスティソ・デ・トローサ（ポルトガル：アレンテージョ地方／Alentejo）

IGP認定
乳種 | 羊乳と山羊乳の混合（生乳）
大きさ | 直径：7〜10cm
高：3〜4cm
重さ | 150〜400g
MG/PT | 29%

地図 | p.208-209

引き締まっているが柔らかいテクスチャーで、オークル色またはオレンジ色の外皮をまとっている。カルドン由来の植物性レンネットを使用。若いものはしなやかで弾力があるが、熟成が進むとより硬質になる。味わいは若いうちから力強く、動物の野性味とピリッとした刺激がある。羊乳と山羊乳特有の酸味が爽やかな余韻をもたらす。

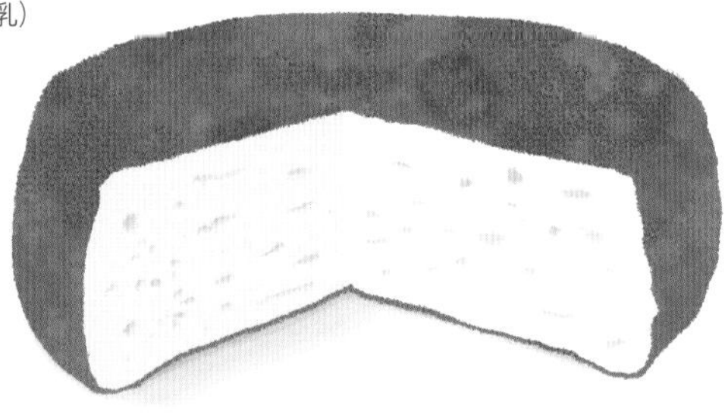

QUEIJO RABAÇAL
ケイジョ・ラバサル（ポルトガル：セントロ地方／Centro）

AOP認定
乳種 | 羊乳および／
または山羊乳（生乳）
大きさ | 直径：10〜20cm　高：4cm
重さ | 300〜500g
MG/PT | 28%

地図 | p.208-209

小型のトムで熟成の若いうちから楽しめるタイプ。アイボリー色〜白色の生地はしっとりと柔らかく、酵母と牧舎のアロマが立ち上る。軽い塩気とともに酸味が口の中に広がり、羊乳、山羊乳特有の風味がほのかに感じられる。熟成が進むと褐色、硬質になり、刺激が出てくる。

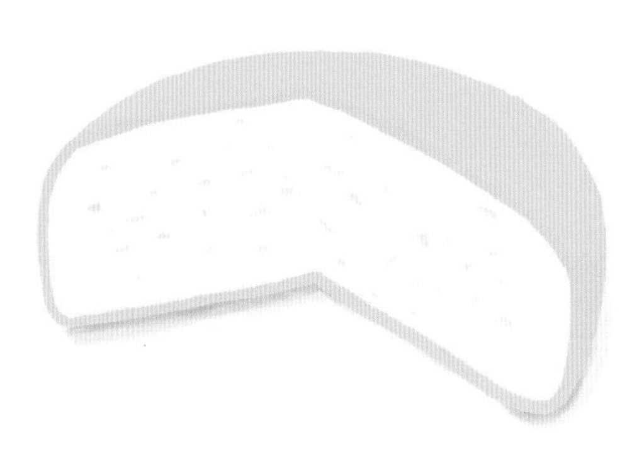

QUEIJO SÃO JORGE

ケイジョ・サン・ジョルジェ（ポルトガル：アソーレス諸島／Açores）

AOC depuis 1986　AOP depuis 1996

AOC認定　AOP認定
乳種｜牛乳（生乳）
大きさ｜直径：20〜30cm
高：10cm
重さ｜4〜7kg
MG/PT｜27%

地図｜p.208-209

このチーズは、15世紀にフランドル地方（現在のベルギー西部、オランダ南西部、フランス北部の地方）からの入植者がアソーレス諸島に住んでいたことを示す証といえるだろう。その外観も味わいもオランダチーズによく似ている。淡黄色のなめらかな外皮がとろけるように柔らかい生地を守っている。マイルドな味わいだが少し苦味があり、熟成が進むとピリッとした刺激が出てくる。

QUEIJO TERRINCHO

ケイジョ・テリンショ（ポルトガル：ノルテ地方、ポルト地方／Norte, Porto）

AOP depuis 1996

AOP認定
乳種｜羊乳（生乳）
大きさ｜直径：12〜20cm
高：3〜6cm
重さ｜700g〜1.1kg
MG｜29%

地図｜p.208-209

ポルトガル北部の伝統品種、キュラ・デ・テラ・クエンテ種（Curra de Terra Quente）の羊乳のみから作られ、熟成室で少なくとも30日間熟成させる。外皮は淡黄色となり、身は引き締まっていながらも口どけの良いテクスチャーに仕上がる。甘みのある繊細な羊乳の風味が心地よい。さらに熟成させると（60日間）、黄色〜赤色がかった外皮へと変化し、より硬質となる。旨味も増して力強い味わいとなり、刺激も出てくる。

QUESO CAMERANO

ケソ・カメラノ（スペイン：ラ・リオハ州／La Rioja）

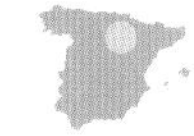

AOP depuis 2012

AOP認定
乳種｜山羊乳
（生乳または低温殺菌乳）
重さ｜200g〜1.2kg
MG/PT｜24%

地図｜p.206-207

成型時にかご模様の容器（以前は柳製のかごを使っていた）を使用するため、外皮にその跡が付いている。熟成度によって「ソフト」、「セミ・ハード」、「ハード」とテクスチャーが異なる。最も熟成したものは表面にカビが生えている。フローラルな芳香とともに、ほどよい酸味、爽やかな風味が広がる。熟成が進むと山羊乳らしさが強くなる。

QUESO CASÍN
ケソ・カシン（スペイン：アストゥリアス州／Asturias）

AOP認定
乳種｜牛乳（生乳）
大きさ｜直径：10〜20cm
高：4〜7cm
重さ｜250g〜1kg
MG/PT｜25%

地図｜p.206-207

昔は手で、今は圧延機でこねて作る珍しいチーズの1つ。表面に刻まれた花や貝殻を思わせる幾何学模様がトレードマークである。凝乳を何度もこねるため、外皮はほとんどない。濃淡のあるクリーム色を帯びた生地は緻密でやや乾いているが、ねっとりしている。とろりとクリーミーな口当たりで、バターのコクと牛舎の匂いが際立つ素朴な味わいのチーズである。熟成が進むとピリッとした刺激があらわれ、後味はほろ苦い。

QUESO DE FLOR DE GUÍA
ケソ・デ・フロール・デ・ギア（スペイン：カナリア諸島／Islas Canarias）

AOP
depuis
2010

AOP認定
乳種｜羊乳（60%以上）、牛乳（40%以下）、山羊乳（10%以下）の2種または3種混合（生乳）
大きさ｜直径：15〜30cm
高：4〜8cm
重さ｜500g〜5kg
MG/PT｜23%

地図｜p.208-209

しなやかな外皮の色味は熟成度によって、アイボリー色、淡黄色、褐色へと変化する。テクスチャーは若いうちは柔らかくクリーミーだが、熟成が進むにつれて硬くなっていく。酸味のある力強い味わいで、熟成がピークを迎えたものはフィニッシュに少し苦味と刺激が残る。

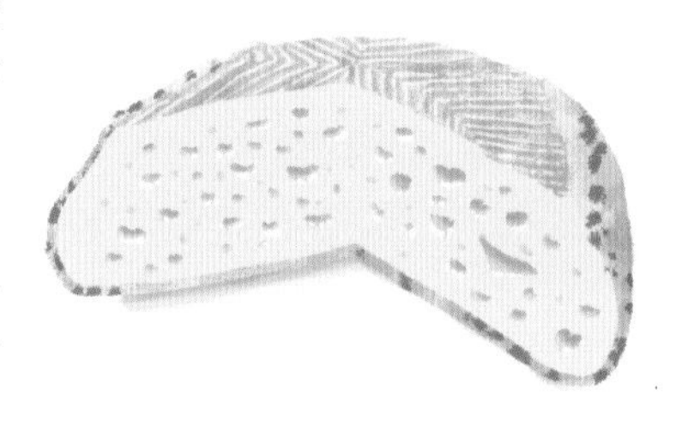

QUESO DE L'ALT URGELL Y LA CERDANYA
ケソ・デ・ラルト・ウルヘル・イ・ラ・セルダーニャ（スペイン：カタルーニャ州／Cataluña）

AOP
depuis
2000

AOP認定
乳種｜牛乳（低温殺菌乳）
大きさ｜直径：19.5〜20cm
高：10cm
重さ｜2.5kg
MG/PT｜25%

地図｜p.206-207

カタルーニャ州のブドウ樹がフィロキセラ禍で荒廃した後に誕生したチーズ。この疫病で農家の人たちはブドウやアーモンド以外の収入源を得るために畜産に力を入れるようになった。外皮は淡灰色の光沢を帯びていて、少し湿っている。クリーム色〜アイボリー色の身は柔らかくクリーミー。フレッシュハーブの香りを帯びた、繊細で優しいアロマが心地よい。ミルクとバターのコクが濃厚で、その余韻が長く続く。

QUESO DE LA SERENA
ケソ・デ・ラ・セレナ（スペイン：エストレマドゥーラ州／Extremadura）

AOP
depuis
1996

AOP認定
乳種｜羊乳（生乳）
大きさ｜直径：10〜24cm
高：4〜8cm
重さ｜750g〜2kg
MG/PT｜28%

地図｜p.208-209

16〜17世紀の教会の勅令に、飼育者は毎年、最初の産物を全て税（primicia）として村の司祭に納めなければならなかったことが記されている。「ソフト」と「セミハード」の2タイプがある。特に中身がとろとろになった「en torta（アン・トルタ）」が食べ頃。干草と藁の香りとともに、山羊乳独特の酸味が口中に広がる。牧舎や香草のニュアンスも感じられる。

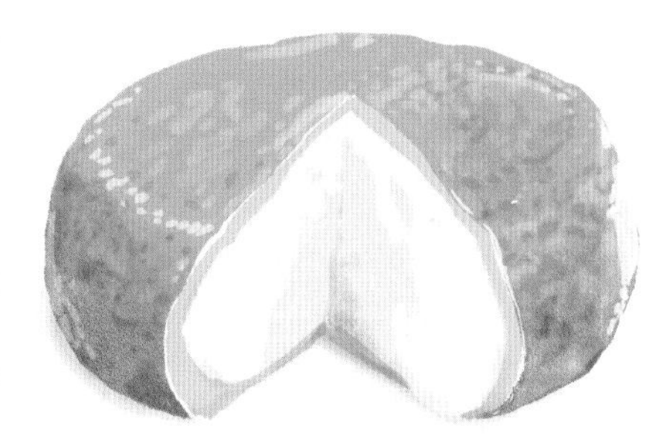

QUESO DE MURCIA
ケソ・デ・ムルシア（スペイン：ムルシア州／Murcia）

AOP
depuis
2002

AOP認定
乳種｜山羊乳（生乳または低温殺菌乳）
大きさ｜直径：20cmまで
高：12cmまで
重さ｜250g〜3kg
MG/PT｜24%

地図｜p.208-209

熟成度の異なる2タイプがある。若い「fresco（フレスコ）」は外皮がなく、表面に藁のような縞模様が入っている。つややかな白色の生地はしっとりと湿っていて柔らかく、小さな気孔が所々に見られる。ミルクの濃厚な香りが立ち上り、ほのかな塩味とともに、爽やかな酸味、ハーブのアロマを楽しめる。熟成した「curado（クラード）」は、つやのある黄色〜黄土色をした、なめらかな外皮に包まれている。身は引き締まり、ややざらざらしている。バターのまろやかな香り、動物と植物のアロマを放ち、ミルキーかつフルーティーな風味の中に香ばしさも感じられる。熟成がさらに進むとピリッとした刺激も出てくる。

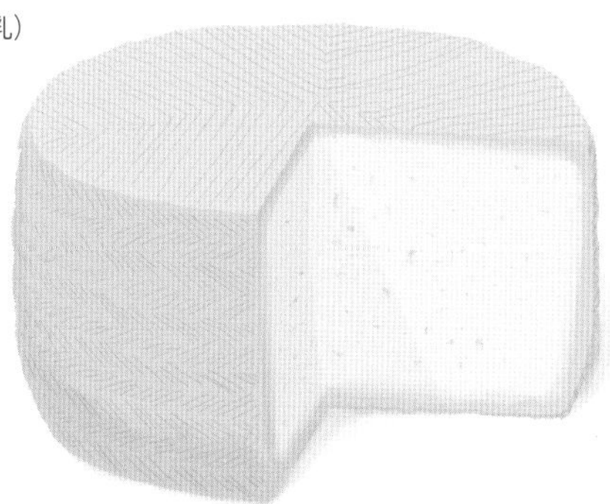

QUESO DE MURCIA AL VINO
ケソ・デ・ムルシア・アル・ヴィーノ（スペイン：ムルシア州／Murcia）

AOP認定
乳種｜山羊乳（生乳または低温殺菌乳）
大きさ｜直径：19cmまで
高：10cmまで
重さ｜300g〜2.6kg
MG/PT｜24%

地図｜p.208-209

ベースはケソ・デ・ムルシア（上記）だが、ムルシア州の土着品種であるモナストレル（ムルヴェードル）種の赤ワインで表面を洗いながら熟成させるタイプで、柘榴色のなめらかな外皮が美しい。色白の中身はねっとりしていて、少し弾力がある。赤ワインのアロマが際立ち、山羊乳とカーヴのニュアンスも感じられる。酸味と塩気もほどよく効いていて、味わい深いチーズである。

QUESO IBORES
ケソ・イボーレス（スペイン：エストレマドゥーラ州／Extremadura）

AOP認定
乳種 | 山羊乳（生乳）
大きさ | 直径：11〜15cm
高：5〜9cm
重さ | 650g〜1.2kg
MG/PT | 24%

地図 | p.208-209

1465年7月14日から毎週木曜日にトルヒーリョ（Trujillo）の市場で売買されている由緒あるチーズ。この日、カスティーリャ王のエンリケ4世がこの町で開かれる市場に免税を許可した。その後課税は復活したが、このチーズは現在でもこの市場で売られている。唐辛子と油で繰り返し磨かれた外皮は黄色〜黄土色を帯び、硬くなめらかな質感をしている。アイボリー色の身は熟成度によってテクスチャーが異なり、クリーミーなものもあれば、ほろほろと砕けるものもある。シェーヴルのアロマが繊細で味わいもマイルド。酸味と塩気がほどよく効いている。

QUESO LOS BEYOS
ケソ・ロス・ベヨス（スペイン：アストゥリアス州／Asturias）

IGP認定
乳種 | 牛乳、山羊乳、羊乳のいずれか
（生乳または低温殺菌乳）
大きさ | 直径：7〜11cm　高：3〜9cm
重さ | 250〜500g
MG/PT | 24%

地図 | p.206-207

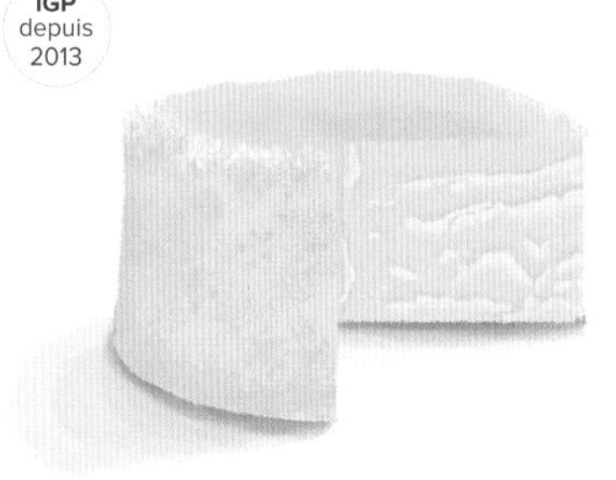

使用する乳種によって、クリーム色、淡黄色、褐色など色味が異なる。テクスチャーは硬質または半硬質で、ナイフを入れると砕けやすい。ミルクの旨味たっぷりで、この特徴は山羊乳、羊乳製になると一層強くなる。濃厚な味わいだが、塩気や酸味はごく控えめである。

QUESO MAJORERO
ケソ・マホレロ（スペイン：カナリア諸島／Islas Canarias）

AOP認定
乳種 | 山羊乳100%または山羊乳と
羊乳（15%まで）の混合（生乳）
大きさ | 直径：15〜35cm　高：6〜9cm
重さ | 1〜6kg
MG/PT | 24%

地図 | p.208-209

「majorero」は生産地であるフエルテベントゥラ島（Fuerteventura）の民を示す言葉である。なめした山羊革で作られる山羊飼いの靴を意味する「マホス（mahos, majos）」に由来。熟成が進むにつれて、外皮は黄色の光沢を帯びた白色から褐色へと変化する。唐辛子、油または焼トウモロコシの粉で表面を磨くタイプもあり、外皮はまた別の色味を帯びる。とろりとクリーミーな食感で、かすかな辛味と酸味がある。山羊乳独特の風味がしっかりと感じられるが、強すぎることはない。

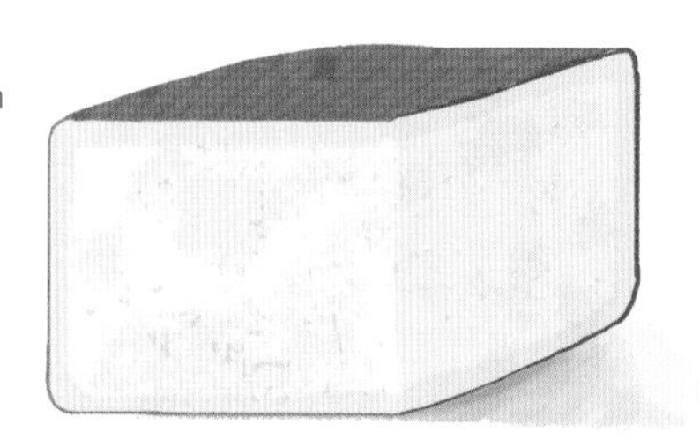

QUESO MANCHEGO
ケソ・マンチェゴ（スペイン：カスティーリャ=ラ・マンチャ州／Castilla-La Mancha）

AOC depuis 1984　AOP depuis 1996

AOC認定　AOP認定
乳種｜羊乳（生乳または低温殺菌乳）
大きさ｜直径：22cmまで
高：12cmまで
重さ｜400g～4kg
MG/PT｜25%

地図｜p.208-209

世界で最も有名で最も売れているスペインチーズ！ マンチェガ種（Manchega）の羊乳のみで作られる。外皮は灰色～黒色を帯び、側面にぎざぎざの網目模様が刻まれている。ワックスでコーティングしたタイプ、またはオリーブオイルで拭いたタイプがある。身は引き締まっていて、ミルクの爽やかな香りが心地よい。ハーブのアロマとともに羊の野性味も感じられ、甘みと酸味のバランスが絶妙。熟成がかなり進んだものは、乾いた食感と辛味が強くなる。

QUESO NATA DE CANTABRIA
ケソ・ナタ・デ・カンタブリア（スペイン：カンタブリア州／Cantabria）

AOP認定
乳種｜牛乳（低温殺菌乳）
重さ｜400g～2.8kg
MG/PT｜24%

地図｜p.206-207

1647年の記録に、このチーズがカンタブリア地方の村々の間で取引されていたことが記されている。円筒形と長方体があり、その外皮はごく薄く柔らかい。身はバターのように溶けるテクスチャーで、ハーブ香と酸味が心地よい、まろやかな味わいのチーズである。

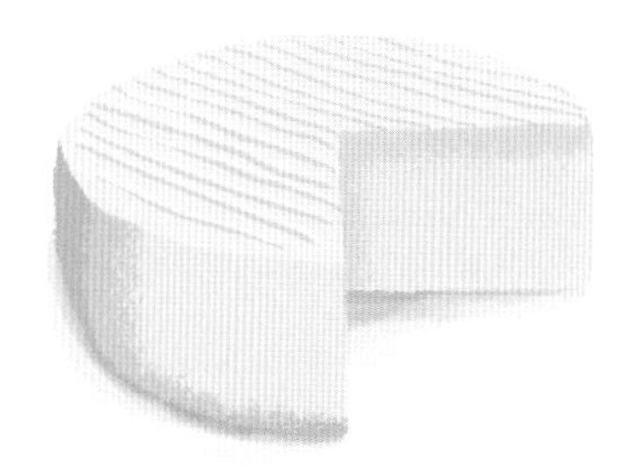

QUESO PALMERO
ケソ・パルメロ（スペイン：カナリア諸島／Islas Canarias）

AOP認定
乳種｜山羊乳（生乳）
大きさ｜直径：12～60cm
高：6～15cm
重さ｜15kgまで
MG/PT｜26%

地図｜p.208-209

ナチュラルタイプは白色、スモークドタイプは灰色の外皮をまとっている。熟成の工程でオリーブオイル、小麦粉またはトウモロコシの粗粉で外皮を磨く。指で触れると硬めだが、口どけの良いテクスチャーである。ナチュラルタイプは穏やかな味わいで、山羊乳特有の爽やかな酸味とキノコ、ナッツのフレーバーを楽しめる。この特徴はスモークドタイプでは弱まり、燻香と酸味が強くなる。

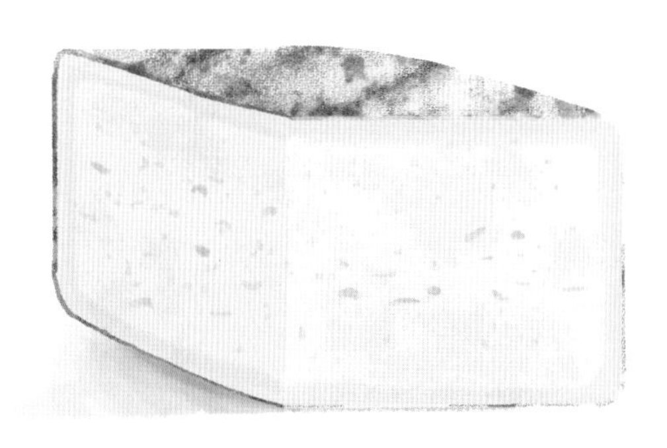

QUESO ZAMORANO
ケソ・サモラノ（スペイン：カスティーリャ・イ・レオン州／Castilla y León）

AOP
depuis
1996

AOP認定
乳種 | 羊乳（生乳）
大きさ | 直径：18〜24cm　高：8〜14cm
重さ | 1〜4kgまで
MG/PT | 24%

地図 | p.206-207

熟成が進めば進むほど、ナッツと胡桃の香りが増す。若いうちは柔らかく、とろけるような食感だが、長期熟成させると硬質になり、ざらつきが出てきて砕けやすくなる。さらにミルクの旨味と香ばしいナッツのアロマが増す。

QUESUCOS DE LIÉBANA
ケスコス・デ・リエバナ（スペイン：カンタブリア州／Cantabria）

AOP
depuis
1996

AOP認定
乳種 | 牛乳、羊乳、山羊乳の混合（いずれも生乳）
大きさ | 直径：8〜12cm　高：3〜10cm
重さ | 400〜600gまで
MG/PT | 25%

地図 | p.206-207

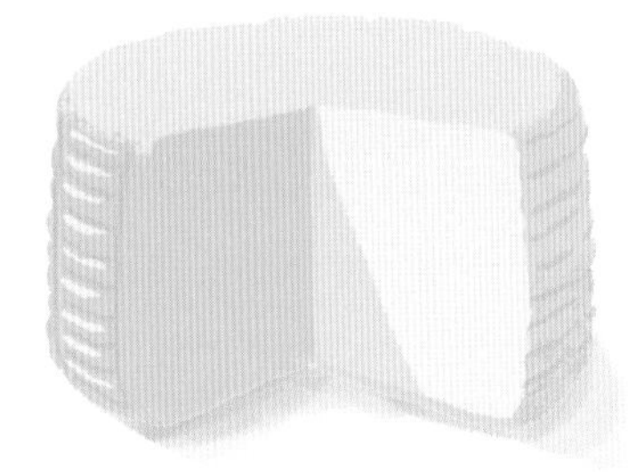

3種のミルクを混合して作る珍しいチーズの1つ。サイズは小ぶりで、フレッシュタイプ、熟成タイプ、スモークドタイプがあり、それぞれ個性が大きく異なる。フレッシュと熟成タイプは、どちらかというとマイルドな味わいで、バターとハーブのアロマ、酸味がほのかに感じられる。スモークドタイプは動物のアロマが増し、ラードの風味が出てくる。余韻が長く続くが、フレッシュ感は弱まる。

RACLETTE DE SAVOIE
ラクレット・ド・サヴォワ（フランス：オーヴェルニュ=ローヌ=アルプ地域圏／Auvergne-Rhône-Alpes）

IGP
depuis
2016

IGP認定
乳種 | 牛乳（生乳またはサーミゼーション乳）
大きさ | 直径：28〜34cm　高：6〜7.5cm
重さ | 6kg
MG/PT | 28%

地図 | p.198-199

中世の時代に誕生したチーズ。その昔は牛飼いがまず夏の間に大型のラクレットの半分を焚き火で溶かして食べていた。冬季に賞味されるようになったのは20世紀になってからのことである。その呼称は炙って溶かしたチーズの表面を皿に移すため、「削り取る」という意味の「ラクレ（racler）」からきている。しっとりと湿った外皮はローズ色〜褐色の光沢を帯びている。身はしなやかで溶けやすく、温めると糸を引くほどとろとろになる。チーズから脂が滲み出るほど加熱しないように。加減を間違えると、ラクレット・ド・サヴォワの本来の味を楽しめなくなる！

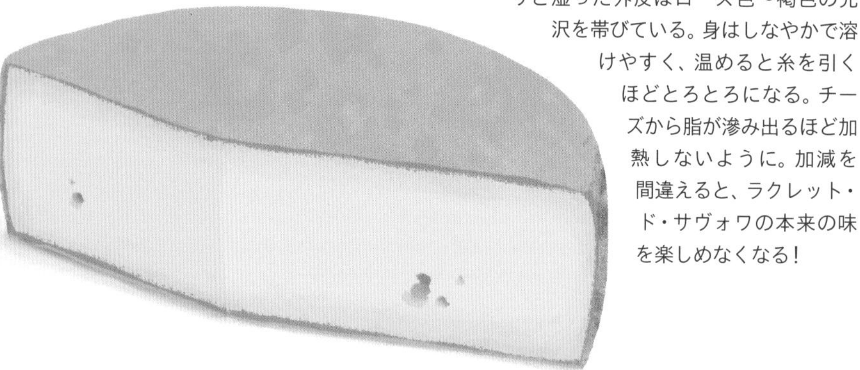

RACLETTE DU VALAIS

ラクレット・デュ・ヴァレー（スイス：ヴァレー州／Valais）

AOP
depuis
2003

AOP認定
乳種｜牛乳（生乳）
大きさ｜直径：29～32cm
高：6～8cm
重さ｜4.6～5.4kg
MG/PT｜27%

地図｜p.222-223

オレンジ色～褐色の外皮はややねっとりしている。身はしっとりとなめらかで、発酵による気孔が所々にあいている。温めて溶かすと、ミルキーかつフルーティーなアロマ、爽やかな草花の香りが溢れ出す。

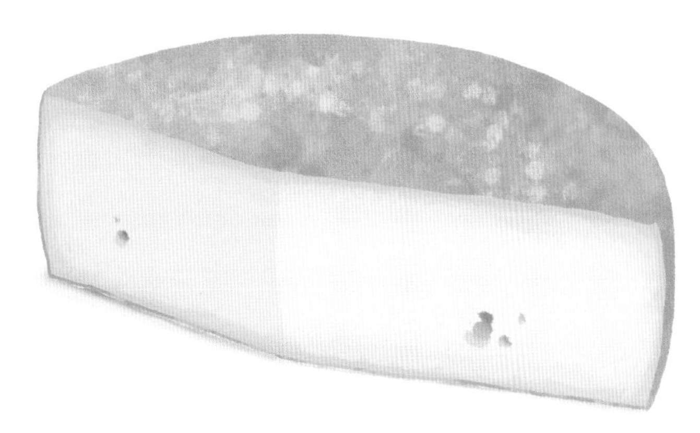

RAGUSANO

ラグザーノ（イタリア：シチリア州／Sicilia）

AOP
depuis
1996

AOP認定
乳種｜牛乳（生乳）
重さ｜12～16kg
MG/PT｜27%

地図｜p.214-215

シチリア島に保管されている古文書によると、ラグザーノの起源は14世紀に遡る。角の丸い長方体の大型チーズで黄色、ベージュ色の薄い外皮をまとっている。アイボリー色～淡黄色の生地はむっちりと弾力がある。長く熟成させると砕けやすい硬質の組織となり、薄く削って料理に加えると美味しい。若いうちは爽やかな酸味とハーブ香をまとったまろやかな味わいで、熟成が進むとフィニッシュにスパイシーな辛味があらわれる。燻製タイプ、オリーブオイルで表面を洗ったタイプもあり、また別の独特な風味を楽しめる。

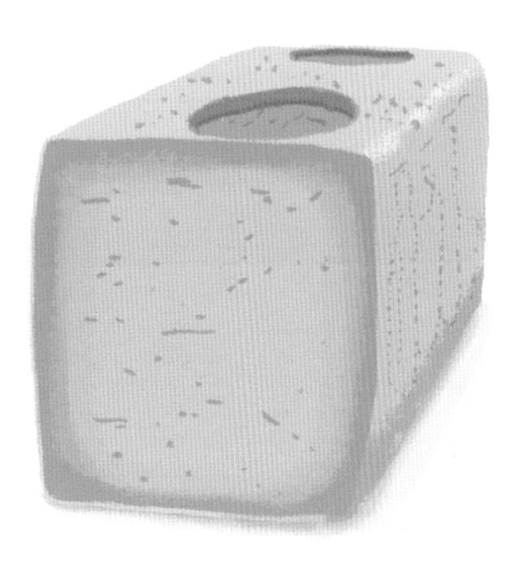

RASCHERA

ラスケーラ（イタリア：ピエモンテ州／Piemonte）

AOP
depuis
1996

AOP認定
乳種｜牛乳（羊乳および山羊乳を混合することもある）（生乳または低温殺菌乳）
大きさ｜正方形：1辺28～40cm　高7～15cm
円盤形：直径30～40cm　高6～9cm
重さ｜5～10kg
MG/PT｜28%

地図｜p.210-211

ピエモンテ州特産のトム。黄色の光沢を帯びた灰色、ローズ色の外皮はざらざらしている。中身はアイボリー色で、弾力のあるなめらかな組織をしており、小さな穴が散っている。香りも味わいも上品なミルクのアロマが際立ち、フィニッシュに唐辛子のニュアンスがあらわれることもある。

REBLOCHON
ルブロション（フランス：オーヴェルニュ=ローヌ=アルプ地域圏／Auvergne-Rhône-Alpes）

AOC depuis 1958　AOP depuis 1996

AOC認定　AOP認定
乳種 | 牛乳（生乳）
大きさ | 直径：9〜14cm
高：3〜3.5cm
重さ | 280〜550g
MG/PT | 25%

地図 | p.198-199

このチーズは密造から生まれたという歴史がある。14世紀、サヴォワ地方の酪農家が家畜に牧草を与えるために土地を借り、搾乳したミルクを借地料として納めていた。酪農家は地主が搾乳量を調べにくる時には雌牛から乳を全て搾り出さず、地主が立ち去った後で「ルブロシェ（reblocher）」（雌牛の乳を2度つまむという意味）して、残りの乳を搾り取っていた。この2回目に採れたミルクで作られていたチーズが「ルブロション（reblochon）」だったのである！ その存在が公になったのは、借地料が固定され、金銭またはチーズで支払われるようになった18世紀である。ルブロションは主に「タルティフレット」などの温かい料理に使われるが、チーズの盛り合わせに加えて、そのまま食べても美味しい。オレンジ色がかったローズ色の外皮には、白カビがうっすらと生えている。濃いアイボリー色の身はとろりと柔らかく、所々に小さな穴があいている。ウッディーな香りとともに、バターとミルクのアロマが立ち上る。ヘーゼルナッツとクリームのコクたっぷりのまろやかな味わいである。農家製（フェルミエ）のルブロションはより動物的な野性味が感じられ、余韻が長く続く。小型と大型の2サイズがある。

RED LEICESTER
レッド・レスター（イギリス：イングランド、ミッドランズ地域／Midlands）

乳種 | 牛乳（生乳）
大きさ | 直径：25cm
高：8cm
重さ | 3.6kg
MG/PT | 29%

地図 | p.216-217

17世紀、数軒の農家がイギリスの他の地域とは違うタイプのチーズを作ろうとした結果、誕生したのがこのレッド・レスターである。彼らは生地を柔らかくするために、濃いオレンジ色の天然のアナトー色素を使用した。表面は伝統の布で包まれており、その下に一見すると長期熟成のミモレット（Mimolette）（p.116）を思わせる素朴な外皮が隠れている。歯ごたえのある食感ながらもほろほろと砕けやすく、口の中でねっとりと溶けていくテクスチャーが、チェダータイプのチーズであることを物語っている。口に含むとまずソフトキャラメルやミルクジャムの風味が広がり、徐々にバターやヘーゼルナッツのニュアンスがあらわれる。

RIDGE LINE
リッジ・ライン（アメリカ合衆国：ウィスコンシン州／Wisconsin）

乳種｜牛乳（生乳）
大きさ｜直径：30cm
高：8cm
重さ｜6kg
MG/PT｜28%

地図｜p.228-229

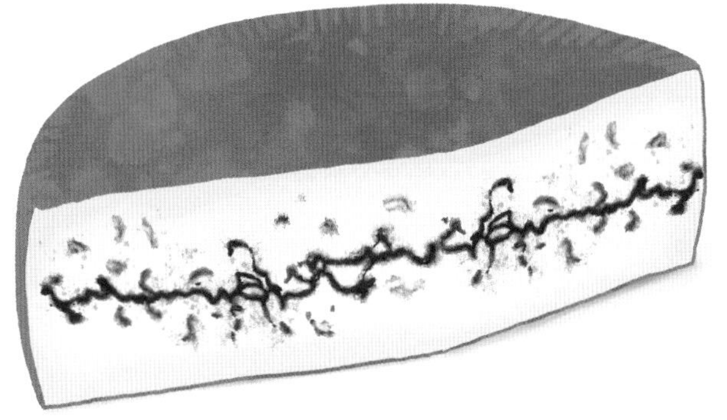

オリーブオイルとパプリカで磨かれた外皮は濃いオレンジ色をしている。フレッシュミルクとヘーゼルナッツの香りが放たれ、バターのようなコクとフローラルなアロマが広がる。フィニッシュに少し塩気と甘みを感じる。中心に入った植物性の灰による黒い線がフランス産のモルビエ（morbier）（p.117）を想起させる。

RONCAL
ロンカル（スペイン：ナバラ州／Navarra）

AOC depuis 1981　AOP depuis 1996

AOC認定　AOP認定
乳種｜羊乳（生乳）
大きさ｜直径：20cm　高：8〜12cm
重さ｜2〜3kg
MG/PT｜24%

地図｜p.206-207

全て工房製（アルティザナル）で、縞模様が入った灰青色の外皮に包まれている。若いうちは酸味とハーブ香を帯びたフレッシュな味わいが魅力。長く熟成させると、独特なクセと濃厚な旨味が増し、フィニッシュに少しピリッとした刺激を感じる。

SAINT-NECTAIRE
サン=ネクテール（フランス：オーヴェルニュ=ローヌ=アルプ地域圏／Auvergne-Rhône-Alpes）

AOC depuis 1955　AOP depuis 1996

AOC認定　AOP認定
乳種｜牛乳（生乳）
大きさ｜小型：直径12〜14cm
高3.5〜4.5cm
大型：直径20〜24cm
高3.5〜5.5cm
重さ｜小型：500〜700g
大型：1.45〜1.95kg
MG/PT｜28%

地図｜p.202-203

サン=ネクテールは農民が領主に地代としてチーズを物納していた中世の時代から存在していた。当時は「フロマージュ・ド・グレオ（Fromage de Gléo）」または「フロマージュ・ド・セーグル（Fromage de Seigle）」と呼ばれていた。このチーズは昔も今もライ麦（Seigle）の藁の上で熟成させる。農家製（フェルミエ）と共同酪農場製（レティエ）があり、上面に貼られるカゼインマークでどちらか区別できるようになっている。つまり、楕円形であればフェルミエ、正方形であればレティエである。土壌や湿ったカーヴ、腐葉土、キノコの香りが立ち上り、クリームとバター、ヘーゼルナッツの濃厚な風味が口の中に広がる。厚めの外皮は灰色またはオレンジ色がかっていて、カビの斑点が散っており、ナッツの香ばしさをもたらす。2017年の生産量は14,000tに上り、ヨーロッパで最も生産量の多いフェルミエのAOPチーズとなっている。

SALERS

サレール（フランス：オーヴェルニュ=ローヌ=アルプ地域圏／Auvergne-Rhône-Alpes）

AOC depuis 1961 AOP depuis 1996

AOC認定　AOP認定

乳種｜牛乳（生乳）

大きさ｜直径：38〜48cm
高：30〜40cm

重さ｜30〜50kg

MG/PT｜29%

地図｜p.202-203

長い歴史を誇る、全て農家製（フェルミエ）のサレールは、搾乳したミルクを入れる伝統の木桶（ジェルル／gerle）に由来する風味を特徴とする。この桶の中にレンネットを加え、大きなレードルで撹拌する。1つ1つのトムに、「Salers」を示す「SA」、生産年、県番号、生産者番号、成型の日付が刻まれたアルミ製の赤い鑑札が付けられる。トレーサビリティーを保証するために、毎年30,000枚以上の鑑札が供給されている。「サレール（salers）」と、サレール種の牛乳のみで作られる「サレール・トラディション（salers tradition）」の2タイプがある。大型のトムで、外皮は分厚くごつごつしていて、カビが生えている。所々に赤色やオレンジ色の斑点が入っていることもある。湿ったカーヴ、バタークリーム、スパイスからなる素朴なアロマが際立つ。引き締まった、なめらかな黄金色の生地からは、ハーブやバターのアロマとフルーティーな芳香が広がり、動物的な野性味も感じられる。

このAOPチーズは100%農家製で、生産期間が4月15日から11月15日までと限定されている。

SALVA CREMASCO

サルヴァ・クレマスコ（イタリア：ロンバルディア州／Lombardia）

AOP depuis 2011

AOP認定

乳種｜牛乳（生乳）

大きさ｜長：17〜19cm
幅：11〜13cm　高：9〜15cm

重さ｜1.3〜5kg

MG/PT｜29%

地図｜p.210-211

呼称は余ったミルクをチーズにして「保存する」という意味の「salvarer（サルヴァーレ）」に由来。ほぼキューブ状で、外皮に「SC」というイニシャルが刻まれている。縞模様の入った外皮の色味は、ベージュ色から淡い灰色、鼠色とさまざまで、白い斑点が見られる。カットすると乳白色の身があらわれ、外皮とのコントラストが美しい。少し熟成させると外皮のすぐ下にねっとりしたバター状の層ができる。新鮮なキノコ、湿ったカーヴ、森の下草の香りが放たれ、フレッシュミルクの甘みとコクがほどよい酸味と塩気、ハーブ香と溶け合う。中心部はもろく、少しぼそぼそした食感がある。

SAN MICHALI
サン・ミハリ（ギリシャ：南エーゲ地方／Nótio Egéo）

AOP
depuis
1996

AOP認定
乳種｜牛乳（生乳）
MG/PT｜26%

地図｜p.226-227

キクラデス諸島（Kyklades）のシロス島（Syros）産。円筒形をしているが高さはあまりない。アイボリー色〜生成色の外皮に包まれた身は麦藁色を帯び、引き締まり、乾いている。所々に不揃いの小さな穴があいている。味わいは収斂（しゅうれん）味があり、胡椒のようなスパイシーな風味と塩気が効いている。長期熟成タイプはピリッとした辛味がが出てくる。

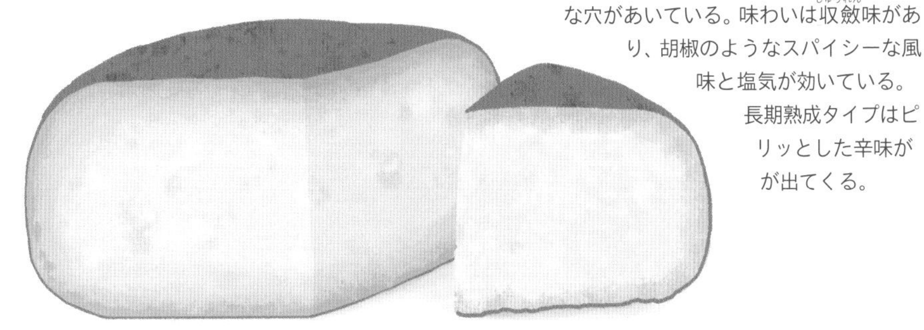

SAN SIMÓN DA COSTA
サン・シモン・ダ・コスタ（スペイン：ガリシア州／Galicia）

AOP
depuis
2008

AOP認定
乳種｜牛乳（生乳または低温殺菌乳）
大きさ｜円錐形：高10〜18cm
重さ｜400g〜1.5kg
MG/PT｜25%

地図｜p.206-207

ユニークな形状の燻製チーズ。ガロ＝ロマン時代にガリシア地域に移住したケルト人の子孫によって考案されたと語り継がれている。その当時、サン・シモン・ダ・コスタは味が良く、保存も利くことからローマ市民に評価され、ローマに定期的に送られていた。滴のような円錐形で、熟成度によって2つのサイズ、30日間熟成の小型と45日間熟成の大型がある。樹皮のない樺の木で燻すことで外皮が黄金色に染まる。スモーク香とラードの風味はもちろんのこと、ミルクの酸味と甘みも感じられる。食感は弾力があり、もっちりしている。

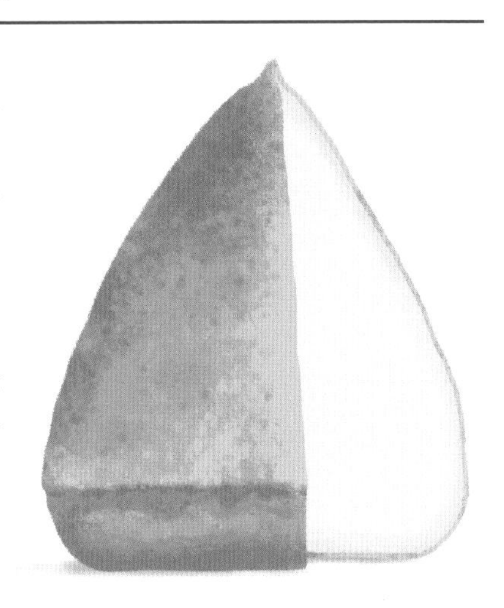

SER KORYCIŃSKI SWOJSKI
セル・コリチンスキー・スフォイスキー（ポーランド：ポドラシェ県／Podlaskie）

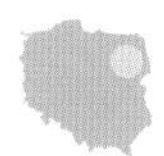

IGP
depuis
2012

IGP認定
乳種｜牛乳（生乳）
大きさ｜30cmまで
重さ｜2.5〜5kg
MG/PT｜25%

地図｜p.224-225

表面が平らな球状をしており、水切りざるの跡が付いている。外皮の色味は熟成が進むにつれて、クリーム色から麦藁色へと変化する。歯がきしきしするような食感が独特である。フレッシュタイプはクリーミーでバターの風味が濃厚。熟成タイプは胡桃の香味と塩気が強くなる。凝乳にスパイス（胡椒、唐辛子）やドライハーブ（バジル、ディル、パセリ、ミント、クマネギ、オレガノなど）を加えたタイプもある。

SFELA

スフェラ（ギリシャ：ペロポネソス地方／Pelopónnisos）

AOP認定

乳種｜羊乳および／または山羊乳（生乳）

地図｜p.226-227

3カ月以上、塩水の中で熟成させるという独特な製法で作られる。アイボリー色の外皮はざらざらしている。テクスチャーは柔らかく、ざらつきがあり、塩気と酸味がしっかりと効いた味わい。料理に加えたり、振りかけたりして使うことが多い。

SILTER

シルテル（イタリア：ロンバルディア州／Lombardia）

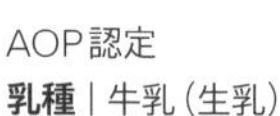

AOP認定

乳種｜牛乳（生乳）

大きさ｜直径：34〜40cm
高：8〜10cm

重さ｜10〜16kg

MG/PT｜27%

地図｜p.210-211

この山のチーズは、人間とエーデルワイスの花をモチーフとした絵文字が側面に押印されているため、すぐに見分けられる。脂っぽい外皮は淡黄色〜褐色を帯びている。身はぎゅっと詰まっていて、小さな穴が散っている。干草と発酵乳の香りが漂う、酸味の効いたチーズで、ナッツとバタ　のアロマとともに、苦味が感じられる。

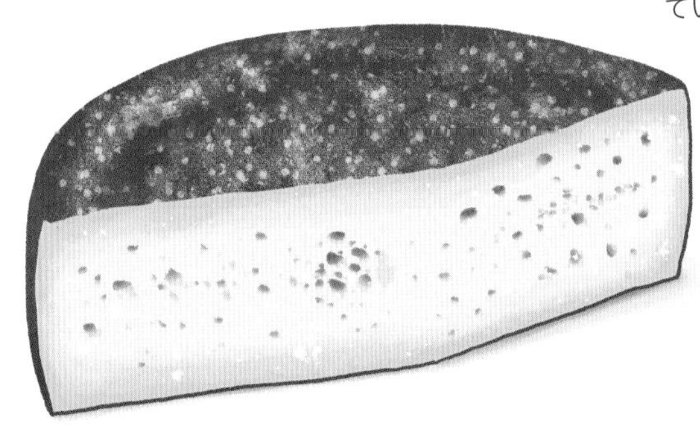

SINGLE GLOUCESTER

シングル・グロスター（イギリス：イングランド、サウス・ウェスト・イングランド地域／South West England）

AOP認定

乳種｜牛乳（生乳または低温殺菌乳）

重さ｜6〜7kg

MG/PT｜28%

地図｜p.216-217

このチーズは第二次世界大戦後、原料の牛乳が軍人と国民の食糧として徴収されたことで消滅しかけた。1994年、生産を続けていた2軒の農家が海外への輸出を開始。その不屈の努力が実り、シングル・グロスターは1996年にAOPを取得した。グロスター種の牛乳のみを使用し、夕方に搾乳した脱脂乳と翌日の午前に搾乳した全乳で凝乳が作られている。ミルクとバターの旨味が濃厚で、口どけの良いクリーミーな食感を楽しめる。

SLOVENSKÝ OŠTIEPOK
スロヴェンスキー・オスティエポク（スロバキア）

IGP depuis 2008

IGP認定
乳種｜羊乳および／または牛乳（生乳または低温殺菌乳）
MG/PT｜27%

地図｜p.224-225

現存する最古の記録で18世紀から存在していたことが分かっているが、工場生産されるようになったのは1921年からである。このチーズはスロバキア中心部にあるデトヴァ村（Detva）のガルバヴァ家（Calbavá）によって考案された。小ぶりなサイズで、卵、松の実、楕円などさまざまな形状がある。乾燥タイプ、燻製タイプもあり、形状、外皮の色味、香り、風味は製法によって異なる。外皮は黄金色や褐色、中身は乳白色、アイボリー色を帯びている。崩れやすい、引き締まったテクスチャーをしている。燻製タイプはスモーク香がほんのりと漂い、ミルクのコクと香ばしい風味が口の中で溶け合う。

SPRESSA DELLE GIUDICARIE
スプレッサ・デッレ・ジュディカリエ（イタリア：トレンティーノ＝アルト・アディジェ州／Trentino-Alto Adige）

AOP depuis 2003

AOP認定
乳種｜牛乳（生乳）
大きさ｜直径：30〜35cm
高：8〜11cm
重さ｜7〜10kg
MG/PT｜32%

地図｜p.210-211

このチーズに言及した最古の文書は、1249年のSpinale et Manez法である。灰褐色や黄土色の外皮をまとったセミハードタイプで、若いうちは弾力があるが、熟成が進むと硬質になる。淡い麦藁色の色味は徐々に濃くなり、金色を帯びるようになる（最も熟成したものはアイボリー色になる）。若いうちはミルキーでマイルドな味わい。熟成が進むと旨味が増し、苦味があらわれる。ざくざくした食感があるが、口どけはなめらか。

STAFFORDSHIRE CHEESE
スタッフォードシャー・チーズ（イギリス：イングランド、ミッドランズ地域／Midlands）

AOP depuis 2007

AOP認定
乳種｜牛乳（生乳）および牛乳製クリーム（低温殺菌乳）
重さ｜8〜10kg
MG/PT｜31%

地図｜p.216-217

13世紀、シトー派のリーク修道院（Leek）の僧侶の手により誕生した。クリームを加えた農家製（フェルミエ）のチェダーチーズのようで、トムタイプの中でも一風変わったチーズである。生地はざらざらしているが、熟成が進んでもしっとりしている。ねっとりと溶けるような食感と、フレッシュなミルクとクリームの風味が口の中に広がる。

STELVIO
ステルヴィオ（イタリア：トレンティーノ＝アルト・アディジェ州／Trentino-Alto Adige）

AOP
depuis
2007

AOP認定
乳種｜牛乳（生乳または低温殺菌乳）
大きさ｜直径：34〜38cm
高：8〜11cm
重さ｜8〜10kg
MG/PT｜33%

地図｜p.210-211

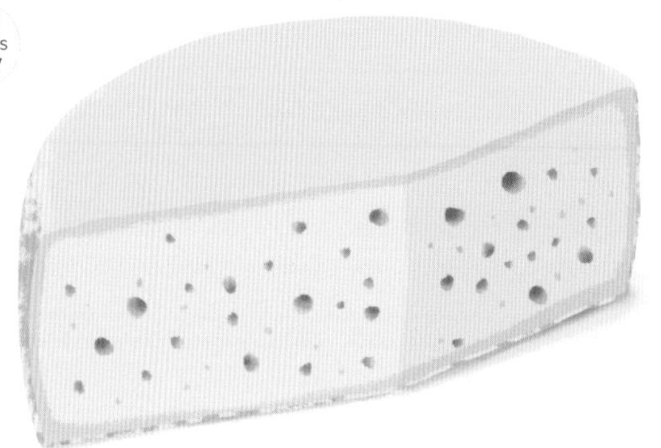

このチーズは「シュティルフザー（Stilfser）」とも呼ばれている（1914年、ボルツァーノ県、シュティルフ集落〈Stilf, Bolzano〉のチーズ専門店でその製法が書き残されたため）。土壌のアロマが強く、フィニッシュにピリッとした辛味を感じることもある。

SVECIA
スヴェキア（スウェーデン：イェータランド地方／Götaland）

IGP
depuis
1997

IGP認定
乳種｜牛乳（低温殺菌乳）
大きさ｜直径：35cm
高：10〜12cm
重さ｜12〜15kg
MG/PT｜28%

地図｜p.220-221

淡黄色の生地はしなやかで弾力があり、小さな穴が散っている。このチーズはスウェーデンで最初にIGP認定を得た食品で、酸味のあるクリーミーな味わいを特徴とする。凝乳にクローブやクミンシードを加えることが認められている。その場合、食感や風味が変わるだけでなく、呼称もスヴェキアから「キリドースト（Kyrddost）」に変わる。

SWALEDALE CHEESE
スウェイルデール・チーズ（イギリス：イングランド、ヨークシャー州／Yorkshire）

AOP
depuis
1996

AOP認定
乳種｜牛乳（低温殺菌乳）
重さ｜1〜2.5kg
MG/PT｜29%

地図｜p.216-217

この先祖伝来のチーズが現在まで存続しているのは、1980年代にその製造を最後に受け継いだロングスタッフ夫妻（Longstaff）の貢献による。夫人は夫の死後、その元祖のレシピをリード夫妻（Reed）に託し、夫妻は1987年に「スウェイルデール・チーズ・カンパニー（SWALEDALE CHEESE COMPANY）」を設立した。こうして、このトムは消滅の危機を免れたのである。灰青色の外皮、または黄色のワックスでおおわれている。身は所々に気孔が見られ、粒々した組織だがしっとりしている。甘みのある爽やかな味わいで、フィニッシュにほのかな酸味が残る。

SWALEDALE EWES CHEESE
スウェイルデール・ユーズ・チーズ（イギリス：イングランド、ヨークシャー州／Yorkshire）

AOP
depuis
1996

AOP認定
乳種 | 羊乳（生乳）
重さ | 1〜2.5kg
MG/PT | 31%

地図 | p.216-217

「スウェイルデール・チーズ・カンパニー（SWALEDALE CHEESE COMPANY）」が1980年代に完成させたもう1つのAOPチーズ。そのレシピはスウェイルデール・チーズからヒントを得ているが、牛乳ではなく羊乳を使うという点が異なっている。2つのチーズは外皮だけでなく、質感や色味も似ているが、スウェイルデール・ユーズの身はより白く淡い色味をしており、より酸味の効いた、爽やかで繊細な風味を楽しめる。

TALEGGIO
タレッジョ（イタリア：ロンバルディア州、ピエモンテ州、ヴェネト州／Lombardia, Piemonte, Veneto）

AOP
depuis
1996

AOP認定
乳種 | 牛乳（低温殺菌乳）
大きさ | 正方形：1辺18〜20cm
高4〜7cm
重さ | 1.7〜2.2kg
MG/PT | 29%

地図 | p.210-211

このチーズに関する最古の記録は10世紀に遡る。当時、ベルガモ（Bergamo）からそう遠くないタレッジョの谷で売買されていた。ローズ〜グレーがかった外皮には、白いカビがうっすらと生えている。表面に4つの円が描かれていて、3つの円に「T」の文字、左下の円に生産者番号が刻まれている。少しざらざらした外皮の下になめらかでもっちりとした生地が隠れている。フレッシュミルク、キノコ、カーヴの繊細なアロマが立ち上る。きめが細かく、しっとりしたテクスチャーで、酸味と塩気のバランスが良く、ミルクの甘みとコクがしっかりと感じられる。

TEKOVSKÝ SALÁMOVÝ SYR
チェコウスキー・サラモヴィー・シール（スロバキア：ニトラ県、バンスカー・ビストリツァ県／Nitra, Banská Bystrica）

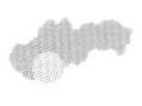

IGP
depuis
2011

IGP認定
乳種 | 牛乳（低温殺菌乳）
大きさ | 直径：9〜9.5cm
長：30〜32cm
重さ | 1.7〜2.2kg
MG/PT | 30%

地図 | p.224-225

1921年に確定した形状はソーセージに似ている。燻製タイプもあり、スモークドベーコンの香味が際立つ。酸味と塩気が効いており、動物的なニュアンスも感じられる。テクスチャーはしなやかで柔らかく、外皮を黄金色にするためにおがくずが使われている。多くのAOP、IGP、STG認定チーズとは異なり、燻製タイプかどうかを明示した食品用ラップフィルムに包まれている。

TEVIOTDALE CHEESE
テヴィオットデール・チーズ（イギリス：イングランド、ノース・イースト・イングランド地域、スコットランド、スコティッシュ・ボーダーズ地方／North East England, Scottish Borders）

IGP depuis 1998

IGP認定
乳種｜牛乳（生乳）
大きさ｜直径：14cm
高：10cm
重さ｜1.1kg
MG/PT｜30%

地図｜p.216-217

ボンチェスター・チーズ（Bonchester Cheese）（p.70）を誕生させた「イースター・ウィーンズ・ファーム（Easter Weens Farm）」が1983年に考案したチーズ。ジャージー種の牛乳製で白い外皮に包まれている。麦藁色の身は引き締まっているが、口の中でとろりと溶けていく。塩気が効いていて、ピリッとした刺激がある。

TOLMINC
トルミンツ（スロベニア：ゴレンスカ地方、ゴリシュカ・ブルタ地方／Gorenjska, Goriška）

AOP depuis 2012

AOP認定
乳種｜牛乳（生乳）
大きさ｜直径：23〜27cm
高：8〜9cm
重さ｜3.5〜5kg
MG/PT｜33%

地図｜p.222-223

このチーズに関する最古の記録は13世紀の会計簿にあり、通貨の役割を果たしていたことが記されている。トルミンツは1756年にはイタリアのウーディネ市場（Udine）で「フォルマッジョ・ディ・トルミーノ（Formaggio di Tolmino）」という名で売買されていた。麦藁色のなめらかな外皮に包まれた生地はもっちりとしていて、豆粒大の穴が所々にあいている。全体的にマイルドな味わいだが、後味にピリッとした刺激が出てくる。

TOMA PIEMONTESE
トマ・ピエモンテーゼ（イタリア：ピエモンテ州、ロンバルディア州／Piemonte, Lombardia）

AOP depuis 1996

AOP認定
乳種｜牛乳（生乳または低温殺菌乳）
大きさ｜直径：15〜35cm
高：6〜12cm
重さ｜1.8〜9kg
MG/PT｜29%

地図｜p.210-211

外皮は淡い麦藁色から赤味がかった褐色までさまざまである。もっちりと弾力のある生地には小さな穴が散っている。若いうちはミルクの甘みと酸味が心地よいマイルドな味わい。熟成が進むにつれて旨味が増し、クリームやバターのコクが出てくる。フィニッシュの塩気も強くなる。

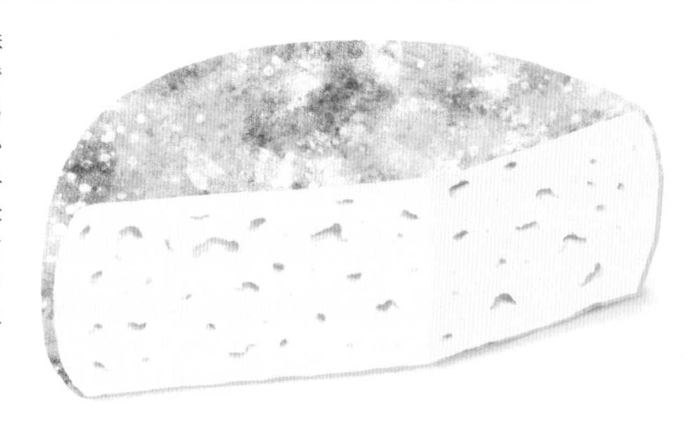

TOME DES BAUGES
トム・デ・ボージュ（フランス：オーヴェルニュ=ローヌ=アルプ地域圏／Auvergne-Rhône-Alpes）

AOC depuis 2002 **AOP** depuis 2007

AOC認定　AOP認定
乳種｜牛乳（生乳）
大きさ｜直径：18〜20cm
高：3〜5cm
重さ｜1.1〜1.4kg
MG/PT｜24%

地図｜p.198-199

このトムは「Tomme」ではなく「Tome」と綴る。そのAOP仕様書には「《Tome》または《Tomme》は、サヴォワ地方の方言で〈高地牧草地で作られたチーズ〉を意味する《Toma》を語源とする」と記されている。生産者がAOPを取得しようとした時に他の数多くある「Tomme」と差別化するために、「Tome」と綴ることを選んだ。この綴字を使っている他のトムとしては、「トム・ダルル（Tome d'Arles）」（プロヴァンス地方最古のチーズの1つ）、「トム・ド・ラ・ブリーグ（Tome de la Brigue）」（フランスーイタリア国境沿いのロヤ谷〈Roya〉で生産）、「トム・デ・ネージュ・ラ・メメ（Tome des neiges La Mémé）」（オーヴェルニュ地方特産）、「トム・ド・ラ・ヴェシュビー（Tome de la Vésubie）」（フランスーイタリア国境沿いのメルカントゥール国立公園〈Mercantour〉で生産）がある。トム・デ・ボージュは、元々は生産地域のみで消費されていたチーズで、バター生産に使用された脱脂乳で作られていた。広く販売されるようになったのはずっと後になってから。現在、共同酪農場製（レティエ）には赤色のプレート、農家製（フェルミエ）には緑色のプレートが付けられている。美しい起伏のある灰褐色の外皮に、黄味または白味がかった斑紋が所々に入っている。黄金色の生地は、引き締まったしなやかなテクスチャーで、小さな気孔が見られる。キノコや湿った森の下草、カーヴのアロマが漂い、フルーティーかつミルキーな風味の中に、香ばしさも感じられる。フィニッシュにキノコのニュアンスが再び顔を出す。

TOMME AUX ARTISONS
トム・オー・ザルティゾン（フランス：オーヴェルニュ=ローヌ=アルプ地域圏／Auvergne-Rhône-Alpes）

乳種｜牛乳（生乳）
大きさ｜直径：10cm
高：5cm
重さ｜300g
MG/PT｜25%

地図｜p.202-203

別名「トム・オー・ザルティスー（Tomme aux Artisous）」。粉ダニ（アルティゾン）によってできる、月面のクレーターのようなでこぼこのある外皮がユニーク。このチーズは熟成士の丹念かつ忍耐強い仕事の成果である。外皮だけでなく中身も調和のとれたチーズに仕上げるために、アルティゾンが表面をまんべんなく食べることができるように細心の注意を払う。湿ったカーヴの香りがするが、味わいは驚くほど爽やかで、スモーク香もほのかに感じられる。

TOMME CRAYEUSE
トム・クライユーズ（フランス：オーヴェルニュ＝ローヌ＝アルプ地域圏／Auvergne-Rhône-Alpes）

乳種｜牛乳（生乳または低温殺菌乳）
大きさ｜直径：18〜20cm
高：4〜6cm
重さ｜1.5〜2kg
MG/PT｜24%

地図｜p.198-199

サヴォワ県（Savoie）の特産（ただし、一部のチーズはヴァンデ県〈Vendée〉で作られ、サヴォワ県で熟成されている！）。灰色、白色がかった外皮はややごつごつしていて、素朴な風合いだが、カットすると、そのすぐ下にあらわれるクリーム色のとろりとした層と、白いチョークのような芯の2層からなる柔らかい身に目を奪われる。この素晴らしいテクスチャーは2タイプの熟成室で熟成を行うことで得られる。まず高温多湿の熟成室で寝かせ、その次に低温の熟成室に入れて仕上げる。カーヴとキノコの香りが際立ち、爽やかな酸味とミルクの甘み、クリーミーなコク、ハーブのアロマが調和した味わいで、万人向けのチーズといえるだろう。

TOMME DE RILHAC
トム・ド・リアック（フランス：ヌーヴェル＝アキテーヌ地域圏／Nouvelle-Aquitaine）

乳種｜牛乳（低温殺菌乳）
大きさ｜直径：20cm　高：8.5cm
重さ｜2.7kg
MG/PT｜28%

地図｜p.202-203

外皮はざらざらしていて粉っぽく、褐色、ベージュ色、茶色を帯びている。素朴な外観の下に、素晴らしいテクスチャーの身が隠れている。バター、生クリーム、オニオン、ナツメグ、ナッツからなる複雑なアロマが溢れ出す。しっとりとなめらかな食感はカンタル（Cantal）（p.104）やサレール（Salers）（p.138）を思わせるが、オーヴェルニュ地方を代表するこれらのチーズにある野性味や酸味はほぼ感じられない。

TOMME DE SAVOIE

トム・ド・サヴォワ（フランス：オーヴェルニュ＝ローヌ＝アルプ地域圏／Auvergne-Rhône-Alpes）

IGP depuis 1996

IGP認定

乳種 | 牛乳（生乳または
サーミゼーション乳）

大きさ | 直径：18～21cm
高：5～8cm

重さ | 1.2～2kg
（小型：400～900g）

MG/PT | 10～30%

地図 | p.198-199

北アルプ地方で生まれたトム。当地の農家では、バターの生産で残った脱脂乳を使ってこのチーズを作り、家族の食料としていた。白い斑紋が入った灰色の外皮をまとっている。熟成が進むと外皮がでこぼこしてくる。中身はマットな乳白色～麦藁色で小さな気孔が所々にあいている。もっちりとした、口どけの良い食感で、ミルクの甘みと爽やかな酸味、ハーブの香味が広がる。長く熟成させると後味に苦味が出てくる。生産元を保証するためのカゼインマークを上面に付けることが義務付けられている（ただし、外皮の下に隠れているため見えない）。赤色のマークは共同酪農場製（レティエ）、緑色のマークは農家製（フェルミエ）であることを示している。

トム・ド・サヴォワは、MG/PT（全重量中の脂肪分重量）が10%、15%、20%、25%、30%と幅があるが、このようなチーズは非常に珍しい。

TOMME DES PYRÉNÉES

トム・デ・ピレネー（フランス：オクシタニー地域圏／Occitanie）

IGP depuis 1996

IGP認定

乳種 | 牛乳100%、山羊乳100%
牛乳と羊乳（30～50%）、
牛乳と山羊乳（30～50%）、
羊乳と山羊乳（30～50%）の混合
（生乳または低温殺菌乳）

大きさ | 直径と高さの比率：2：3

重さ | 400g～5.5kg

MG/PT | 28%

地図 | p.202-203

その起源は7世紀に遡る。当時の記録に、現在のアリエージュ県のサン＝ジロン（Saint-Girons, Ariège）周辺の村々に存在していたことが記されている。外皮は黄金色から黒色までさまざま。中の生地には不揃いな大きさの気孔（米粒大から豆粒大まで）が全体に散っている。身はクリーム色からアイボリー色、麦藁色を帯びていて、もっちりと柔らかく、口どけが良い。ミルクの甘みと酸味がほどよく調和した優しい味わいで、後味は少し苦い。

TOMME MAROTTE
トム・マロット（フランス：オクシタニー地域圏／Occitanie）

乳種｜羊乳（サーミゼーション乳）
大きさ｜直径：12cm　高：9.5cm
重さ｜1.2kg
MG/PT｜28%

地図｜p.202-203

黄色の斑点のある白みがかった美しいトムで、つややかな麦藁色の生地はきめ細かく、バターのようになめらか。藁とクリームの香りが鼻腔をくすぐる。干草、フレッシュハーブ、バターのアロマが広がり、外皮から漂うヘーゼルナッツの香味が余韻に残る。トム・マロットは20生産者で構成される「ベルジェ・デュ・ラルザック・チーズ協同組合（Coopérative Fromagère des Bergers du Larzac）」のみで作られている。

TORTA DEL CASAR
トルタ・デル・カサール（スペイン：エストレマドゥーラ州／Extremadura）

AOP
depuis
2003

AOP認定
乳種｜羊乳（生乳）
大きさ｜直径：7cm以上
高：直径の1／2以下
重さ｜小型：200〜500g
中型：501〜800g
大型：801g〜1.1kg
MG/PT｜26%

地図｜p.208-209

マドリードから北へ50km離れたところにあるエル・カサール村（El Casar）は1291年、国王サンチョ4世から、村周辺に家畜を自由に放牧できる土地を授かった。トルタ・デル・カサールの生産が正式に始まったのはこの頃である。植物性レンネット（カルドン）を使用しているため、ベジタリアン向きでもある。半硬質の外皮は黄色〜黄土色を帯びている。このチーズを味わうには、上面の外皮を優しくそぎ取るのがよい。小さな気孔が散った乳白色〜黄色の生地が現れ、独特な牧舎のアロマが立ち上る。とろりとクリーミーな生地から、羊乳の野性味もほどよく感じられ、フィニッシュはほろ苦い。

TRADITIONAL AYRSHIRE DUNLOP
トラディショナル・エアシャー・ダンロップ（イギリス：スコットランド／Scotland）

IGP
depuis
2015

IGP認定
乳種｜牛乳（生乳または低温殺菌乳）
大きさ｜直径：9〜23cm
高：7.5〜23cm
重さ｜350g〜20kg
MG/PT｜29%

地図｜p.216-217

元祖のレシピは1660年頃に宗教上の理由でアイルランドに亡命したバーバラ・グリムーア夫人（Barbara Glimour）によって考案された。数年後スコットランドに戻り、亡命中に体得したチーズ作りの技能を発揮した。こうして夫の名を冠した「ダンロップ（Dunlop）」が誕生したのである。マーブル模様が入った外皮は淡黄色〜黄金色をしており、中身はしなやかで柔らかい。熟成が若いうちはマイルドな味わいでヘーゼルナッツのアロマが香る。熟成が進むにつれて深みが増し、ほどよい酸味とクリーミーなコクが出てくる。長期熟成のものはナッティな香ばしさも楽しめる。

TRADITIONAL WELSH CAERPHILLY
トラディショナル・ウェルシュ・ケアフィリ（イギリス：ウェールズ／Wales）

IGP
depuis
2018

IGP認定
乳種｜牛乳（生乳または低温殺菌乳）
大きさ｜直径：20〜25cm　高：6〜12cm
重さ｜2〜4kg
MG/PT｜26%

地図｜p.216-217

唯一のウェールズ産チーズ！ 白い生地は引き締まっていてもろく、ざらざらしている。若いうちはレモンのようなフレッシュな酸味が心地よく、熟成すると旨みが増して濃厚になるが、クセは強すぎず、刺激もほぼない。

VACHERIN FRIBOURGEOIS
ヴァシュラン・フリブルジョワ（スイス：フリブール州／Fribourg）

AOP
depuis
2005

AOP認定
乳種｜牛乳（生乳）
大きさ｜直径：30〜40cm
高：6〜9cm
重さ｜6〜10kg
MG/PT｜29%

地図｜p.222-223

「ヴァシュラン」の語源はラテン語で「小さな牛飼い」を意味する「vaccarinus」。外皮はなめらかで波打っており、側面にガーゼまたはエピセアの樹皮が巻かれている。身はしなやかでねっとりしている。バターのまろやかなコクとフルーティーな芳香が際立ち、ややざらつきのあるクリーミーな食感を楽しめる。スイスの名物料理、フォンデュに最適。

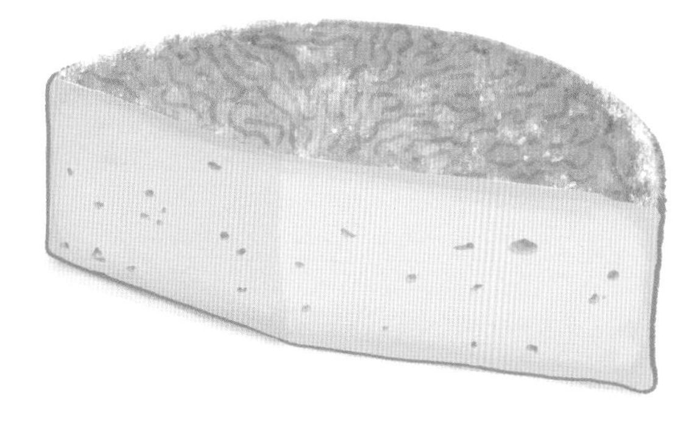

VALLE D'AOSTA FROMADZO

ヴァッレ・ダオスタ・フロマッツォ（イタリア：ヴァッレ・ダオスタ州／Valle d'Aosta）

AOP depuis 1996

乳種｜牛乳（山羊乳を混合する場合もある）（生乳）
大きさ｜直径：最大30cmまで 高：6〜8cm
重さ｜1〜7kg
MG/PT｜27%

地図｜p.210-211

ヴァッレ・ダオスタ州在来の乳牛である、ヴァルドスターナ・ペッツァータネーラ種（Valdostana Pezzata Nera／黒色の斑紋）、ヴァルドスターナ・ペッツァータ カスターナ種（Valdostana Pezzata Castana／赤褐色の斑紋）のミルクで作られている。山羊乳が加えられることもある。凝固の工程後に、フレッシュハーブ、杜松（ねず）の実、クミンシードまたはフェンネルを入れて香り付けしたものもある。身はしっとりと柔らかく、豊かな芳香とともに発酵乳、バター、干草のニュアンスが感じられる。熟成タイプは後味にぴりっとした辛味が残る。

VALTELLINA CASERA

ヴァルテッリーナ・カゼーラ（イタリア：ロンバルディア州／Lombardia）

AOP depuis 1996

AOP認定
乳種｜牛乳（生乳）
大きさ｜直径：30〜45cm 高：8〜10cm
重さ｜7〜12kg
MG/PT｜28%

地図｜p.210-211

16世紀初頭に誕生したヴァルテッリーナ・カゼーラは、熟成度によって麦藁色から黄金色へと変化する分厚い外皮に包まれている。淡黄色の生地は弾力があり、気孔が散っている。若いうちはミルキーな甘みのある味わいで、フィニッシュにあらわれるほのかな酸味と花の香りが心地よい。長く熟成させると砕けやすい組織、力強い味わいとなり、ぴりっとした刺激も出てくる。

WANGAPEKA

ワンガペカ（ニュージーランド：タスマン地方／Tasman）

乳種｜牛乳（低温殺菌乳）
大きさ｜直径：15〜20cm 高：6〜10cm
重さ｜2〜3kg
MG/PT｜29%

地図｜p.232-233

2000年開業の有機農法を実践している農場で作られている。外観は素朴で、起伏のある外皮におおわれている。しなやかな身はフレッシュかつクリーミーで、爽やかな酸味とミルクの甘みが広がる。

WEST COUNTRY FARMHOUSE CHEDDAR CHEESE

ウェスト・カントリー・ファームハウス・チェダー・チーズ（イギリス：イングランド、サウス・ウェスト・イングランド地域／South West England）

AOP
depuis
1996

AOP認定
乳種 | 牛乳（生乳または低温殺菌乳）
重さ | 500g〜20kg
MG/PT | 27%

地図 | p.216-217

イングランドを代表するチーズで「本物」のチェダーを求めるチーズファンから再注目を浴びている。実際、「チェダー」は総称で、このタイプのチーズは至る所で生産されている（販売量で世界一でもある）。ウェスト・カントリー・ファームハウス・チェダー・チーズは（AOP認定チーズにはこの長い呼称が義務付けられている）、最低でも9カ月間熟成させせなければならない。長方形と円筒形があり、水分を保つために布（キャラコ）でおおわれているため、生地はしっとりしている。外皮からはカーヴとカビの匂いが漂い、麦藁色の身はカンタルやサレールのように緻密で硬く、砕けやすい組織をしている。動物の野性味とクリーミーなコク、ハーブのアロマが溶け合った素朴な味わいを楽しめる。

1170年、チェダーは国王ヘンリーⅡ世によって「王国最高のチーズ」に選ばれた。

YORKSHIRE WENSLEYDALE

ヨークシャー・ウェンズリーデール（イギリス：イングランド、ヨークシャー州／Yorkshire）

IGP
depuis
2013

IGP認定
乳種 | 牛乳（生乳または低温殺菌乳）
重さ | 500g〜21kg
MG/PT | 28%

地図 | p.216-217

11〜12世紀にヨークシャー地方に移住した、フランスのシトー派の修道士の手によって誕生した。彼らはフランスで培ったチーズ作りの知識を持ち寄り、まず羊乳で作り始めた。羊乳から牛乳に代わったのは、16世紀中頃、国王ヘンリーⅧ世による修道院解散後のことである。熟成期間は2週間から12カ月間までと差があり、外観も風味も異なる多様なバリエーションが存在する。生地は若いうちは乳白色、アイボリー色で、熟成が進むにつれて黄色へと変化する。テクスチャーは引き締まっていてもろく、少しざらざらしている。若いタイプは爽やかな香りと酸味が心地よい。熟成が進むとアロマが力強くなり、酸味も増す。2週間の熟成後、フレッシュかつミルキーな風味が開花する。さらに熟成させると蜂蜜やバター、刈りたての牧草のアロマがあらわれ、芳醇な味わいとなる。

07 加熱圧搾チーズ（ハードチーズ）

ホールで数十kgに及ぶものが多い大型タイプ。非加熱圧搾（セミハード）のトムタイプとの違いは、製造時にカードを50℃前後の高温で加熱してさらに脱水する点である。そのため、生地の組織は緻密でほぼ均質である。山岳地帯の住民が冬期に食べる保存食として作ってきた「山のチーズ」が多い。

ABONDANCE
アボンダンス（フランス：オーヴェルニュ=ローヌ=アルプ地域圏／Auvergne-Rhône-Alpes）

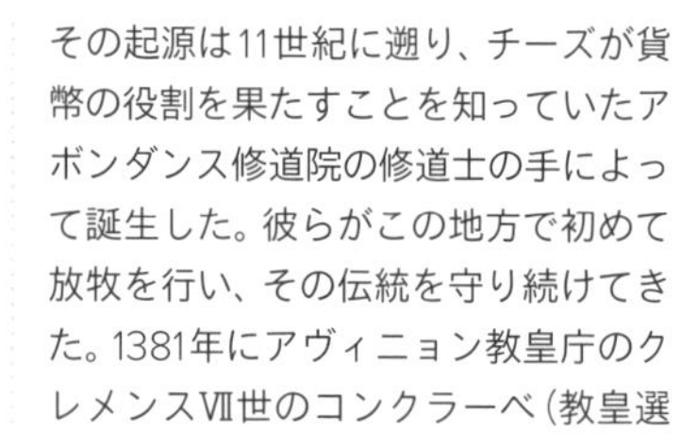

AOC認定　AOP認定
乳種｜牛乳（生乳）
大きさ｜直径：38〜43cm
高：7〜8cm
重さ｜6〜12kg
MG/PT｜33%

地図｜p.198-199

その起源は11世紀に遡り、チーズが貨幣の役割を果たすことを知っていたアボンダンス修道院の修道士の手によって誕生した。彼らがこの地方で初めて放牧を行い、その伝統を守り続けてきた。1381年にアヴィニョン教皇庁のクレメンスⅦ世のコンクラーベ（教皇選挙会議）の席で、このチーズが振る舞われたことで、その名が広く知られるようになった。モルジュ液で丁寧に拭かれた外皮はローズ色、黄金色または琥珀色をしている。内側に反った側面には、型詰め時に凝乳を入れるリネン（亜麻布）の跡が付いている。しなやかでなめらかな身には豆粒大の穴が所々に見られる。湿ったカーヴとキノコのアロマが際立ち、ゲンチアナ根の香りがかすかに漂う。パイナップルやアプリコットのようなフルーティーさとミルクのコク、ヘーゼルナッツの香ばしさが花開き、フィニッシュはほろ苦い。

アボンダンス谷にあるアボンダンス村付近のアボンダンス修道院で誕生したチーズで、主にアボンダンス種の牛乳で作られている！

ALLGÄUER BERGKÄSE
アルゴイヤー・ベルクケーゼ（ドイツ：バーデン=ヴュルテンベルク州、バイエルン州／Baden-Württemberg, Bayern）

AOP
depuis
1997

AOP認定
乳種｜牛乳（生乳）
大きさ｜直径：40〜90cm
高：8〜10cm
重さ｜15〜50kg
MG/PT｜34%

地図｜p.218-219

※P.262に解説

ローズ、グレーがかった外皮にはうっすらと白カビが生えている。マットな黄色の身はしなやかで、「ウズラの目※」ほどの小さな穴があいている。ミルクとフレッシュハーブのアロマが強く、フィニッシュにかすかな苦味を感じる。

ALLGÄUER EMMENTALER
アルゴイヤー・エメンターラー (ドイツ：バーデン=ヴュルテンベルク州、バイエルン州／Baden-Württemberg, Bayern)

AOP depuis 1997

AOP認定
乳種 | 牛乳（生乳）
大きさ | 直径：90cm
高：110cm
重さ | 80kg
MG/PT | 33%

地図 | p.218-219

スイスのエメンターラー（Emmentaler）とはっとするほどよく似ている。高温の熟成室で熟成させることで、プロピオン酸発酵が促進されて炭酸ガスが発生し、生地の中央部が膨らみ、「チーズアイ」と呼ばれる気孔ができる。引き締まった弾力のあるテクスチャーで、ミルクとバターの旨みたっぷりの味わい。

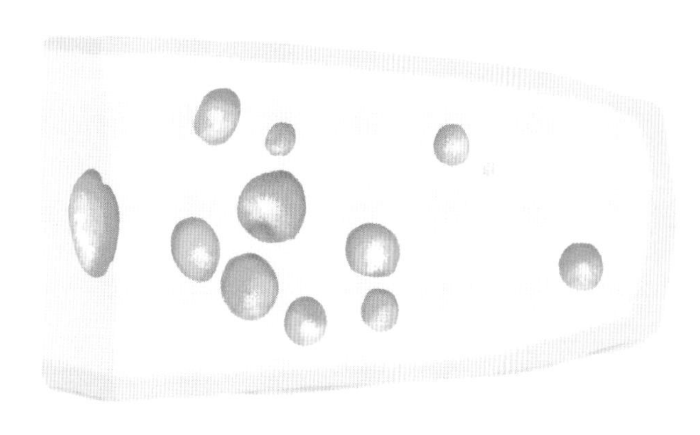

ALLGÄUER SENNALPKÄSE
アルゴイヤー・センアルプケーゼ (ドイツ：バーデン=ヴュルテンベルク州、バイエルン州／Baden-Württemberg, Bayern)

AOP depuis 2016

AOP認定
乳種 | 牛乳（生乳）
大きさ | 直径：30〜70cm
高：15cmまで
重さ | 5〜35kg
MG/PT | 34%

地図 | p.218-219

全て高地牧草地で手作りされている。ドイツ南部、アルゴイ地方（Allgäu）の山岳地帯の「フリュイティエール（チーズ工房）」で、夏季（5〜10月）限定で生産されている。外皮は乾いており、オレンジ色がかった黄色〜褐色をしている。アイボリー色、黄色の身は緻密でしっとりしていて、小さな気孔が見られる。湿ったカーヴや干草のアロマを放ち、バターやクリームの濃厚なコク以上に、香ばしいクルミのアロマに魅了される。長く熟成させると燻香があらわれることもある。

ANNEN
アネン (スイス：ベルン州、フリブール州／Berne, Fribourg)

乳種 | 牛乳（生乳）
大きさ | 直径：55〜60cm
高：10〜12cmまで
重さ | 30〜40kg
MG/PT | 34%

地図 | p.222-223

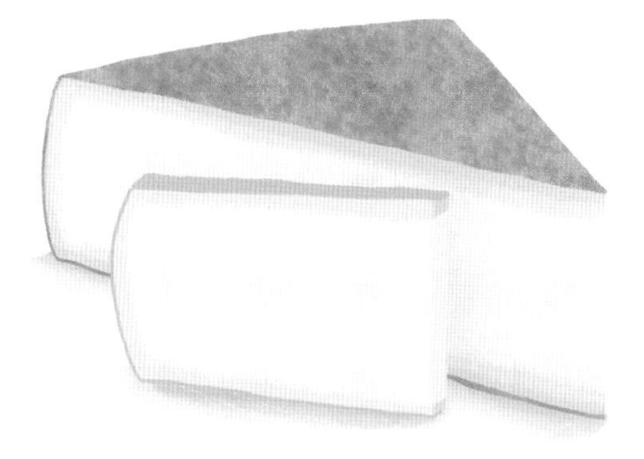

生産量がグリュイエール（Gruyère）、エメンターラー（Emmentaler）、レティヴァ（L'Étivaz）に及ばないため、あまり知られていないが、香りも味わいもそれらに全く引けを取らない。アイボリー色の生地は引き締まっていて、バターのように口どけが良く、フルーティーな芳香とミルク、クリームのコクが調和した風味はどこまでも上品である。注目せずにはいられないチーズである。

BEAUFORT
ボーフォール（フランス：オーヴェルニュ=ローヌ=アルプ地域圏／Auvergne-Rhône-Alpes）

AOC depuis 1968　AOP depuis 1996

AOC認定　AOP認定
乳種｜牛乳（生乳）
大きさ｜直径：35〜75cm
高：11〜16cm
重さ｜20〜70kg
MG/PT｜33%

地図｜p.198-199

ボーフォールは中世の時代、この地方の修道士や村民が乳牛を飼育するために山岳地帯の牧草地を整備した頃に誕生した。当時、その原型である約10kgの「ヴァシュラン（Vachelins）」が牛乳で作られていた。しかしその大きさでは、住民が冬を越すのに十分な量を確保することができなかったことから、18世紀に「ヴァシュラン」はより大型（40kg）になり、呼称も「グロヴィール（Grovire）」に改名された。サイズが大きくなったことで数カ月も長持ちするようになり、形を工夫したことで遠方にも運びやすくなった。「ボーフォール（Beaufort）」と改名されたのは1865年になってからのことである。3タイプあり、11〜5月に生産される「ボーフォール（Beaufort）」、6〜10月に放牧された複数の牛の群れから集めたミルクで生産される「ボーフォール・エテ（Beaufort d'été）」、6〜10月に標高1,500m以上の山小屋で、単一の牛の群れのミルクで生産される、最も希少な「ボーフォール・シャレ・ダルパージュ（Beaufort chalet d'alpage）」に分類される。堂々たる風格で、厚みのある側面は内側にくぼんでいて、表面にリネン（亜麻布）の跡が付いている。外皮はやや起伏があり、淡い褐色〜オレンジ色をしている。黄金色や麦藁色の光沢を帯びたアイボリー色の生地はきめが細かく、この上なくなめらか。非常に珍しいが、小さな穴ができることもある。樹木と花のアロマ、バターのまろやかな香りが鼻腔をくすぐる。口の中でしっとりと溶けていく緻密な生地から、濃厚なミルクの旨みと、フルーティー&ナッティーな芳香が溢れ出す。

側面のくぼみは、チーズに縄をかけてロバの背で運んでいた時代の名残である。熟成中にブナの木枠にしっかりとはめ込むためにできる。

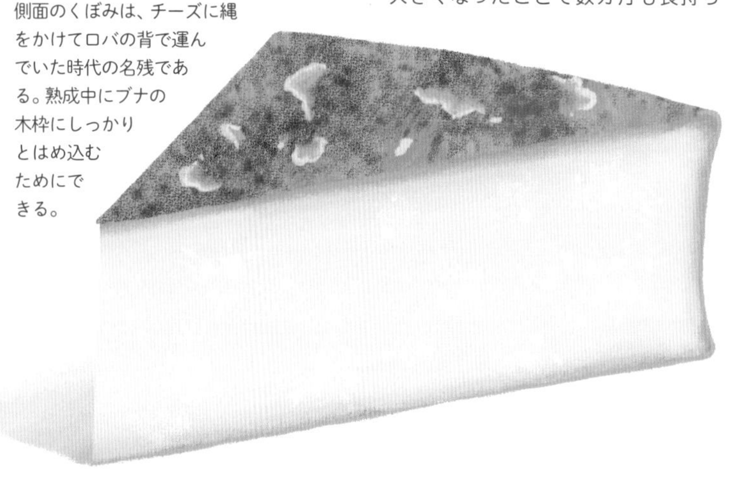

BÉMONTOIS
ベモントワ（スイス：ベルン州、ジュラ州／Berne, Jura）

乳種｜牛乳（生乳）
大きさ｜直径：35〜75cm
高：12〜15cm
重さ｜15〜25kg
MG/PT｜34%

地図｜p.222-223

名高いグリュイエール（Gruyére）やテット・ド・モワンヌ（Tête de Moine）と同じ地域で生産されている。サイズと外観はグリュイエールに似ているが、より繊細な芳香を放ち、バターの風味や塩気は控えめである。ラクレットやフォンデュにして食べても美味しい。

BERNER ALPKÄSE
ベルナー・アルプケーゼ（スイス：ベルン州／Berne）

AOP depuis 2004

AOP認定
乳種 | 牛乳（生乳）
大きさ | 直径：28〜48cm
重さ | 5〜16kg
MG/PT | 32%

地図 | p.222-223

このチーズとその仲間であるベルナー・ホーベルケーゼ（Berner Hobelkäse）に関する最古の記録は1548年に遡る。5月10日から10月10日までの間、毎日のように作られている夏のチーズである。繰り返し表面を塩水で磨き、上下をひっくり返しながら、熟成庫で6カ月間熟成させる。酸っぱい匂いとともに、植物と動物のアロマが漂い、口どけの良い生地からはピリッとしたスパイスの辛味が感じられる。

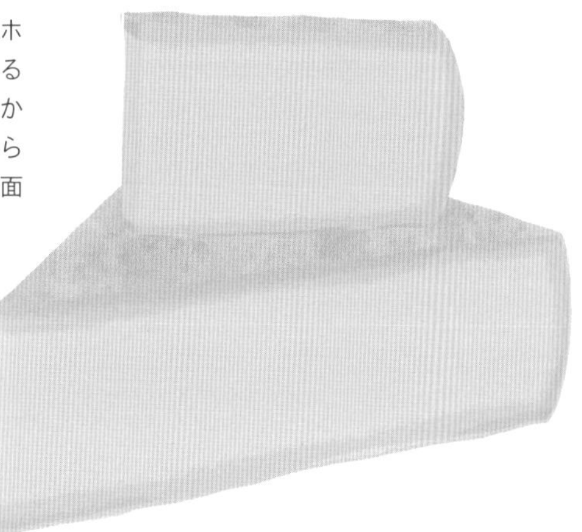

BERNER HOBELKÄSE
ベルナー・ホーベルケーゼ（スイス：ベルン州／Berne）

AOP depuis 2004

AOP認定
乳種 | 牛乳（生乳）
大きさ | 直径：28〜48cm
重さ | 5〜16kg
MG/PT | 32%

地図 | p.222-223

ベルナー・アルプケーゼを長期熟成させると、ベルナー・ホーベルケーゼになる。酸味の立ったスパイシーな香りが鼻腔を刺激する。主にチーズスライサーで薄く削って味わう。チロシン結晶を多く含み、塩気の効いた、野性味ある濃厚な味わいで、かすかにスモーク香も感じられる。

BITTO
ビット（イタリア：ロンバルディア州／Lombardia）

AOP depuis 1996

AOP認定
乳種 | 牛乳（生乳）
（生乳、山羊乳を10％まで混合可）
大きさ | 直径：30〜50cm
高：8〜12cm
重さ | 8〜25kg
MG/PT | 34%

地図 | p.210-211

6月1日から9月30日までの期間限定で、高地牧草地（アルペッジョ）で生産されるチーズ。目がぎゅっと詰まった、ずっしりした生地ではあるが口どけはなめらか。熟成が進むとほろほろと崩れやすい組織になり、バターのコクと塩気が増し、深みのある濃厚な味わいになるが刺激はない。10年近く熟成させることもできるチーズで、愛好家の間で高く評価されている貴重な名品である。

COMTÉ

コンテ（フランス：ブルゴーニュ=フランシュ=コンテ地域圏、オーヴェルニュ=ローヌ=アルプ地域圏／Bourgogne-Franche-Comté, Auvergne-Rhône-Alpes）

AOC depuis 1958　AOP depuis 1996

AOC認定　AOP認定
乳種｜牛乳（生乳）
大きさ｜直径：55～75cm
高：8～13cm
重さ｜32～45kg
MG/PT｜34%

地図｜p.198-199

フランスのAOPチーズの中で、生産量、輸出量1位を誇る大型チーズ。1264年と1280年の間に残された6通の文書から、当時からデゼルヴィレール（Déservillers）とルヴィエ（Levier）の村で、「フリュクトゥリー（Fructeries）」（現在の「フリュイティエール〈Fruitière〉」※）で、コンテと思われる大型のチーズが生産されていたことが記されている。「フリュイティエール」は、山岳地帯の住民が厳しい冬を乗り切るための食料を確保するために、複数の農家から牛乳を寄せ集め、巨大なチーズを作るためのチーズ工房である。フランス初の酪農家協同組合といえるだろう。

コンテの少しざらざらとした外皮は淡いベージュ色～栗色をしている。アイボリー色からクリーム色、麦藁色までの色味を帯びた身はなめらかで、しっとりと溶けていく。ほっくりとした食感とともに、熟成度に応じてバターやクリーム、ハーブ、ナッツ、花、なめし革などの芳醇なフレーバーが広がる。

熟成室から出す前に、コンテのマークを記した紙テープを側面に巻くことが義務付けられている。専門の鑑定団による評価で熟成6カ月の時点で、20点満点中15点以上を獲得したチーズには緑色のベルマークが認められる。20点満点中12点以上のチーズには茶色のテープが貼られ、緑色よりも価格を下げて販売しなければならない。12点未満の場合、コンテと名乗ることができない。

DENT DU CHAT

ダン・デュ・シャ（フランス：オーヴェルニュ=ローヌ=アルプ地域圏／Auvergne-Rhône-Alpes）

乳種｜牛乳（生乳）
大きさ｜直径：50cm
高：15cm
重さ｜40kg
MG/PT｜30%

地図｜p.198-199

「猫の歯」を意味する同名のダン・デュ・シャ山塊の麓で、イェンヌ村（Yenne）の酪農協同組合によって生産されているチーズ。淡いローズ～ベージュ色の外皮をまとい、淡黄色、麦藁色の身はバターのようにねっとりしている。フルーティーな芳香が際立つマイルドな味わいで、ほのかなミルクの甘みが心地よい。フィニッシュの軽い塩気が全体の味を引き締める。

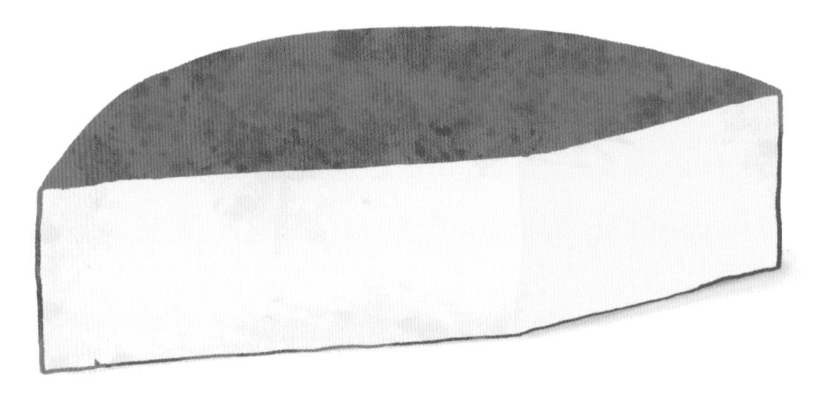

EMMENTAL DE SAVOIE
エメンタール・ド・サヴォワ
（フランス：オーヴェルニュ=ローヌ=アルプ地域圏／Auvergne-Rhône-Alpes）

IGP
depuis
1996

IGP認定
乳種｜牛乳（生乳）
大きさ｜直径：72〜80cm
高：14cm（端側）
高：32cm（中心部）
重さ｜60kg以下
MG/PT｜34%

地図｜p.198-199

どっしりした大型のチーズで、厚みのある黄褐色の外皮に包まれた生地は引き締まっていて弾力がある。サクランボ大からクルミ大の「チーズアイ」がぼこぼことあいている。ミルク感たっぷりのマイルドかつフルーティーな味わいで、ほのかな酸味も感じられる。スイス、ドイツ、フランス産のエメンタールに共通して見られる「チーズアイ」は熟成の工程で高温の熟成室に移すことでプロピオン酸菌が活動を始め、炭酸ガスを発生させることでできる。

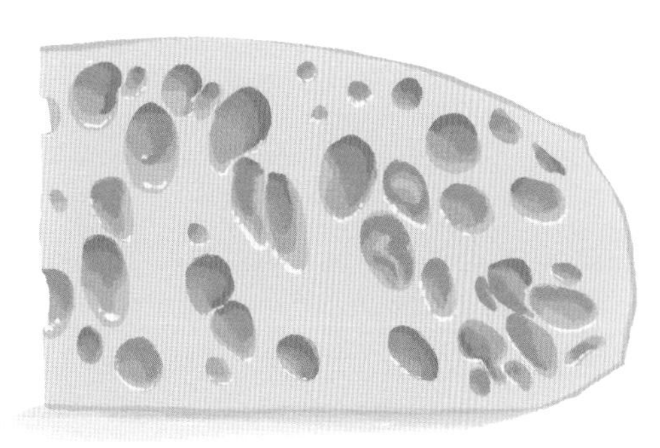

EMMENTALER
エメンターラー
（スイス：ベルン州、アールガウ州、グラールス州、ルツェルン州、シュヴィーツ州、ザンクト・ガレン州、トゥールガウ州、ツーク州、チューリッヒ州／Aargau, Glarus, Luzern, Schwyz, Sankt Gallen, Thurgau, Zug, Zürich）

AOP
depuis
2002

AOP認定
乳種｜牛乳（生乳）
大きさ｜直径：80〜100cm
高：16cm（端側）
高：〜27cm（中心部）
重さ｜75〜120kg
MG/PT｜34%

地図｜p.222-223

熟成度によって4タイプに分類される。「classique（クラシック）」（4カ月まで）、「réserve（レゼルヴ）」（4〜8カ月）、「extra（エクストラ）」（12カ月以上）、「de grotte（ド・グロット）」（12カ月以上＋自然の洞窟内で6カ月以上）。生地はしなやかで弾力があり、溶かすとよく伸びる。ミルクやバター、クリーム、フレッシュハーブの風味が際立つ。

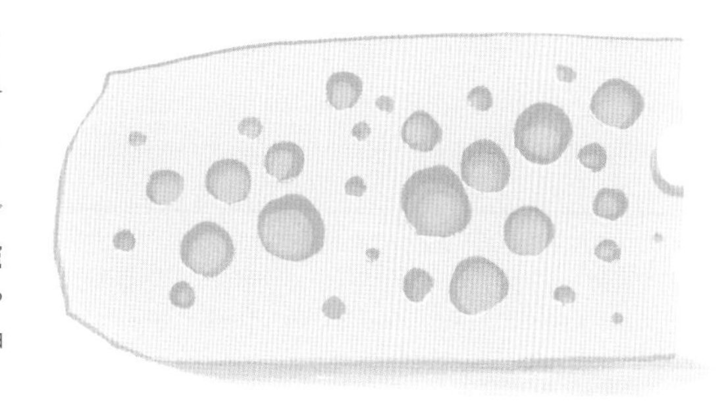

EMMENTAL FRANÇAIS EST-CENTRAL
エメンタール・フランセ・エスト=サントラル
（フランス：オーヴェルニュ=ローヌ=アルプ地域圏、ブルゴーニュ=フランシュ=コンテ地域圏、グラン=テスト地域圏／Auvergne-Rhône-Alpes, Bourgogne-Franche-Comté, Grand-Est）

IGP
depuis
1996

IGP認定
乳種｜牛乳（生乳）
大きさ｜直径：70〜100cm
高：14cm（端側）
重さ｜60〜130kg以下
MG/PT｜33%

地図｜p.196-201

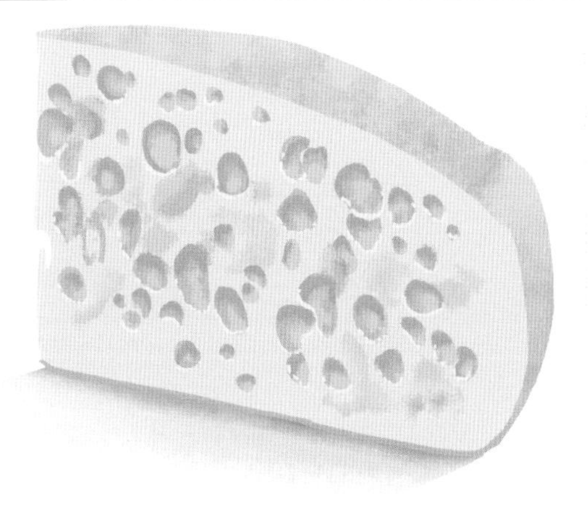

超大型のチーズで外皮は麦藁色〜薄褐色をしており、中央部が膨らんでいる。光沢のある生地はなめらかで弾力があり、サクランボ大からクルミ大の丸い気孔、「チーズアイ」が全体に散っている。ミルクの甘みとコク、フルーティーな芳香が魅力。エメンタール・ド・サヴォワよりもやや濃厚である。

EVERTON

エヴァートン (アメリカ合衆国:インディアナ州/Indiana)

乳種 | 牛乳(生乳)
大きさ | 直径:40cm
高:7.5cm
重さ | 10kg以下
MG/PT | 28%

地図 | p.228-229

8〜12カ月熟成のエヴァートンは淡い黄色〜ベージュ色の外皮をまとい、引き締まった、なめらかな組織をしている。口に含むとバターとヘーゼルナッツのアロマが広がり、余韻が長く続く。18カ月熟成のものはエヴァートン・プレミアム・リザーブ(Everton Premium Reserve)と呼ばれるが、より深みのある芳醇なアロマを楽しめる。チロシンの結晶がシャリシャリとした独特な食感をもたらす。

FORMAELLA ARACHOVAS PARNASSOU

フォルマエラ・アラホヴァス・パルナス (ギリシャ:中央ギリシャ地方/Stereás Elláda)

AOP
depuis
1996

AOP認定
乳種 | 山羊乳および/または羊乳
(低温殺菌乳)
大きさ | 直径:5〜10cm
長:25〜30cm
重さ | 500g〜1kg
MG/PT | 30%

地図 | p.226-227

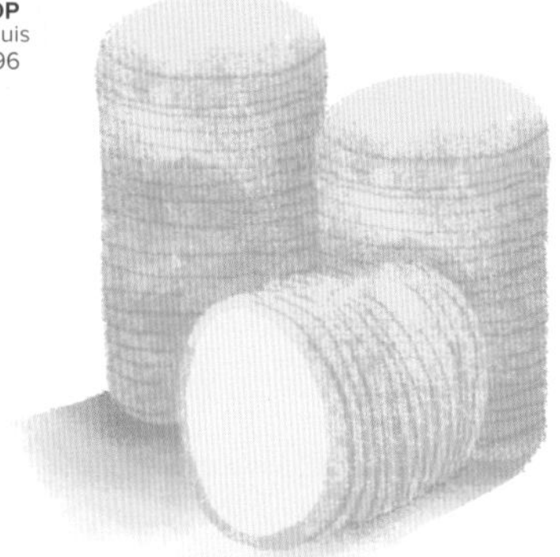

加熱圧搾タイプでは珍しい小ぶりなサイズで、筒状の形だけでなく、山羊、羊のミルクを使うレシピも独特である。麦藁色〜黄金色の外皮には、型詰めに使われる柳の枝細工のかご、「コフィナキア(kofinakia)」の跡が付いている。色白の身はきめ細かくクリーミーで、ややざらざらしている。ミルクの酸味が爽やかな、甘みのある優しい味わいで、草花と山羊乳(または羊乳)のアロマも感じられる。

GAILTALER ALMKÄSE

ガイルターラー・アルムケーゼ (オーストリア:チロル州、ケルンテン州/Tyrol、Kärnten)

AOP
depuis
1997

AOP認定
乳種 | 牛乳100%または牛乳と山羊乳
(10%まで)の混合(生乳)
重さ | 500g〜35kg
MG/PT | 31%

地図 | p.222-223

このチーズに関する最古の記述は1357〜1381年のゴリツィア地域(Gorizia)の登録簿に残っている。ガイル渓谷(Gail)の高地牧草地のみで生産されているアルパージュのチーズである。自然に形成される外皮は乾いていて黄金色をしている。黄色がかった生地はしなやかで、豆粒大の丸い小さな穴が散っている。バターのようなまろやかな味わいで、クリームとハーブの風味も感じられる。

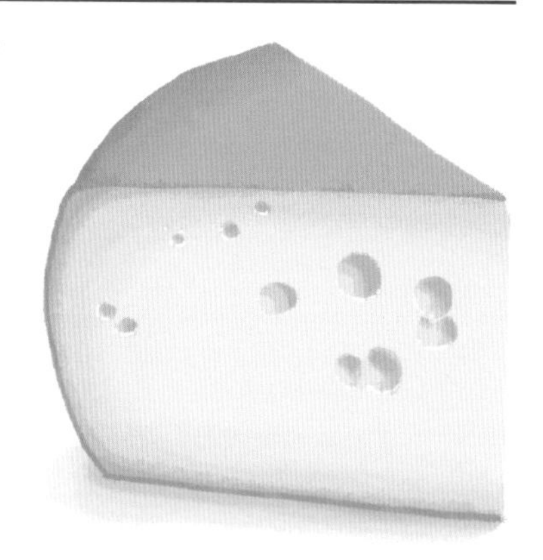

GRANA PADANO
グラナ・パダーノ

（イタリア：エミリア・ロマーニャ州、ロンバルディア州、ピエモンテ州、ヴェネト州、トレンティーノ＝アルト・アディジェ／Emilia-Romagna, Lombardia, Piemonte, Veneto, Trentino Alto Adige）

AOP depuis 1996

AOP認定
乳種 | 牛乳（生乳）
大きさ | 直径：35～45cm
長：18～25cm
重さ | 24～40kg
MG/PT | 32%

地図 | p.210-211

パルミジャーノ・レッジャーノ（Parmigiano Reggiano）と混同されることが多く、兄弟のようなチーズだが、グラナ・パダーノのほうが少し乾いた食感である。側面にはその名が刻まれている。厚みが4～8mmほどの外皮は褐色、黄金色または濃黄色を帯びている。外皮に守られた生地は、特にざらざらしていて（「グラナ」は粒状という意味）、口の中でほろほろと溶けていくテクスチャーである。ほどよい塩気があり、バターのまろやかなコクとフローラルなアロマが際立つ。20カ月以上熟成させたグラナ・パダーノは「Riserva（リゼルヴァ）」という称号が認められ、側面に焼印押される。

GRAVIERA AGRAFON
グラヴィエラ・アグラフォン

（ギリシャ：テッサリア地方／Thessalía）

AOP depuis 1996

AOP認定
乳種 | 羊乳100%または羊乳と山羊乳の混合（低温殺菌乳）
重さ | 8～10kg
MG/PT | 30%

地図 | p.226-227

ベージュ色～灰色の不均質な外皮におおわれている。カーヴのアロマと酸っぱい匂いが立ち上る。色白の身はもろく、小さな穴が散っている。甘みのあるバターのまろやかなコクが広がり、フィニッシュに羊乳特有の爽やかな酸味とハーブ香があらわれる。

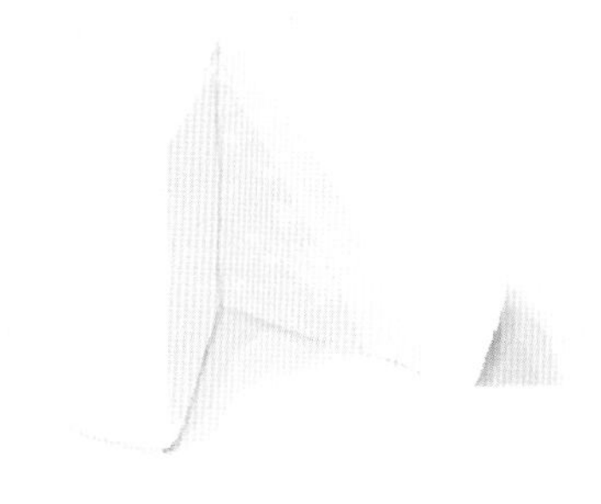

GRAVIERA KRITIS
グラヴィエラ・クリティス

（ギリシャ：クレタ島／Kriti）

AOP depuis 1996

AOP認定
乳種 | 羊乳100%または羊乳と山羊乳の混合（低温殺菌乳）
重さ | 14～16kg
MG/PT | 29%

地図 | p.226-227

クレタ島全域で生産。大陸産のグラヴィエラ・アグラフォン（Graviera Agrafon）の仲間である。製法は同じで、唯一の違いは羊と山羊の品種である。2つのチーズはよく似ているが、グラヴィエラ・クリティスはより弾力のあるテクスチャーで、羊、山羊特有のクセ、塩気もより強く感じられる。

GRAVIERA NAXOU
グラヴィエラ・ナクス（ギリシャ：ナクソス島／Naxos）

AOP
depuis
1996

AOP認定
乳種 | 牛乳100%、または牛乳、山羊乳、羊乳の混合（低温殺菌乳）
MG/PT | 25%

地図 | p.226-227

黄金色または麦藁色の外皮をまとっている。小さな穴が散っている中身は引き締まっていて弾力がある。牧舎や干草のアロマが漂い、草花の香りのするマイルドな味わいで、フィニッシュはほろ苦い。熟成が進むと、ピリッとした刺激を感じることもある。

GRUYÈRE
グリュイエール（スイス：ベルン州、フリブール州、ジュラ州、ヴォー州、ヌーシャテル州／Berne, Fribourg, Jura, Vaud, Neuchâtel）

AOC
depuis
2001

AOP
depuis
2011

AOC認定　AOP認定
乳種 | 牛乳（生乳）
大きさ | 直径：55〜65cm
高：9.5〜12cm
重さ | 25〜40kg
MG/PT | 34%

地図 | p.222-223

1115年からグリュイエール村周辺で作られている伝統のチーズ。外皮は均質でベージュ色、栗色を帯びている。身はきめが細かく引き締まっていて、溶けやすい。アイボリーがかった色味は生産時期によって濃淡が変化する。バター、香草、花のアロマとともにフルーティーな芳香が口の中に広がり、その余韻が長く続く。グリュイエールには3タイプある。「classique（クラシック）」（6〜9カ月熟成）、「réserve（レゼルヴ）」（12カ月以上熟成）、「alpage（アルパージュ）」（高地牧草地で5月〜10月限定で生産）である。

GRUYÈRE FRANÇAIS
グリュイエール・フランセ（フランス：オーヴェルニュ=ローヌ=アルプ地域圏、ブルゴーニュ=フランシュ=コンテ地域圏、グラン=テスト地域圏／Auvergne-Rhône-Alpes, Bourgogne-Franche-Comté, Grand-Est）

IGP
depuis
2013

IGP認定
乳種 | 牛乳（生乳）
大きさ | 直径：53〜63cm
高：13〜16cm
重さ | 42kg
MG/PT | 35%

地図 | p.198-199

スイス産グリュイエールとは異なり、フランス産は豆粒大の穴が所々にあいている。白カビがうっすら生えた淡いベージュ色の外皮が、灰白色〜アイボリー色の生地を守っている。テクスチャーは引き締まっていながらもとろけるように柔らかい。ミルクの甘みとコクがたっぷりのまろやかな味わいが魅力。

HANDECK
ハンデック（カナダ：オンタリオ州／Ontario）

乳種｜牛乳（低温殺菌乳）
大きさ｜直径：50cm
高：10cm
重さ｜25kg
MG/PT｜31%

地図｜p.230-231

生産者のS.イッセルスタイン氏（S. Ysselstein）（20世紀初頭にオンタリオ州に移住したオランダ系チーズ職人の子孫）が、チーズ作りの研修を受けたスイスのハンデック村（Handegg）に思いを馳せて考案したチーズ。そのテクスチャーは緻密で、バターのようになめらか。口に含むとヘーゼルナッツの香味、クリーム、バターの旨みが溢れ出す。オンタリオ州のウッドストック（Woodstock）にあるグンズ・ヒル農場（Gunn's Hill）は、このチーズを12カ月熟成後に出荷しているが、2～3年熟成のものを提供することも計画している。

HEIDI
ハイディ（オーストラリア：タスマニア州／Tasmania）

乳種｜牛乳（生乳）
大きさ｜直径：55cm
高：10cm
重さ｜30kg
MG/PT｜35%

地図｜p.232-233

スイス産グリュイエール（Gruyère）の製法で作られている。その外皮は熟成が進むにつれてベージュ色から淡褐色へと変化する。麦藁色～黄金色を帯びた中身は引き締まっていて、シルクのようになめらかな手触りである。ハーブとバターの芳香が際立ち、しっとりと溶ける食感とともに、ナッティでフローラルなアロマとまろやかなコクが口の中に広がる。熟成が進むと形成されるチロシンの結晶が、シャリシャリとした歯触りと長い余韻をもたらす。

HENRI Ⅳ
アンリⅣ（フランス：ヌーヴェル=アキテーヌ地域圏／Nouvelle-Aquitaine）

乳種｜山羊乳（生乳）
大きさ｜直径：30cm
高：15cm
重さ｜10～30kg
MG/PT｜32%

地図｜p.202-203

生産者のヴァンダエル家（Vandaële）は30年以上前からピレネー山脈地方でランセット農場（Lanset）を経営している。山羊を育てながらチーズを生産している一家で、2010年初頭に、山羊乳製の加熱圧搾チーズという実に珍しいチーズ、アンリⅣ（キャトル）を生み出した。山羊乳の爽やかさ、香草と花のアロマが際立つ。引き締まっていながらもバターのようになめらかな生地から、シェーヴル独特の酸味の効いた風味が広がり、ほのかな塩気も感じられる。

KASSÉRI

カセリ（ギリシャ：マケドニア地方、テッサリア地方、北エーゲ地方／Makedonia, Thessalía, Vório Egéo）

AOP depuis 1996

AOP認定
乳種｜羊乳100%または羊乳と山羊乳（20%）の混合（低温殺菌乳）
大きさ｜直径：25～30cm
高：7～10cm
重さ｜1～7kg
MG/PT｜22%

地図｜p.226-227

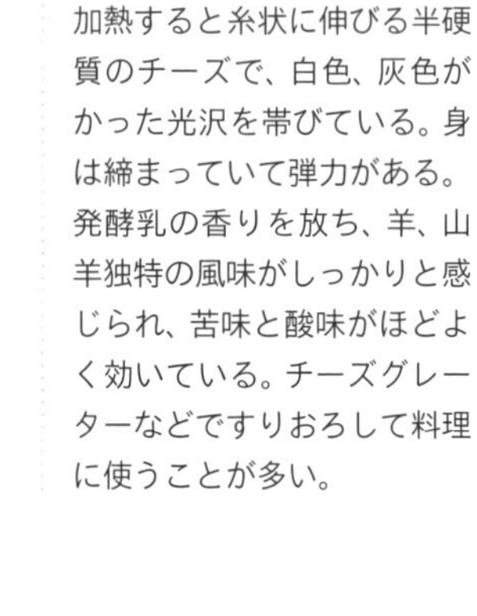

加熱すると糸状に伸びる半硬質のチーズで、白色、灰色がかった光沢を帯びている。身は締まっていて弾力がある。発酵乳の香りを放ち、羊、山羊独特の風味がしっかりと感じられ、苦味と酸味がほどよく効いている。チーズグレーターなどですりおろして料理に使うことが多い。

L'ÉTIVAZ

レティヴァ（スイス：ヴォー州／Vaud）

AOC depuis 1999
AOP depuis 2013

AOC認定　AOP認定
乳種｜牛乳（生乳）
大きさ｜直径：30～65cm
高：8～11cm
重さ｜10～38kg
MG/PT｜33%

地図｜p.222-223

標高1,000～2,000mの高地牧草地で、5月10日から10月10日までの期間限定で生産されるアルパージュタイプ。ミルクを銅鍋に入れて薪を燃やして加熱するという独特な製法で作られる。この先祖伝来の製法はかすかなスモーク香をもたらす。乾いた褐色の外皮はややざらざらしている。カットすると素晴らしいパイナップルの香りが解き放たれ、続いてフルーティー、ハーバル、スモーキーなアロマが立ち上る。しっとりとなめらかな食感の生地からバターのリッチなコクがふわっと広がり、ヘーゼルナッツとスモークの風味もほのかに感じられる。厳選された最上級品は手作業で表面を塩水につけて磨き、通気のよい貯蔵室で縦置きにして乾燥させる。こうして30カ月以上熟成させたものは、「L'Étivaz à rebibes（レティヴァ・ア・ルビーブ）」と呼ばれる。

PARMIGIANO REGGIANO
パルミジャーノ・レッジャーノ （イタリア：エミリア=ロマーニャ州、ロンバルディア州／Emilia-Romagna, Lombardia）

AOP depuis 1996

AOP認定
乳種｜牛乳（生乳）
大きさ｜直径：35～45cm
高：20～26cm
重さ｜30kg以上
MG/PT｜30%

地図｜p.210-211

黄金色の外皮をまとい、側面には本物であることを示す「PARMIGIANO REGGIANO」の文字が刻まれている。厚さ6mmの外皮の下から、麦藁色のざらざらした生地が現れ、柑橘類や白い果実、クリームの芳香が立ち上る。粒子が細かく、口の中で優しく溶けていくテクスチャーと、やや塩気の効いたバターのような濃厚な旨みを楽しめる。フィニッシュにほのかな甘みが残る。2年間熟成させると水分が抜けて重量が25%も減るそうだ。

PIONNIER
パイオニア （カナダ：ケベック州／Québec）

乳種｜羊乳と牛乳の混合（生乳）
大きさ｜直径：55cm
高：12cm
重さ｜40kg
MG/PT｜34%

地図｜p.230-231

スイスのハードチーズの伝統製法に倣って生産されているが、サイズが異なり、牛乳に羊乳を混ぜている。アイボリー色の生地はしっとりとクリーミーで、爽やかな酸味が心地よく、バターとナッツ（マカダミアナッツ）、花のアロマもしっかりと感じられる。フィニッシュにブラウンシュガーのような甘みが残る。パイオニアは2017年に「ケベック州のベストチーズ」に選ばれた。

PLEASANT RIDGE
プリーザント・リッジ （アメリカ合衆国：ウィスコンシン州／Wisconsin）

乳種｜牛乳（生乳）
大きさ｜直径：30cm
高：10cm
重さ｜6kg
MG/PT｜28%

地図｜p.228-229

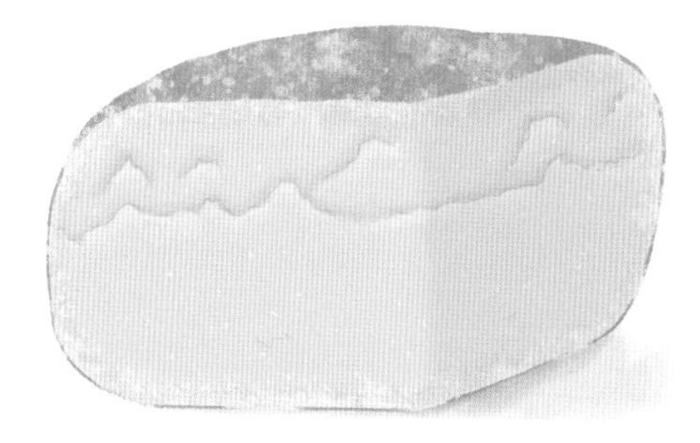

5～10月に青々とした牧草を食（は）んだ乳牛のミルクから作られる。フレッシュミルクとヘーゼルナッツの芳香が豊かに広がる。食感はバターのようにねっとりしていて、リッチなコクとフローラルなアロマを楽しめる。14カ月以上熟成したものは「Pleasant Ridge Reserve（プリーザント・リッジ・リザーヴ）」と呼ばれ、チロシンの結晶である白い粒があらわれる。

SBRINZ
スプリンツ (スイス:ルツェルン州、シュヴィーツ州、ツーク州、オプヴァルデン準州、ニトヴァルデン準州、アールガウ州、ベルン州/Luzern, Schwyz, Zug, Obwalden, Nidwalden, Aargau, Berne)

AOP depuis 2002

AOP認定
乳種 | 牛乳(生乳)
大きさ | 直径:50〜62cm
高:14〜17cm
重さ | 35〜48kg
MG/PT | 34%

地図 | p.222-223

ベルン州の古文書によると、16世紀にこのチーズを買っていたイタリア人が、ブリエンツ村(Brienz)をイタリア語訛りで発音したことから、このチーズは「スプリンツ」と呼ばれるようになった。表面を定期的に布で拭くことで油脂の膜が形成される。この膜が十分な厚さになったら、低温の熟成室に入れて16カ月間熟成させる。硬く引き締まった、ほろほろと砕ける組織になる。クリームとトウモロコシの香りが立ち上り、バターと花のアロマとともに、動物的な野性味、さらにはスパイス香があらわれる。スプリンツは砕いたブロックのままでも、スライスにしても美味しく、すりおろして料理にかけてもよい。

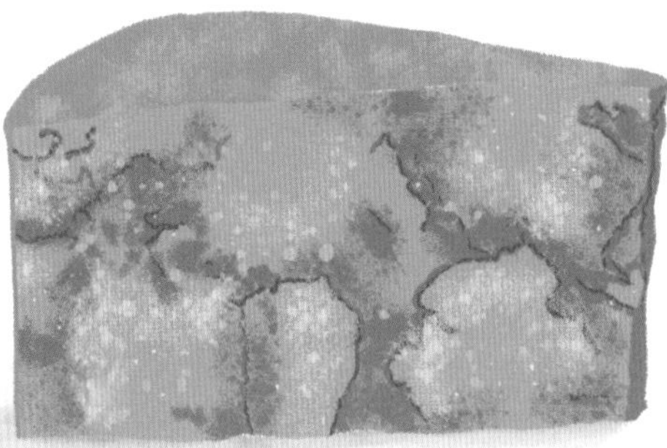

TÊTE DE MOINE
テット・ド・モワンヌ (スイス:ベルン州、ジュラ州/Berne, Jura)

AOP depuis 2001

AOP認定
乳種 | 牛乳(生乳)
大きさ | 直径:10〜15cm
高:7〜15cm
重さ | 700g〜2kg
MG/PT | 32%

地図 | p.222-223

穴のあいた外皮に守られた生地はアイボリー色を帯び、緻密できめ細かく、クリーミーである。口の中ですっと溶けて、ミルク、干草、キノコのアロマがふわりと広がる。フィニッシュの塩気がほどよく、かすかな辛味が加わることもある。このチーズには1980年代に発明された「ラ・ジロール(la Girolle)」という専用の削り器が欠かせない。これにチーズをセットしてハンドルを回すとふわふわと軽い花びらのように削られていく。その姿はまさしくジロール茸のようである!

TIROLER ALMKÄSE
チローラー・アルムケーゼ (オーストリア:チロル州/Tyrol)

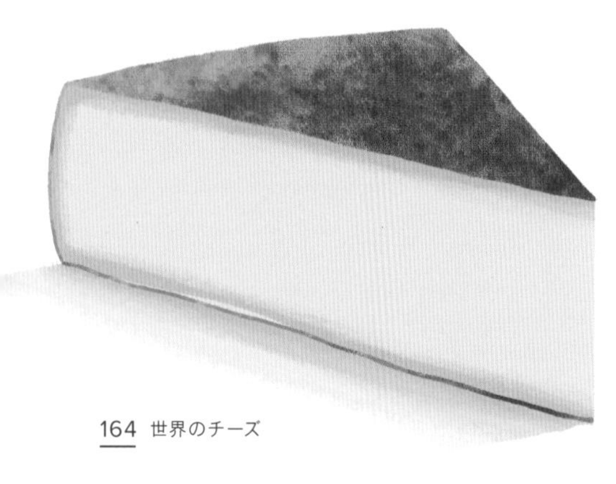

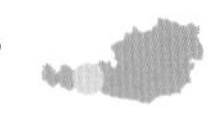
AOP depuis 1997

AOP認定
乳種 | 牛乳(生乳)
重さ | 30〜60kg
MG/PT | 35%

地図 | p.222-223

チロル州で保管されている1544年の古文書に、このチーズに関する記述が残っている。「チローラー・アルプケーゼ(Tiroler Alpkäse)」とも呼ばれるアルパージュタイプ(5〜10月の限定生産)で、乾いた外皮におおわれた生地は引き締まっていて、ねっとりしている。口の中ですっと溶け、ミルク感たっぷりのまろやかな味わいを楽しめる。長く熟成させると旨みが凝縮され、ピリッとした辛味と野性味が出てくる。

TIROLER BERGKÄSE
チローラー・ベルクケーゼ（オーストリア：チロル州／Tyrol）

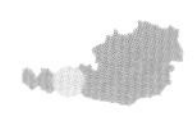

AOP認定
乳種 | 牛乳（生乳）
重さ | 12kg以上
MG/PT | 34%

地図 | p.222-223

1840年代から作られている伝統的なチーズで、黄褐色〜褐色の脂っぽい外皮に包まれている。中身はアイボリー色〜淡黄色で光沢もある。花と香草のアロマが際立ち、クリームやバターの香りもふわりと漂う。しなやかで口どけの良い食感とともに、ほどよい酸味とバターのリッチなコクが広がる。フィニッシュにかすかな辛味を感じることもある。

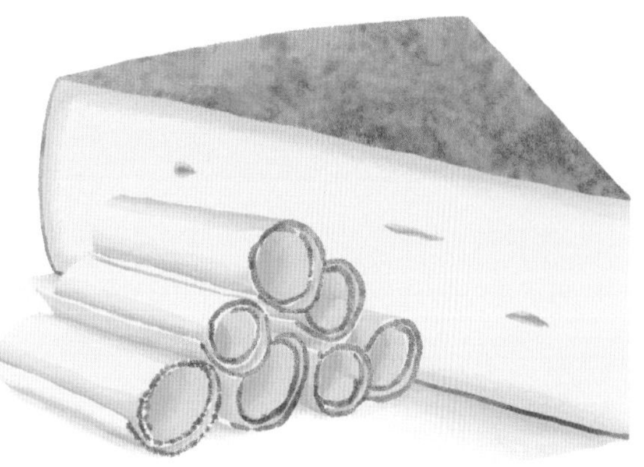

VORARLBERGER ALPKÄSE
フォアアールベルガー・アルプケーゼ（オーストリア：フォアアールベルグ州／Vorarlberg）

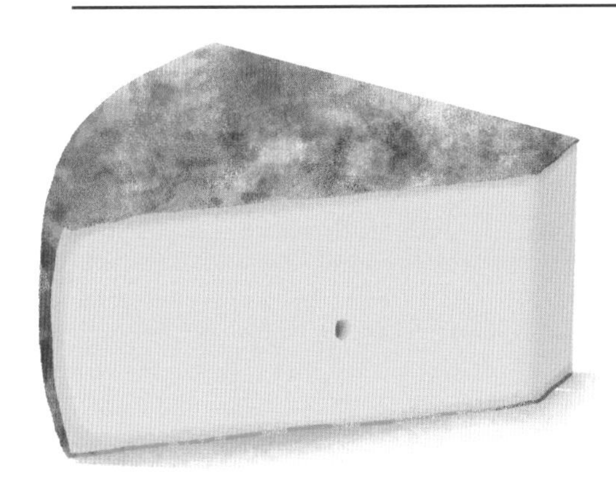

AOP認定
乳種 | 牛乳（生乳）
大きさ | 直径：35cm
高：10〜12cm
重さ | 35kgまで
MG/PT | 33%

地図 | p.222-223

高地牧草地のみで生産されるアルパージュタイプで、その呼称は18世紀から変わっていない。ざらざらした乾いた外皮をまとい、しなやかでなめらかな生地には小さな穴が所々にあいている。酸味がほんのり効いた、ミルキーな優しい味が魅力。熟成が進むと、砕けやすい組織になり、ピリッとした刺激と野性味が出てくる。

VORARLBERGER BERGKÄSE
フォアアールベルガー・ベルクケーゼ（オーストリア：フォアアールベルグ州／Vorarlberg）

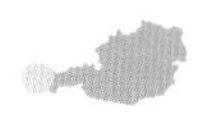

AOP認定
乳種 | 牛乳（生乳）
大きさ | 直径：50cm
高：10〜12cm
重さ | 35kg（最大）
MG/PT | 33%

地図 | p.222-223

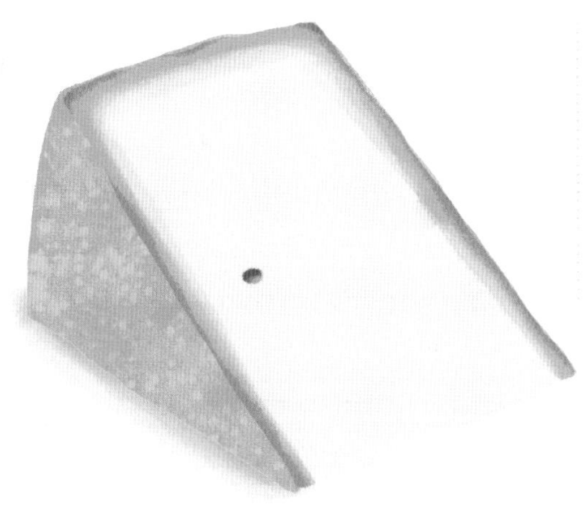

分厚い外皮に守られた生地は淡黄色〜アイボリー色を帯び、小さな穴や光沢もある。テクスチャーはしなやかで柔らかく、口の中でしっとりと溶けていく。蜂蜜、フレッシュハーブ、クリームのアロマが調和したマイルドな味わい。熟成が進むと野性味と塩気が増してくる。

08 青カビチーズ（ブルーチーズ）

チーズの生地に意図的に青カビを繁殖させたタイプで、その見た目から苦手に感じる人もいるだろう。いずれにしても人目を引く存在である。クセが強いというイメージがあるが、必ずしもそうではなく、マイルドな味わいのものも少なくない。

BAY BLUE
ベイ・ブルー（アメリカ合衆国：カリフォルニア州／California）

乳種｜牛乳（低温殺菌乳）
大きさ｜直径：25cm
高：15cm
重さ｜5kg
MG/PT｜27%

地図｜p.228-229

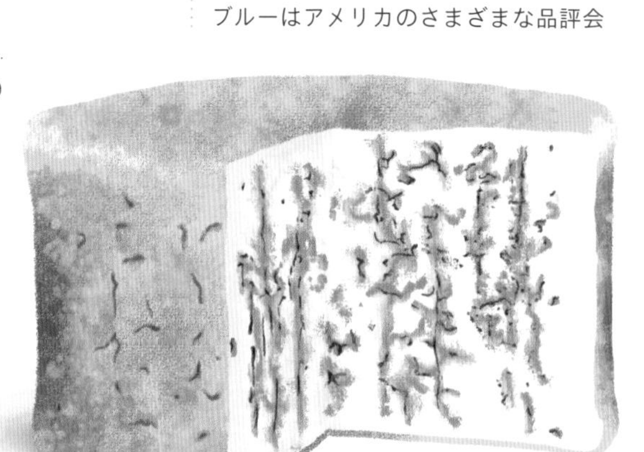

生産元である「ポイントレイズ・ファームステッド・チーズカンパニー（Point Reyes Farmstead Cheese Company）」は1904年から存在するが、21世紀の初めから、有機農法に基づく手作りチーズを生産するようになった。それ以来、ベイ・ブルーはアメリカのさまざまな品評会に選出され、ブルーチーズ部門で数々の賞を獲得している。その代表例として、2014年の「アメリカン・チーズ・ソサイエティー、サクラメント大会（American Cheese Society, Sacramento Conference）」での受賞がある。イギリスのスティルトン（Stilton）（p.181）に似ており、しっとりと溶けていく口当たりで、バターのまろやかなコクとともに、土の香りがかすかに感じられる。フィニッシュに塩キャラメルの風味が残る。

BLACK & BLUE
ブラック＆ブルー（アメリカ合衆国：メリーランド州／Maryland）

乳種｜山羊乳（低温殺菌乳）
大きさ｜直径：20cm
高：10cm
重さ｜3kg
MG/PT｜31%

地図｜p.228-229

ブルーチーズとしては珍しくワックスでおおわれている。その色が黒いことから、ブラック＆ブルーと名付けられた！ 植物性レンネットを使用しているため、ベジタリアン向きである。なめらかでクリーミーな生地は、心地よい爽やかさとほどよい刺激を秘めている。フィニッシュに山羊乳らしい酸味とほのかな塩気があらわれる。このチーズの賞味期限は熟成室から出してから1年と長い。

BLEU D'AUVERGNE
ブルー・ドーヴェルニュ

(フランス：オーヴェルニュ=ローヌ=アルプ地域圏、ヌーヴェル=アキテーヌ地域圏、オクシタニー地域圏／Auvergne-Rhône-Alpes, Nouvelle-Aquitaine, Occitanie)

AOC depuis 1975　AOP depuis 1996

AOC認定　AOP認定
乳種｜牛乳（生乳、サーミゼーション乳または低温殺菌乳）
大きさ｜直径：19〜23cm
高：8〜11cm
重さ｜2〜3kg
MG/PT｜28%

地図｜p.202-203

素朴な風合いの伝統あるチーズだが、その製法、形状、風味は19世紀半ばに、アントワーヌ・ルーセル氏（Antoine Roussel）の手により改良された。同氏はライ麦パンから採取した青カビ、ペニシリウム・グラーカム（Penicillium glaucum）を凝乳に植え付ける方法を発明した。数年の試行錯誤を経て、この青カビが繁殖するには空気が必要であることに気づき、編針でチーズに穴を開けることを思い付いた。そして1860年に、クレルモン（Clermont）という人物と共同で、専用の長い針も開発した。この努力の結果、青カビが生地全体にむらなく分布した、美しいマーブル模様のブルー・ドーヴェルニュが完成したのである。外皮に白色、灰色、緑色、黒色のカビが生えることもある。ねっとりと柔らかい身は白色〜アイボリー色を帯び、青カビがほぼ均等にまんべんなく広がっている。ブルーチーズ独特の刺激とクリーミーさが絶妙に調和した味わいで、森の下草やキノコの豊かなアロマとともに、かすかな塩気と苦味が感じられる。

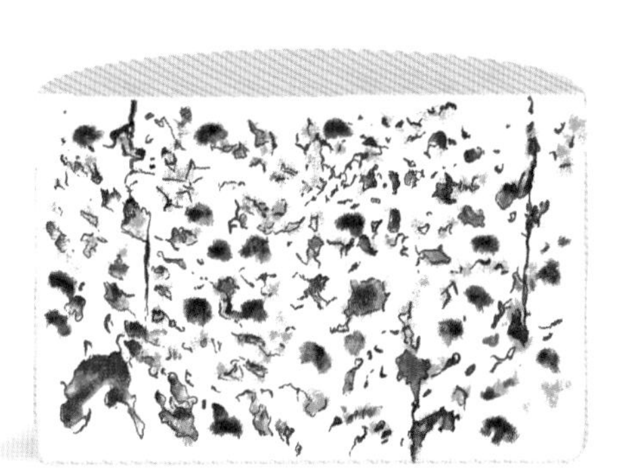

AOP仕様書が2018年に改訂され、生産地区が1158町村から630町村へと縮小された。

BLEU DE BONNEVAL
ブルー・ド・ボヌヴァル

(フランス：オーヴェルニュ=ローヌ=アルプ地域圏／Auvergne-Rhône-Alpes)

乳種｜牛乳（生乳）
大きさ｜直径：22cm
高：10cm
重さ｜2.4〜2.8kg
MG/PT｜26%

地図｜p.198-199

アボンダンス種（Abondance）とタリーヌ種（Tarine）の牛乳で作られている。生産元はボヌヴァル=シュル=アルク村（Bonneval-sur-Arc）近くのモーリエンヌ渓谷（Maurienne）にある酪農協同組合。外皮は灰色がかっていて、所々に白いカビや黒い斑点が見られる。カーヴ、森の下草、キノコの香りがふわりと漂う。青緑色のカビが散ったアイボリー色の身は締まっていてなめらかである。熟成が進むと乾燥し、ほろほろと崩れる組織になる。シャープな刺激がほどよくあり、クリームとキノコの風味豊かなチーズである。

BLEU DE GEX
ブルー・ド・ジェックス（フランス：ブルゴーニュ＝フランシュ＝コンテ地域圏、オーヴェルニュ＝ローヌ＝アルプ地域圏／Bourgogne-Franche-Comté, Auvergne-Rhône-Alpes）

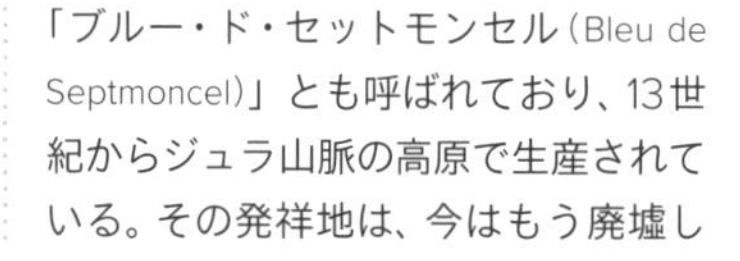

AOC認定　AOP認定
乳種｜牛乳（生乳）
大きさ｜直径：31〜35cm
高：8〜10cm
重さ｜6〜9kg
MG/PT｜28%

地図｜p.198-199

神聖ローマ帝国の皇帝、カールV世のお気に入りのチーズだったと語り継がれている。

「ブルー・ド・セットモンセル（Bleu de Septmoncel）」とも呼ばれており、13世紀からジュラ山脈の高原で生産されている。その発祥地は、今はもう廃墟しか残っていないサン＝クロード修道院（Abbaye de Saint-Claude）（ジュラ県）である。モンベリアルド種（Montbéliarde）とシンメンタール種（Simmenthal）の牛乳から作られる。白色〜黄色の少し粉っぽい乾いた外皮には必ず「Gex」という刻印が入っている。目がぎゅっと詰まった、やや崩れやすい組織をしている。ミルクの風味豊かな優しい味わいで、バニラ、スパイス、キノコのアロマがほのかに香る。フィニッシュに軽い苦味を感じる。

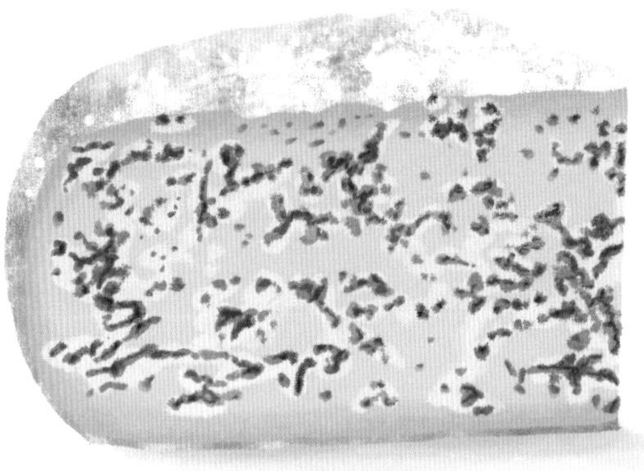

BLEU DE LA BOISSIÈRE
ブルー・ド・ラ・ボワシエール（フランス：イル＝ド＝フランス地域圏／Île-de-France）

乳種｜山羊乳（低温殺菌乳）
大きさ｜直径：17〜18cm
高：9〜10cm
重さ｜2〜2.5kg
MG/PT｜28%

地図｜p.196-197

生産元はランブイエの森に近いイヴリーヌ県（Yvelines）のトランブレ農場（Tremblaye）。イル＝ド＝フランス地域圏で生産されている数少ないブルーチーズの1つ。この農家はチーズ作りを始めた1967年から環境と動物に配慮した農法を実践している。錫箔で包むため外皮は形成されない。純白の生地と青色、灰色、黒色、緑色からなるペニシリウム・ロックフォルティ（*Penicillium roqueforti*）のコントラストが美しい。バターのようになめらかで繊細なテクスチャーと、ほどよい酸味、キノコのアロマが心地よい上品な風味が魅力。山羊乳ならではの爽やかな余韻を楽しめる。

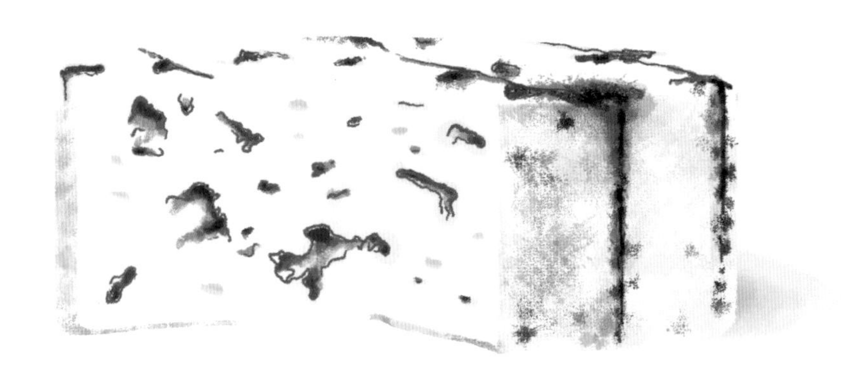

BLEU DE SÉVERAC
ブルー・ド・セヴラック（フランス：オクシタニー地域圏／Occitanie）

乳種｜羊乳（生乳）
大きさ｜直径：12〜13cm
高：8〜9cm
重さ｜1〜1.1kg
MG/PT｜27%

地図｜p.202-203

「ピチュネ（Pitchounet）」（p.125）と「ルキュイット・ド・ラヴェロン（Recuite de l'Aveyron）」の生産者であるセガン家（Seguin）が最初に手掛けたチーズ。ブルー・ド・セヴラックは40年近く前にシモーヌ夫人（Simone）によって考案された。灰色がかった外皮には白カビと黒い斑点が見られる。湿ったカーヴやキノコのアロマが香り、バターのようにねっとりと溶けていく食感を楽しめる。クリームとキノコのフレーバーが際立ち、青カビの風味は繊細で優しい。

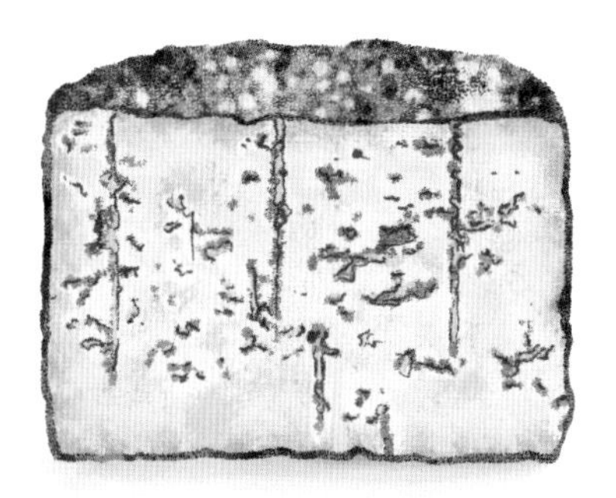

BLEU DES CAUSSES
ブルー・デ・コース（フランス：オクシタニー地域圏／Occitanie）

AOC depuis 1953　AOP depuis 1996

AOC認定　AOP認定
乳種｜牛乳（生乳、低温殺菌乳、サーミゼーション乳のいずれか）
大きさ｜直径：19〜21cm
高：8〜12cm
重さ｜2.3〜3kg
MG/PT｜27%

地図｜p.202-203

同郷の羊乳製ロックフォール（Roquefort）と同じく長い歴史を誇る。コース地方の農夫が、湿った冷たい空気が流れる石灰質の洞窟に保存したことから生まれたチーズである。その環境はロックフォールを熟成させる、フルリーヌ（Fleurine）という岩の亀裂から外気が流れ込む洞窟を連想させる。当初は「ブルー・ド・ラヴェロン（Bleu de l'Aveyron）」という呼称だったが、1941年に「ブルー・デ・コース」に改名され、1953年にAOCを取得。外皮のないアイボリー色の生地全体に青カビが散っている。動物とキノコのアロマが匂い立ち、脂肪分が多く、バターのようにとろける生地から、シャープな刺激とクリーミーなコクが広がる。

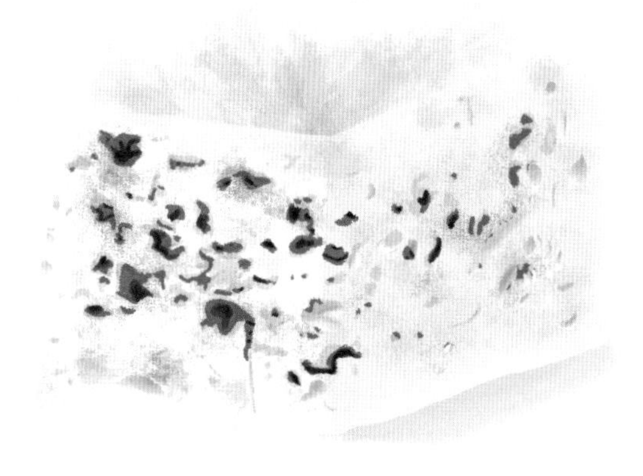

BLEU DE TERMIGNON
ブルー・ド・テルミニョン（フランス：オーヴェルニュ=ローヌ=アルプ地域圏／Auvergne-Rhône-Alpes）

乳種｜牛乳（生乳）
大きさ｜直径：27〜28cm
高：15cm
重さ｜7.3〜7.7kg
MG/PT｜28%

地図｜p.198-199

6〜9月限定で標高2,300mの高地で生産される希少なブルー。タリーヌ種（Tarine）とアボンダンス種（Abondance）の生乳で作られるが、現在、この稀有なチーズの伝統を受け継いでいるのは4農家のみとなっている。クラシックなブルーチーズと同様に一つひとつ手作業で作られているが、ペニシリウム・ロックフォルティ（Penicillium roqueforti）を添加しない点が異なる。生地に針で穴を開けるだけで、自然に青カビを繁殖させる。このピアシングで空気穴をあけると酸化が促進される。ブルー・ド・テルミニョンの外皮はざらざらしていて、ベージュ色〜茶色を帯び、所々に黄土色の斑点が見られる。湿ったカーヴの匂いが鼻腔を刺激する。カットすると、外皮のすぐ下に黄金色のなめらかなバター状の層が見られ、中心は白く、ほろほろと崩れるような組織をしている。動物の野性味が際立ち、そこに牧舎と干草のアロマが加わる。フィニッシュの酸味が爽やか。

BLEU DU VERCORS-SASSENAGE
ブルー・デュ・ヴェルコール=サスナージュ（フランス：オーヴェルニュ=ローヌ=アルプ地域圏／Auvergne-Rhône-Alpes）

AOC depuis 1998　AOP depuis 2001

AOC認定　AOP認定
乳種｜牛乳（生乳またはサーミゼーション乳）
大きさ｜直径：27〜30cm
高：7〜9cm
重さ｜4〜4.5kg
MG/PT｜28%

地図｜p.200-201

「ブルー・デュ・ヴェルコール（Bleu du Vercors）」、「ブルー・ド・サスナージュ（Bleu de Sassenage）」という名でも親しまれており、その起源は古く14世紀に遡る。当時は税として領主に納めるためのチーズであったが、1338年6月28日に、アルベール・ド・サスナージュ男爵が農夫たちに自由に販売する権利を与えた。この優遇措置により生産量が増え、知名度も上がった。厚みのある円盤形で、外皮は薄い白カビにおおわれ、黄色、アイボリー色、オレンジ色がかった線が入っている。フレッシュミルクとキノコの香りが立ち上り、アイボリー色の身はなめらかでむっちりと柔らかく、淡い青灰色の筋や斑点が広がっている。ミルクのコクと草花のアロマ、ヘーゼルナッツとキノコの繊細な香りが調和した、マイルドな味わいのブルーである。

BUXTON BLUE
バクストン・ブルー（イギリス：イングランド、ミッドランズ地域／Midlands）

AOP depuis 1996

AOP認定
乳種｜牛乳（低温殺菌乳）
大きさ｜直径：20cm
高：19〜22cm
重さ｜8kg
MG/PT｜28%

地図｜p.216-217

天然のアナトーまたは着色料を凝乳に加えるためオレンジ色をしている。一見するとブルーチーズに見えないが、凝乳に植え付けたペニシリウム・ロックフォルティ（Penicillium roqueforti）によるブルーベイン（青い静脈）がしっかりと入っている。テクスチャーは緻密で、熟成が進むにつれてなめらかになる。バターのようなコクがあり、フルーティーで少し苦味のある独特な風味だが、刺激はそれほど強くない。植物性レンネットを使用しているため、ベジタリアンにも適している。

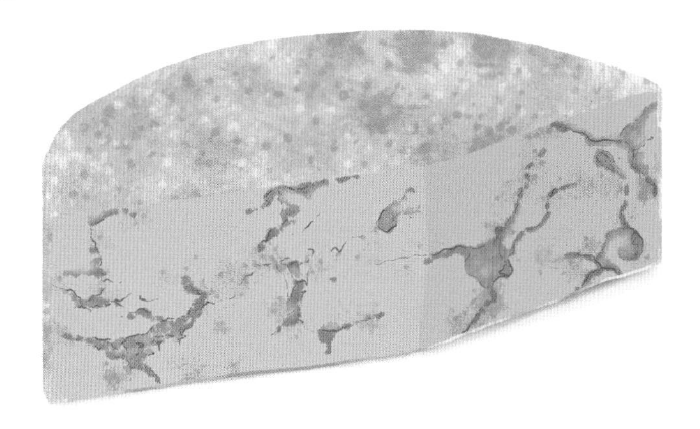

CABRALES
カブラレス（スペイン：アストゥリアス州／Asturias）

AOP depuis 1996

AOP認定
乳種｜主に牛乳で、山羊乳、羊乳を加える（生乳）
大きさ｜高：7〜15cm
MG/PT｜27%

地図｜p.206-207

カブラレスのレシピはミルクの搾乳量で変わる。冬に作られるチーズは牛乳の量が多く、山羊乳または羊乳を少し加える。春から夏にかけて作られるチーズは山羊乳と羊乳の量が多くなる。しっとりと柔らかい外皮は灰色の光沢を帯び、オレンジがかった黄色の斑紋が見られる。柔らかい身の一部はほろほろと崩れる組織をしている。色白の生地に青緑色の筋がぎっしりと入っている。凝乳が出来上がると洞窟に移され、2カ月以上熟成させる。自然に発生した青カビが外側から内側へと繁殖していく。山羊乳または羊乳を混入するかしないかで、味の個性も力強さも変わってくるが、いずれのタイプも青カビ特有のシャープな刺激が強いチーズである。

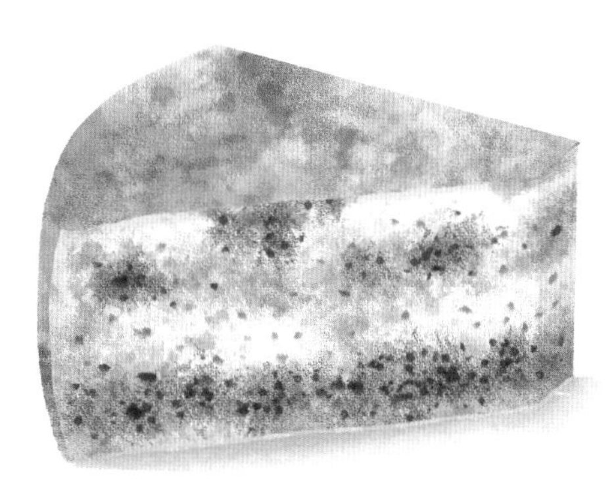

伝統的には栗や楓の葉で包まれていたが、衛生上の理由で廃止された。

CASHEL BLUE®

キャッシェル・ブルー®（アイルランド：マンスター地方／Munster）

乳種｜牛乳（低温殺菌乳）
大きさ｜直径：12～13cm
高：8～9cm
重さ｜1.5kg
MG/PT｜28%

地図｜p.216-217

グラッブ家（Grubb）がティペラリー県（Tipperary）で1984年から生産しているチーズ。クロージャー・ブルー®（Crozier Blue®）の生産者でもある。植物性レンネットを使用しているキャッシェル・ブルー®は、熟成室で6～10週間寝かせる。引き締まったクリーミーな生地で、口に含むとリッチなコクが広がる。フィニッシュに感じる青カビの刺激が心地よい。

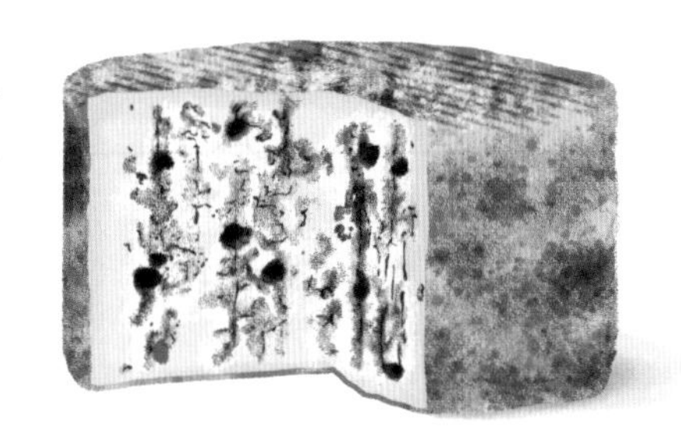

CASTEL MAGNO

カステルマーニョ（イタリア：ピエモンテ州／Piemonte）

AOP
depuis
1996

AOP認定
乳種｜基本は牛乳。羊乳および／または山羊乳（5～20%まで）を加えることもある（生乳）
大きさ｜直径：15～25cm
高：12～20cm
MG/PT｜27%

地図｜p.210-211

このチーズに関する最古の記述は1100年代に遡る。ブルー・ド・テルミニョン（Bleude Termignon）（p.170）と同様、ペニシリウム・ロックフォルティ（Penicillium roqueforti）を添加しないタイプで、熟成が進むにつれて内部に青カビが自然に生えてくる。乳白色の身は粒状で崩れやすい。外皮は素朴な風合いで、リネンス菌（Brevibacterium linens）による斑点と黒白のカビの跡が見られる。表面から牧舎とカーヴの匂いが漂い、カットするとミルクとフレッシュハーブの芳香が豊かに広がる。独特の酸味とほのかな塩気が爽やかで、フィニッシュに独特なクセがあらわれる。

CROZIER BLUE®

クロージャー・ブルー®（アイルランド：マンスター地方／Munster）

乳種｜羊乳（低温殺菌乳）
大きさ｜直径：12～13cm
高：8～9cm
重さ｜1.5kg
MG/PT｜29%

地図｜p.216-217

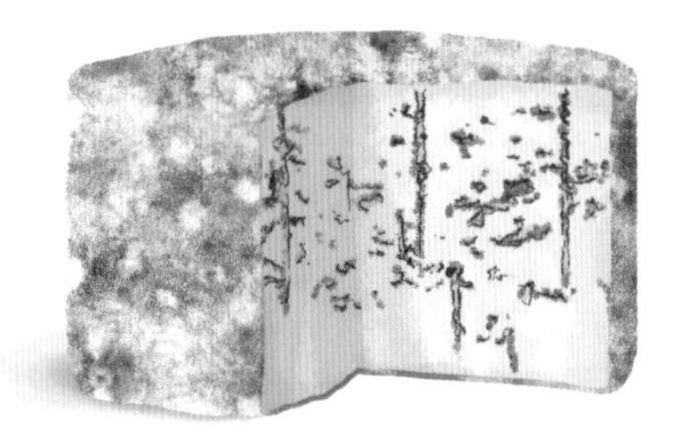

アイルランド唯一の羊乳製ブルーチーズ。牛乳製の兄、キャッシェル・ブルー®（Cashel Blue®）よりも熟成期間が長い（12週間）。青色の斑点が入った灰色がかった外皮をまとい、白い生地に青い筋と斑点が散っている。こってりとクリーミーな舌触りで、ほとよい酸味とハーバル、フローラルなアロマが心地よい。食べやすいマイルドな味わいのブルーである。

DANABLU
ダナブルー（デンマーク）

IGP認定
乳種｜牛乳（サーミゼーション乳または低温殺菌乳）
大きさ｜円筒形：直径20cm
長方形：長30cm　幅12cm
重さ｜3〜4kg
MG/PT｜27%

地図｜p.220-221

円筒形と長方形があり、外皮はなく表面の色味は白色から黄色、褐色までとさまざまである。同じ色調の身に、緑青色のマーブル模様が入っている。生地に空気を通すために針を刺した跡も見られる。バターのようになめらかな食感で、口に含むとまず、ペニシリウム・ロックフォルティ（Penicillium roqueforti）特有のシャープな辛味を感じる。フィニッシュはほろ苦い。

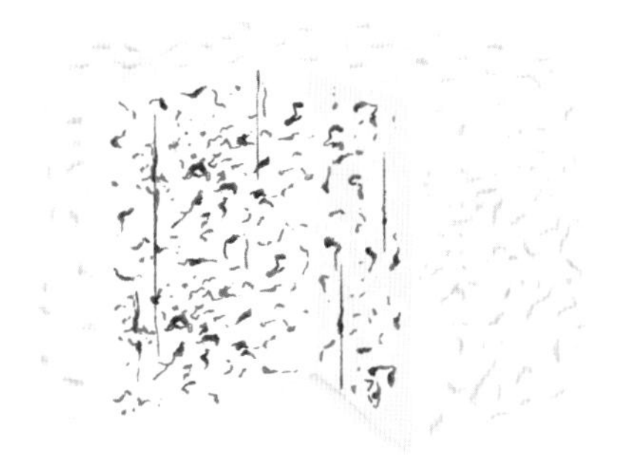

DISTINCTION BLUE
ディスティンクション・ブルー（ニュージーランド：オークランド地方／Auckland）

乳種｜牛乳（低温殺菌乳）
MG/PT｜27%

地図｜p.232-233

生産元の「プーフォイ・ヴァレー・ファーム（Puphoi Valley farm）」は、自家製チーズに植物性レンネットを使用しているため、ベジタリアンにも適している。ディスティンクション・ブルーは熟成がピークに達した後に黒いワックスでコーティングされる。この製法により、しっとりとなめらかな、独特な個性を持つチーズに仕上がる。クリーミーでマイルドな味わいで、ややスパイシーな余韻が残る。

DORSET BLUE CHEESE
ドルセット・ブルー・チーズ（イギリス：イングランド、サウス・ウェスト・イングランド地域／South West England）

IGP認定
乳種｜牛乳（生乳または低温殺菌乳）
MG/PT｜28%

地図｜p.216-217

製造時に軽く圧搾するため、他のブルーチーズよりも目の詰まった、しっかりした組織をしている。栗色、黄土色、褐色を帯びた外皮からは、カーヴとキノコの強い香りが立ち上る。アイボリー色〜黄色の身には不揃いな緑と青の筋が入っている。最初の印象は比較的マイルドだが、徐々に胡椒のような辛味が出てくる。

DOVEDALE CHEESE
ダヴデール・チーズ（イギリス：イングランド、ミッドランズ地域／Midlands）

AOP認定
乳種｜牛乳（低温殺菌乳）
大きさ｜直径：20cm
高：7cm
重さ｜2.5kg
MG/PT｜27%

地図｜p.216-217

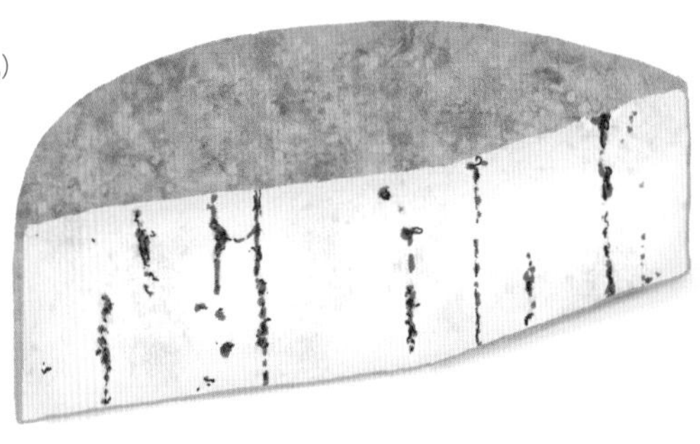

外皮はローズ、アイボリー、ブルーグレーが混ざった色味で、中身はとろけるように柔らかい。ミルク、湿ったカーヴ、キノコの芳香が鼻腔をくすぐり、熟成期間が3～4週間と比較的短いため、マイルドな味わいである。ミルクのほどよい酸味とクリーミーなコクがふわっと広がる。

ÉTOILE BLEUE DE SAINT-RÉMI
エトワール・ブルー・ド・サン=レミ（カナダ：ケベック州／Québec）

乳種｜羊乳
（低温加熱処理乳）
重さ｜1.5kg
MG/PT｜29%

地図｜p.230-231

モントリオールとケベックの間にあるサン=レミ=ド=タンウィック村（Saint-Rémie-de-Tingwick）のチーズ専門店、「フロマジュリ　・デュ・シャルム（Fromagerie du charme）」で2013年から作られているブルーチーズ。オリヴィエ・デュシャルム（Olivier Ducharme）氏が開業したこの店は羊乳製以外に牛乳製のチーズも各種生産している。ミルクはケベック州の複数の酪農家から入手している。アイボリー色の生地全体に青灰色のマーブル模様が入っている。ほろほろと溶けるクリーミーな食感で、ミルクとヘーゼルナッツのアロマ、爽やかな酸味が広がり、かすかな塩気が心地よい。

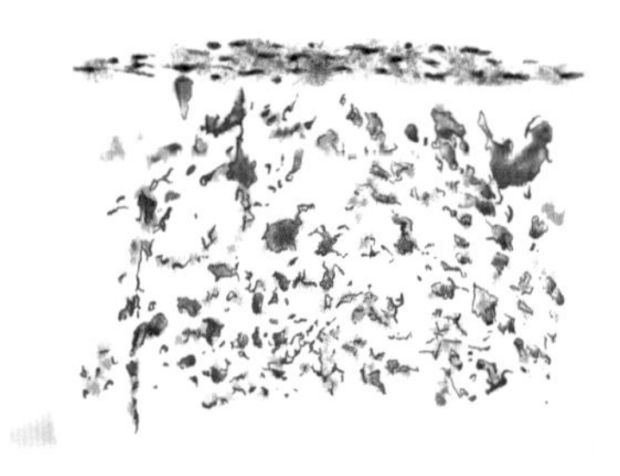

EXMOOR BLUE CHEESE
エクスムーア・ブルー・チーズ（イギリス：イングランド、サウス・ウェスト・イングランド地域／South West England）

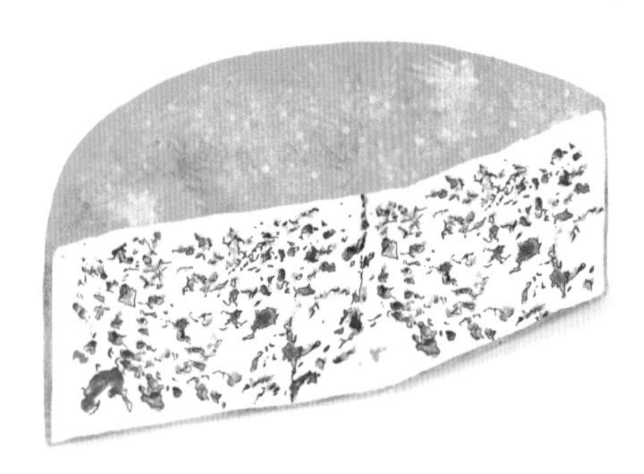

IGP認定
乳種｜牛乳（生乳）
大きさ｜直径：12～13cm
高：8～9cm
重さ｜1.25kg
MG/PT｜34%

地図｜p.216-217

ジャージー種の牛乳のみで作られている。白色～黄色の外皮に包まれた生地は濃黄色で、こってりとしたクリーミーな食感を持つ。比較的マイルドな味わいのブルーで、ペニシリウム・ロックフォルティ（Penicillium roqueforti）がもたらすバターやミルクのまろやかなコクと酸味が良く調和している。熟成期間は4週間または6週間。

FOURME D'AMBERT
フルム・ダンベール （フランス：オーヴェルニュ=ローヌ=アルプ地域圏／Auvergne-Rhône-Alpes）

AOC depuis 1972　AOP depuis 1996

AOC認定　AOP認定
乳種 | 牛乳（生乳、低温殺菌乳、サーミゼーション乳のいずれか）
大きさ | 直径：17～21cm
高：12.5～14cm
重さ | 1.9～2.5kg
MG/PT | 27%

地図 | p.202-203

長い歴史を誇るフルム・ダンベールのレシピが確定したのは中世期であるが、その前の時代にも貧しい農夫たちが類似のチーズを作っていた。8世紀建立のラ・ショーム教会（La Chaulme）の石碑が、現在のフルム・ダンベールが既に存在していたことを物語っている。18世紀、このチーズは「ジャスリー（Jasserie）」と呼ばれるチーズ工房、住居、牧舎兼用の山小屋の借料として物納されていた。灰色の外皮には白、黄、赤のカビが生えていて、青味がかった斑点も見られる。白色～クリーム色の身に青緑色のカビがまんべんなく散っている。むっちりとなめらかな組織をしていて、若いものはカーヴとフレッシュバターの香りが強く、熟成が進むとフローラル、スパイシーな芳香が増してくる。ブルーチーズの中でもマイルドなタイプで、クリームと森の下草の余韻が長く続く。

伝説によると、ガロ=ロマン時代に、ガリアのドルイド僧がフォレ山脈（Forez）の頂上にあるピエール=シュル=オート村（Pierre-sur-Haute）で祭式を行う時にフルム・ダンベールを食していたという。

FOURME DE MONTBRISON
フルム・ド・モンブリゾン （フランス：オーヴェルニュ=ローヌ=アルプ地域圏／Auvergne-Rhône-Alpes）

AOC depuis 1972　AOP depuis 1996

AOC認定　AOP認定
乳種 | 牛乳（生乳または低温殺菌乳）
大きさ | 直径：11.5～14.5cm
高：17～21cm
重さ | 2.1～2.7kg
MG/PT | 27%

地図 | p.202-203

1972年、フルム・ダンベールとフルム・ド・モンブリゾンを一括りにしたAOCが制定されたが、2つのチーズはさまざまな点で異なっている。ダンベールは表面に塩をまぶすが、モンブリゾンは凝乳に塩を混ぜる。フォレ山脈（Forez）を挟んで東側で作られているモンブリゾンは杉の棚に寝かせて熟成させるが、西側で作られているダンベールの熟成法とは異なる。そのため2002年にそれぞれが独立し、独自のAOCを取得した。杉の棚のリネンス菌でオレンジ色になった外皮は少しごわごわしている。身は締まっていて柔らかく、長く熟成させると崩れやすい組織になる。舌の上でほろっと溶けていく食感で、ミルキーかつフルーティーなアロマが豊かに広がる。

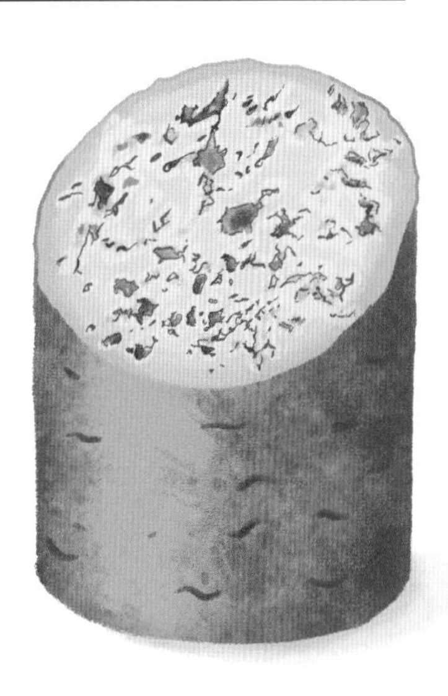

GAMONEDO
ガモネド（スペイン：アストゥリアス州／Asturias）

AOP depuis 2008

AOP認定
乳種 | 牛乳、羊乳、山羊乳のいずれか、
または2種、3種の混合（生乳）
大きさ | 直径：10〜30cm　高：6〜15cm
重さ | 500g〜7kg
MG/PT | 24%

地図 | p.206-207

アストゥリアス州産の樹脂の少ない樹木、例えばトネリコ、ヒース、ブナなどのチップで燻したブルーチーズ。独特なスモーク香が開花し、後味にヘーゼルナッツの風味があらわれる。ブルー・ド・テルミニョン（Bleu de Termignon）（p.170）と同様に、ペニシリウム・ロックフォルティ（Penicillium roqueforti）は人工的に添加されるのではなく、空気との接触で自然に発生する。

GORGONZOLA
ゴルゴンゾーラ（イタリア：ロンバルディア州、ピエモンテ州／Lombardia, Piemonte）

AOP depuis 1996

AOP認定
乳種 | 牛乳（低温殺菌乳）
大きさ | 直径：20〜32cm
高：13cm
重さ | 5.5〜13.5kg
MG/PT | 29%

地図 | p.210-211

ゴルゴンゾーラはローズ色の外皮をまとった、とろけるようにクリーミーで優しい味わいの「gorgonzola dolce（ゴルゴンゾーラ・ドルチェ）」が有名だが、身が引き締まった刺激の強い「gorgonzola piccante（ゴルゴンゾーラ・ピカンテ）」も存在し、小型と大型がある。ペニシリウム・ロックフォルティ（Penicillium roqueforti）の模様は「ドルチェ」ではまばらだが、「ピカンテ」では脈状に広がっている。

GREVENBROECKER
グレーヴェンブルーケル（ベルギー：リンブルフ州／Limburg）

乳種 | 牛乳（生乳）
大きさ | 直径：25cm
高：20cm
重さ | 4.5kg
MG/PT | 30%

地図 | p.218-219

旧修道院内にあるカタリナダル（Catharinadal）工房製。「アーヘルセ・ブラウワ（Achelse Blauwe）」とも呼ばれ、2009年にチーズの世界大会、「カゼウスアワード」で優勝した。このタイトルを得たことで注文が殺到したが、生産者のボーネン兄弟（Boonen）が生産量を制限しているため、なかなか手に入りにくい貴重なチーズとなっている。他のブルーチーズとは異なり、凝乳とペニシリウム・ロックフォルティ（Penicillium roqueforti）を重ねていく製法で作られる。そのテクスチャーはフォワグラのように緻密でねっとりとしている。若いうちはミルクのコクと酸味が心地よく、クリーミーで優しい味わい。熟成が進むと風味が強くなり、ピリッとした刺激が出てくる。

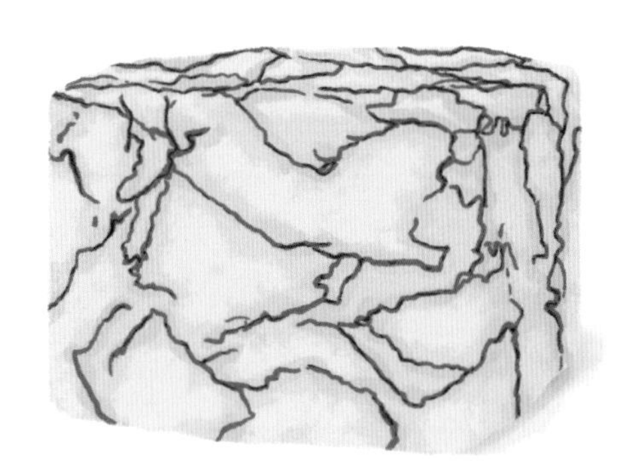

ITXASSOU
イッツアスー（フランス：ヌーヴェル=アキテーヌ地域圏／Nouvelle-Aquitane）

乳種｜羊乳（低温殺菌乳）
大きさ｜直径：28〜30cm
高：7.5cm
重さ｜5kg
MG/PT｜30%

地図｜p.202-203

「ブルー・デ・バスク（Bleu des Basques）」という名でも親しまれている。灰色と白色を帯びた外皮をまとい、側面に縞模様が入っている。表面からキノコとカーヴの香りが漂い、カットすると、青カビが全体にむらなく散った生地があらわれる。アイボリー〜クリーム色の身はバターのようにねっとりした舌触りで、草花と羊乳の爽やかなアロマが広がり、フィニッシュにほのかな酸味を感じる。

JIHOČESKÁ NIVA / JIHOČESKÁ ZLATÁ NIVA
イホチェスカー・ニヴァ／イホチェスカー・ズラタ・ニヴァ（チェコ：南ボヘミア州／Jihočeský kraj）

IGP認定
乳種｜牛乳（低温殺菌乳）
大きさ｜直径：18〜20cm　高：10cm
重さ｜2.8kg
MG/PT｜26〜29%

地図｜p.224-225

外皮はクリーム〜ライトブラウンの色味を帯びている。生地には青と緑がかった筋が所々に見られる。口の中でほろほろと溶ける食感で、塩辛く、苦味もある。ズラタ・ニヴァも同じ特徴を持つが、脂肪分（MG）がより高い（29%）。

KOPANISTI
コパニスティ（ギリシャ：南エーゲ地方／Nótio Egéo）

AOP認定
乳種｜牛乳、羊乳、山羊乳のいずれか、
または2種、3種の混合
（生乳または低温殺菌乳）
MG/PT｜27%

地図｜p.226-227

キクラデス諸島（Kyklades）の伝統的なチーズで、牛乳、羊乳、山羊乳のいずれか、または2種、3種の混合で作られる。黄色〜灰色がかった身はクリーミーで、胡椒のようなスパイシーさがあり、塩気も効いている。コパニスティは蓋のない壺や樽に入れて、湿気の多い場所で熟成させるため、ペニシリウム属（Penicillium）のカビが自然に発生する。このカビがまんべんなく分布するように凝乳を練る。コパネスティと同じ生産区域で作られたバターが添加されることもあり（15%まで）、よりまろやかな味わいとなる。ペースト状なのでパンなどに塗りやすい。

MILAWA BLUE
ミラワ・ブルー（オーストラリア：ビクトリア州／Victoria）

乳種｜牛乳と牛乳製クリームの混合（低温殺菌乳）
大きさ｜ハーフカット：直径17cm 高9cm
重さ｜1kg
MG/PT｜28%

地図｜p.232-233

植物性レンネットを使用しているブルーチーズで、ベジタリアンにも適している。とろけるように柔らかく、優しい青カビの風味とクリームのバランスが素晴らしい。マイルドな味わいはゴルゴンゾーラ・ドルチェ（gorgonzola dolce）を思わせるが、弾力のある食感はフルム・ダンベール（Fourme d'Ambert）に似ている。

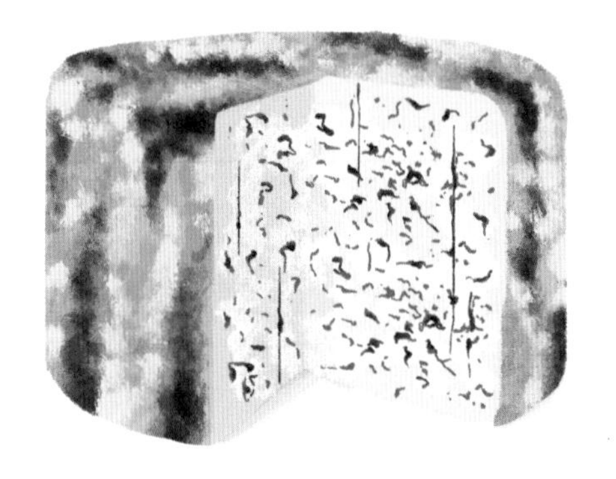

OAK BLUE
オーク・ブルー（オーストラリア：ビクトリア州／Victoria）

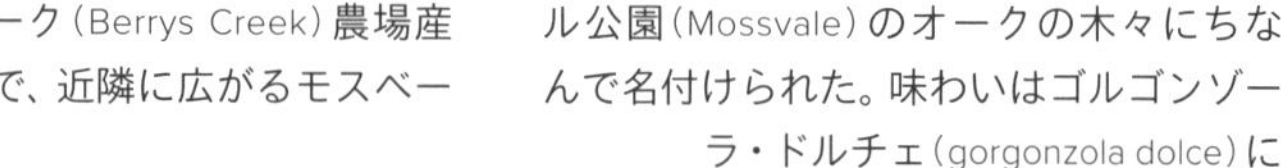

乳種｜牛乳（低温殺菌乳）
大きさ｜直径：20cm 高：13cm
重さ｜5kg
MG/PT｜28%

地図｜p.232-233

ベリーズ・クリーク（Berrys Creek）農場産のブルーチーズで、近隣に広がるモスベール公園（Mossvale）のオークの木々にちなんで名付けられた。味わいはゴルゴンゾーラ・ドルチェ（gorgonzola dolce）に似ているが、生地はより引き締まっていて、灰緑色の青カビの刺激もより強めである。オーク・ブルーは3カ月で熟成のピークを迎える。クリームとバターのコク、爽やかな風味が口の中に広がる。

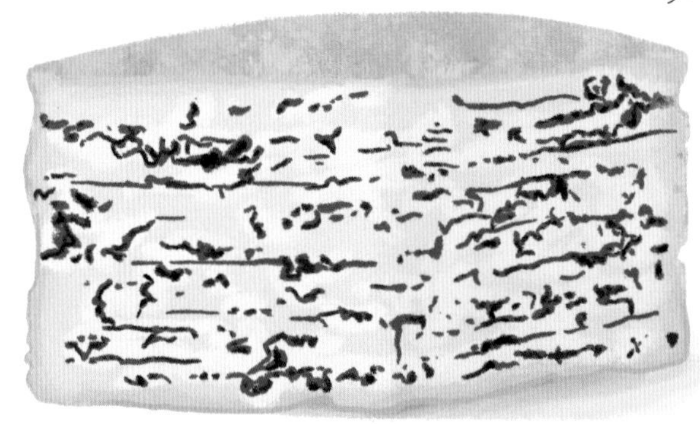

PERSILLÉ DE TIGNES
ペルシエ・ド・ティーニュ（フランス：オーヴェルニュ=ローヌ=アルプ地域圏／Auvergne-Rhône-Alpes）

乳種｜山羊乳（75%）と牛乳（25%）の混合（生乳）
大きさ｜直径：11cm 高：11〜13cm
重さ｜800g
MG/PT｜27%

地図｜p.198-199

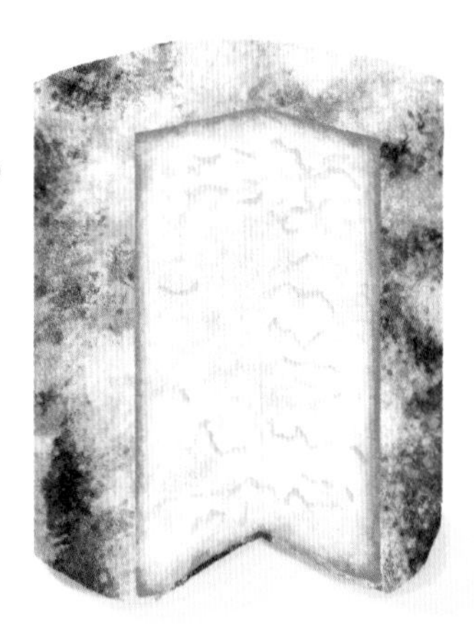

8世紀にカール大帝に絶賛されたという歴史あるチーズ。現在、この繊細かつ上品なブルーを生産している農家は1軒のみで、ポーレット・マルモッタン夫人（Paulette Marmottan）がその伝統を守り続けている。ブルー・ド・テルミニョン（Bleu de Termignon）と同様、ペニシリウム・ロックフォルティ（Penicillium roqueforti）を添加しない製法で作られるため、生地は白く、ざらざらしている。栗色、ベージュ色、黄土色、黄色を帯びた外皮は荒々しく波打っている。カーヴ、森の下草、キノコのアロマが立ち上り、ほろほろと溶ける食感とともに、山羊乳特有の爽やかな酸味とほのかな塩気が広がる。実に味わい深い名品である。

PICÓN BEJES-TRESVISO
ピコン・ベヘス=トレスビソ（スペイン：カンタブリア州／Cantabria）

AOP
depuis
1996

AOP認定
乳種｜牛乳、山羊乳、羊乳の混合（生乳）
大きさ｜直径：15～20cm
高：7～15cm
重さ｜700g～2.8kg
MG/PT｜28%

地図｜p.206-207

淡褐色の外皮に包まれた中身は黄味がかった白色で、ペニシリウム・ロックフォルティ（Penicillium roqueforti）の斑点や筋、気孔が全体に広がっている。ざらついた、ほろほろと溶ける組織をしている。牧舎と動物のアロマが力強く、フィニッシュはピリッと刺激的である。伝統製法ではシカモアカエデの葉で包まれるが、現在はアルミホイルを使うことが多い。標高500～2,000メートルの地点にある天然の洞窟内で熟成させなければならない。

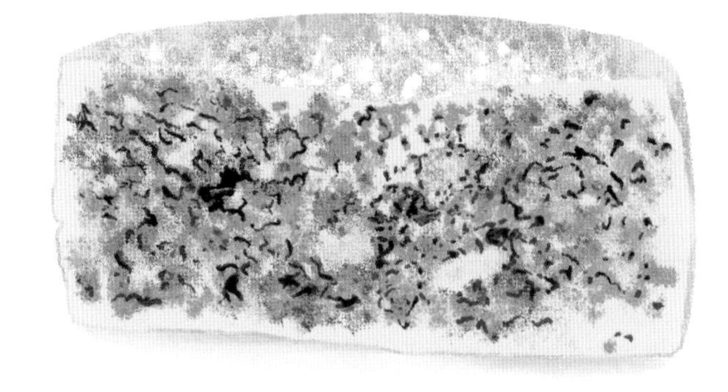

QUESO DE VALDEÓN
ケソ・デ・バルデオン（スペイン：カスティーーリャ・レオン州／Castilla y León）

IGP認定
乳種｜牛乳100%または牛乳と羊乳および／または山羊乳の混合（生乳または低温殺菌乳）
重さ｜500g～3kg
MG/PT｜29%

地図｜p.206-207

円筒形のホールで、あるいはペースト状にした「バティード（Batido）」で販売されている。黄色がかった薄い外皮にはグレーの斑点が入っている。つややかな生地はアイボリー～クリーム色を帯び、熟成が進むと光沢が増す。生地全体に散った空洞に青～緑色のカビが生えている。シャープな刺激があり、フィニッシュに舌が痺れるような辛味を感じる。

ROGUE RIVER BLUE

ローグ・リバー・ブルー（アメリカ合衆国：オレゴン州／Oregon）

乳種｜牛乳（生乳）
大きさ｜直径：20cm
高：10cm
重さ｜3kg
MG/PT｜24%

地図｜p.228-229

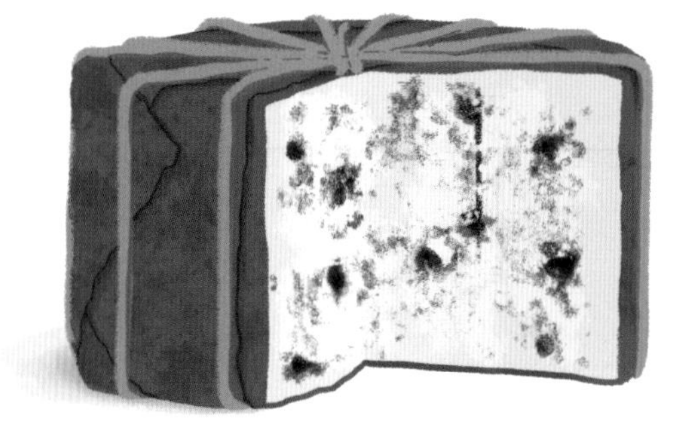

アメリカ産の生乳製チーズの中で、最初にヨーロッパへ輸出されたのがこのローグ・リバー・ブルーである。秋季限定で生産され、洋梨酒に漬け込んだブドウの葉に包んで熟成させる。スパイス、バニラ、チョコレート、ナッツ、スモークド・ラードの芳醇なアロマが溢れ出す。口の中でほろほろと溶けていく食感を楽しめる。

ROQUEFORT

ロックフォール（フランス：オクシタニー地域圏／Occitanie）

AOC depuis 1925　AOP depuis 1996

AOC認定　AOP認定
乳種｜羊乳（生乳）
大きさ｜直径：19～20cm
高：8.5～11.5cm
重さ｜2.5～3kg
MG/PT｜28%

地図｜p.202-203

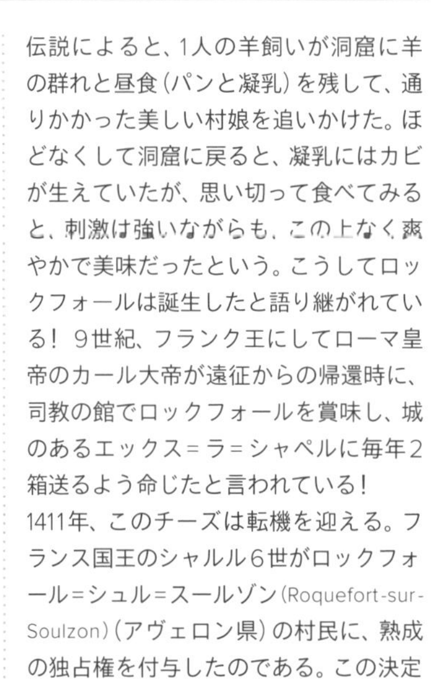

伝説によると、1人の羊飼いが洞窟に羊の群れと昼食（パンと凝乳）を残して、通りかかった美しい村娘を追いかけた。ほどなくして洞窟に戻ると、凝乳にはカビが生えていたが、思い切って食べてみると、刺激は強いながらも、この上なく爽やかで美味だったという。こうしてロックフォールは誕生したと語り継がれている！ 9世紀、フランク王にしてローマ皇帝のカール大帝が遠征からの帰還時に、司教の館でロックフォールを賞味し、城のあるエックス＝ラ＝シャペルに毎年2箱送るよう命じたと言われている！
1411年、このチーズは転機を迎える。フランス国王のシャルル6世がロックフォール＝シュル＝スールゾン（Roquefort-sur-Soulzon）（アヴェロン県）の村民に、熟成の独占権を付与したのである。この決定は、1925年に取得することになるAO（原産地呼称）※の生産仕様書の原型といえるだろう。現在、ラコーニュ種の羊乳で作られるロックフォールの熟成は、同じ村の天然の洞窟で必ず行われなければならない。洞窟内では「フルーリーヌ（fleurines）」と呼ばれる石灰岩の亀裂から空気が流れ、通気だけでなく温度も湿度もペニシリウム・ロックフォルティ（Penicillium roqueforti）の繁殖に最適な環境となっている。昔ながらの伝統製法を守り続けている最後の生産者がカルル家（Carles）で、ライ麦パンから得たペニシリウム・ロックフォルティ（Penicillium roqueforti）を自家培養して粉末状にしたものを、凝乳に植え付けている。同家のロックフォールは特に洗練されていて、塩分控えめで爽やかな刺激のある、調和の取れた繊細な味わいである。アイボリー～ローズ色を帯びた表面は、清潔に保たれなければならない。しっとりと湿った生地は純白で、鮮やかな青カビのマーブル模様とのコントラストが美しい。溌溂としたシャープな香りが立ち上り、ほのかな酸味が感じられる。テクスチャーは緻密、ねっとりとクリーミーな食感。羊独特のアロマが広がり、爽やかな甘みとピリッとした刺激のバランスが絶妙である。

※最初にAO（AOCの原型）を取得したブルーチーズ。

SHROPSHIRE BLUE
シュロップシャー・ブルー

（イギリス：イングランド、ノッティンガムシャー州、レスターシャー州、シュロップシャー州／Nottinghamshire, Leicestershire, Shropshire）

乳種 | 牛乳（低温殺菌乳）
大きさ | 直径：20cm　高：30cm
重さ | 5～6kg
MG/PT | 29%

地図 | p.216-217

発祥地はスコットランドで、1970年代にインヴァネス（Inverness）にあるアンディ・ウィリアムソン氏（Andy Williamson）の工房で考案された。当初は「インヴァネス＝シャー・ブルー（Inverness-shire Blue）」、「ブルー・スチュアート（Blue Stuart）」と呼ばれていた。天然のアナトー色素でオレンジ色に着色された生地に美しいマーブル模様が入っている。テクスチャーは緻密でもろい。口の中でしっとりと溶けていき、刺激は控えめで、クリームのこってりしたコクと牧舎のアロマが広がる。

名前の由来となっているイングランドのシュロップシャー州（Shropshire）は、このチーズの発祥地ではない！

SMOKEY OREGON BLUE
スモーキー・オレゴン・ブルー

（アメリカ合衆国：オレゴン州／Oregon）

乳種 | 牛乳（生乳）
大きさ | 直径：20cm　高：30cm
重さ | 3kg
MG/PT | 27%

地図 | p.228-229

ローグ・クリーマリー有機農家製（Rogue Creamery）の世界でも数少ないスモークドタイプのブルーチーズ！ 植物性レンネットを使用しているのでベジタリアンにも適している。燻製に使われるのはクルミの殻で、バターのようになめらかな生地から、香ばしいナッツ、クレーム・ブリュレのアロマが立ち上る。旨みがぎゅっと詰まった驚くべきチーズである！

STILTON CHEESE
スティルトンチーズ

（イギリス：イングランド、レスターシャー州、ダービーシャー州、ノッティンガムシャー州／Leicestershire, Derbyshire, Nottinghamshire）

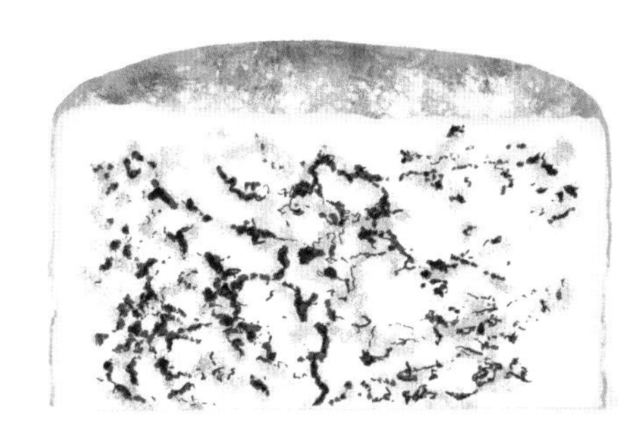

AOP
depuis
1996

AOP認定
乳種 | 牛乳（低温殺菌乳）
大きさ | 直径：15cm　高：25cm
重さ | 4～5kg
MG/PT | 28%

地図 | p.216-217

「White Stilton（ホワイト・スティルトン）」（青カビを使用しないタイプ）、「Blue Stilton（ブルー・スティルトン）」、「Vintage Blue Stilton（ヴィンテージ・ブルー・スティルトン）」（15週間以上熟成）の3タイプがある。外皮は硬くごつごつしているが、生地はしっとりとなめらかで、口の中でほろほろと優しく溶けていく。まろやかさと塩気、刺激のバランスが素晴らしく、バターやクリームのコクが広がり、その余韻が長く続く。ペニシリウム・ロックフォルティ（Penicillium roqueforti）が爽やかな後味をもたらす。チーズ通の多くは、スティルトンにポルトワインを合わせる。

STRACHITUNT
ストラキトゥント（イタリア：ロンバルディア州／Lombardia）

AOP認定
乳種｜牛乳（生乳）
大きさ｜直径：25〜28cm
高：10〜18cm
重さ｜4〜6kg
MG/PT｜29%

地図｜p.210-211

所々にカビが見られる、ややごつごつした外皮におおわれている。湿ったカーヴとキノコの香りが漂う生地は、目が詰まっていてずっしりしているが、口の中でなめらかに溶けていく。色白の身に青緑色のカビが脈状に広がっている。しっかりとした濃厚な味わいだが、特に長く熟成させたものでなければ、刺激はそれほど強くない。クリーム、キノコ、フレッシュハーブの風味が際立つ。

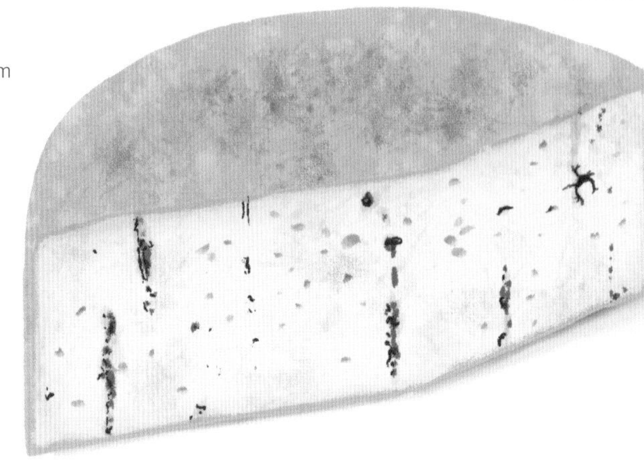

TIROLER GRAUKÄSE
チローラー・グラウケーゼ（オーストリア：チロル州／Tyrol）

AOP認定
乳種｜牛乳（生乳または低温殺菌乳）
重さ｜1〜4kg
MG/PT｜27%

地図｜p.222-223

ペニシリウム・ロックフォルティ（Penicillium roqueforti）を凝乳に植え付けるタイプもあるが、全てではない。そのためブルーチーズではないような外見をしており、生地はどちらかというと白色〜アイボリー色を帯びている。口の中でほろほろと溶けていくテクスチャーは「典型的な」ブルーチーズの特徴といえるだろう。

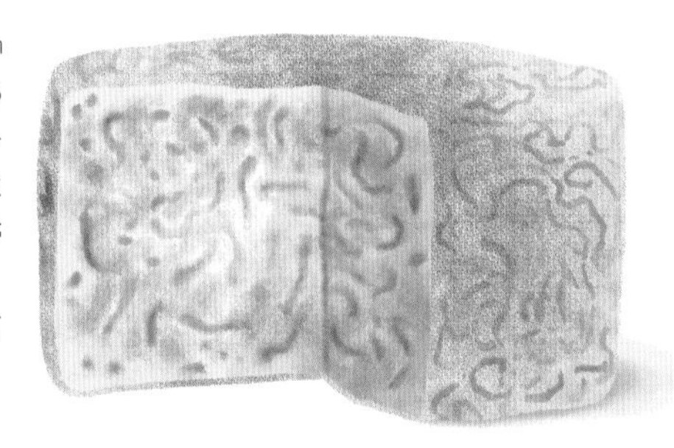

URBAN BLUE
アーバン・ブルー（カナダ：ノバスコシア州／Nova Scotia）

乳種｜牛乳（低温殺菌乳）
大きさ｜長：20cm
幅：10cm　高：8cm
重さ｜1.5kg
MG/PT｜34%

地図｜p.230-231

リンデル・フィンドレー夫人（Lyndell Findlay）が経営するブルー・ハーバー農家（Blue Harbour）製。クリームを添加した長方形のブルーチーズで、イタリアのゴルゴンゾーラ・ドルチェ（Gorgonzola dolce）を想起させる。縞模様が入った灰色の外皮には、白いカビがうっすらと生えている。牧舎と森の下草のアロマが匂い立ち、口どけの良い生地からクリームのまろやかなコクとキノコのフレーバーが豊かに広がる。濃厚な味わいだが、フィニッシュに爽やかな酸味があらわれる。

VENUS BLUE
ヴィーナス・ブルー（オーストラリア：ビクトリア州／Victoria）

乳種｜羊乳（サーミゼーション乳）
大きさ｜直径：20cm
高：10cm
重さ｜2.1kg
MG/PT｜24%

地図｜p.232－233

植物性レンネットを使用している。縞模様の入った外皮は硬く、森の下草やキノコの香りを放つ。身はロックフォール（Rocqufort）よりもクリーミー。青カビのフレッシュな風味に羊乳特有の酸味が加わり、全ての特徴がバランス良く調和した味わいを楽しめる。

VERZIN®
ヴェリツィン®（イタリア：ピエモンテ州／Piemonte）

乳種｜牛乳または山羊乳（低温殺菌乳）
大きさ｜直径：18〜20cm
高：13〜15cm
重さ｜2.1kg
MG/PT｜30%

地図｜p.210－211

商標登録されているヴェリツィン®の熟成を手掛けているのは、ベッピーノ・オッチェッリ氏（Beppino Occelli）。その名称は「ヴェルツィーノ（Verzino）」または「ヴェルドリーノ（Verdolino）」と呼ばれるフラボーザ（Frabosa）の洞窟で発見された大理石にちなんでいる。外皮はグレーとローズの色味を帯び、側面に縞模様が入っている。ねっとりと柔らかい生地は色白で、灰緑色のマーブル模様が広がっている。牛乳製も山羊乳製も、とろりと溶けていくリッチな口当たりで、クリーミーなコクとともに、フレッシュミルクの甘み、フレッシュハーブの爽やかな香味が広がる。後味は優しく、山羊乳製タイプはほのかな酸味が残る。

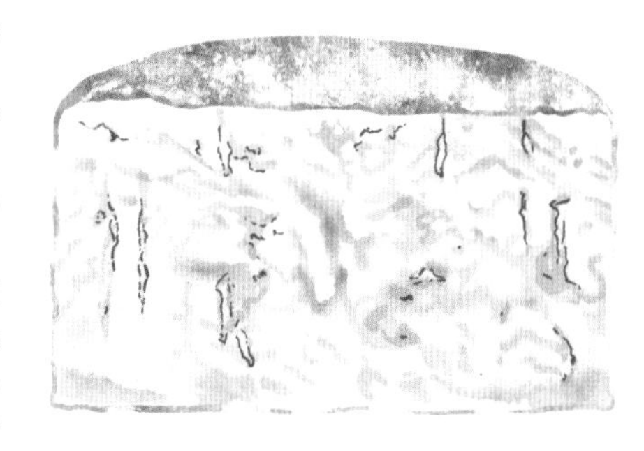

WINDSOR BLUE
ウィンザー・ブルー（ニュージーランド：オタゴ地方／Otago）

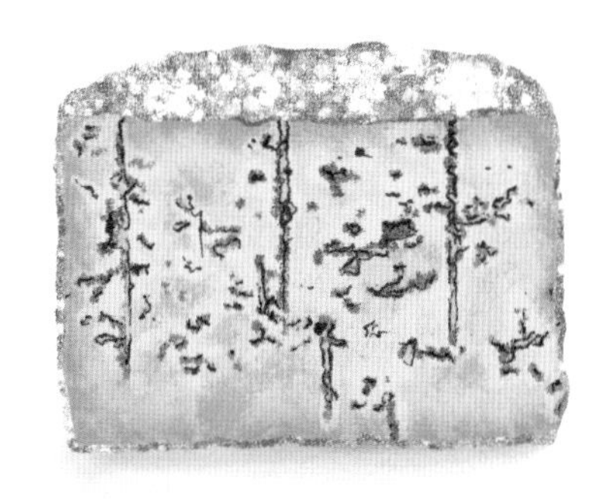

乳種｜牛乳（低温殺菌乳）
重さ｜1.8kg
MG/PT｜28%

地図｜p.232－233

厚みのある青灰色の外皮をまとい、カーヴ、森の下草、キノコのアロマを放つ。アイボリー色〜黄色の生地全体に、青灰色の斑点と筋がまんべんなく散っている。引き締まった組織をしているが、口どけはなめらか。バターやクリームのまろやかなコクが広がり、キノコの香りがほのかに漂う。熟成が進むにつれて旨みが凝縮され、濃厚な味わいとなるが、刺激はごく控えめである。

09 パスタ・フィラータチーズ

太陽がまぶしい季節に生産、賞味されることが多く、夏を連想させる。オリーブオイルを少し垂らして、きりっと冷やした白ワイン、ロゼワインと味わうのがベスト。

BURRATA DI ANDRIA

ブッラータ・ディ・アンドリア（イタリア：プーリア州／Puglia）

IGP depuis 2016

IGP認定

乳種 | 牛乳（生乳／低温殺菌乳）と牛乳製生クリーム（低温殺菌）の混合

重さ | 100g〜1kg

MG/PT | 30%

地図 | p.212-215

その誕生については、ロレンゾ・ビアンキーノ（Lorenzo Bianchino）なる人物が考案したという逸話が語り継がれている。雪が深く積もったある日のこと、絞った牛乳を隣村に運ぶことができなくなったロレンゾは、パスタ・フィラータの中にバターを詰めたマンテケ（Manteche）の製法を模倣して牛乳を保存することを思いついた。バターではなくクリームを中に詰めたことから、ブッラータ・ディ・アンドリアが誕生したと言われている！つややかな乳白色の外見からもフレッシュ感が伝わってくる。生地はとても柔らかく、中からクリームがとろりと流れでてくる。みずみずしさとともに、クリーム、ミルク、バターの濃厚なコクが溢れ出し、ハーブのアロマがほのかに香る。

CACIOCAVALLO SILANO

カチョカヴァッロ・シラーノ（イタリア：バジリカータ州、カンパニア州、カラブリア州、モリーゼ州、プーリア州／Basilicata, Campania, Calabria, Molise, Puglia）

AOP depuis 1996

AOP認定

乳種 | 牛乳（生乳）

重さ | 1〜2.5kg

MG/PT | 21%

地図 | p.212-215

生産基準が細かく規定されていない一般的なカチョカヴァッロと混同してはならない。古代から知られているカチョカヴァッロ・シラーノは、洋梨やひょうたんのような形状をしたセミソフトのパスタ・フィラータチーズである。シラーノはカラブリア州の深い森、「シーラ（Sila）」に由来。チーズの表面にその呼称とカラマツの絵が焼印されている。中身はもっちりと弾力があり、口どけもなめらか。ほどよい酸味とハーブのアロマが広がり、熟成が進むとピリッとした刺激が出てくることもある。プレーンタイプの「bianco（ビアンコ）」と、スモークドタイプの「Affumicata（アッフミカータ）」がある。

METSOVONE

メツォヴォネ（ギリシャ：イピロス地方／Ípeiros）

AOP depuis 1996

AOP認定

乳種 | 牛乳100%または牛乳、羊乳（20%まで）、山羊乳（20%まで）の混合（低温殺菌乳）

大きさ | 直径：10cm　高：40cm

MG/PT | 26%

地図 | p.226-227

ギリシャでは珍しいパスタ・フィラータタイプのチーズ。凝乳を練って伸ばして繊維状にしてから成型する。それから紐で結んで乾燥させ、3カ月以上熟成させる。仕上げに1〜2日かけて燻製にする。ワックスでおおわれた生地は引き締まっていて、塩気が強く、ピリッとした刺激もある。

MOZZARELLA
モッツァレッラ（イタリア全土）

STG
depuis
1998

STG認定
乳種｜牛乳
（生乳または低温殺菌乳）
重さ｜20～250g
MG/PT｜18%

地図｜p.210-211

イタリア全土で生産されている名高きチーズだが、AOP認定のモッツァレッラ・ディ・ブーファラ・カンパーナ（Mozzarella di Bufala Campana）と混同しないように。牛乳製のモッツァレッラは水牛乳製のスターほどの繊細さはないとしても、ミルク感たっぷりのジューシーさが魅力のチーズである。表面はなめらかで艶があり、繊維状の生地には小さな空洞があり、そこからミルキーな水分がしみ出てくる。フレッシュミルクの甘みと酸味が優しく広がる。

MOZZARELLA DI BUFALA CAMPANA
モッツァレッラ・ディ・ブーファラ・カンパーナ（イタリア：カンパニア州、ラツィオ州、モリーゼ州、プーリア州／Campania, Lazio, Molise, Puglia）

AOP認定
乳種｜水牛乳（生乳
重さ｜10g～3kg
MG/PT｜21%

地図｜p.212-215

12世紀からカンパニア州で作られている伝統的なチーズ。形状はボール型、パイ型、三つ編み型（トレッチャ）、パール型、チェリー型、ひと結び型（ノディーニ）、エッグ型などさまざま。陶磁器のような純白色の表面はつるんとなめらかで、外皮の厚みは1mmもない。生地に気孔や空洞はなく、もちっとした弾力がある。さっぱりした酸味とハーブのアロマを帯びた、どこまでもフレッシュな味わい。口の中で優しく溶けていき、爽やかな塩気と酸味が舌をくすぐる。

「Mozzarella」の語源は、このチーズを人差し指と親指を使って引きちぎるという意味の「Mozzare（モッツァーレ）」。

ORAVSKÝ KORBÁČIK
オラフスキー・コルバーチク（スロバキア：ジリナ県／Žilina）

IGP認定
乳種｜牛乳（生乳または低温殺菌乳）
大きさ｜長：10～50cm　厚み：2mm～1cm
MG/PT｜21%

地図｜p.224-225

山岳地帯で、全工程を通してほぼ手作業で作られているチーズ。加熱した生地を三つ編みにするのは昔から女性の仕事である。クリーム～アイボリー色の表面の身は燻製にすると黄金色になる。繊維状の生地は引き締まっているが、口どけのよいテクスチャーをしている。塩気が強めで、ほのかな酸味も感じられる。スモークドタイプは香ばしい薫香を楽しめる。

PROVOLONE DEL MONACO
プロヴォローネ・デル・モナコ（イタリア：カンパニア州／Campania）

AOP
depuis
2010

AOP認定
乳種 | 牛乳（生乳）
重さ | 2.5～8kg
MG/PT | 21%

地図 | p.212-215

きめが細かくなめらかなセミハードタイプ。淡い黄色の外皮には、熟成中にチーズ同士をつなぐラフィアの紐の跡が付いている。身はクリーム色で、所々に淡黄色のトーンが見られる。
目がぎゅっと詰まった、弾力のある生地には「ウズラの目」の大きさの気孔があいている。酸味と塩気がほどよく効いたマイルドな味わいだが、熟成が進むと少し辛味が出てくる。

PROVOLONE VALPADANA
プロヴォローネ・ヴァルパダーナ（イタリア：ロンバルディア州、エミリア=ロマーニャ州、トレンティーノ・アルト・アディジェ州／Lombardia, Emilia=Romagna, Trentino Alto Adge）

AOP
depuis
1996

AOP認定
乳種 | 牛乳（生乳、サーミゼーション乳または低温殺菌乳）
MG/PT | 28%

地図 | p.210-211

ソーセージ型、洋梨型、ひょうたん型、メロン型など、その形状にはさまざまなバリエーションがある。なめらかな外皮は淡黄色～黄褐色を帯びている。目が緻密でずっしりした生地には、所々に小さな穴や溝が見られる。最低2日間から8カ月まで熟成させるタイプで、熟成度によって、爽やかな酸味のあるマイルドな味わいから、動物の野性味を帯びた、香ばしさとピリッとした刺激のある味わいへと変化する。

QUESO TETILLA
ケソ・テティージャ（スペイン：ガリシア州／Galicia）

AOP
depuis
1996

AOP認定
乳種 | 牛乳（生乳または低温殺菌乳）
大きさ | 直径：9～15cm　高：9～15cm
重さ | 500g～1.5kg
MG/PT | 28%

地図 | p.206-207

スペイン語で「おっぱい」を意味する「Teta（テタ）」から名付けられた呼称通り、乳房のような円錐形をしている。外皮は3mm以下と薄く、麦藁色～黄金色をしている。中身はアイボリー色～黄色を帯び、むっちりと柔らかく、クリーミー。ほのかな酸味が心地よい、まろやかな味わいのチーズで、酵母のアロマも感じられる。なめらかな食感とともに、爽やかなミルクの風味と塩気が広がる。

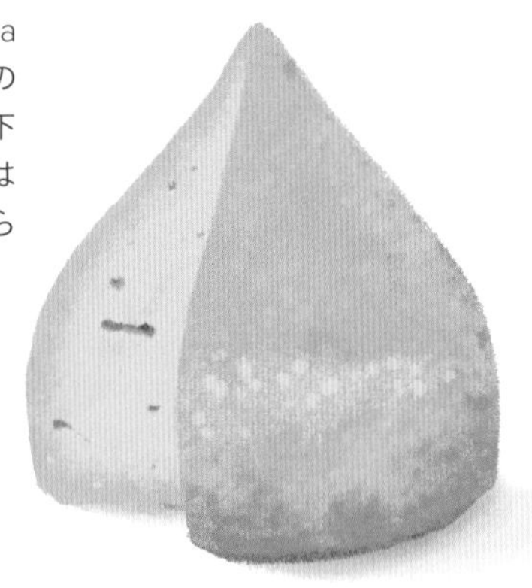

REDYKOŁKA
レディコウカ（ポーランド：シロンスク県、マウォポルスカ県／Śląskie, małopolskie）

AOP
depuis
2009

AOP認定
乳種｜羊乳100%または羊乳と牛乳（40%まで）の混合（生乳）
重さ｜30g〜300g
MG/PT｜30%

地図｜p.224-225

その呼称は、羊の群れが夏に牧草を求めて山中へ移動する時期を示す「redyk（レディク）」から名付けられた。動物型、鳥型、ハート型、糸巻型など、さまざまな形状がある。燻製にするため、外皮は麦藁色〜淡褐色をしている。香ばしい薫香が立ち上り、羊乳特有の酸味も感じられる。

VASTEDDA DELLA VALLE DEL BELICE
ヴァステッダ・デッラ・ヴァッレ・デル・ベリーチェ（イタリア：シチリア州／Sicilia）

AOP
depuis
2010

AOP認定
乳種｜羊乳（生乳）
大きさ｜直径：15〜17cm
高：3〜4cm
重さ｜500〜700g
MG/PT｜25%

地図｜p.214-215

イタリアで唯一の羊乳製パスタ・フィラータ。フレッシュな状態で味わうのがベスト。アイボリー色の表面はつるんとなめらかで、身はきめ細かく、気孔はない。藁、干草、香草のアロマが広がり、フィニッシュにさっぱりした酸味が残る。

ZÁZRIVSKÉ VOJKY
ザズリヴスケー・ヴォイキー（スロバキア：ジリナ県／Žilina）

IGP
depuis
2014

IGP認定
乳種｜牛乳（生乳または低温殺菌乳）
大きさ｜長：10〜70cm
厚み：2〜16mm
MG/PT｜17%

地図｜p.224-225

細長い紐状のパスタ・フィラータで、燻製タイプもある。プレーンタイプは白色〜乳白色、スモークドタイプは黄色〜黄金色をしている。繊維状の生地はしなやかで、ミルクの爽やかな酸味を感じさせる。スモークドタイプは香ばしい薫香が際立つ。スロバキアでは、形状も風味もよく似たオラフスキー・コルバーチク（Oravský Korbáčik）が同じ生産区域で作られているが、長さと厚みが若干異なる（オラフスキー・コルバーチクは最長50cm、厚みは10mmまで）。

10 プロセスチーズ

このタイプは工場生産製が多く、フランスの代表的な例としてブルサン（Boursin®）、ラ・ヴァッシュ・キ・リ（La Vache qui rit®）、キリ（Kiri®）などのスプレッドタイプがある。しかしながら、地方特産の手作りチーズも各種存在し、それぞれ個性豊かである！

CANCOILLOTTE
カンコイヨット（フランス：ブルゴーニュ＝フランシュ＝コンテ地域圏、グラン・テスト地域圏／Bourgogne-Franche-Compté, Grand Est）

乳種 | 牛乳（生乳または低温殺菌乳）
MG/PT | 5%

地図 | p.198-199

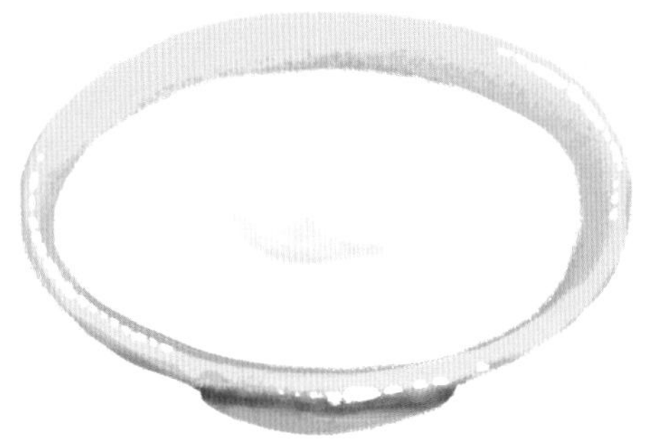

フランシュ＝コンテ地方では、ペースト状であることから、「糊」という意味の「ラ・コル（la colle）」という愛称で親しまれている。

フランシュ＝コンテ地方特産の逸品。メトン（Metton）と呼ばれるチーズ（脱脂乳から作られた凝乳を温め、攪拌、プレスした後、塩を加えて5～6日間熟成させたもの）に水とバターを 加えて作る。白ワインやガーリックを加えるレシピもある。とろりと流れるほどクリーミーなテクスチャーで、黄色や緑色がかった色味を帯びている。冷たいままでも、温めても美味しく食べられる。酸味とバターのコクがあり、ガーリック入りのものはスパイシーである。

FORT DE BÉTHUNE
フォール・ド・ベテューヌ（フランス：オー＝ド＝フランス地域圏／Hauts-de-France）

乳種 | 牛乳（生乳または低温殺菌乳）

地図 | p.196-197

19世紀に鉱山で生まれたチーズで、マロワル（Maroille）（P.88）などのチーズの残り物から作られる。もともとは炭鉱夫、労働者、貧しい民たちが腹ごしらえのために食べる軽食だった。スパイス（胡椒、クミン）、白ワイン、バター、さらには蒸留酒が加えられることもある。全てを混ぜ合わせた生地（白色、緑色、灰色がかった色味）は発酵のために壺に入れられる。出来上がったチーズはとてもクリーミーだが、匂いも味もかなり強い。

FOURMAGÉE
フールマジェ（フランス：ノルマンディー地域圏／Normandie）

乳種 | 牛乳（生乳または低温殺菌乳）

地図 | p.194-195

その起源は17世紀に遡る。柔らかいチーズと硬めの生地を練り合わせて、シードル、ハーブ、胡椒を加える。その後、テリーヌ型に入れて数カ月発酵させる。黄色～灰色の生地はクセのある匂いを放ち、味わいも力強く、ピリッとした刺激がある。

KOCHKÄSE
コッホケーゼ（ドイツ：バーデン=ヴュルテンベルク州、バイエルン州／Baden-Württemberg, Bayern）

乳種｜牛乳（生乳または低温殺菌乳）

地図｜p.218-219

フランス産のカンコイヨット（Cancoillotte）と見分けがつかないほどよく似ている。製法も同じだが、レシピによって添加する材料が異なる。香り、風味、食感については、クリーミーで濃厚な味わいで、バターのコクと酸味があり、胡椒のようなピリッとした刺激を感じる。

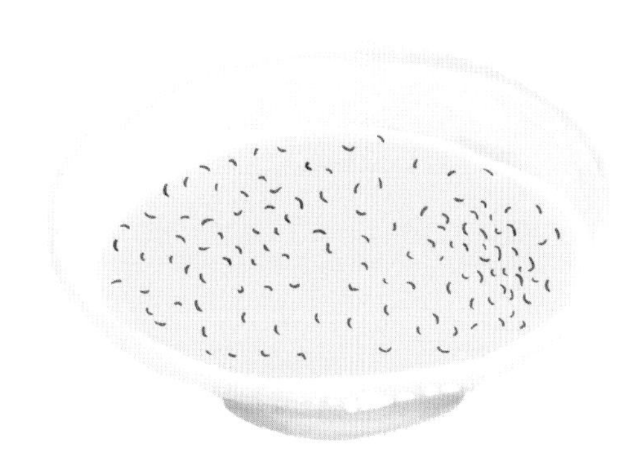

MÉGIN
メジャン（フランス：グラン・テスト地域圏／Grand Est）

乳種｜牛乳（生乳または低温殺菌乳）

地図｜p.196-197

「フレムジェイ（Fremgeye）」、「フレムジャン（Frem'gin）」、「ゲイアン（guéyin）」とも呼ばれ、フランシュ=コンテ地方のカンコイヨット（Cancoillotte）と似ている。ただしメトン（Metton）からではなく、フロマージュ・ブラン（Fromage blanc）のように、フレッシュな凝乳から作られる。乾燥させた後に細かく切り、胡椒、塩、フェンネルを加えて混ぜ合わせて、チーズ乾燥室で数カ月間寝かせる。出来上がったメジャンはピリッとした刺激があり、スパイシーでアニスの香りがする。

PÔT CORSE
ポ・コルス（フランス：コルス地域圏／Corse）

乳種｜羊乳（生乳または低温殺菌乳）
重さ｜1壺：200g

地図｜p.200-201

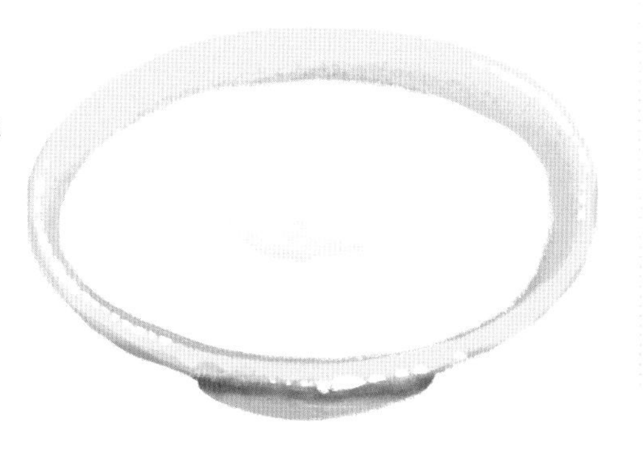

プロセスチーズの仲間と似た製法で作られるが、唯一の違いは羊乳製という点である。コルシカ島産のア・ヴィレッタ（A Filetta）、ウ・ベル・フィゥリツ（U bel fiuritu）などのチーズの破片を白ワイン、スパイス、「マキ」と呼ばれる野生ハーブを混ぜて練り合わせる。灰色がかった生地はバターのようになめらかで、牧舎のような力強い匂いを放つ。ハーブとスパイスの風味がしっかりと感じられ、時にピリッとした刺激もあらわれる。

11 チーズ加工品

「フェイク」チーズとも呼ばれるタイプで、バターミルク（脱脂乳）、バター、クリーム、香味料（スパイス、ハーブなど）を加えて作る乳製品である。AOPなどの認定を受けているチーズを除き、レシピは作り手の好みに応じて自由にアレンジすることができる。

AFUEGA'L PITU

アフエガル・ピトゥ（スペイン：アストゥリアス州／Asturias）

AOP認定

乳種｜牛乳（生乳または低温殺菌乳）

大きさ｜直径：8〜14cm

高：5〜12cm

重さ｜200〜600g

MG/PT｜28%

地図｜p.206-207

クリーム色から黄色を帯びた円錐台のチーズ。「atroncau blancu（アトランカウ・ブランコ）」、「atrouncau roxu（アトランカウ・ロクソ）」、「trapu blancu（トラピュ・ブランコ）」、「trapu roxu（トラピュ・ロクソ）」の4タイプがある。ロクソは唐辛子を加えたタイプでスパイシーな味わい。ほろほろと崩れる食感をしている。ブランコは酸味があり、フィニッシュに渋味を感じる。

BOULETTE D'AVESNES

ブーレット・ダヴェーヌ（フランス：オー=ド=フランス地域圏／Hauts-de-France）

乳種｜牛乳（生乳または低温殺菌乳）

大きさ｜直径：6〜9cm

高：8〜10cm

重さ｜150〜300g

MG/PT｜24%

地図｜p.196-197

「球」という呼称が付いているが、円錐形をしている。白色は珍しく、ほとんどはパプリカで着色されていて赤い。バターミルク、マロワル（Maroilles）の破片をベースに、胡椒、タラゴン、パセリ、クローブなどが添加される。18世紀から存在するチーズで強い香りを放つ。ハーブとスパイスのアロマが強く、苦味と辛味がある。

CERVELLE DE CANUT

セルヴェル・ド・カニュ（フランス：オーヴェルニュ=ローヌ=アルプ地域圏／Auvergne-Rhône-Alpes）

乳種｜牛乳（生乳または低温殺菌乳）

地図｜p.198-199

収入の少なかったリヨンの絹織工、カニュ（Canuts）たちが、高級品だった子羊の脳みその代わりに好んで食べていたフロマージュ・ブランの一種。かつては「貧しい民のための肉」とも呼ばれ、クリーム状にしたチーズに、塩、香辛料、薬味（シブレット、エシャロット、オニオン、ガーリック、オリーブオイル、ビネガー）などを加える。バリエーションが豊富で、フレッシュでほどよく濃厚な風味を楽しめる。パンなどに塗りやすいディップ状。

GAPERON D'AUVERGNE
ガプロン・ドーヴェルニュ（フランス：オーヴェルニュ＝ローヌ＝アルプ地域圏／Auvergne-Rhône-Alpes）

乳種｜牛乳（生乳または低温殺菌乳）
大きさ｜直径：5～10cm
高：5～9cm
重さ｜250～500g
MG/PT｜24%

地図｜p.202-203

その呼称はオーヴェルニュ地方の方言で、バターミルクを意味する「gaspe（ガスプ）」または「gape（ガプ）」に由来。その名の通り、凝乳とバターミルクで作られている。白～灰色がかった外皮は黄色の斑点が見られ、ざらざらしている。アイボリー色の身は硬く引き締まったムース状で、所々に黒い胡椒の粒が見られる。脱水、乾燥した後の凝乳に胡椒、ガーリック、塩が添加される。外皮のないフレッシュな状態でも、外皮のある熟成した状態でも美味しく味わうことのできるチーズで、熟成度によって味の特徴が異なる。

JĀNU SIERS
ヤヌ・シエルス（ラトビア）

STG depuis 2015

STG認定
乳種｜牛乳（生乳または低温殺菌乳）
大きさ｜直径：8～30cm
高：4～6cm
MG/PT｜24%

地図｜p.220-221

その呼称はラトビア語で「聖ヨハネのチーズ」を意味し、夏至の日に食べられる。伝統的な宗教行事に密接に関係したチーズで、その形状も太陽を象徴している。レシピは首都リガ（Riga）にあるイエスズ会の16世紀末の古文書に記録されている。凝乳にバター、クリーム、卵、塩、キャラウェイシードを混ぜて温めた生地を型に詰める。目がぎゅっと詰まった生地は柔らかく、ざらざらしている。キャラウェイシードが全体にまんべんなく散っていて、その爽やかでスパイシーな風味が効いている。

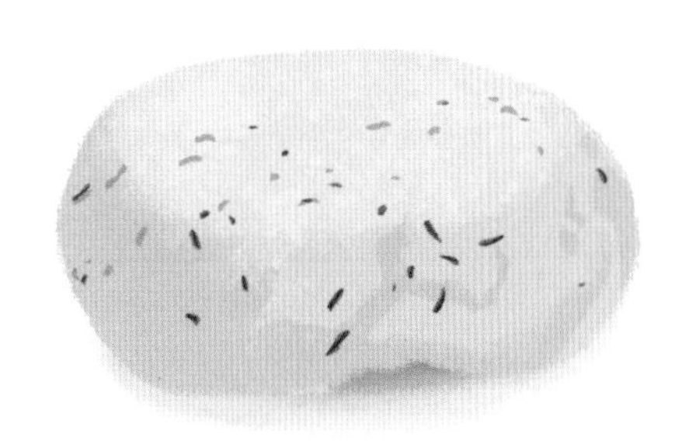

WIELKOPOLSKI SER SMAŻONY
ヴィエルコポルスキー・セル・スマジョーヌィ（ポーランド：ヴィエルコポルスカ県／Wielkopolska）

IGP depuis 2009

IGP認定
乳種｜牛乳（生乳）
MG/PT｜7.5%以上

地図｜p.224-225

フライドタイプのチーズ。乾燥させて砕いた凝乳にバター、塩を加えて作る。クミンシードを加えるタイプもある。クリーム色～黄色を帯び、酸味が効いている。クミンシード入りのタイプは特にスパイシーである。

Terroirs et Territoires

チーズの産地

フランス／ブルターニュ地域圏＆ノルマンディー地域圏

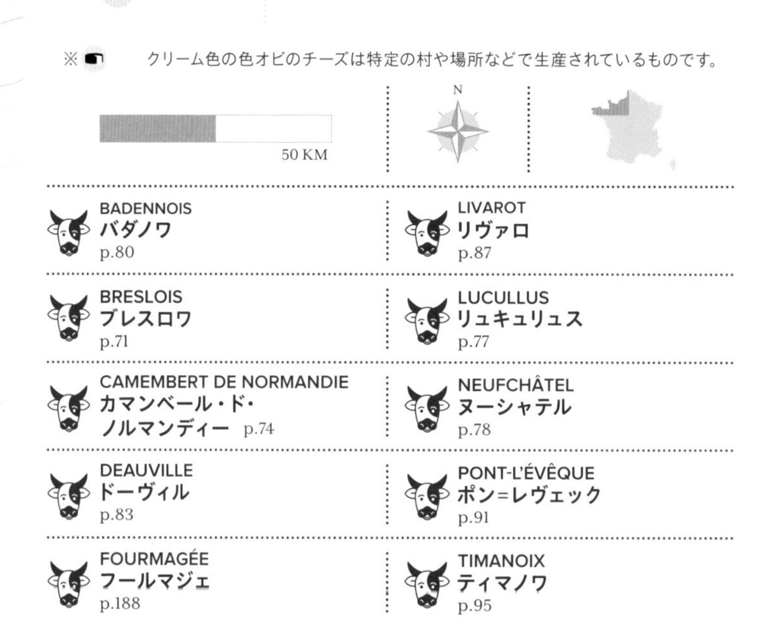

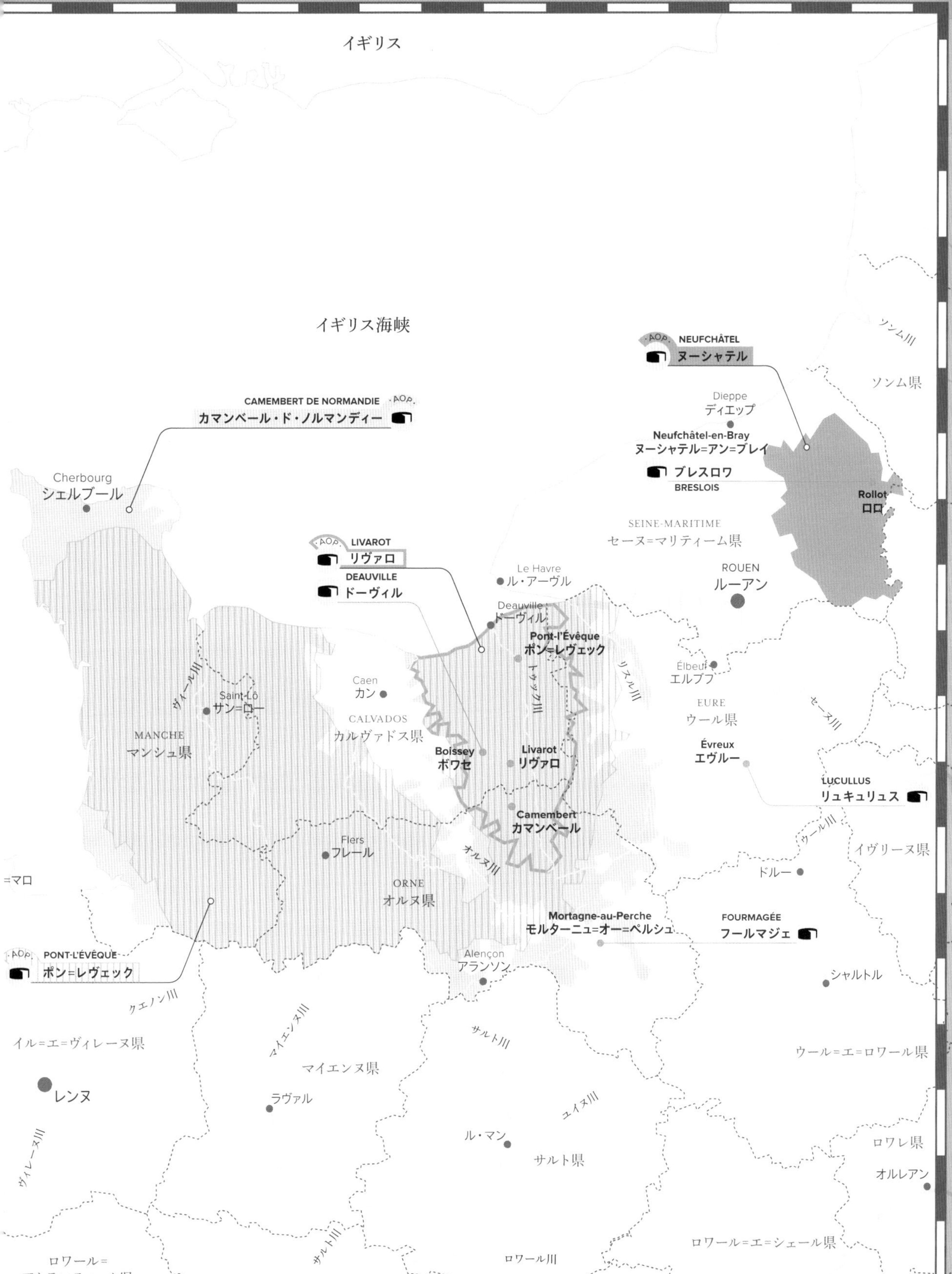

イギリス

イギリス海峡

AOP. NEUFCHÂTEL
ヌーシャテル

ソンム川
ソンム県

CAMEMBERT DE NORMANDIE AOP.
カマンベール・ド・ノルマンディー

Dieppe
ディエップ

Neufchâtel-en-Bray
ヌーシャテル=アン=ブレイ

ブレスロワ
BRESLOIS

Cherbourg
シェルブール

Rollot
ロロ

SEINE-MARITIME
セーヌ=マリティーム県

AOP. LIVAROT
リヴァロ

DEAUVILLE
ドーヴィル

Le Havre
ル・アーヴル

ROUEN
ルーアン

Deauville
ドーヴィル

Pont-l'Évêque
ポン=レヴェック

トゥック川

リスル川

Élbeuf
エルブフ

Caen
カン

Saint-Lô
サン=ロー

ヴィール川

EURE
ウール県

セーヌ川

CALVADOS
カルヴァドス県

MANCHE
マンシュ県

Boissey
ボワセ

Livarot
リヴァロ

Évreux
エヴルー

LUCULLUS
リュキュリュス

Camembert
カマンベール

ウール川

イヴリーヌ県

Flers
フレール

オルヌ川

=マロ

ドルー

ORNE
オルヌ県

Mortagne-au-Perche
モルターニュ=オー=ペルシュ

FOURMAGÉE
フールマジェ

AOP. PONT-L'ÉVÊQUE
ポン=レヴェック

Alençon
アランソン

シャルトル

クエノン川

マイエンヌ川

サルト川

イル=エ=ヴィレーヌ県

マイエンヌ県

ウール=エ=ロワール県

レンヌ

ラヴァル

ユイヌ川

ヴィレーヌ川

ル・マン

サルト県

ロワレ県

オルレアン

ロワール=エ=シェール県

サルト川

ロワール=
アトランティック県

ロワール川

※網かけ、色オビの箇所はチーズの産地を示しています。

イギリス海峡
Calais
カレー
ダンケルク
ÉCUME DE WIMEREUX
エキューム・ド・ヴィムルー
CRAYEUX DE RONCQ
クラユー・ド・ロンク
Wierre-Effroy
ヴィエール=エフロワ
Roncq
ロンク
MIMOLETTE
ミモレット
Boulogne-sur-Mer
ブーローニュ=シュル=メール
Saint-Omer
サン=トメール
リス川
Roubaix
ルーベ
SIRE DE CRÉQUY À LA BIÈRE
シール・ド・クレキ・
ア・ラ・ビエール
Créquy
クレキ
Béthune
ベテューヌ
LILLE
リール
ベルギー
ムーズ/マース川
カンシュ川
PAS-DE-CALAIS
パ=ド=カレー県
Lens
ランス
Douai
ドゥエ
Valenciennes
ヴァランシエンヌ
サンブル川
Arras
アラス
エスコー川
Maubeuge
モブージュ
NORD
ノール県
BOULETTE D'AVESNES
ブーレット・ダヴェーヌ
FORT DE BÉTHUNE
フォール・ド・ベテューヌ
Saint-Aubin
サン=トバン
Cambrai
カンブレ
VIEUX-LILLE
ヴュー=リール
ソンム川
ソンム県
MAROILLES
マロワル
AOP
オワーズ川
Saint-Quentin
サン=カンタン
アミアン
シャルルヴィル=
メジエール
ムーズ川
AISNE
エーヌ県
Grémévillers
グレメヴィエ
Rollot
ロロ
Rollot
ロロ
Laon
ラオン
アルデンヌ県
TRICORNE DE PICARDIE
トリコルヌ・ド・ピカルディー
エーヌ川
Beauvais
ボーヴェ
OISE
オワーズ県
オワーズ川
Compiègne
コンピエーニュ
Soissons
ソワソン
Creil
クレイユ
Reims
ランス
BRIE NOIR
ブリー・ノワール
BRIE DE MEAUX
ブリー・ド・モー
AOP
Verdun
ヴェルダン
MARNE
マルヌ県
マルヌ川
セルジー=
ポントワーズ
MEUSE
ムーズ県
セーヌ川
Meaux
モー
Châlons-en-Champagne
シャロン=アン=シャンパーニュ
YVELINES
イヴリーヌ県
PARIS
パリ
COULOMMIERS
クロミエ
Versailles
ヴェルサイユ
Coulommiers
クロミエ
Bar-le-Duc
バル=ル=デュック
GRATTE-PAILLE®
グラット=パイユ®
BRIE DE PROVINS
ブリー・ド・プロヴァン
Tournan-en-Brie
トゥルナン=アン=ブリー
La Boissière-École
ラ・ボワシエール=エコール
エヴリー
BLEU DE LA BOISSIÈRE
ブルー・ド・ラ・
ボワシエール
Provins
プロヴァン
Melun
ムラン
Saint-Dizier
サン・ディジエ
シャルトル
ウール=エ=
ロワール県
エソンヌ県
セーヌ川
オーブ川
Montereau-Fault-Yonne
モントロー=フォルト=ヨンヌ
セーヌ川
BRIE DE MONTEREAU
ブリー・ド・モントロー
ヨンヌ川
Troyes
トロワ
マルヌ川
Sens
サンス
AUBE
オーブ県
PITHIVIERS
ピティヴィエ
Chaumont
ショーモン
AOP
BRIE DE MELUN
ブリー・ド・ムラン
HAUTE-MARNE
オート=マルヌ県
アルマンス川
Montargis
モンタルジ
Orléans
オルレアン
YONNE
ヨンヌ県
LOIRET
ロワレ県
ロワン川
Langres
ラングル
AOP
LANGRES
ラングル
Auxerre
オーセール
AOP
CHAOURCE
シャウルス
IGP
BRILLAT-SAVARIN
ブリア=サヴァラン
スラン川
ロワール川
CÔTE-D'OR
コート=ドール県

フランス／北東部

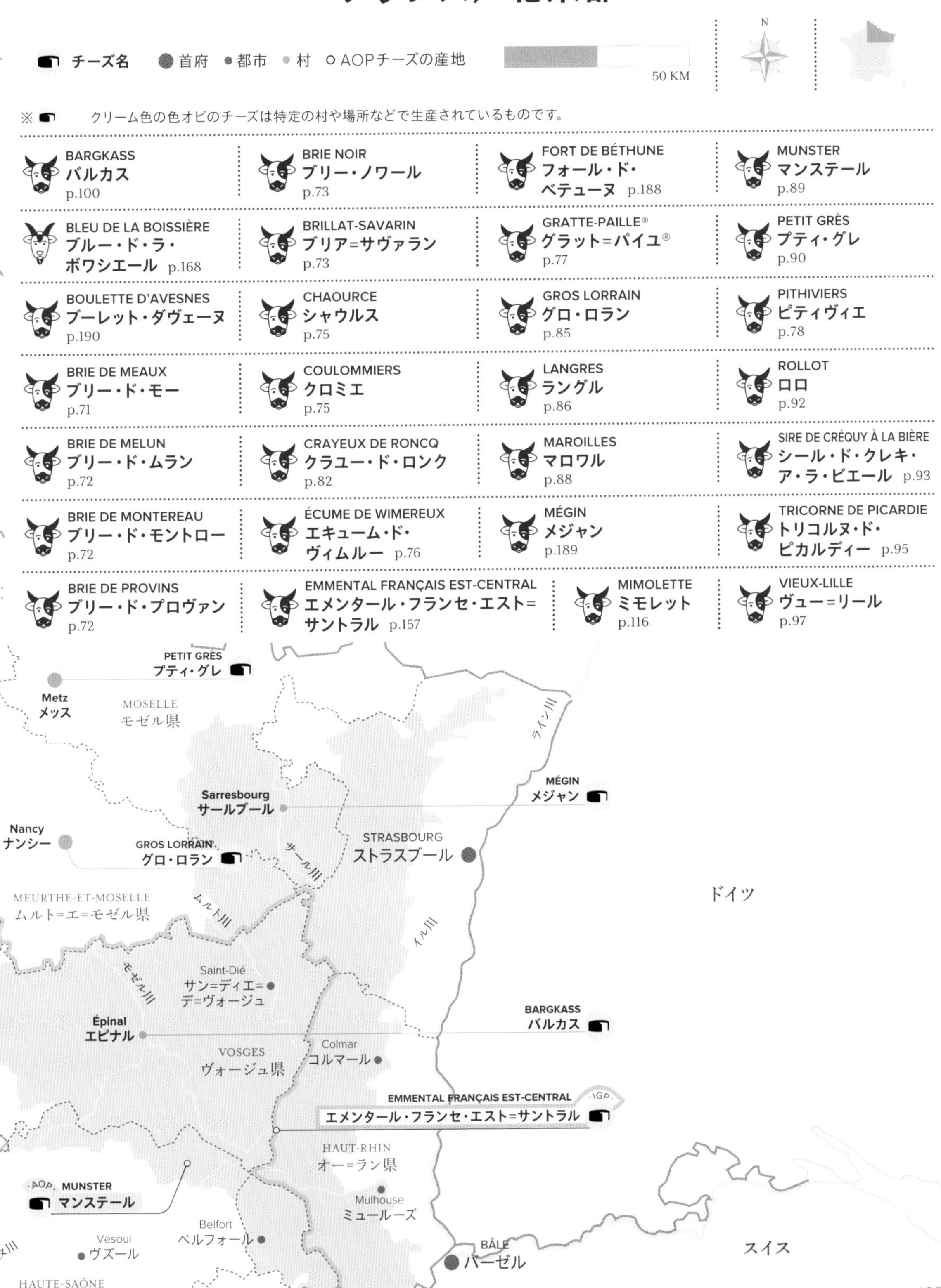

※網かけ、色オビの箇所はチーズの産地を示しています。

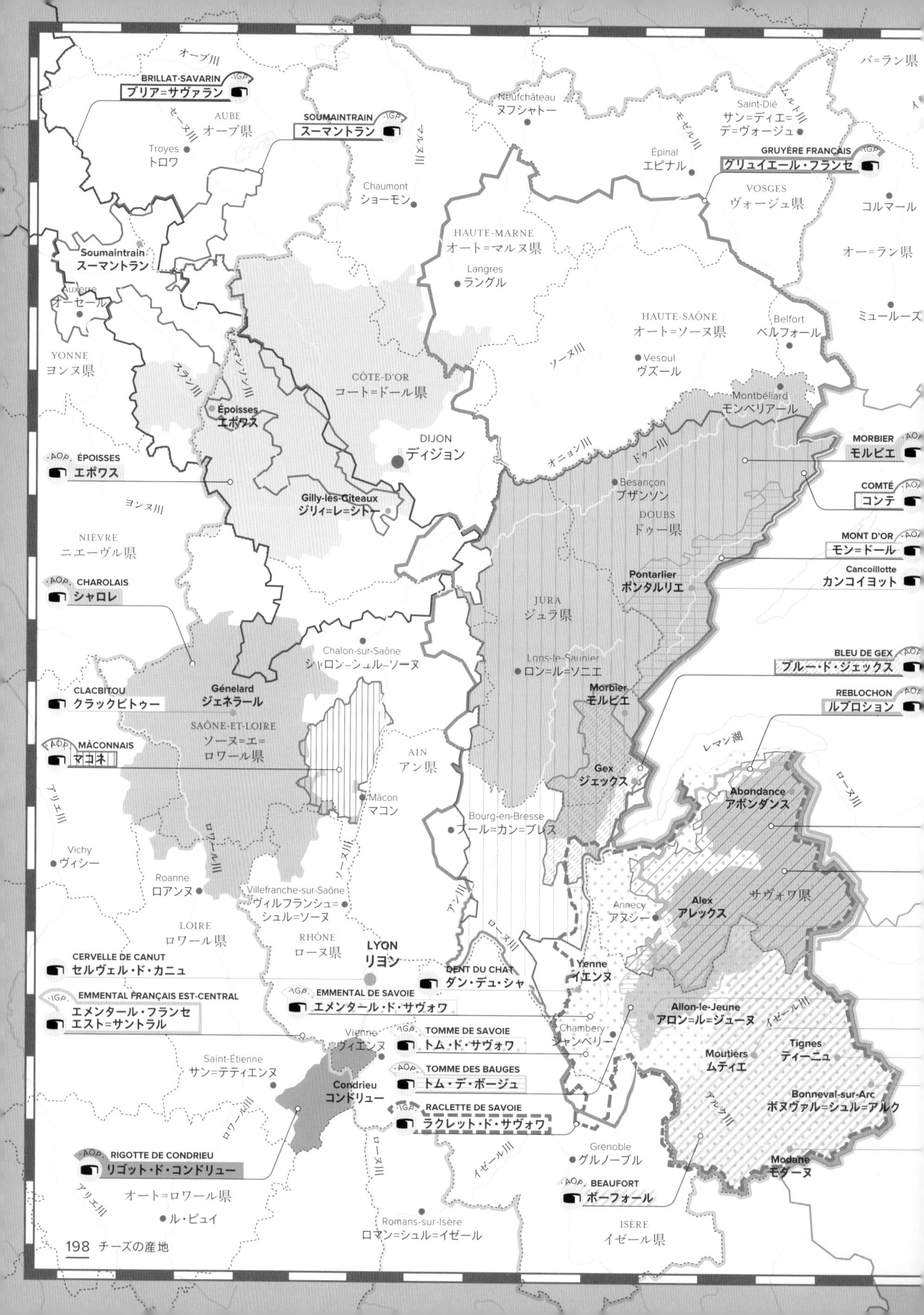

BRILLAT-SAVARIN IGP
ブリア=サヴァラン
SOUMAINTRAIN IGP
スーマントラン
GRUYÈRE FRANÇAIS IGP
グリュイエール・フランセ
AOP ÉPOISSES
エポワス
AOP CHAROLAIS
シャロレ
CLACBITOU
クラックビトゥー
AOP MÂCONNAIS
マコネ
CERVELLE DE CANUT
セルヴェル・ド・カニュ
IGP EMMENTAL FRANÇAIS EST-CENTRAL
エメンタール・フランセ
エスト=サントラル
IGP EMMENTAL DE SAVOIE
エメンタール・ド・サヴォワ
DENT DU CHAT
ダン・デュ・シャ
IGP TOMME DE SAVOIE
トム・ド・サヴォワ
AOP TOMME DES BAUGES
トム・デ・ボージュ
IGP RACLETTE DE SAVOIE
ラクレット・ド・サヴォワ
AOP RIGOTTE DE CONDRIEU
リゴット・ド・コンドリュー
AOP BEAUFORT
ボーフォール
MORBIER AOP
モルビエ
COMTÉ AOP
コンテ
MONT D'OR AOP
モン=ドール
Cancoillotte
カンコイヨット
BLEU DE GEX AOP
ブルー・ド・ジェックス
REBLOCHON AOP
ルブロション
オーブ川
セーヌ川
AUBE
オーブ県
Troyes
トロワ
マルヌ川
Neufchâteau
ヌフシャトー
モゼル川
ムルト川
Saint-Dié
サン=ディエ=デ=ヴォージュ
バ=ラン県
Épinal
エピナル
VOSGES
ヴォージュ県
コルマール
Chaumont
ショーモン
HAUTE-MARNE
オート=マルヌ県
オー=ラン県
Langres
ラングル
Soumaintrain
スーマントラン
Auxerre
オーセール
HAUTE-SAÔNE
オート=ソーヌ県
Belfort
ベルフォール
ミュールーズ
YONNE
ヨンヌ県
ソーヌ川
Vesoul
ヴズール
スラン川
アルマンソン川
CÔTE-D'OR
コート=ドール県
Montbéliard
モンベリアール
Époisses
エポワス
DIJON
ディジョン
オニョン川
ドゥー川
Besançon
ブザンソン
Gilly-lès-Cîteaux
ジリィ=レ=シトー
ヨンヌ川
DOUBS
ドゥー県
NIÈVRE
ニエーヴル県
Pontarlier
ポンタルリエ
JURA
ジュラ県
Chalon-sur-Saône
シャロン=シュル=ソーヌ
Lons-le-Saunier
ロン=ル=ソニエ
Génelard
ジェネラール
Morbier
モルビエ
SAÔNE-ET-LOIRE
ソーヌ=エ=ロワール県
AIN
アン県
レマン湖
ローヌ川
Gex
ジェックス
Abondance
アボンダンス
アリエ川
Mâcon
マコン
Bourg-en-Bresse
ブール=カン=ブレス
ロワール川
Vichy
ヴィシー
ソーヌ川
Roanne
ロアンヌ
Villefranche-sur-Saône
ヴィルフランシュ=シュル=ソーヌ
Alex
アレックス
サヴォワ県
Annecy
アヌシー
アン川
LOIRE
ロワール県
RHÔNE
ローヌ県
ローヌ川
LYON
リヨン
Yenne
イエンヌ
Allon-le-Jeune
アロン=ル=ジューヌ
イゼール川
Chambery
シャンベリー
Vienne
ヴィエンヌ
Tignes
ティーニュ
Moutiers
ムティエ
Saint-Étienne
サン=テティエンヌ
Condrieu
コンドリュー
Bonneval-sur-Arc
ボヌヴァル=シュル=アルク
アルク川
ロワール川
ローヌ川
イゼール川
Grenoble
グルノーブル
Modane
モダーヌ
アリエ川
オート=ロワール県
ル・ピュイ
Romans-sur-Isère
ロマン=シュル=イゼール
ISÈRE
イゼール県

フランス／中東部

チーズ名　● 首府　● 都市　● 村　○ AOPチーズの産地

50 KM

※　クリーム色の色オビのチーズは特定の村や場所などで生産されているものです。

ABONDANCE
アボンダンス
p.152

CERVELLE DE CANUT
セルヴェル・デ・カニュ
p.190

ÉPOISSES
エポワス
p.84

RIGOTTE DE CONDRIEU
リゴット・ド・コンドリュー p.64

BEAUFORT
ボーフォール
p.154

CHAROLAIS
シャロレ
p.59

GRUYÈRE FRANÇAIS
グリュイエール・フランセ p.160

SÉRAC
セラック
p.55

BLEU DE BONNEVAL
ブルー・ド・ボヌヴァル
p.167

CHEVROTIN
シュヴロタン
p.106

MÂCONNAIS
マコネ
p.61

SOUMAINTRAIN
スーマントラン
p.94

BLEU DE GEX
ブルー・ド・ジェックス
p.168

CLACBITOU®
クラックビトゥー®
p.60

MONT-D'OR
モン=ドール
p.88

TOMME CRAYEUSE
トム・クライユーズ
p.146

BLEU DE TERMIGNON
ブルー・ド・テルミニョン p.170

COMTÉ
コンテ
p.156

MORBIER
モルビエ
p.117

TOMME DE SAVOIE
トム・ド・サヴォワ
p.147

BRILLAT-SAVARIN
ブリア=サヴァラン
p.73

DENT DU CHAT
ダン・デュ・シャ
p.156

PERSILLÉ DE TIGNES
ペルシエ・ド・ティーニュ p.178

TOME DES BAUGES
トム・デ・ボージュ
p.145

CANCOILLOTTE
カンコイヨット
p.188

EMMENTAL DE SAVOIE
エメンタール・ド・サヴォワ p.157

RACLETTE DE SAVOIE
ラクレット・ド・サヴォワ
p.134

VACHERIN DES BAUGES
ヴァシュラン・デ・ボージュ p.146

EMMENTAL FRANÇAIS EST-CENTRAL
エメンタール・フランセ・エスト=サントラル p.157

REBLOCHON
ルブロション
p.136

ABONDANCE AOP
アボンダンス

CHEVROTIN AOP
シュヴロタン

TOMME CRAYEUSE
トム・クライユーズ

VACHERIN DES BAUGES
ヴァシュラン・デ・ボージュ

SÉRAC
セラック

PERSILLÉ DE TIGNES
ペルシエ・ド・ティーニュ

BLEU DE BONNEVAL
ブルー・ド・ボヌヴァル

BLEU DE TERMIGNON
ブルー・ド・テルミニョン

イタリア

※網かけ、色オビの箇所はチーズの産地を示しています。

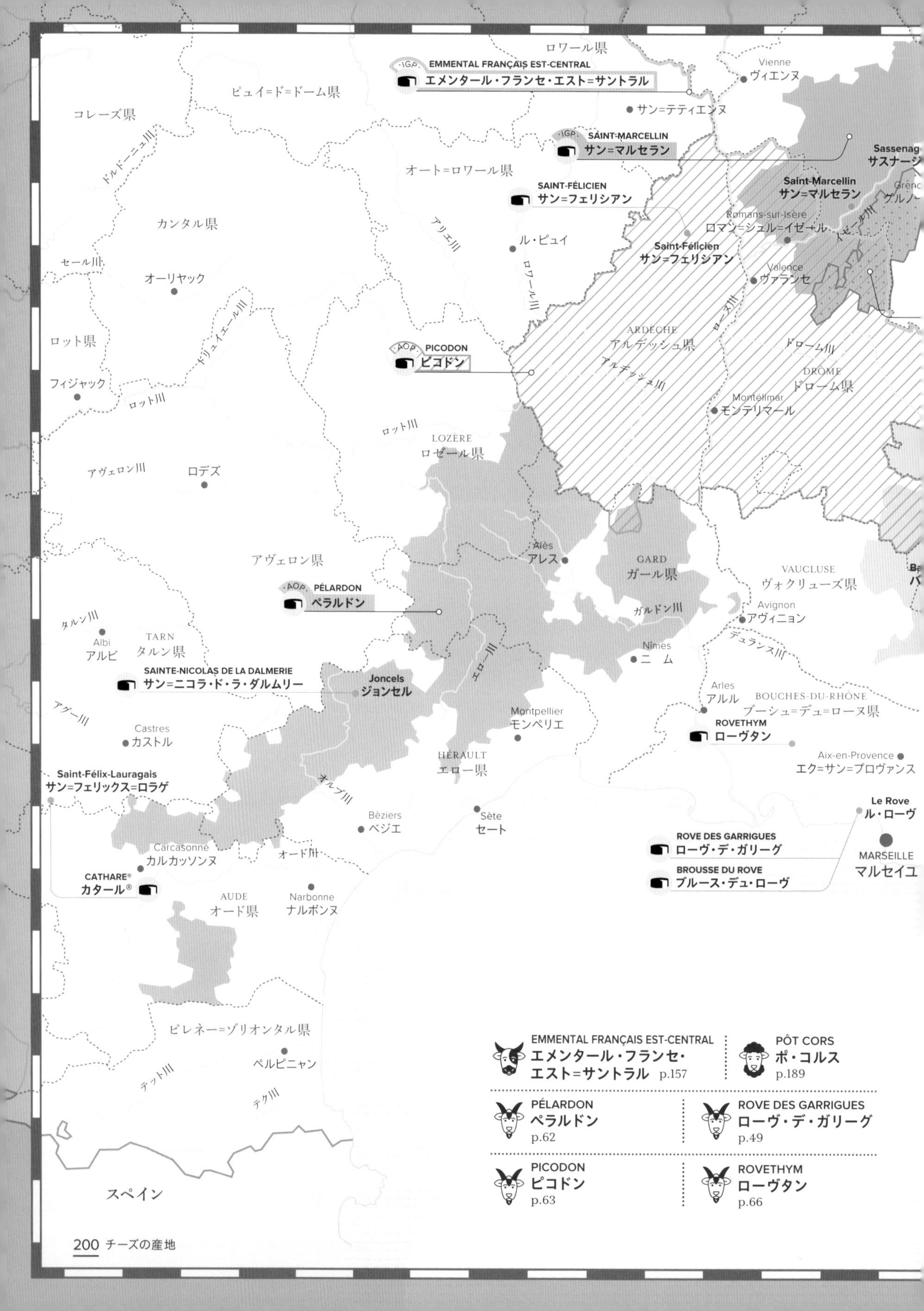
ロワール県
ピュイ=ド=ドーム県
コレーズ県
EMMENTAL FRANÇAIS EST-CENTRAL
エメンタール・フランセ・エスト=サントラル
Vienne
ヴィエンヌ
サン=テティエンヌ
SAINT-MARCELLIN
サン=マルセラン
Sassenage
サスナージュ
オート=ロワール県
SAINT-FÉLICIEN
サン=フェリシアン
Saint-Marcellin
サン=マルセラン
カンタル県
Romans-sur-Isère
ロマン=シュル=イゼール
ル・ピュイ
Saint-Félicien
サン=フェリシアン
オーリヤック
Valence
ヴァランセ
ロット県
ARDÈCHE
アルデッシュ県
PICODON
ピコドン
DRÔME
ドローム県
フィジャック
Montélimar
モンテリマール
LOZÈRE
ロゼール県
ロデズ
Alès
アレス
GARD
ガール県
アヴェロン県
VAUCLUSE
ヴォクリューズ県
PÉLARDON
ペラルドン
Avignon
アヴィニョン
Albi
アルビ
TARN
タルン県
Nîmes
ニーム
SAINTE-NICOLAS DE LA DALMERIE
サン=ニコラ・ド・ラ・ダルムリー
Joncels
ジョンセル
Arles
アルル
BOUCHES-DU-RHÔNE
ブーシュ=デュ=ローヌ県
Montpellier
モンペリエ
ROVETHYM
ローヴタン
Castres
カストル
Aix-en-Provence
エク=サン=プロヴァンス
HÉRAULT
エロー県
Saint-Félix-Lauragais
サン=フェリックス=ロラゲ
Le Rove
ル・ローヴ
Béziers
ベジエ
Sète
セート
ROVE DES GARRIGUES
ローヴ・デ・ガリーグ
Carcasonne
カルカッソンヌ
MARSEILLE
マルセイユ
BROUSSE DU ROVE
ブルース・デュ・ローヴ
CATHARE®
カタール®
AUDE
オード県
Narbonne
ナルボンヌ
ピレネー=ゾリオンタル県
ペルピニャン
スペイン
EMMENTAL FRANÇAIS EST-CENTRAL
エメンタール・フランセ・エスト=サントラル p.157
PÔT CORS
ポ・コルス p.189
PÉLARDON
ペラルドン p.62
ROVE DES GARRIGUES
ローヴ・デ・ガリーグ p.49
PICODON
ピコドン p.63
ROVETHYM
ローヴタン p.66

フランス／南東部

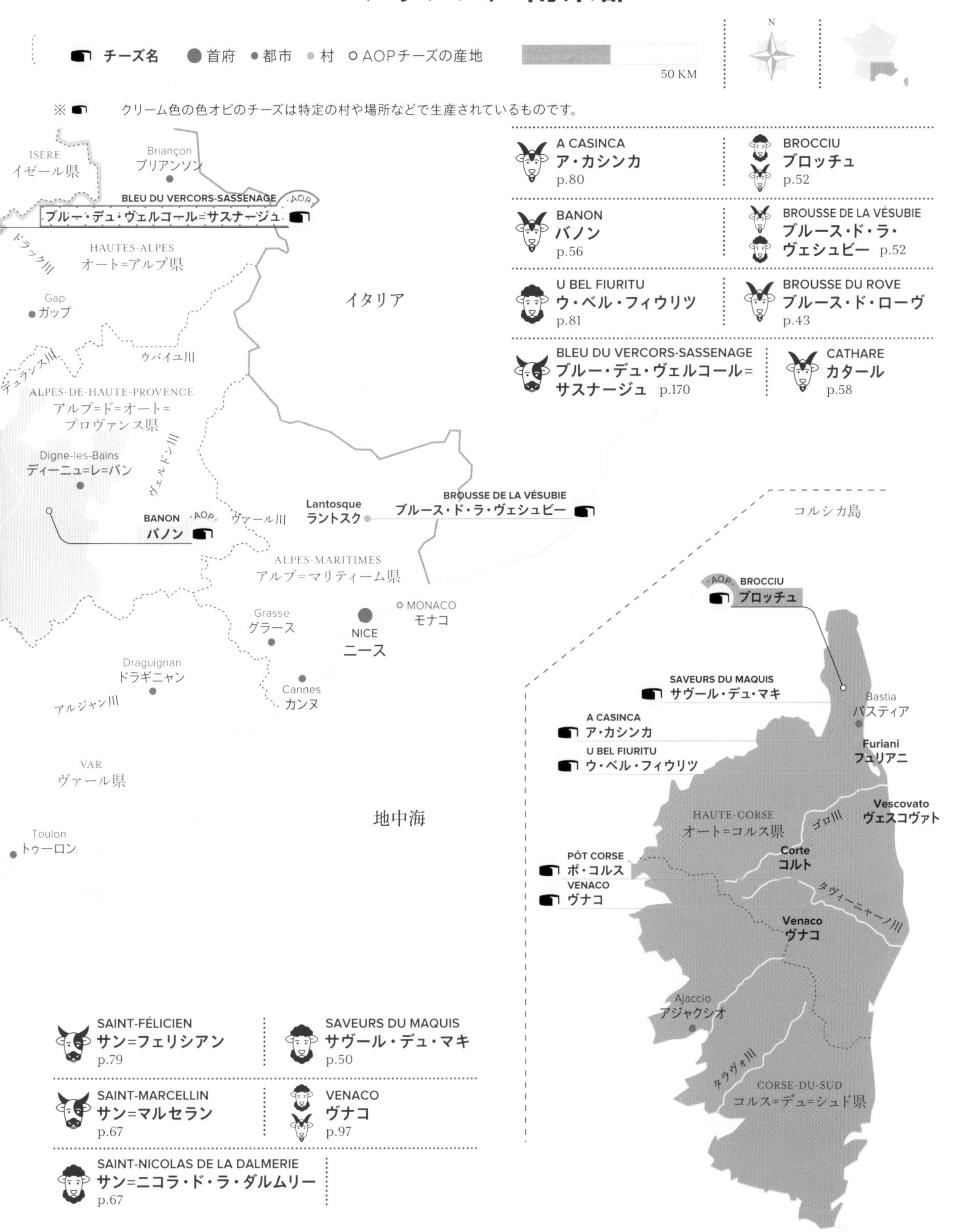

※網かけ、色オビの箇所はチーズの産地を示しています。

フランス／南西部

※ クリーム色の色オビのチーズは特定の村や場所などで生産されているものです。

BETHMALE ベトマル p.101	FOURME DE MONTBRISON フルム・ド・モンブリゾン p.175	OSSAU-IRATY オッソー=イラティ p.120	SAINT-NECTAIRE サン=ネクテール p.137
BLEU D'AUVERGNE ブルー・ドーヴェルニュ p.167	FUMAISON フュメゾン p.109	PÉRAIL DES CABASSES ペライユ・デ・カバス p.63	SALERS サレール p.138
BLEU DE SÉVERAC ブルー・ド・セヴラック p.169	GAPERON D'AUVERGNE ガプロン・ドーヴェルニュ p.191	PETIT FIANCÉ DES PYRÉNÉES プティ・フィアンセ・デ・ピレネー p.90	TOMME AUX ARTISONS トム・オー・ザルティゾン p.145
BLEU DES CAUSSES ブルー・デ・コース p.169	GOUR NOIR グール・ノワール p.61	PHÉBUS フェビュ p.124	TOMME DE RILHAC トム・ド・リアック p.146
CANTAL カンタル p.104	GREUILH グルイル p.52	PITCHOUNET ピチュネ p.125	TOMME DES PYRÉNÉES トム・デ・ピレネー voir page 147
CAUSSENARD コスナール p.105	HENRI IV アンリ・キャトル p.161	RECUITE ルキュイット p.54	TOMME MAROTTE トム・マロット p.148
CRÉMEUX DE CARAYAC クレムー・ド・カラヤック p.82	ITXASSOU イッツアスー p.177	ROCAILLOU DES CABASSES ロカイユー・デ・カバス p.64	TRUFFE DE VENTADOUR トリュフ・ド・ヴァンタドゥール p.69
CUPIDON キュピドン p.83	LAGUIOLE ライオル p.114	ROCAMADOUR ロカマドゥール p.65	
ENCALAT アンカラ p.76	LAVORT ラヴォール p.115	ROQUEFORT ロックフォール p.180	
FOURME D'AMBERT フルム・ダンベール p.175	LOU CLAOUSOU ルー・クラウスー p.87	ROUELLE DU TARN ルエル・デュ・タルン p.65	

 ※網かけ、色オビの箇所はチーズの産地を示しています。

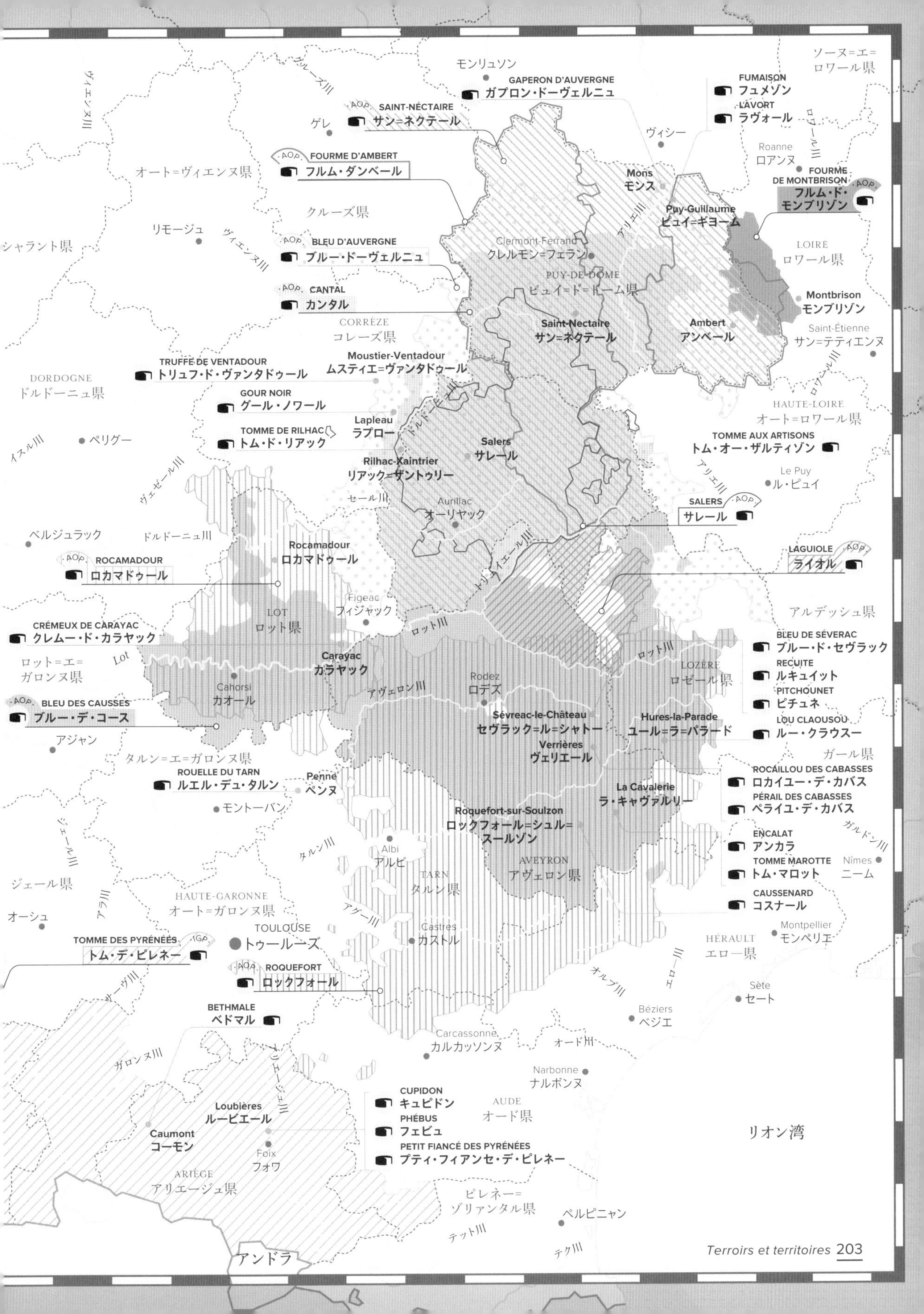
GAPERON D'AUVERGNE
ガプロン・ドーヴェルニュ
SAINT-NÉCTAIRE
サン＝ネクテール
FOURME D'AMBERT
フルム・ダンベール
BLEU D'AUVERGNE
ブルー・ドーヴェルニュ
CANTAL
カンタル
TRUFFE DE VENTADOUR
トリュフ・ド・ヴァンタドゥール
GOUR NOIR
グール・ノワール
TOMME DE RILHAC
トム・ド・リアック
ROCAMADOUR
ロカマドゥール
CRÉMEUX DE CARAYAC
クレムー・ド・カラヤック
BLEU DES CAUSSES
ブルー・デ・コース
ROUELLE DU TARN
ルエル・デュ・タルン
TOMME DES PYRÉNÉES
トム・デ・ピレネー
ROQUEFORT
ロックフォール
BETHMALE
ベドマル
CUPIDON
キュピドン
PHÉBUS
フェビュ
PETIT FIANCÉ DES PYRÉNÉES
プティ・フィアンセ・デ・ピレネー
FUMAISON
フュメゾン
LAVORT
ラヴォール
FOURME DE MONTBRISON
フルム・ド・モンブリゾン
TOMME AUX ARTISONS
トム・オー・ザルティゾン
SALERS
サレール
LAGUIOLE
ライオル
BLEU DE SÉVERAC
ブルー・ド・セヴラック
RECUITE
ルキュイット
PITCHOUNET
ピチュネ
LOU CLAOUSOU
ルー・クラウスー
ROCAILLOU DES CABASSES
ロカイユー・デ・カバス
PÉRAIL DES CABASSES
ペライユ・デ・カバス
ENCALAT
アンカラ
TOMME MAROTTE
トム・マロット
CAUSSENARD
コスナール
Mons
モンス
Puy-Guillaume
ピュイ＝ギヨーム
Clermont-Ferrand
クレルモン＝フェラン
PUY-DE-DÔME
ピュイ＝ド＝ドーム県
Saint-Nectaire
サン＝ネクテール
Ambert
アンベール
Montbrison
モンブリゾン
Saint-Étienne
サン＝テティエンヌ
LOIRE
ロワール県
Roanne
ロアンヌ
ヴィシー
モンリュソン
ゲレ
リモージュ
クルーズ県
オート＝ヴィエンヌ県
シャラント県
CORRÈZE
コレーズ県
Moustier-Ventadour
ムスティエ＝ヴァンタドゥール
Lapleau
ラプロー
Salers
サレール
Rilhac-Xaintrier
リアック＝ザントゥリー
Aurillac
オーリヤック
DORDOGNE
ドルドーニュ県
ペリグー
ベルジュラック
HAUTE-LOIRE
オート＝ロワール県
Le Puy
ル・ピュイ
Rocamadour
ロカマドゥール
Figeac
フィジャック
LOT
ロット県
Carayac
カラヤック
Cahors
カオール
Rodez
ロデズ
LOZÈRE
ロゼール県
Sévreac-le-Château
セヴラック＝ル＝シャトー
Hures-la-Parade
ユール＝ラ＝パラード
Verrières
ヴェリエール
La Cavalerie
ラ・キャヴァルリー
Roquefort-sur-Soulzon
ロックフォール＝シュル＝スールゾン
アルデッシュ県
ガール県
Nîmes
ニーム
ロット＝エ＝ガロンヌ県
アジャン
タルン＝エ＝ガロンヌ県
Penne
ペンヌ
モントーバン
Albi
アルビ
TARN
タルン県
AVEYRON
アヴェロン県
ジェール県
オーシュ
HAUTE-GARONNE
オート＝ガロンヌ県
TOULOUSE
トゥールーズ
Castres
カストル
HÉRAULT
エロー県
Montpellier
モンペリエ
Sète
セート
Béziers
ベジエ
Carcassonne
カルカッソンヌ
Narbonne
ナルボンヌ
AUDE
オード県
リオン湾
Loubières
ルービエール
Caumont
コーモン
Foix
フォワ
ARIÈGE
アリエージュ県
ピレネー＝ゾリアンタル県
ペルピニャン
アンドラ
ソーヌ＝エ＝ロワール県
ロット川
アヴェロン川
タルン川
アリエ川
ドルドーニュ川
トリュイエール川
ガロンヌ川
オード川
テット川
テク川

フランス／西部

チーズ名　● 首府　● 都市　● 村　○ AOPチーズの産地

※ クリーム色の色オビのチーズは特定の村や場所などで生産されているものです。

50 KM

BONDE DE GÂTINE
ボンド・ド・ギャティヌ
p.57

MOTHAIS-SUR-FEUILLE
モテ=シュル=フォイユ
p.62

CHABICHOU DU POITOU
シャビシュー・デュ・ポワトゥー
p.59

POULIGNY-SAINT-PIERRE
プーリニィ=サン=ピエール
p.63

CŒUR DE FIGUE
クール・ド・フィーグ
p.44

SAINTE-MAURE DE TOURAINE
サント=モール・ド・トゥーレーヌ
p.66

COURONNE LOCHOISE
クーロンヌ・ロショワーズ
p.60

SELLES-SUR-CHER
セル=シュル=シェール
p.68

CROTTIN DE CHAVIGNOL
クロタン・ド・シャヴィニョル
p.61

TAUPINIÈRE CHARENTAISE®
トピニエール・シャランテーズ®
p.68

LE CURÉ NANTAIS®
ル・キュレ・ナンテ®
p.83

VALENÇAY
ヴァランセ
p.69

JONCHÉE
ジョンシェ
p.46

LOIRE-ATLANTIQUE
ロワール=アトランティック県

ロワール川

NANTES
ナント

Pornic
ポルニック

LE CURÉ NANTAIS®
ル・キュレ・ナンテ®

ラ・ロシュ=シュル=ヨン

ヴァンデ県

La Rochelle
ラ・ロシェル

レ島

オレロン島

JONCHÉE
ジョンシェ

Rochefort
ロシュフォール

大西洋

アルカション

　※網かけ、色オビの箇所はチーズの産地を示しています。

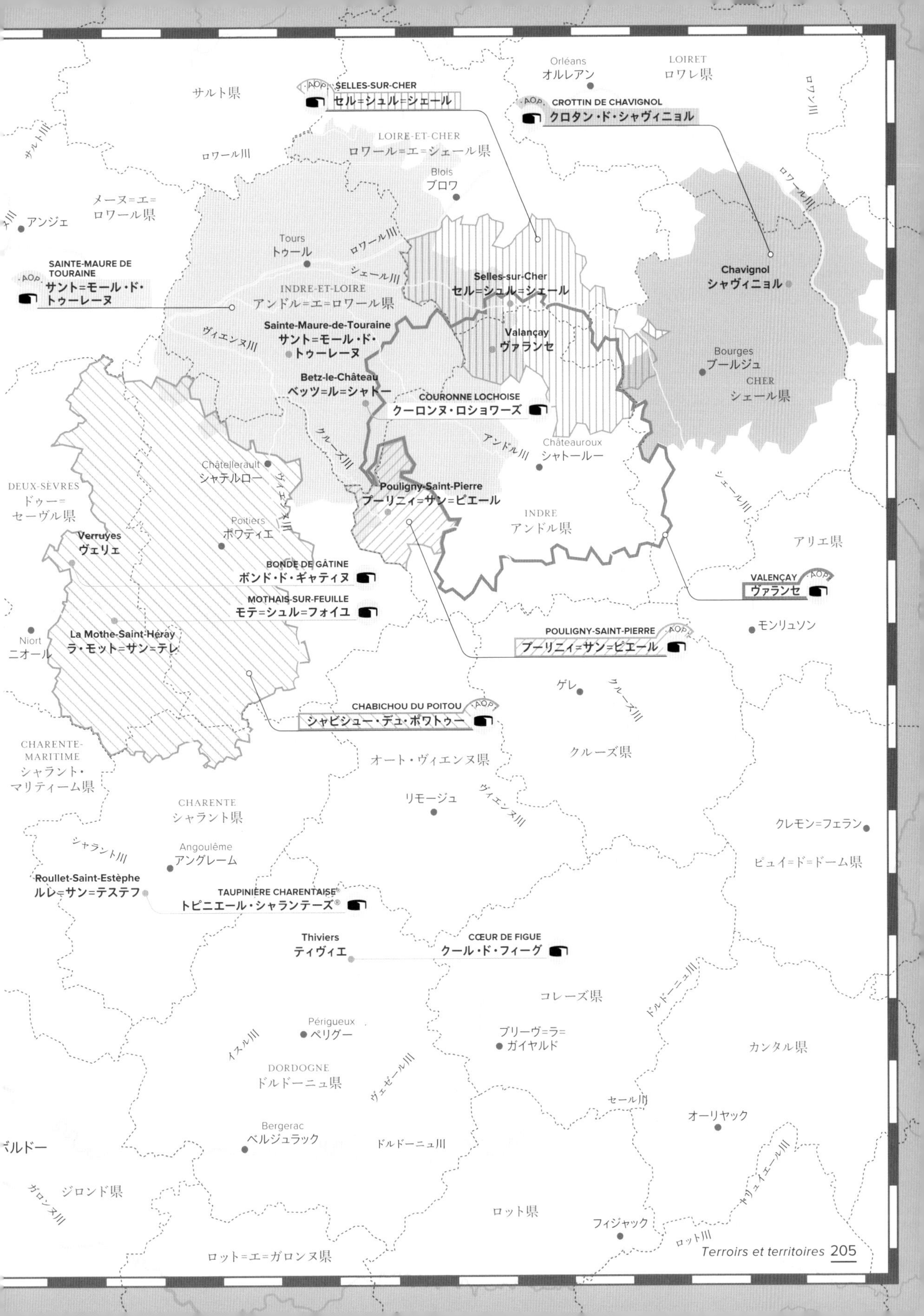
AOP SELLES-SUR-CHER セル=シュル=シェール
AOP CROTTIN DE CHAVIGNOL クロタン・ド・シャヴィニョル
AOP SAINTE-MAURE DE TOURAINE サント=モール・ド・トゥーレーヌ
COURONNE LOCHOISE クーロンヌ・ロショワーズ
BONDE DE GÂTINE ボンド・ド・ギャティヌ
MOTHAIS-SUR-FEUILLE モテ=シュル=フォイユ
AOP VALENÇAY ヴァランセ
AOP POULIGNY-SAINT-PIERRE プーリニィ=サン=ピエール
AOP CHABICHOU DU POITOU シャビシュー・デュ・ポワトゥー
TAUPINIÈRE CHARENTAISE® トピニエール・シャランテーズ®
CŒUR DE FIGUE クール・ド・フィーグ
Selles-sur-Cher セル=シュル=シェール
Chavignol シャヴィニョル
Sainte-Maure-de-Touraine サント=モール・ド・トゥーレーヌ
Valançay ヴァランセ
Betz-le-Château ベッツ=ル=シャトー
Pouligny-Saint-Pierre プーリニィ=サン=ピエール
Verruyes ヴェリュ
La Mothe-Saint-Héray ラ・モット=サン=テレ
Roullet-Saint-Estèphe ルレ=サン=テステフ
Thiviers ティヴィエ
Orléans オルレアン
LOIRET ロワレ県
サルト県
LOIRE-ET-CHER ロワール=エ=シェール県
Blois ブロワ
メーヌ=エ=ロワール県
アンジェ
Tours トゥール
INDRE-ET-LOIRE アンドル=エ=ロワール県
Bourges ブールジュ
CHER シェール県
Châteauroux シャトールー
Châtellerault シャテルロー
DEUX-SÈVRES ドゥー=セーヴル県
Poitiers ポワティエ
INDRE アンドル県
アリエ県
モンリュソン
Niort ニオール
ゲレ
クルーズ県
CHARENTE-MARITIME シャラント・マリティーム県
オート・ヴィエンヌ県
リモージュ
クレモン=フェラン
CHARENTE シャラント県
Angoulême アングレーム
ピュイ=ド=ドーム県
コレーズ県
Périgueux ペリグー
ブリーヴ=ラ=ガイヤルド
カンタル県
DORDOGNE ドルドーニュ県
オーリヤック
Bergerac ベルジュラック
ボルドー
ジロンド県
ロット県
フィジャック
ロット=エ=ガロンヌ県
サルト川
ロワール川
シェール川
ヴィエンヌ川
クルーズ川
アンドル川
ロワン川
ヴィエンヌ川
シャラント川
イスル川
ヴェゼール川
ドルドーニュ川
セール川
トリュイエール川
ロット川
ガロンヌ川

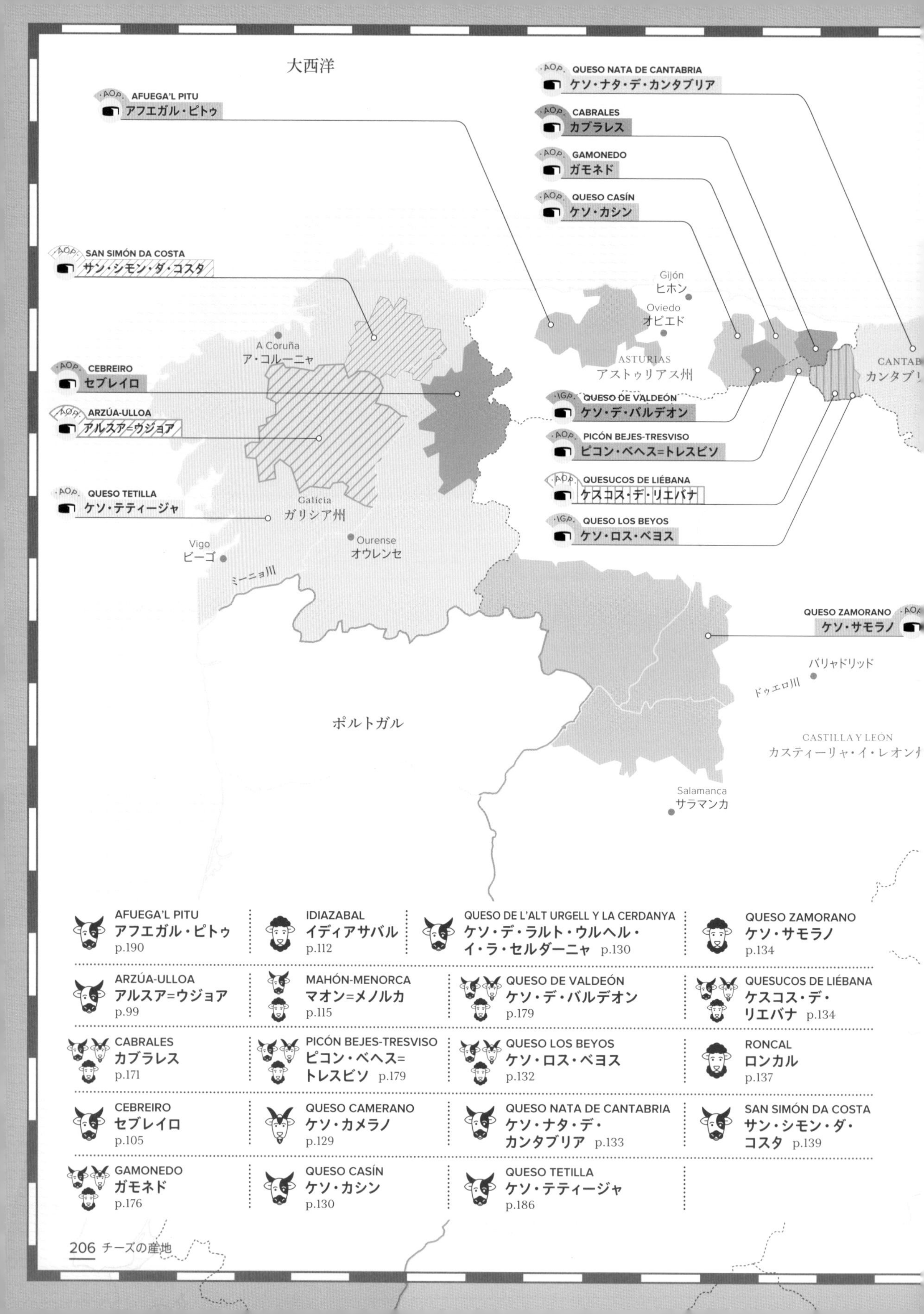

大西洋
AOP AFUEGA'L PITU
アフエガル・ピトゥ
AOP SAN SIMÓN DA COSTA
サン・シモン・ダ・コスタ
AOP CEBREIRO
セブレイロ
AOP ARZÚA-ULLOA
アルスア=ウジョア
AOP QUESO TETILLA
ケソ・テティージャ
AOP QUESO NATA DE CANTABRIA
ケソ・ナタ・デ・カンタブリア
AOP CABRALES
カブラレス
AOP GAMONEDO
ガモネド
AOP QUESO CASÍN
ケソ・カシン
IGP QUESO DE VALDEÓN
ケソ・デ・バルデオン
AOP PICÓN BEJES-TRESVISO
ピコン・ベヘス=トレスビソ
AOP QUESUCOS DE LIÉBANA
ケスコス・デ・リエバナ
IGP QUESO LOS BEYOS
ケソ・ロス・ベヨス
QUESO ZAMORANO AOP
ケソ・サモラノ
Gijón
ヒホン
Oviedo
オビエド
ASTURIAS
アストゥリアス州
CANTAB
カンタブリ
A Coruña
ア・コルーニャ
Galicia
ガリシア州
Vigo
ビーゴ
Ourense
オウレンセ
ミーニョ川
バリャドリッド
ドゥエロ川
CASTILLA Y LEÓN
カスティーリャ・イ・レオン州
Salamanca
サラマンカ
ポルトガル
AFUEGA'L PITU
アフエガル・ピトゥ
p.190
IDIAZABAL
イディアサバル
p.112
QUESO DE L'ALT URGELL Y LA CERDANYA
ケソ・デ・ラルト・ウルヘル・イ・ラ・セルダーニャ
p.130
QUESO ZAMORANO
ケソ・サモラノ
p.134
ARZÚA-ULLOA
アルスア=ウジョア
p.99
MAHÓN-MENORCA
マオン=メノルカ
p.115
QUESO DE VALDEÓN
ケソ・デ・バルデオン
p.179
QUESUCOS DE LIÉBANA
ケスコス・デ・リエバナ
p.134
CABRALES
カブラレス
p.171
PICÓN BEJES-TRESVISO
ピコン・ベヘス=トレスビソ
p.179
QUESO LOS BEYOS
ケソ・ロス・ベヨス
p.132
RONCAL
ロンカル
p.137
CEBREIRO
セブレイロ
p.105
QUESO CAMERANO
ケソ・カメラノ
p.129
QUESO NATA DE CANTABRIA
ケソ・ナタ・デ・カンタブリア
p.133
SAN SIMÓN DA COSTA
サン・シモン・ダ・コスタ
p.139
GAMONEDO
ガモネド
p.176
QUESO CASÍN
ケソ・カシン
p.130
QUESO TETILLA
ケソ・テティージャ
p.186

スペイン／北部

チーズ名　● 首府　● 都市　● 村　○ AOPチーズの産地

100 KM

※　クリーム色の色オビのチーズは特定の村や場所などで生産されているものです。

※網かけ、色オビの箇所はチーズの産地を示しています。

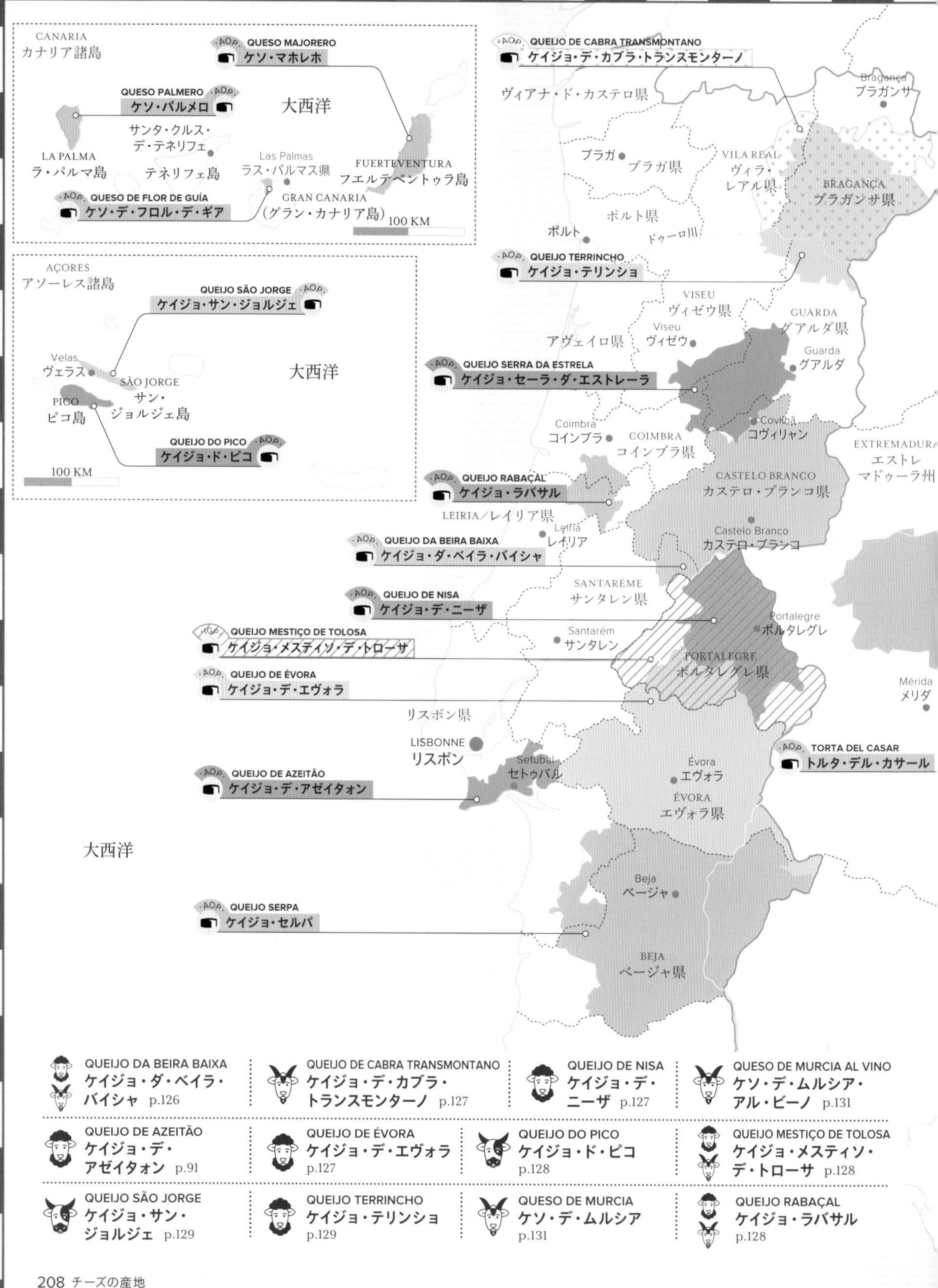

QUEIJO DA BEIRA BAIXA ケイジョ・ダ・ベイラ・バイシャ p.126	QUEIJO DE CABRA TRANSMONTANO ケイジョ・デ・カブラ・トランスモンターノ p.127	QUEIJO DE NISA ケイジョ・デ・ニーザ p.127	QUESO DE MURCIA AL VINO ケソ・デ・ムルシア・アル・ビーノ p.131
QUEIJO DE AZEITÃO ケイジョ・デ・アゼイタォン p.91	QUEIJO DE ÉVORA ケイジョ・デ・エヴォラ p.127	QUEIJO DO PICO ケイジョ・ド・ピコ p.128	QUEIJO MESTIÇO DE TOLOSA ケイジョ・メスティソ・デ・トローサ p.128
QUEIJO SÃO JORGE ケイジョ・サン・ジョルジェ p.129	QUEIJO TERRINCHO ケイジョ・テリンショ p.129	QUESO DE MURCIA ケソ・デ・ムルシア p.131	QUEIJO RABAÇAL ケイジョ・ラバサル p.128

スペイン／南部、ポルトガル

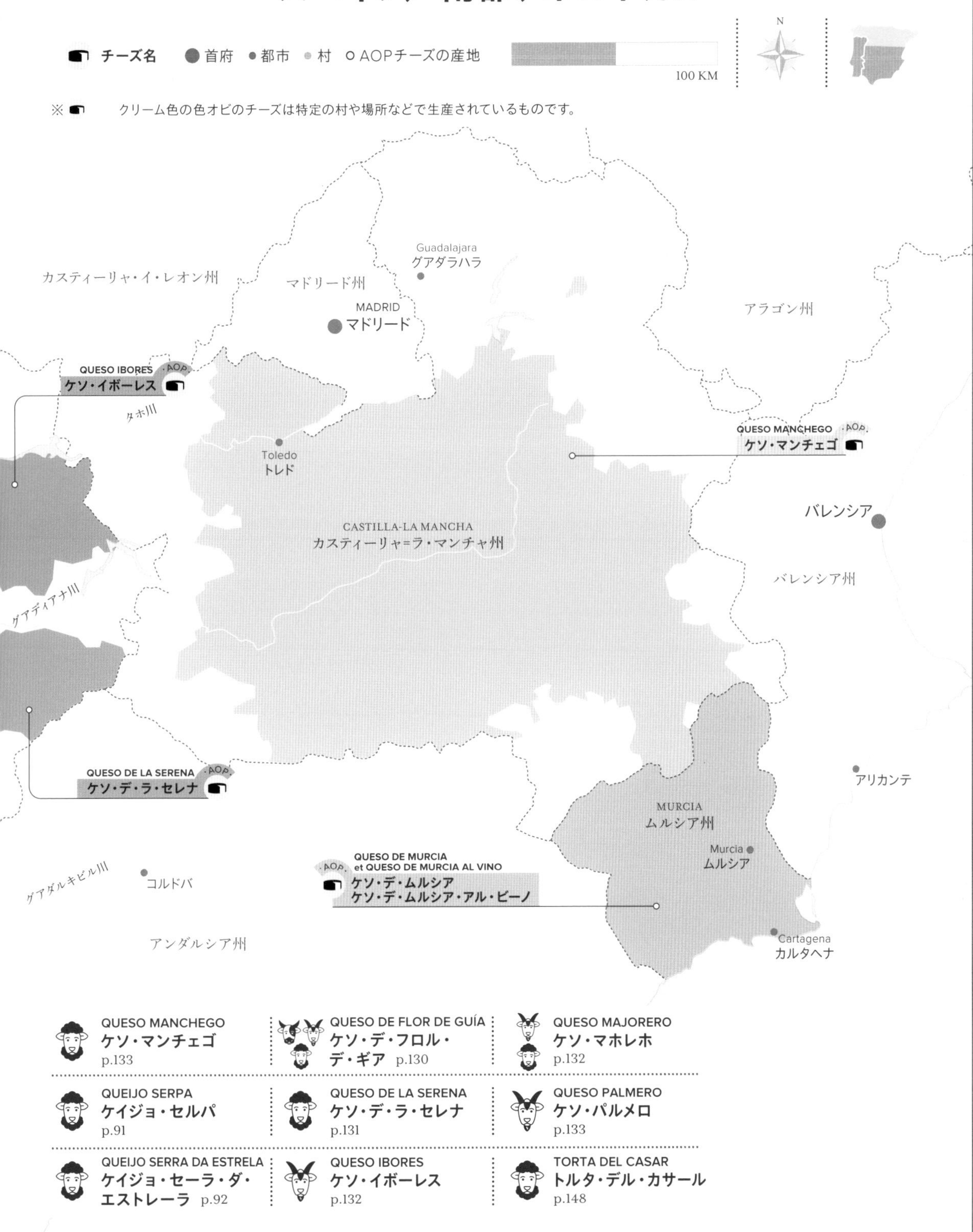

QUESO MANCHEGO ケソ・マンチェゴ p.133	QUESO DE FLOR DE GUÍA ケソ・デ・フロル・デ・ギア p.130	QUESO MAJORERO ケソ・マホレホ p.132
QUEIJO SERPA ケイジョ・セルパ p.91	QUESO DE LA SERENA ケソ・デ・ラ・セレナ p.131	QUESO PALMERO ケソ・パルメロ p.133
QUEIJO SERRA DA ESTRELA ケイジョ・セーラ・ダ・エストレーラ p.92	QUESO IBORES ケソ・イボーレス p.132	TORTA DEL CASAR トルタ・デル・カサール p.148

※網かけ、色オビの箇所はチーズの産地を示しています。

 ※網かけ、色オビの箇所はチーズの産地を示しています。

イタリア／北部

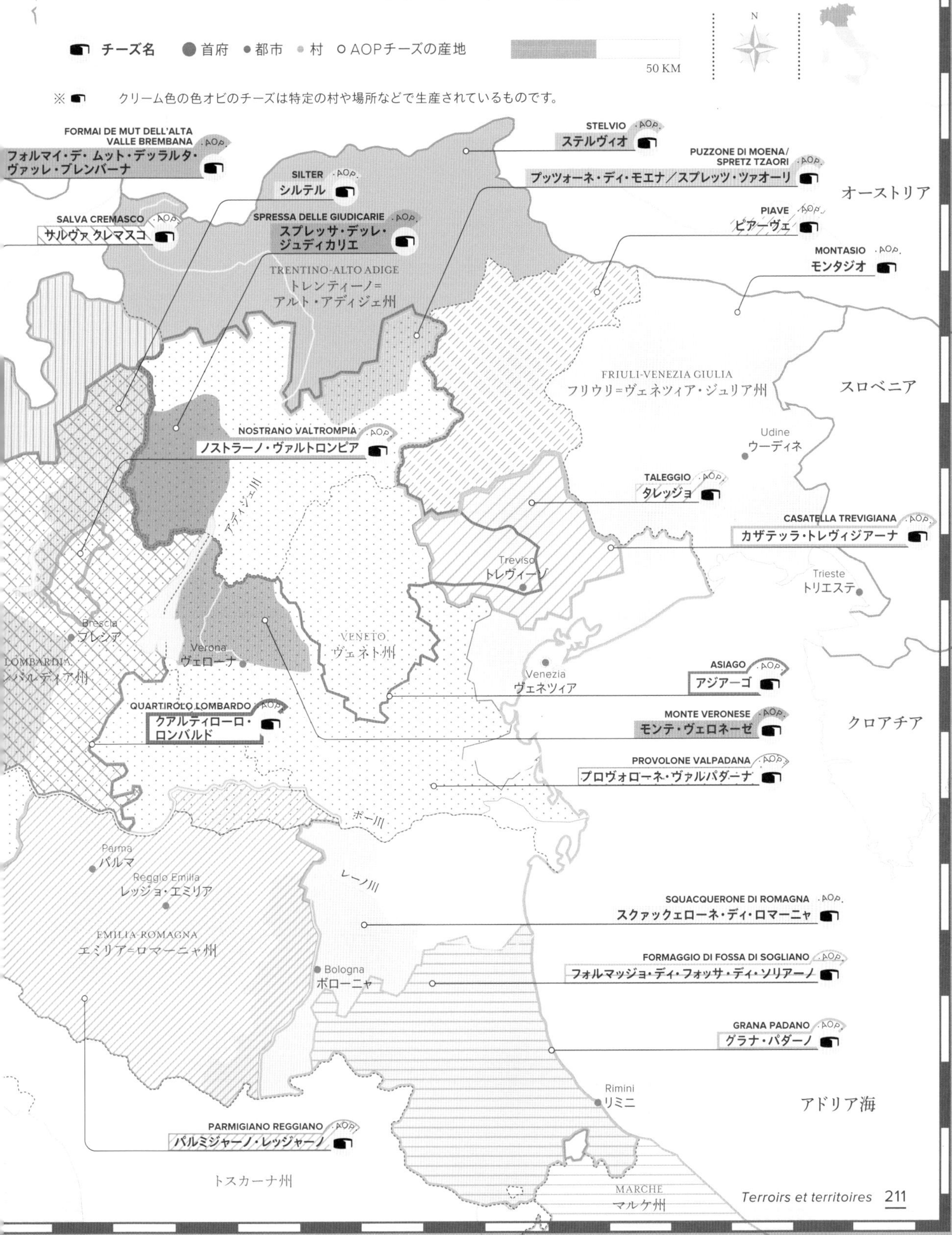

チーズ名
首府
都市
村
AOPチーズの産地
50 KM
N
※ クリーム色の色オビのチーズは特定の村や場所などで生産されているものです。
FORMAI DE MUT DELL'ALTA VALLE BREMBANA
フォルマイ・デ・ムット・デッラルタ・ヴァッレ・ブレンバーナ
SILTER
シルテル
SALVA CREMASCO
サルヴァ クレマスコ
SPRESSA DELLE GIUDICARIE
スプレッサ・デッレ・ジュディカリエ
STELVIO
ステルヴィオ
PUZZONE DI MOENA/ SPRETZ TZAORI
プッツォーネ・ディ・モエナ／スプレッツ・ツァオーリ
オーストリア
PIAVE
ピアーヴェ
MONTASIO
モンタジオ
TRENTINO-ALTO ADIGE
トレンティーノ＝アルト・アディジェ州
FRIULI-VENEZIA GIULIA
フリウリ＝ヴェネツィア・ジュリア州
スロベニア
Udine
ウーディネ
NOSTRANO VALTROMPIA
ノストラーノ・ヴァルトロンピア
アディジェ川
TALEGGIO
タレッジョ
CASATELLA TREVIGIANA
カザテッラ・トレヴィジアーナ
Treviso
トレヴィーゾ
Trieste
トリエステ
Brescia
ブレシア
Verona
ヴェローナ
VENETO
ヴェネト州
LOMBARDIA
ロンバルディア州
Venezia
ヴェネツィア
ASIAGO
アジアーゴ
QUARTIROLO LOMBARDO
クアルティローロ・ロンバルド
MONTE VERONESE
モンテ・ヴェロネーゼ
クロアチア
PROVOLONE VALPADANA
プロヴォローネ・ヴァルパダーナ
ポー川
Parma
パルマ
Reggio Emilia
レッジョ・エミリア
レーノ川
SQUACQUERONE DI ROMAGNA
スクァックェローネ・ディ・ロマーニャ
EMILIA-ROMAGNA
エミリア＝ロマーニャ州
Bologna
ボローニャ
FORMAGGIO DI FOSSA DI SOGLIANO
フォルマッジョ・ディ・フォッサ・ディ・ソリアーノ
GRANA PADANO
グラナ・パダーノ
Rimini
リミニ
アドリア海
PARMIGIANO REGGIANO
パルミジャーノ・レッジャーノ
トスカーナ州
MARCHE
マルケ州
AOP

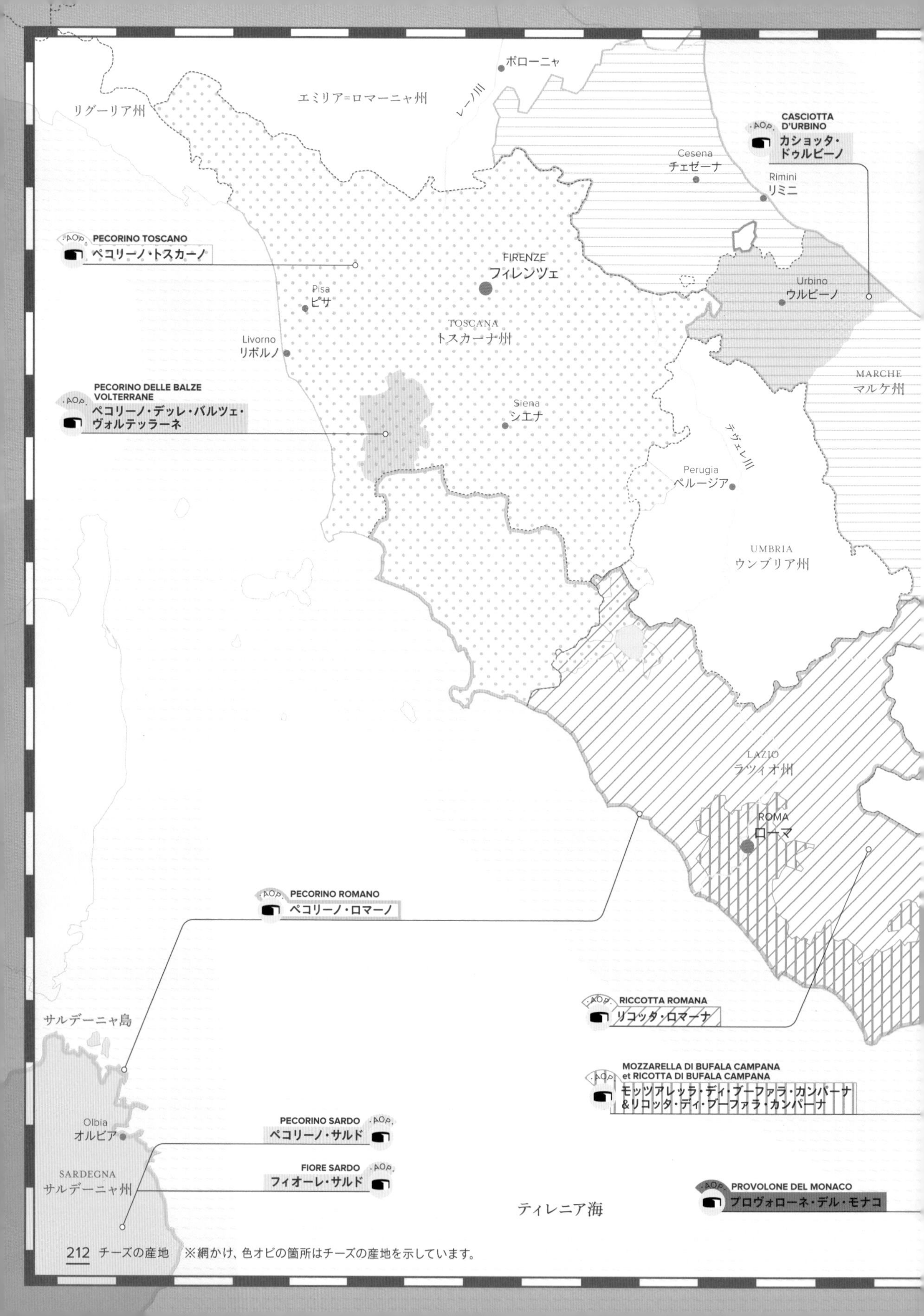

 ※網かけ、色オビの箇所はチーズの産地を示しています。

イタリア／中部

チーズ名　● 首府　• 都市　• 村　○ AOPチーズの産地

50 KM

N

※ クリーム色の色オビのチーズは特定の村や場所などで生産されているものです。

BURRATA DI ANDRIA
ブッラータ・ディ・アンドリア p.184

FIORE SARDO
フィオーレ・サルド p.107

PECORINO DELLE BALZE VOLTERRANE
ペコリーノ・デッレ・バルツェ・ヴォルテッラーネ p.122

PECORINO SARDO
ペコリーノ・サルド p.123

CACIOCAVALLO SILANO
カチョカヴァッロ・シラーノ p.184

FORMAGGIO DI FOSSA DI SOGLIANO
フロマッジョ・ディ・フォッディ・ソリアーノ p.109

PECORINO DI FILIANO
ペコリーノ・ディ・フィリアーノ p.122

PECORINO TOSCANO
ペコリーノ・トスカーノ p.124

CANESTRATO PUGLIESE
カネストラート・プリエーゼ p.103

MOZZARELLA (STG)
モッツァレッラ p.185
イタリア全土で生産

PECORINO DI PICINISCO
ペコリーノ・ディ・ピチニスコ p.122

PROVOLINE DEL MONACO
プロヴォローネ・デル・モナコ p.186

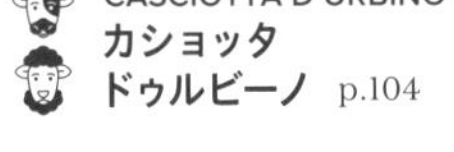
CASCIOTTA D'URBINO
カショッタ ドゥルビーノ p.104

MOZZARELLA DI BUFALA CAMPANA
モッツァレッラ・ディ・ブーファラ・カンパーナ p.185

PECORINO ROMANO
ペコリーノ・ロマーノ p.123

RICOTTA DI BUFALA CAMPANA
リコッタ・ディ・ブーファラ・カンパーナ p.54

RICOTTA ROMANA
リコッタ・ロマーナ p.55

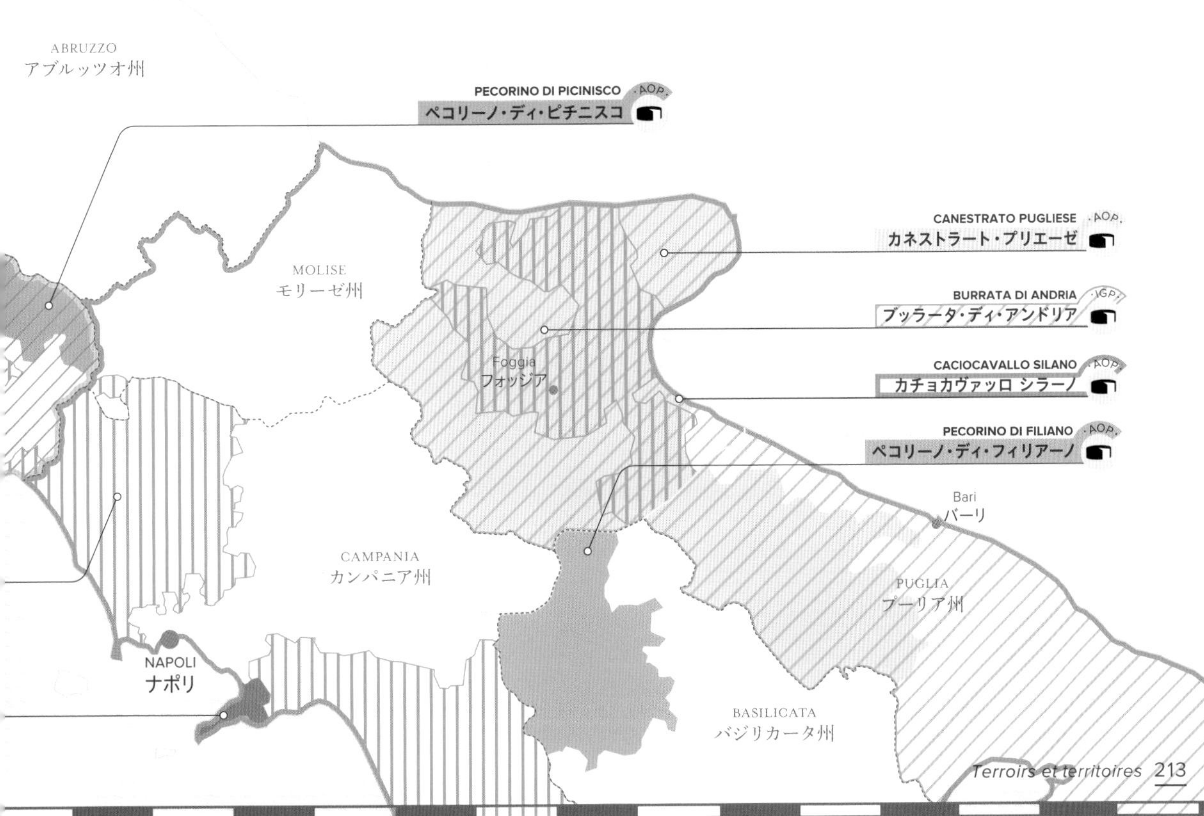

イタリア／南部

チーズ名　● 首府　● 都市　● 村　○ AOPチーズの産地

50 KM

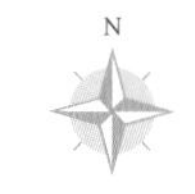

※　クリーム色の色オビのチーズは特定の村や場所などで生産されているものです。

BURRATA DI ANDRIA
ブッラータ・ディ・アンドリア p.184

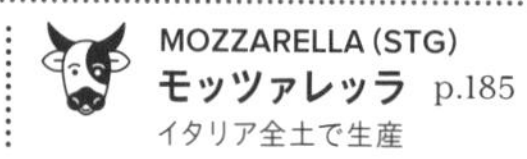

MOZZARELLA (STG)
モッツァレッラ p.185
イタリア全土で生産

PECORINO ROMANO
ペコリーノ・ロマーノ p.123

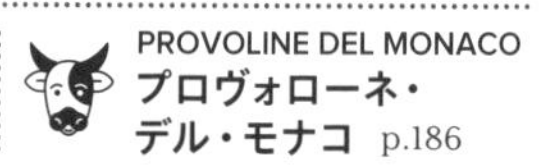

PROVOLINE DEL MONACO
プロヴォローネ・デル・モナコ p.186

CACIOCAVALLO SILANO
カチョカヴァッロ・シラーノ p.184

MOZZARELLA DI BUFALA CAMPANA
モッツァレッラ・ディ・ブーファラ・カンパーナ p.185

PECORINO SARDO
ペコリーノ・サルド p.123

RAGUSANO
ラグザーノ p.135

CANESTRATO PUGLIESE
カネストラート・プリエーゼ p.103

PECORINO CROTONESE
ペコリーノ・クロトネーゼ p.121

PECORINO SICILIANO
ペコリーノ・シチリアーノ p.123

RICOTTA DI BUFALA CAMPANA
リコッタ・ディ・ブーファラ・カンパーナ p.54

FIORE SARDO
フィオーレ・サルド p.107

PECORINO DI FILIANO
ペコリーノ・ディ・フィリアーノ p.122

PIACENTINU ENNESE
ピアチェンティヌ・エンネーゼ p.124

VASTEDDA DELLA VALLE DEL BELICE
ヴァステッダ・デッラ・ヴァッレ・デル・ベリーチェ p.187

ティレニア海

VASTEDDA DELLA VALLE DEL BELICE AOP
ヴァステッダ・デッラ・ヴァッレ・デル・ベーリチェ

Palermo
パレルモ

Malsala
マルサラ

SICILIA
シチリア州

Enna
エンナ

AOP PIACENTINU ENNESE
ピアチェンティヌ・エンネーゼ

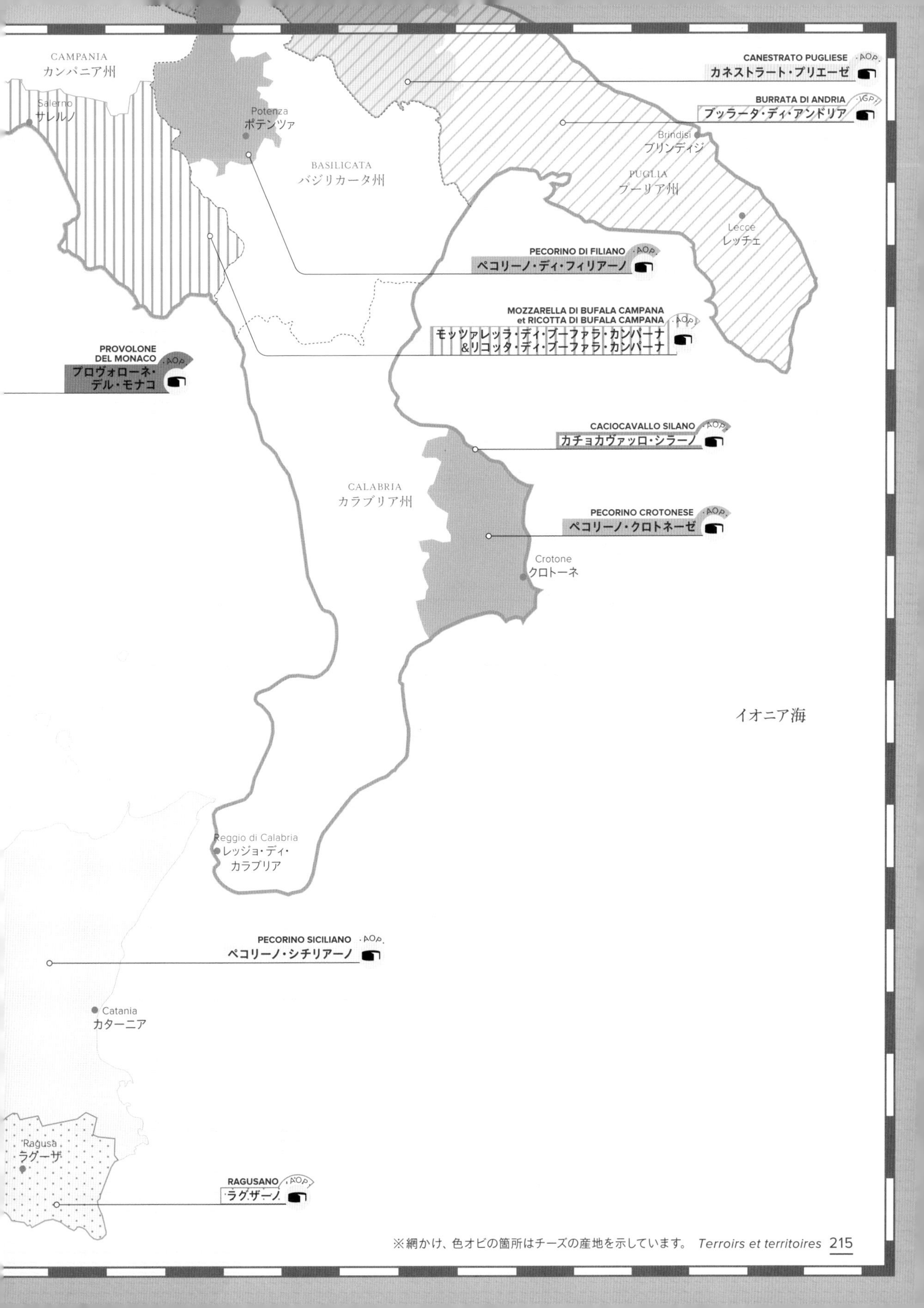

※網かけ、色オビの箇所はチーズの産地を示しています。

イギリス
アイルランド

チーズ名　● 首府　● 都市　● 村　○ AOPチーズの産地

※ クリーム色の色オビのチーズは特定の村や場所などで生産されているものです。

200 KM

BEACON FELL TRADITIONAL LANCASHIRE CHEESE
ビーコン フェル トラディショナル ランカシャー・チーズ p.100

BONCHESTER CHEESE
ボンチェスター・チーズ
p.70

BUXTON BLUE
バクストン・ブルー
p.171

CASHEL BLUE®
キャッシェル・ブルー
p.172

COOLEENEY
クーリーニー
p.75

CROZIER BLUE®
クロージャー・ブルー
p.172

DORSET BLUE CHEESE
ドルセット・ブルー・チーズ
p.173

DOVEDALE CHEESE
ダヴデール・チーズ
p.174

EXMOOR BLUE CHEESE
エクスムーア・ブルー・チーズ
p.174

GORTNAMONA
ゴートナモナ
p.76

IMOKILLY REGATO
イモキリー・レガート
p.112

ISLE OF MULL
アイル・オブ・マル
p.112

ORKNEY SCOTTISH ISLAND CHEDDAR
オークニー・スコティッシュ・アイランド・チェダー p.119

RED LEICESTER
レッド・レスター
p.136

SHROPSHIRE
シュロップシャー・ブルー
p.181

SINGLE GLOUCESTER
シングル・グロスター
p.140

STAFFORDSHIRE CHEESE
スタッフォードシャー・チーズ
p.141

STILTON CHEESE
スティルトン・チーズ
p.181

SWALEDALE CHEESE
スウェイルデール・チーズ
p.142

SWALEDALE EWES CHEESE
スウェイルデール・ユーズ・チーズ p.143

TEVIOTDALE CHEESE
デヴィオットデール・チーズ
p.144

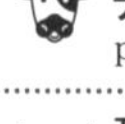
TRADITIONAL AYRSHIRE DUNLOP
トラディショナル・エアシャー・ダンロップ p.149

TRADITIONAL WELSH CAERPHILLY
トラディショナル・ウェルシュ・ケアフィリ p.149

WEST COUNTRY FARMHOUSE CHEDDAR CHEESE
ウェスト・カントリー・ファームハウス・チェダー・チーズ p.151

YORKSHIRE WENSLEYDALE
ヨークシャー・ウェンズリーデール p.151

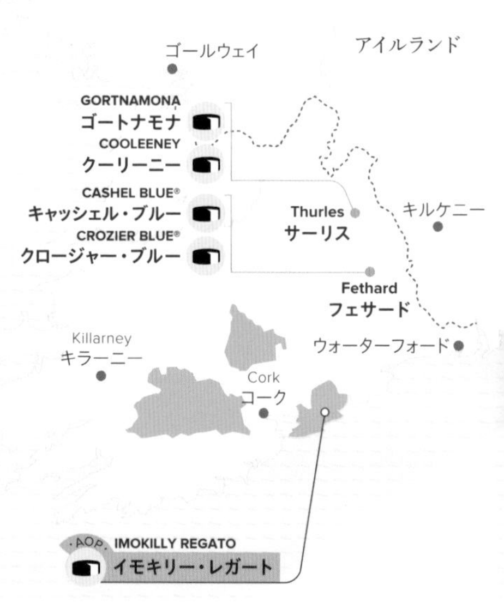

　※網かけ、色オビの箇所はチーズの産地を示しています。

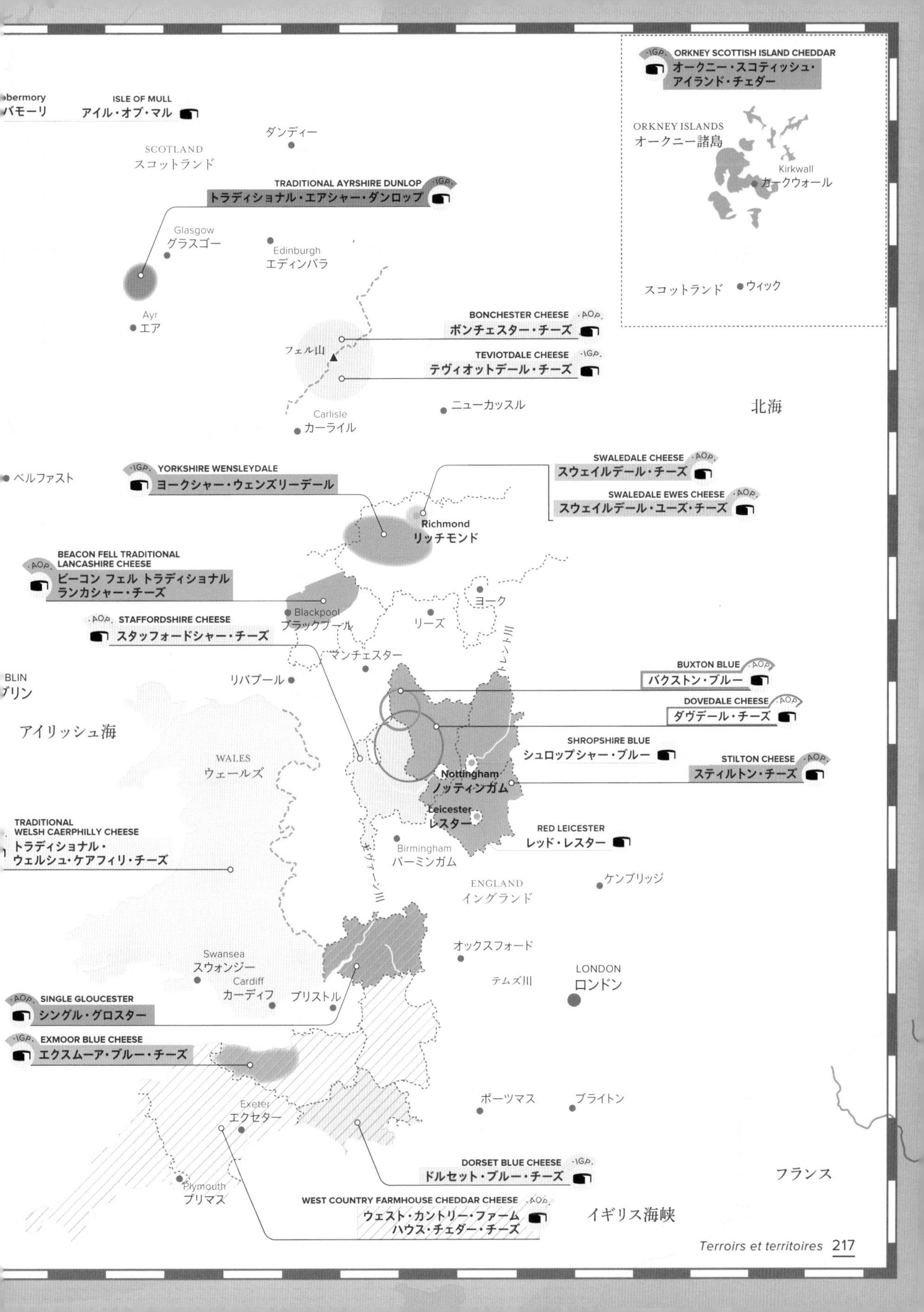
ORKNEY SCOTTISH ISLAND CHEDDAR
オークニー・スコティッシュ・アイランド・チェダー
ORKNEY ISLANDS
オークニー諸島
Kirkwall
カークウォール
スコットランド
ウィック
ISLE OF MULL
アイル・オブ・マル
ダンディー
SCOTLAND
スコットランド
TRADITIONAL AYRSHIRE DUNLOP
トラディショナル・エアシャー・ダンロップ
Glasgow
グラスゴー
Edinburgh
エディンバラ
Ayr
エア
BONCHESTER CHEESE
ボンチェスター・チーズ
フェル山
TEVIOTDALE CHEESE
テヴィオットデール・チーズ
Carlisle
カーライル
ニューカッスル
北海
ベルファスト
YORKSHIRE WENSLEYDALE
ヨークシャー・ウェンズリーデール
SWALEDALE CHEESE
スウェイルデール・チーズ
SWALEDALE EWES CHEESE
スウェイルデール・ユーズ・チーズ
Richmond
リッチモンド
BEACON FELL TRADITIONAL LANCASHIRE CHEESE
ビーコン フェル トラディショナル ランカシャー・チーズ
Blackpool
ブラックプール
ヨーク
リーズ
STAFFORDSHIRE CHEESE
スタッフォードシャー・チーズ
マンチェスター
トレント川
リバプール
BUXTON BLUE
バクストン・ブルー
DOVEDALE CHEESE
ダヴデール・チーズ
アイリッシュ海
WALES
ウェールズ
SHROPSHIRE BLUE
シュロップシャー・ブルー
STILTON CHEESE
スティルトン・チーズ
Nottingham
ノッティンガム
Leicester
レスター
RED LEICESTER
レッド・レスター
TRADITIONAL WELSH CAERPHILLY CHEESE
トラディショナル・ウェルシュ・ケアフィリ・チーズ
Birmingham
バーミンガム
セヴァーン川
ENGLAND
イングランド
ケンブリッジ
オックスフォード
Swansea
スウォンジー
Cardiff
カーディフ
ブリストル
テムズ川
LONDON
ロンドン
SINGLE GLOUCESTER
シングル・グロスター
EXMOOR BLUE CHEESE
エクスムーア・ブルー・チーズ
Exeter
エクセター
ポーツマス
ブライトン
DORSET BLUE CHEESE
ドルセット・ブルー・チーズ
フランス
Plymouth
プリマス
WEST COUNTRY FARMHOUSE CHEDDAR CHEESE
ウェスト・カントリー・ファームハウス・チェダー・チーズ
イギリス海峡

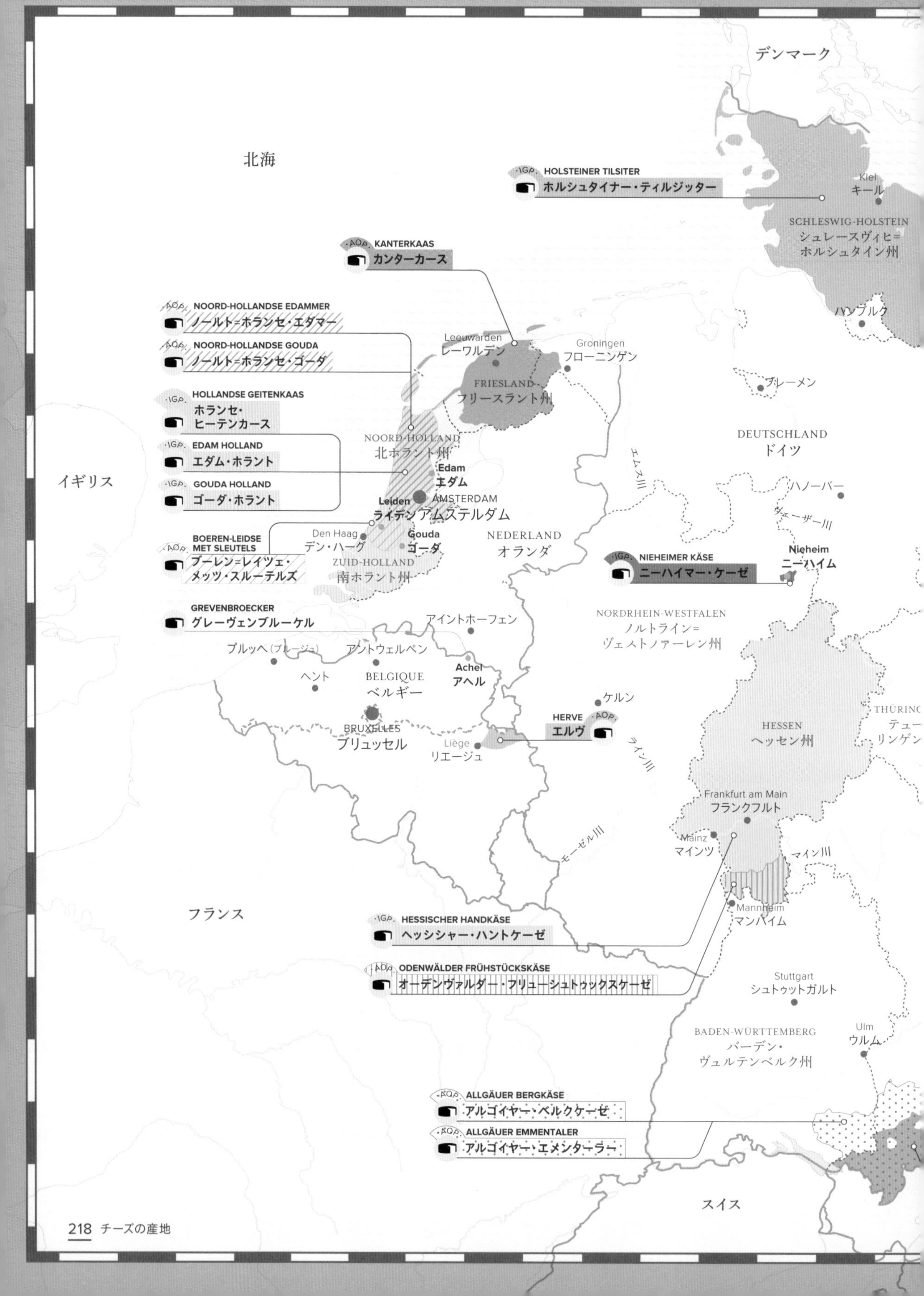

デンマーク
北海
IGP HOLSTEINER TILSITER
ホルシュタイナー・ティルジッター
Kiel
キール
SCHLESWIG-HOLSTEIN
シュレースヴィヒ=ホルシュタイン州
AOP KANTERKAAS
カンターカース
AOP NOORD-HOLLANDSE EDAMMER
ノールト=ホランセ・エダマー
AOP NOORD-HOLLANDSE GOUDA
ノールト=ホランセ・ゴーダ
IGP HOLLANDSE GEITENKAAS
ホランセ・ヒーテンカース
IGP EDAM HOLLAND
エダム・ホラント
IGP GOUDA HOLLAND
ゴーダ・ホラント
AOP BOEREN-LEIDSE MET SLEUTELS
ブーレン=レイツェ・メッツ・スルーテルズ
GREVENBROECKER
グレーヴェンブルーケル
ハンブルク
Leeuwarden
レーワルデン
Groningen
フローニンゲン
FRIESLAND
フリースラント州
ブレーメン
NOORD-HOLLAND
北ホラント州
DEUTSCHLAND
ドイツ
イギリス
Edam
エダム
エムス川
Leiden
ライデン
AMSTERDAM
アムステルダム
ハノーバー
ヴェーザー川
Den Haag
デン・ハーグ
Gouda
ゴーダ
NEDERLAND
オランダ
IGP NIEHEIMER KÄSE
ニーハイマー・ケーゼ
Nieheim
ニーハイム
ZUID-HOLLAND
南ホラント州
NORDRHEIN-WESTFALEN
ノルトライン=ヴェストファーレン州
アイントホーフェン
ブルッヘ(ブルージュ)
アントウェルペン
Achel
アヘル
ヘント
BELGIQUE
ベルギー
ケルン
HERVE
エルヴ
AOP
BRUXELLES
ブリュッセル
Liège
リエージュ
ライン川
HESSEN
ヘッセン州
Frankfurt am Main
フランクフルト
Mainz
マインツ
モーゼル川
マイン川
Mannheim
マンハイム
フランス
IGP HESSISCHER HANDKÄSE
ヘッシシャー・ハントケーゼ
AOP ODENWÄLDER FRÜHSTÜCKSKÄSE
オーデンヴァルダー・フリューシュトゥックスケーゼ
Stuttgart
シュトゥットガルト
BADEN-WÜRTTEMBERG
バーデン・ヴュルテンベルク州
Ulm
ウルム
AOP ALLGÄUER BERGKÄSE
アルゴイヤー・ベルクケーゼ
AOP ALLGÄUER EMMENTALER
アルゴイヤー・エメンターラー
スイス

ベルギー、オランダ、ドイツ

チーズ名　● 首府　● 都市　● 村　○ AOPチーズの産地

※　クリーム色の色オビのチーズは特定の村や場所などで生産されているものです。

200 KM

N

ALLGÄUER BERGKÄSE
アルゴイヤー・ベルクケーゼ
p.152

HESSISCHER HANDKÄSE
ヘッシシャー・ハントケーゼ
p.53

ALLGÄUER EMMENTALER
アルゴイヤー・エメンターラー
p.153

HOLLANDSE GEITENKAAS
ホランセ・ヘイテンカース
p.111

ALLGÄUER SENNALPKÄSE
アルゴイヤー・センアルプケーゼ
p.153

HOLSTEINER TILSITER
ホルシュタイナー・ティルジッター　p.111

ALLGÄUER WEISSLACKER
アルゴイヤー・ヴァイスラッカー
p.80

KANTERKAAS
カンターカース
p.113

ALTENBURGER ZIEGENKÄSE
アルテンブルガー・ツィーゲンケーゼ　p.70

KOCHKÄSE
コッホケーゼ
p.189

BOEREN-LEIDSE MET SLEUTELS
ブーレン=レイツェ・メッツ・スルーテルズ　p.102

NIEHEIMER KÄSE
ニーハイマー・ケーゼ
p.54

EDAM HOLLAND
エダム・ホラント
p.107

NOORD-HOLLANDSE EDAMMER
ノールト=ホランセ・エダマー
p.118

GOUDA HOLLAND
ゴーダ・ホラント
p.110

NOORD-HOLLANDSE GOUDA
ノールト=ホランセ・ゴーダ
p.118

GREVENBROECKER
グレーヴェンブルーケル
p.176

ODENWÄLDER FRÜHSTÜCKSKÄSE
オーデンヴァルダー・フリューシュトゥックスケーゼ　p.89

HERVE
エルヴ
p.85

ポーランド

BERLIN
ベルリン

SACHSEN-ANHALT
ザクセン=アンハルト州

Leipzig
ライプツィヒ

エルベ川

Gera
ゲーラ

SACHSEN
ザクセン州

ALTENBURGER ZIEGENKÄSE
アルテンブルガー・ツィーゲンケーゼ
AOP

チェコ

BAYERN
バイエルン州

Regensburg
レーゲンスブルク

ドナウ川

KOCHKÄSE
コッホケーゼ

イン川

München
ミュンヘン

オーストリア

スロバキア

ALLGÄUER SENNALPKÄSE
アルゴイヤー・センアルプケーゼ
AOP

ALLGÄUER WEISSLACKER
アルゴイヤー・ヴァイスラッカー
AOP

ハンガリー

※網かけ、色オビの箇所はチーズの産地を示しています。

デンマーク、スウェーデン、ラトビア、リトアニア

チーズ名　● 首府　● 都市　● 村　○ AOPチーズの産地

※ クリーム色の色オビのチーズは特定の村や場所などで生産されているものです。

300 KM

N

DANABLU
ダナブルー
p.173

JĀNU SIERS
ヤヌ・シエルス
p.191

DANBO
ダンボー
p.106

LIETUVIŠKAS VARŠKĖS SŪRIS
リエトゥヴィシュカス・ヴァルシュケス・スーリス p.47

ESROM
エスロム
p.107

LILIPUTAS
リリピュタス
p.115

HAVARTI
ハヴァティ
p.110

PRINZ VON DENMARK
プリンツ・フォン・ダンマルク
p.125

HUSHÅLLSOST
フースハルソスト
p.111

SVECIA
スヴェキア
p.142

SVERIGE
スウェーデン
インダル川
Sundsvall
スンツヴァル
クラール川
ダール川
Uppsala
ウプサラ
STOCKHOLM
ストックホルム
ノルウェー
北海
IGP SVECIA
スヴェキア
Göteborg
ヨーテボリ
PRINZ VON DENMARK
プリンツ・フォン・ダンマルク
Aalborg
オールボー
IGP DANBO
ダンボー
IGP ESROM
エスロム
Silkeborg
シルケボー
Aarhus
オーフス
KØBENHAVEN
コペンハーゲン
IGP HAVARTI
ハヴァティ
Malmö
マルメ
DANMARK
デンマーク
Odense
オーデンセ
IGP DANABLU
ダナブルー
イギリス
ドイツ
ポーランド

　※網かけ、色オビの箇所はチーズの産地を示しています。

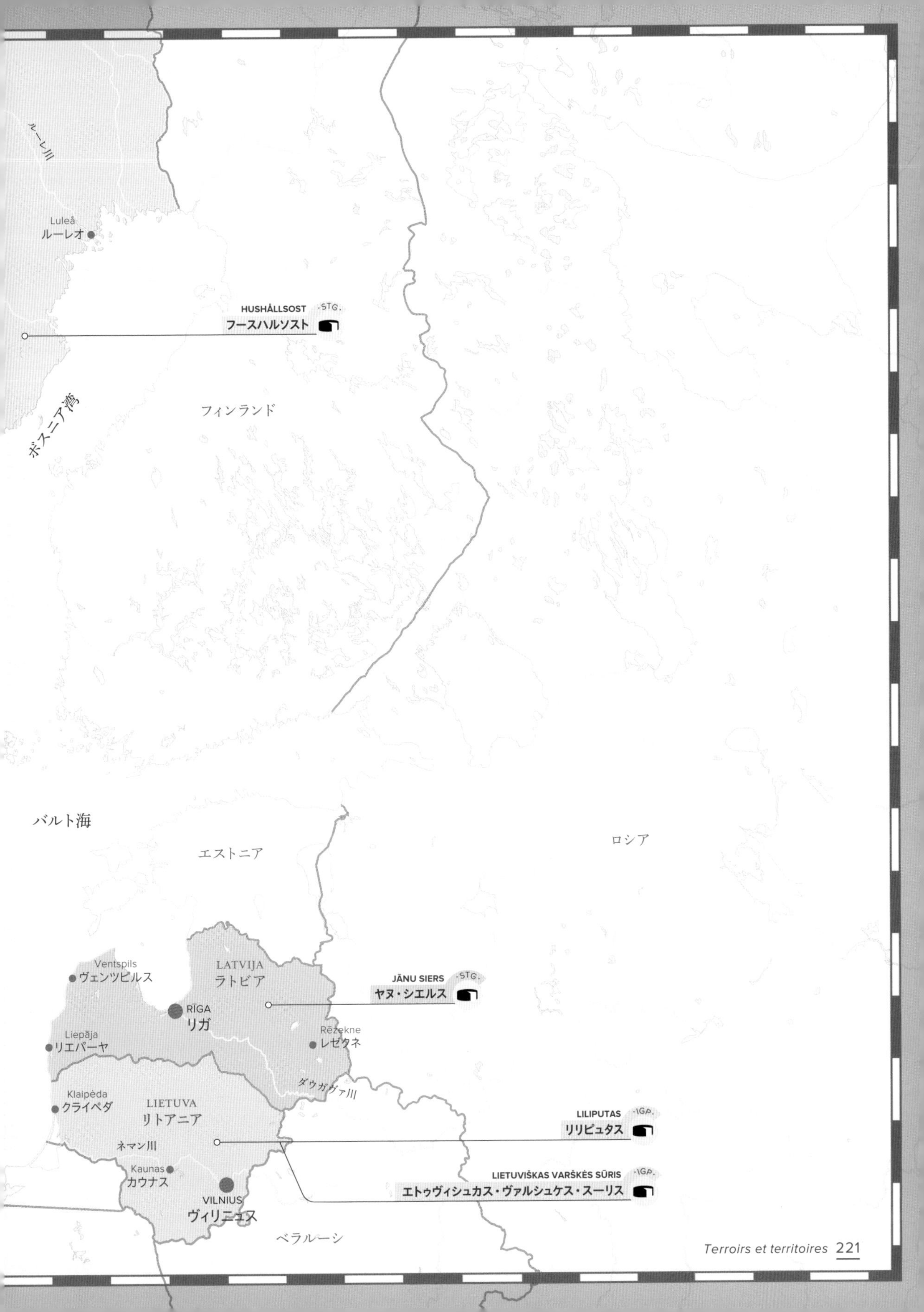
ルーレ川
Luleå
ルーレオ
HUSHÅLLSOST
フースハルソスト
ボスニア湾
フィンランド
バルト海
エストニア
ロシア
LATVIJA
ラトビア
Ventspils
ヴェンツピルス
RĪGA
リガ
Liepāja
リエパーヤ
JĀNU SIERS
ヤヌ・シエルス
Rēzekne
レゼクネ
ダウガヴァ川
Klaipėda
クライペダ
LIETUVA
リトアニア
LILIPUTAS
リリピュタス
ネマン川
Kaunas
カウナス
LIETUVIŠKAS VARŠKĖS SŪRIS
エトゥヴィシュカス・ヴァルシュケス・スーリス
VILNIUS
ヴィリニュス
ベラルーシ

スイス、オーストリア、スロベニア

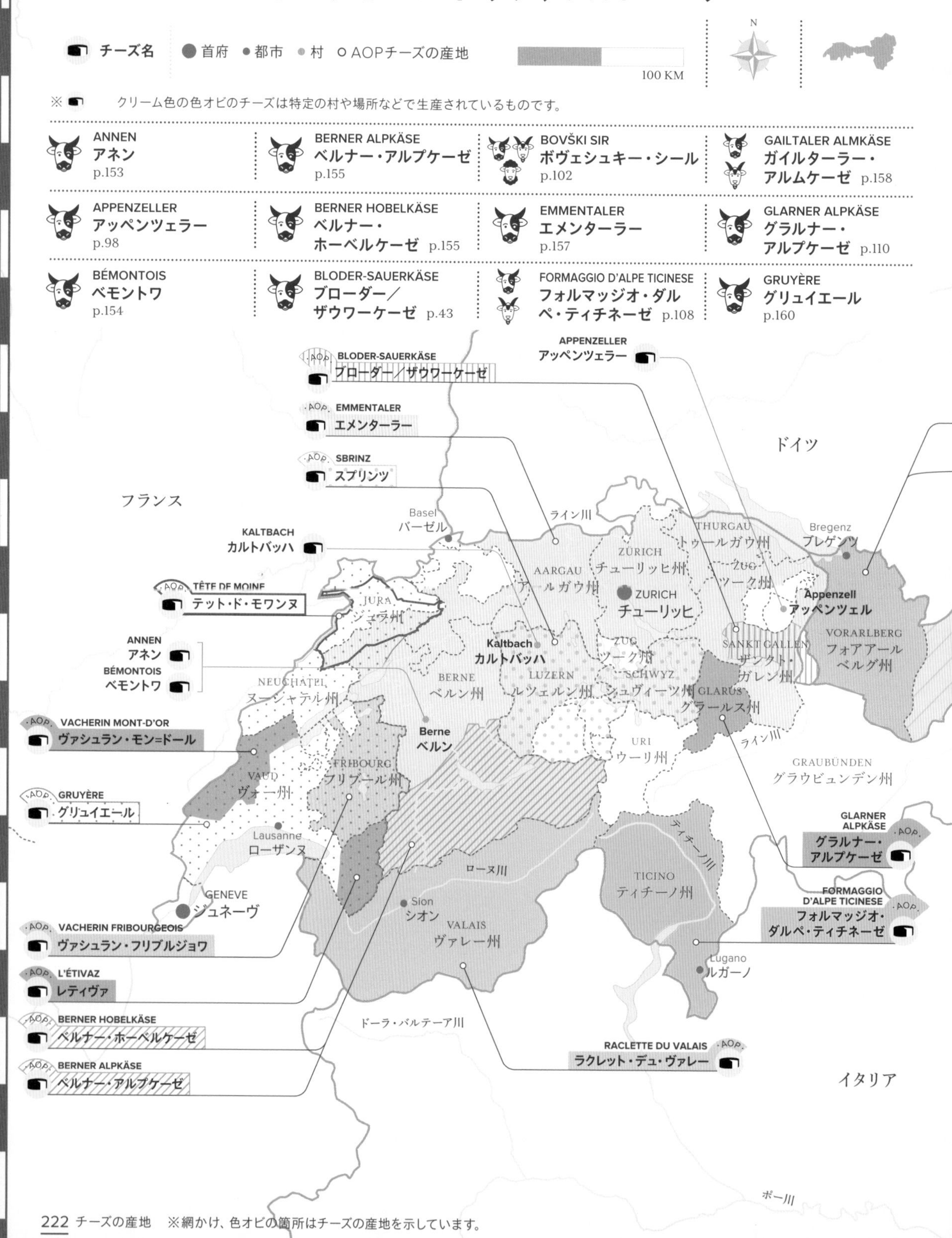

 ※網かけ、色オビの箇所はチーズの産地を示しています。

KALTBACH
カルトバッハ
p.113
RACLETTE DU VALAIS
ラクレット・デュ・ヴァレー p.135
TIROLER BERGKÄSE
チローラー・ベルクケーゼ p.165
VACHERIN MONT-D'OR
ヴァシュラン・モン=ドール p.96
L'ÉTIVAZ
レティヴァ
p.162
SBRINZ
スプリンツ
p.164
TIROLER GRAUKÄSE
チローラー・グラウケーゼ p.182
VORARLBERGER ALPKÄSE
フォアアールベルガー・アルプケーゼ p.165
MOHANT
モハント
p.47
TÊTE DE MOINE
テット・ド・モワンヌ
p.164
TOLMINC
トルミンツ
p.144
VORARLBERGER BERGKÄSE
フォアアールベルガー・ベルクケーゼ p.165
NANOŠKI SIR
ナノシュキー・シール
p.118
TIROLER ALMKÄSE
チローラー・アルムケーゼ p.164
VACHERIN FRIBOURGEOIS
ヴァシュラン・フリブルジョワ p.149
VORARLBERGER ALPKÄSE
フォアアールベルガー・アルプケーゼ
VORARLBERGER BERGKÄSE
フォアアールベルガー・ベルクケーゼ
TIROLER ALMKÄSE
チローラー・アルムケーゼ
TIROLER BERGKÄSE
チローラー・ベルクケーゼ
TIROLER GRAUKÄSE
チローラー・グラウケーゼ
AOP
ÖSTERREICH
オーストリア
イン川
Innsbruck
インスブルック
TYROL
チロル州
GAILTALER ALMKÄSE
ガイルターラー・アルムケーゼ
グラーツ
ムール川
ドラーヴァ川
KÄRNTEN
ケルンテン州
Klagenfurt
クラーゲンフルト
マリボル
BOVŠKI SIR
ボヴェシュキー・シール
TOLMINC
トルミンツ
Bovec
ボヴェツ
MOHANT
モハント
Tolmin
トルミン
Ljubljana
リュブリャナ
NANOŠKI SIR
ナノシュキー・シール
Vipava
ヴィパーヴァ
SLOVENIJA
スロベニア
アドリア海
クロアチア

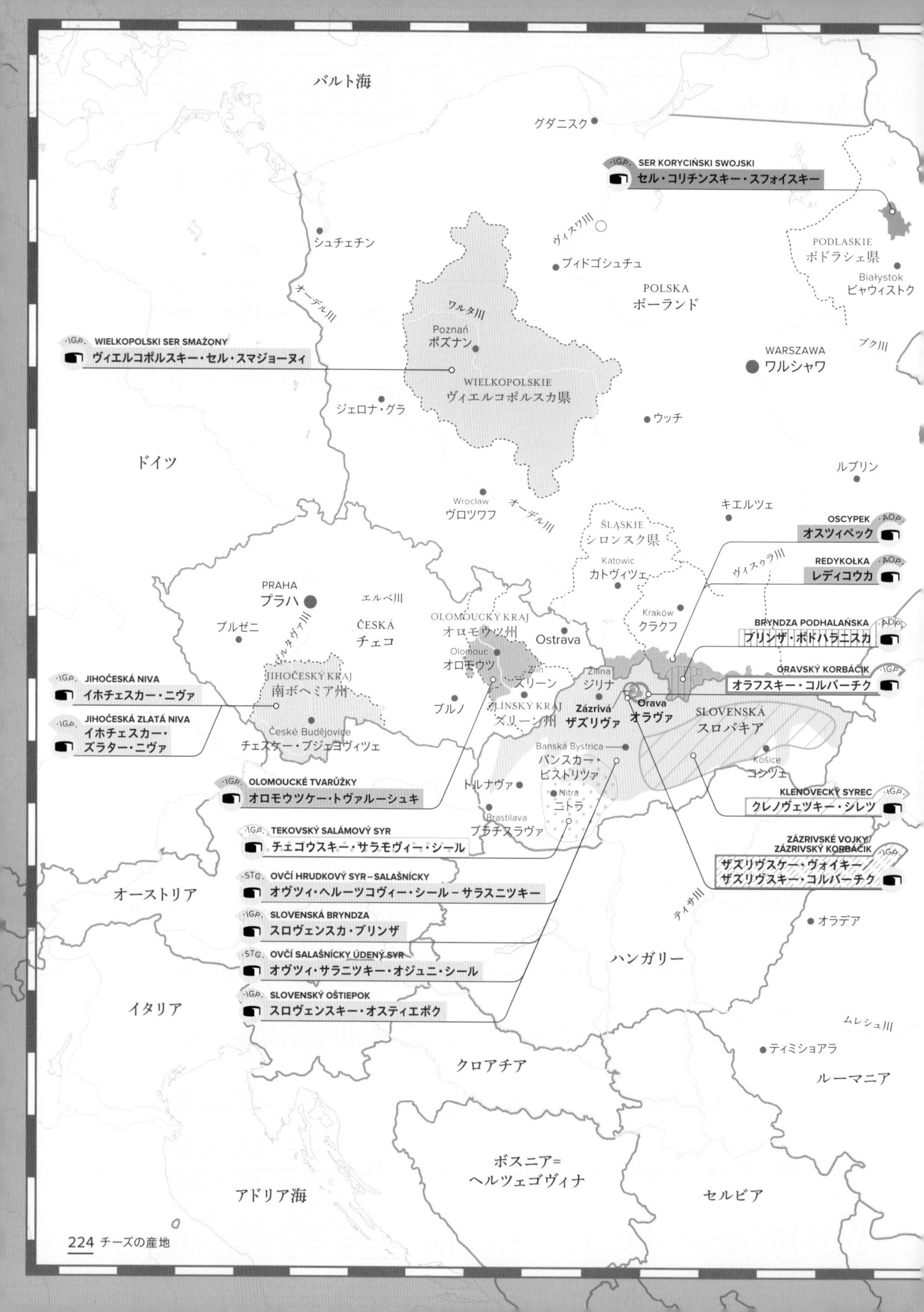

バルト海
グダニスク
SER KORYCIŃSKI SWOJSKI
セル・コリチンスキー・スフォイスキー
ヴィスワ川
シュチェチン
ブィドゴシュチュ
PODLASKIE
ポドラシェ県
Białystok
ビャウィストク
POLSKA
ポーランド
オーデル川
ワルタ川
Poznań
ポズナン
WIELKOPOLSKI SER SMAŻONY
ヴィエルコポルスキー・セル・スマジョーヌィ
WARSZAWA
ワルシャワ
ブグ川
WIELKOPOLSKIE
ヴィエルコポルスカ県
ジェロナ・グラ
ウッチ
ドイツ
ルブリン
Wrocław
ヴロツワフ
オーデル川
キエルツェ
ŚLĄSKIE
シロンスク県
OSCYPEK
オスツィペック
Katowic
カトヴィツェ
ヴィスワラ川
REDYKOŁKA
レディコウカ
PRAHA
プラハ
エルベ川
Kraków
クラクフ
BRYNDZA PODHALAŃSKA
ブリンザ・ポドハラニスカ
ČESKÁ
チェコ
OLOMOUCKÝ KRAJ
オロモウツ州
プルゼニ
Ostrava
Olomouc
オロモウツ
ORAVSKÝ KORBÁČIK
オラフスキー・コルバーチク
JIHOČESKÝ KRAJ
南ボヘミア州
Zlín
ズリーン
Žilina
ジリナ
JIHOČESKÁ NIVA
イホチェスカー・ニヴァ
ZLÍNSKÝ KRAJ
ズリーン州
Zázrivá
ザズリヴァ
Orava
オラヴァ
SLOVENSKÁ
スロバキア
JIHOČESKÁ ZLATÁ NIVA
イホチェスカー・ズラター・ニヴァ
ブルノ
České Budějovice
チェスケー・ブジェヨヴィツェ
Banská Bystrica
バンスカー・ビストリツァ
Košice
コシツェ
OLOMOUCKÉ TVARŮŽKY
オロモウツケー・トヴァルーシュキ
トルナヴァ
Nitra
ニトラ
KLENOVECKÝ SYREC
クレノヴェツキー・シレツ
Brastilava
ブラチスラヴァ
TEKOVSKÝ SALÁMOVÝ SYR
チェコウスキー・サラモヴィー・シール
ZÁZRIVSKÉ VOJKY/ZÁZRIVSKÝ KORBÁČIK
ザズリヴスケー・ヴォイキー/ザズリヴスキー・コルバーチク
OVČÍ HRUDKOVÝ SYR–SALAŠNÍCKY
オヴツィ・ヘルーツコヴィー・シール－サラスニツキー
オーストリア
ティサ川
SLOVENSKÁ BRYNDZA
スロヴェンスカ・ブリンザ
オラデア
OVČÍ SALAŠNÍCKY ÚDENÝ SYR
オヴツィ・サラニツキー・オジュニ・シール
ハンガリー
SLOVENSKÝ OŠTIEPOK
スロヴェンスキー・オスティエポク
イタリア
ムレシュ川
ティミショアラ
クロアチア
ルーマニア
ボスニア=ヘルツェゴヴィナ
アドリア海
セルビア

ポーランド、チェコ、スロバキア、ルーマニア

チーズ名　● 首府　● 都市　● 村　○ AOPチーズの産地

※　クリーム色の色オビのチーズは特定の村や場所などで生産されているものです。

BRYNDZA PODHALAŃSKA
ブリンザ・ポドハラニスカ p.43

SER KORYCIŃSKI SWOJSKI
セル・コリチンスキー・スフォイスキー p.139

JIHOČESKÁ NIVA ET JIHOČESKÁ ZLATÁ NIVA
イホチェスカー・ニヴァ＆イホチェスカー・ズラター・ニヴァ p.177

SLOVENSKÁ BRYNDZA
スロヴェンスカ・ブリンザ p.50

KLENOVECKÝ SYREC
クレノヴェツキー・シレツ p.114

SLOVENSKÝ OŠTIEPOK
スロヴェンスキー・オスティエポク p.141

OLOMOUCKÉ TVARŮŽKY
オロモウツケー・トヴァルーシュキ p.119

TEKOVSKÝ SALÁMOVÝ SYR
チェコウスキー・サラモヴィー・シール p.143

ORAVSKÝ KORBÁČIK
オラフスキー・コルバーチク p.185

TELEMEA DE IBĂNEȘTI
テレメア・デ・イバネシュティ p.51

OSCYPEK
オスツィペック p.120

WIELKOPOLSKI SER SMAŻONY
ヴィエルコポルスキー・セル・スマジョーヌィ p.191

OVČÍ HRUDKOVÝ SYR – SALAŠNÍCKY
オヴツィ・ヘルーツコヴィー・シールーサラスニツキー p.48

ZÁZRIVSKÝ KORBÁČIK
ザズリヴスキー・コルバーチク p.187

OVČÍ SALAŠNÍCKY ÚDENÝ SYR
オヴツィ・サラニツキー・オジュニ・シール p.121

ZÁZRIVSKÉ VOJKY
ザズリヴスケー・ヴォイキー p.187

REDYKOŁKA
レディコウカ p.187

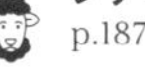

※網かけ、色オビの箇所はチーズの産地を示しています。

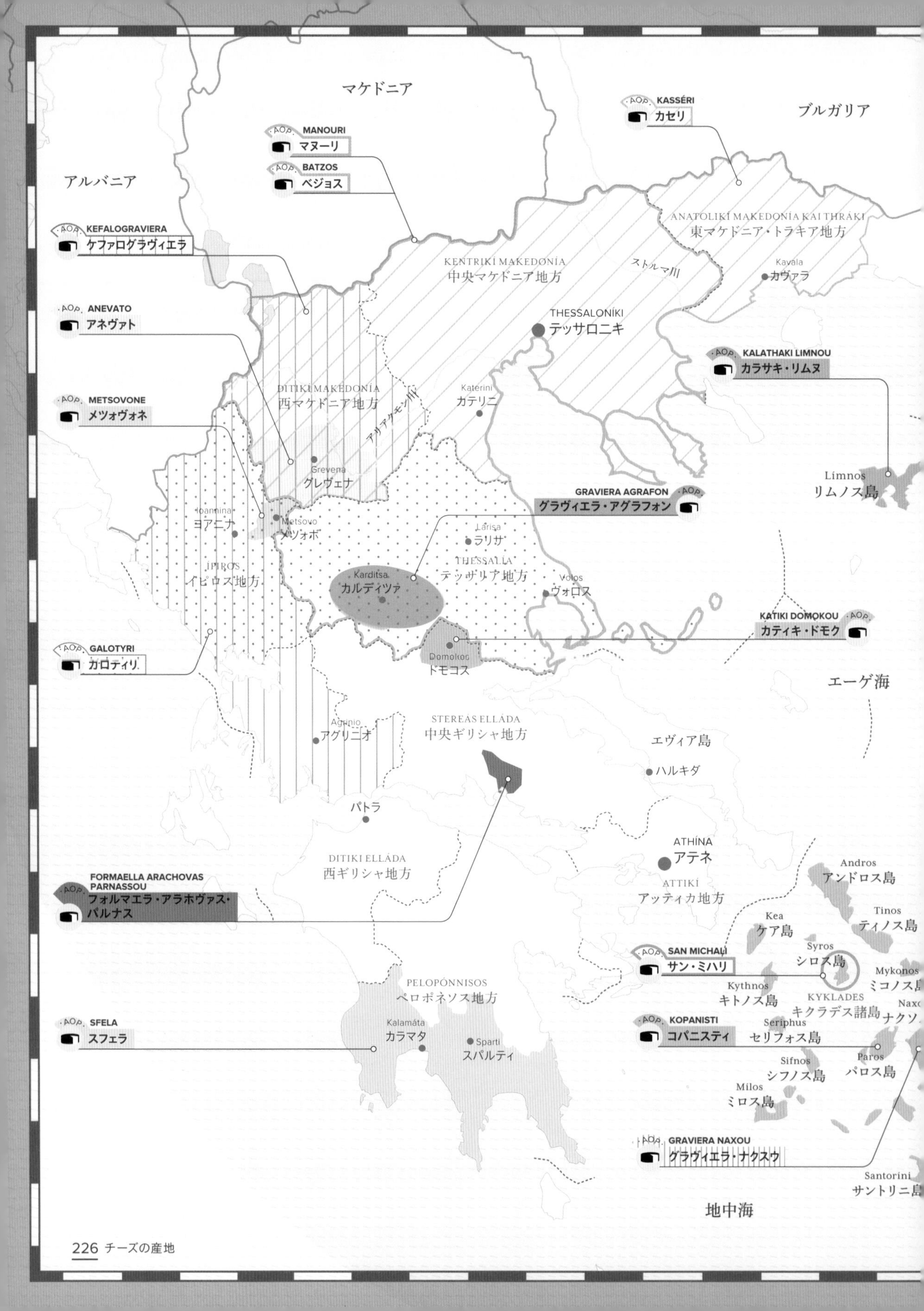
マケドニア
ブルガリア
アルバニア
MANOURI
マヌーリ
BATZOS
ベジョス
KASSÉRI
カセリ
KEFALOGRAVIERA
ケファログラヴィエラ
ANEVATO
アネヴァト
METSOVONE
メツォヴォネ
GALOTYRI
ガロティリ
KALATHAKI LIMNOU
カラサキ・リムヌ
GRAVIERA AGRAFON
グラヴィエラ・アグラフォン
KATIKI DOMOKOU
カティキ・ドモク
FORMAELLA ARACHOVAS PARNASSOU
フォルマエラ・アラホヴァス・パルナス
SFELA
スフェラ
SAN MICHALI
サン・ミハリ
KOPANISTI
コパニスティ
GRAVIERA NAXOU
グラヴィエラ・ナクスウ
ANATOLIKI MAKEDONIA KAI THRÁKI
東マケドニア・トラキア地方
KENTRIKI MAKEDONÍA
中央マケドニア地方
ストルマ川
Kavala
カヴァラ
THESSALONÍKI
テッサロニキ
DITIKI MAKEDONÍA
西マケドニア地方
アリアクモン川
Katerini
カテリニ
Grevena
グレヴェナ
Ioannina
ヨアニナ
Metsovo
メツォボ
Larisa
ラリサ
THESSALIA
テッサリア地方
IPIROS
イピロス地方
Karditsa
カルディツァ
Volos
ヴォロス
Límnos
リムノス島
Domokos
ドモコス
エーゲ海
STEREAS ELLÁDA
中央ギリシャ地方
Agrinio
アグリニオ
エヴィア島
ハルキダ
パトラ
ATHÍNA
アテネ
DITIKI ELLÁDA
西ギリシャ地方
ATTIKÍ
アッティカ地方
Andros
アンドロス島
Tinos
ティノス島
Kea
ケア島
Syros
シロス島
Mykonos
Kythnos
キトノス島
KYKLADES
キクラデス諸島
PELOPÓNNISOS
ペロポネソス地方
Kalamáta
カラマタ
Sparti
スパルティ
Seriphus
セリフォス島
Sifnos
シフノス島
Paros
パロス島
Mílos
ミロス島
Santorini
地中海

ギリシャ、キプロス

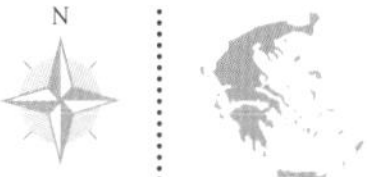

※ クリーム色の色オビのチーズは特定の村や場所などで生産されているものです。

ANEVATO
アネヴァト
p.42

GRAVIERA AGRAFON
グラヴィエラ・アグラフォン p.159

KASSÉRI
カセリ
p.162

METSOVONE
メツォヴォネ
p.184

BATZOS
ベジョス
p.42

GRAVIERA KRITIS
グラヴィエラ・クリティス p.159

KATIKI DOMOKOU
カティキ・ドモク
p.46

PICHTOGALO CHANION
ピクトガロ・ハニオン
p.48

FETA
フェタ p.45
ギリシャほぼ全域で生産

GRAVIERA NAXOU
グラヴィエラ・ナクスウ
p.160

KEFALOGRAVIERA
ケファログラヴィエラ
p.113

SAN MICHALI
サン・ミハリ
p.139

FORMAELLA ARACHOVAS PARNASSOU
フォルマエラ・アラホヴァス・パルナス p.158

HALLOUMI
ハルーミ
p.45

KOPANISTI
コパニスティ
p.177

SFELA
スフェラ
p.140

GALOTYRI
ガロティリ
p.45

KALATHAKI LIMNOU
カラサキ・リムヌ
p.46

LADOTYRI MYTILINIS
ラゾティリ・ミティリニス p.114

XYGALO SITEIAS
クシガロ・シティアス
p.51

MANOURI
マヌーリ
p.53

XYNOMYZITHRA KRITIS
クティノミジスラ・クリティス p.55

LADOTYRI MYTILINIS AOP
ラゾティリ・ミティリニス

Mitilíni
ミティリーニ
Lesvos
レスヴォス島

トルコ

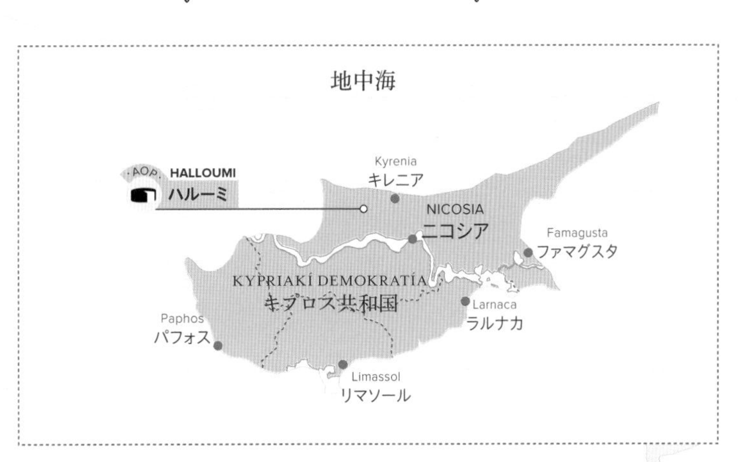

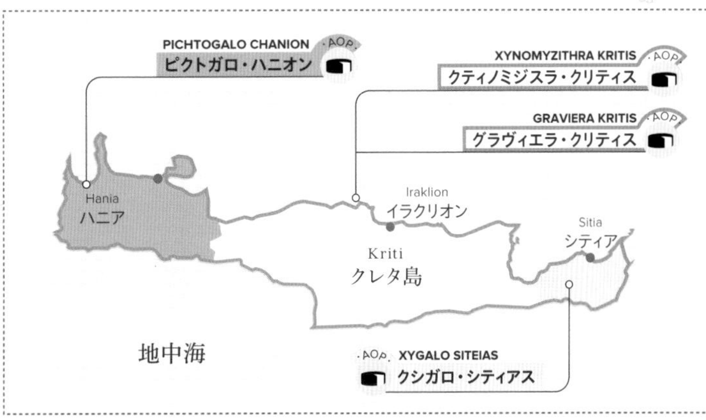

※網かけ、色オビの箇所はチーズの産地を示しています。

アメリカ合衆国、カナダ

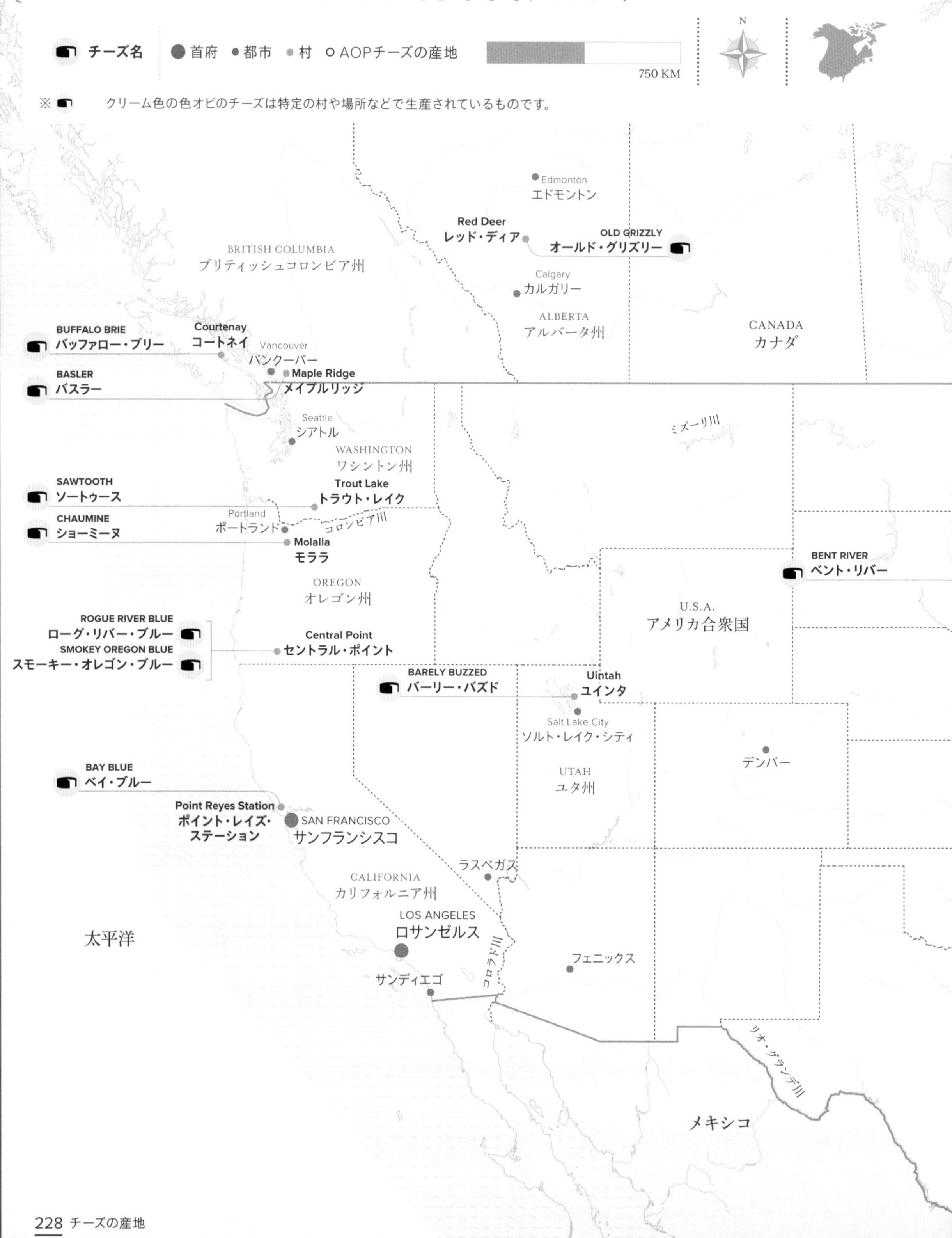

チーズ名
首府
都市
村
AOPチーズの産地
750 KM
N
※ クリーム色の色オビのチーズは特定の村や場所などで生産されているものです。
Edmonton
エドモントン
Red Deer
レッド・ディア
OLD GRIZZLY
オールド・グリズリー
BRITISH COLUMBIA
ブリティッシュコロンビア州
Calgary
カルガリー
ALBERTA
アルバータ州
CANADA
カナダ
BUFFALO BRIE
バッファロー・ブリー
Courtenay
コートネイ
Vancouver
バンクーバー
Maple Ridge
メイプルリッジ
BASLER
バスラー
Seattle
シアトル
ミズーリ川
WASHINGTON
ワシントン州
SAWTOOTH
ソートゥース
Trout Lake
トラウト・レイク
Portland
ポートランド
コロンビア川
CHAUMINE
ショーミーヌ
Molalla
モララ
BENT RIVER
ベント・リバー
OREGON
オレゴン州
U.S.A.
アメリカ合衆国
ROGUE RIVER BLUE
ローグ・リバー・ブルー
SMOKEY OREGON BLUE
スモーキー・オレゴン・ブルー
Central Point
セントラル・ポイント
BARELY BUZZED
バーリー・バズド
Uintah
ユインタ
Salt Lake City
ソルト・レイク・シティ
デンバー
UTAH
ユタ州
BAY BLUE
ベイ・ブルー
Point Reyes Station
ポイント・レイズ・ステーション
SAN FRANCISCO
サンフランシスコ
ラスベガス
CALIFORNIA
カリフォルニア州
LOS ANGELES
ロサンゼルス
太平洋
コロラド川
フェニックス
サンディエゴ
リオ・グランデ川
メキシコ

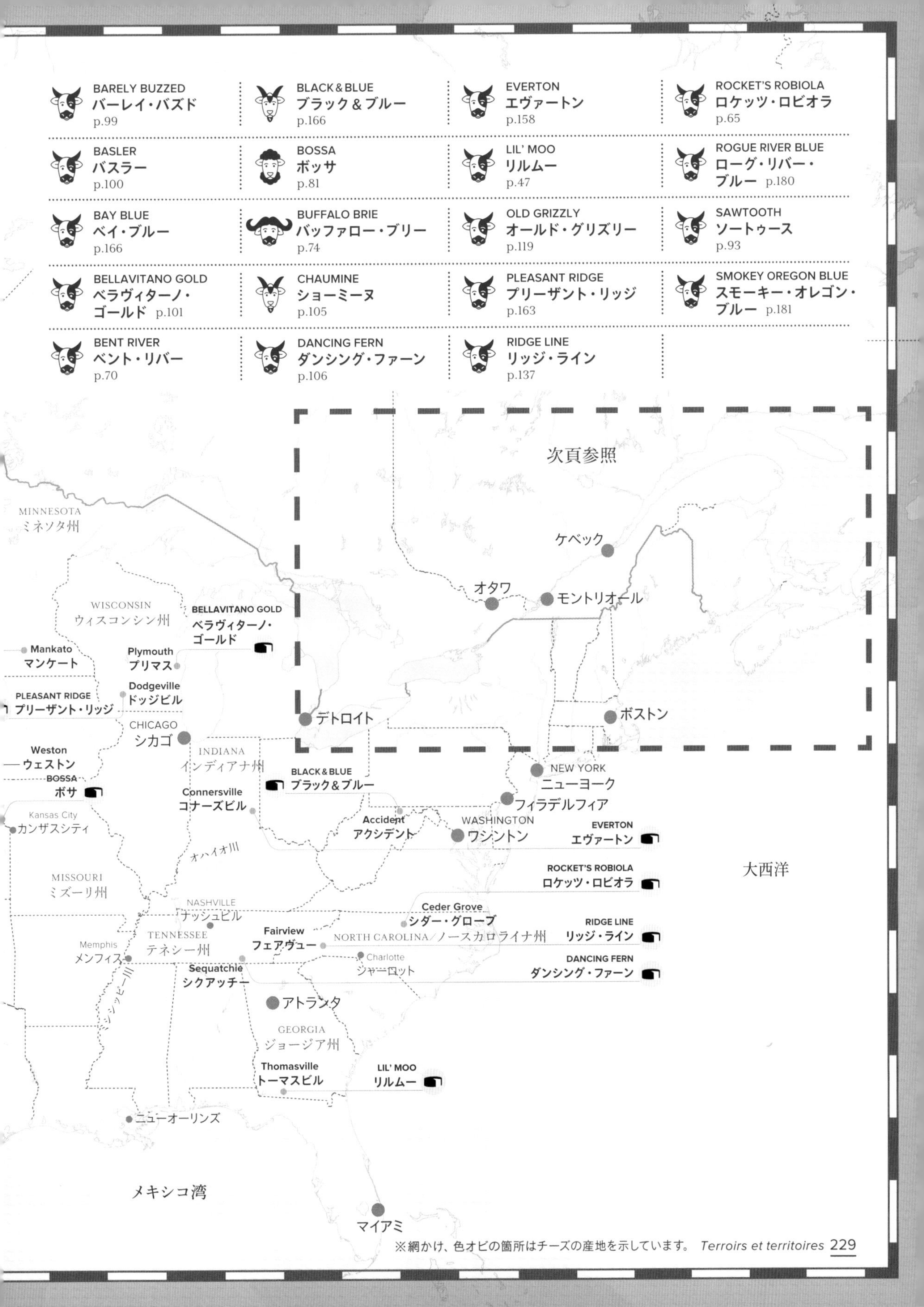

※網かけ、色オビの箇所はチーズの産地を示しています。

アメリカ合衆国、カナダ

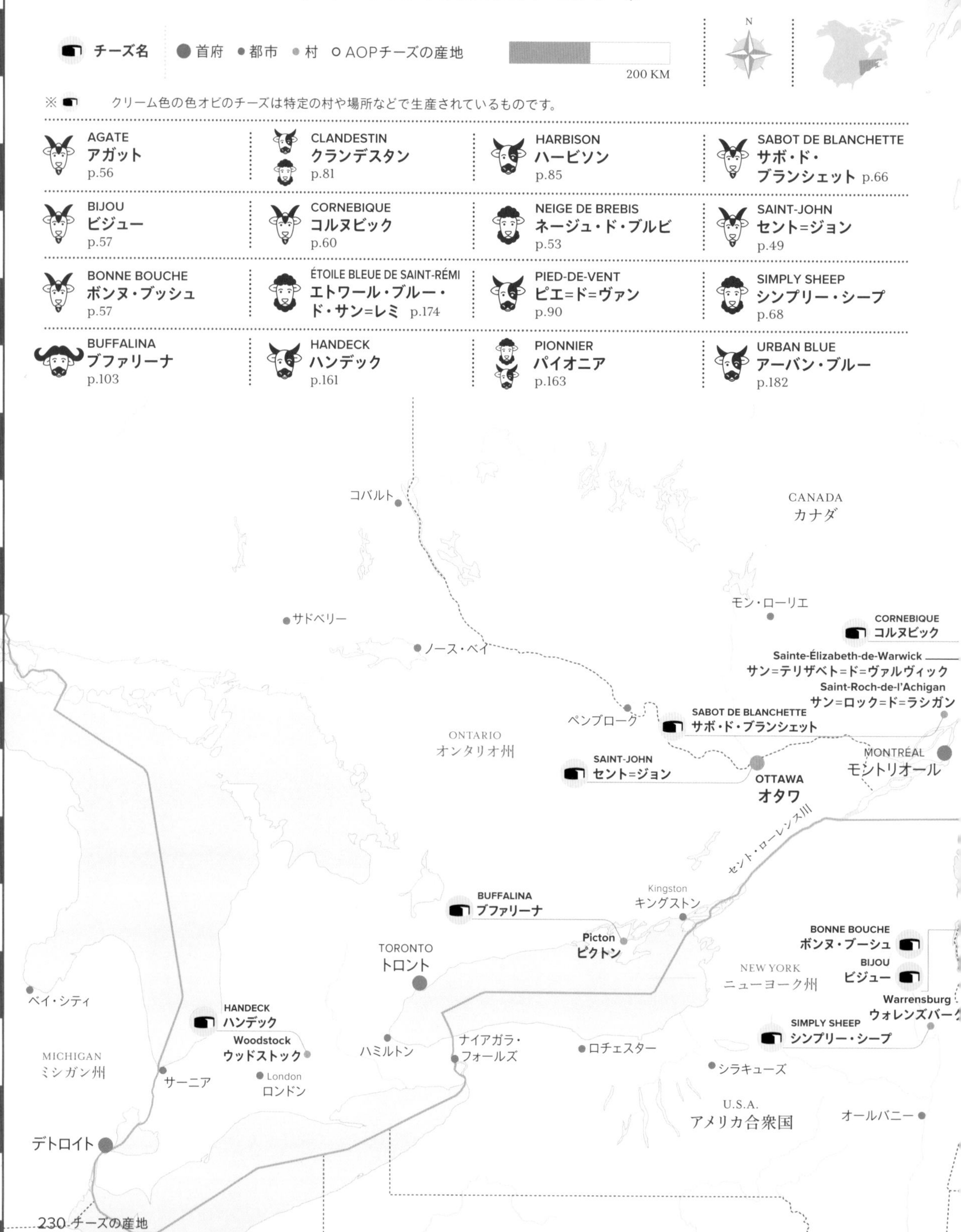

チーズ名
首府
都市
村
AOPチーズの産地
200 KM
N
※ クリーム色の色オビのチーズは特定の村や場所などで生産されているものです。
AGATE
アガット
p.56
CLANDESTIN
クランデスタン
p.81
HARBISON
ハービソン
p.85
SABOT DE BLANCHETTE
サボ・ド・ブランシェット p.66
BIJOU
ビジュー
p.57
CORNEBIQUE
コルヌビック
p.60
NEIGE DE BREBIS
ネージュ・ド・ブルビ
p.53
SAINT-JOHN
セント=ジョン
p.49
BONNE BOUCHE
ボンヌ・ブッシュ
p.57
ÉTOILE BLEUE DE SAINT-RÉMI
エトワール・ブルー・ド・サン=レミ p.174
PIED-DE-VENT
ピエ=ド=ヴァン
p.90
SIMPLY SHEEP
シンプリー・シープ
p.68
BUFFALINA
ブファリーナ
p.103
HANDECK
ハンデック
p.161
PIONNIER
パイオニア
p.163
URBAN BLUE
アーバン・ブルー
p.182
コバルト
CANADA
カナダ
モン・ローリエ
サドベリー
ノース・ベイ
CORNEBIQUE
コルヌビック
Sainte-Élizabeth-de-Warwick
サン=テリザベト=ド=ヴァルヴィック
Saint-Roch-de-l'Achigan
サン=ロック=ド=ラシガン
ペンブローク
SABOT DE BLANCHETTE
サボ・ド・ブランシェット
ONTARIO
オンタリオ州
MONTRÉAL
モントリオール
SAINT-JOHN
セント=ジョン
OTTAWA
オタワ
セント・ローレンス川
Kingston
キングストン
BUFFALINA
ブファリーナ
Picton
ピクトン
TORONTO
トロント
BONNE BOUCHE
ボンヌ・ブーシュ
BIJOU
ビジュー
NEW YORK
ニューヨーク州
Warrensburg
ウォレンズバーグ
ベイ・シティ
HANDECK
ハンデック
Woodstock
ウッドストック
ハミルトン
ナイアガラ・フォールズ
ロチェスター
SIMPLY SHEEP
シンプリー・シープ
MICHIGAN
ミシガン州
サーニア
London
ロンドン
シラキューズ
U.S.A.
アメリカ合衆国
オールバニー
デトロイト

※網かけ、色オビの箇所はチーズの産地を示しています。

オーストラリア、ニュージーランド

チーズ名　● 首府　● 都市　● 村　○ AOPチーズの産地

250 KM

※　クリーム色の色オビのチーズは特定の村や場所などで生産されているものです。

BRIGID'S WELL
ブリッジズ・ウェル
p.58

HORIZON
ホライズン
p.77

PURE GOAT CURD
ピュア・ゴート・カード
p.48

SUNRISE PLAINS
サンライズ・プレインズ
p.94

CERIDWEN
ケリードウェン
p.58

KING RIVER GOLD
キング・リバー・ゴールド　p.86

PYENGANA
ペンガーナ
p.126

VENUS BLUE
ヴィーナス・ブルー
p.183

COMPASS GOLD
コンパス・ゴールド
p.82

MILAWA BLUE
ミラワ・ブルー
p.178

SHEARER'S CHOICE
シェアラーズ・チョイス
p.93

WARATAH
ワラタ
p.97

HEIDI
ハイディ
p.161

OAK BLUE
オーク・ブルー
p.178

SILK
シルク
p.50

WOOLAMAI MIST
ウーラマイ・ミスト
p.79

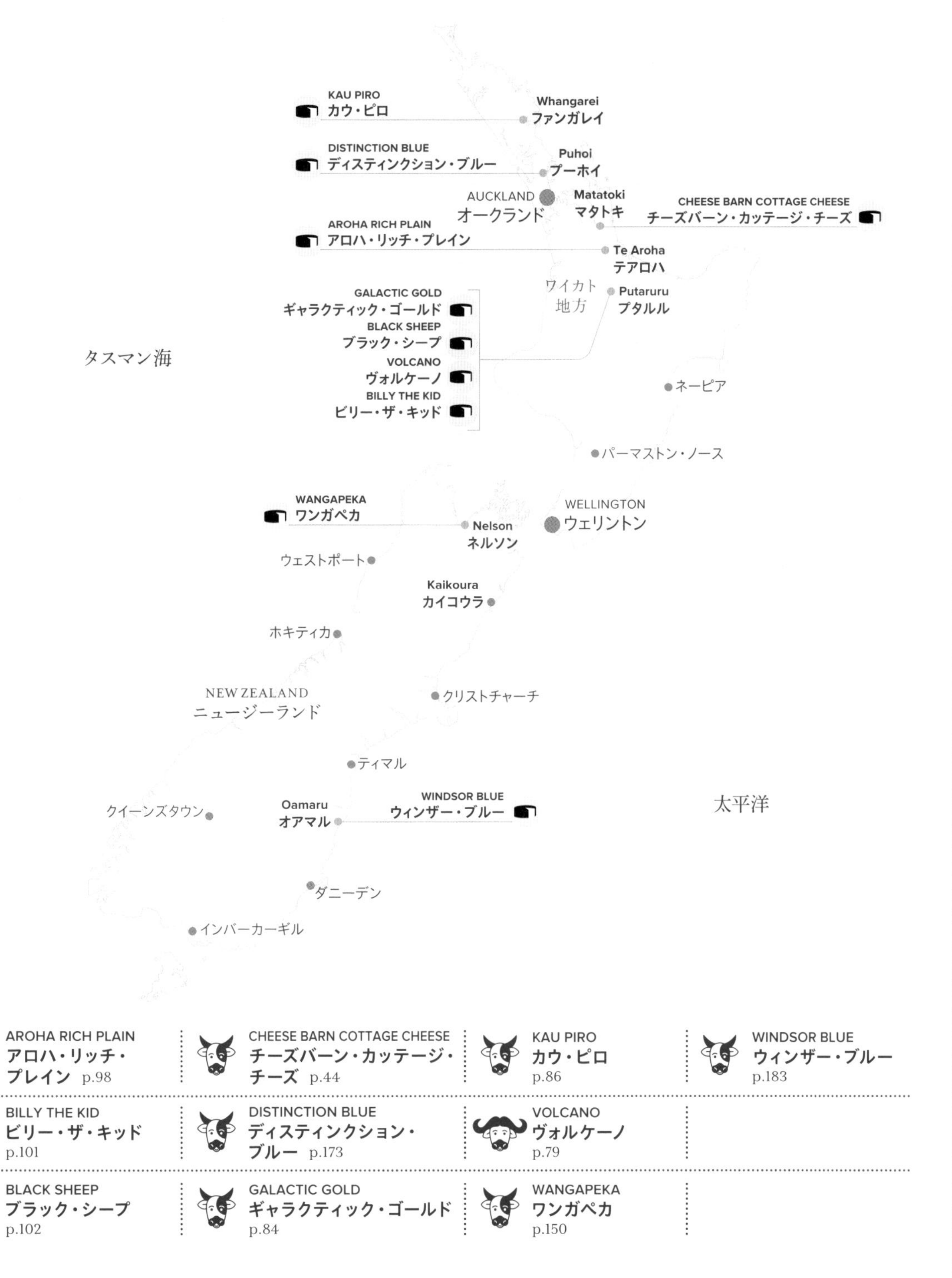
KAU PIRO
カウ・ピロ
Whangarei
ファンガレイ
DISTINCTION BLUE
ディスティンクション・ブルー
Puhoi
プーホイ
AUCKLAND
オークランド
Matatoki
マタトキ
CHEESE BARN COTTAGE CHEESE
チーズバーン・カッテージ・チーズ
AROHA RICH PLAIN
アロハ・リッチ・プレイン
Te Aroha
テアロハ
GALACTIC GOLD
ギャラクティック・ゴールド
BLACK SHEEP
ブラック・シープ
VOLCANO
ヴォルケーノ
BILLY THE KID
ビリー・ザ・キッド
ワイカト
地方
Putaruru
プタルル
タスマン海
ネーピア
パーマストン・ノース
WANGAPEKA
ワンガペカ
Nelson
ネルソン
WELLINGTON
ウェリントン
ウェストポート
Kaikoura
カイコウラ
ホキティカ
NEW ZEALAND
ニュージーランド
クリストチャーチ
ティマル
クイーンズタウン
Oamaru
オアマル
WINDSOR BLUE
ウィンザー・ブルー
太平洋
ダニーデン
インバーカーギル
AROHA RICH PLAIN
アロハ・リッチ・プレイン p.98
CHEESE BARN COTTAGE CHEESE
チーズバーン・カッテージ・チーズ p.44
KAU PIRO
カウ・ピロ
p.86
WINDSOR BLUE
ウィンザー・ブルー
p.183
BILLY THE KID
ビリー・ザ・キッド
p.101
DISTINCTION BLUE
ディスティンクション・ブルー p.173
VOLCANO
ヴォルケーノ
p.79
BLACK SHEEP
ブラック・シープ
p.102
GALACTIC GOLD
ギャラクティック・ゴールド
p.84
WANGAPEKA
ワンガペカ
p.150

La dégustation

チーズを美味しく味わうために

フレーバーの成り立ち

チーズのフレーバー（香り、風味、味、食感の全体）は熟成中に発生、繁殖する3種の微生物によって形成される。どの微生物も性質が異なり、時に結束したり、時に競合したりしながら共生している。これらの微生物と原料間の均衡を保つのが熟成士の仕事である。

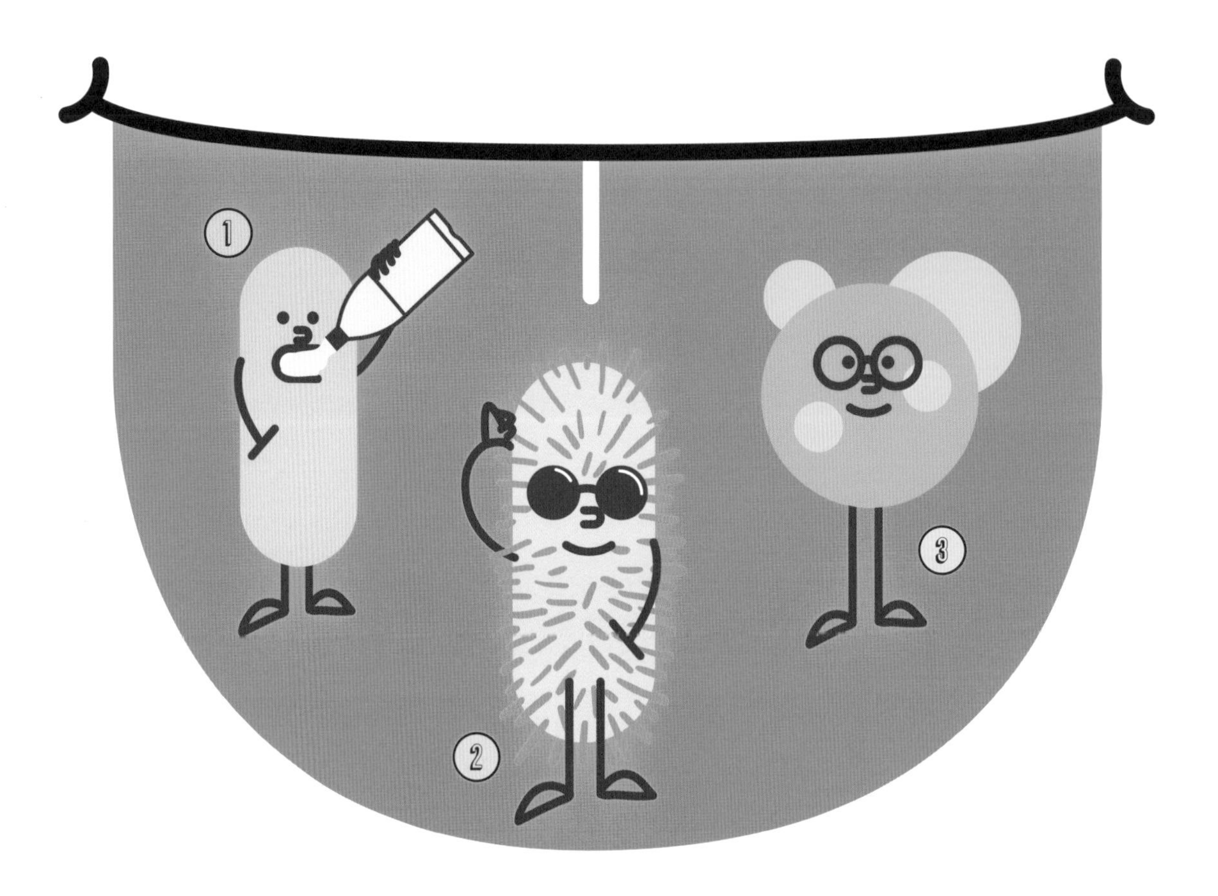

① 細菌

ミルクの中に自然に存在するが、チーズ生産時に添加することもある。チーズの世界で活躍する細菌は以下の3種に分類される。

- 乳酸菌
- 表面に付着する細菌
- プロピオン酸菌

② カビ

チーズの世界で最も有名な微生物といえるだろう。腐敗、疫病、感染のイメージと結びつくため、忌み嫌われがちではあるが、生物の存在に欠かせない微生物である。チーズはカビを必要とする有機物である。

③ 酵母

単細胞の微生物で、ワイン、ビール、パン、チーズなどの食品や飲料を発酵させる働きを持つ。素材によって使用される酵母の種類、つまり発酵方法は異なり、生産者はその目的に応じて酵母を選別し、使いこなすノウハウを習得しなければならない。

 細菌

同じ1つの細菌でも、あるチーズにとっては品質を保証する存在である一方、他のチーズにとっては欠陥となる場合がある。全てはどのタイプのチーズかによる。例えば、リネンス菌（Brevibacterium linens）はリヴァロやエポワスなどの赤味がかったオレンジ色の外皮を形成するのには欠かせないが、他のタイプのチーズに出現する場合、欠陥となる。表面に付着するタイプで、欠陥と見なされる他の細菌の例として、チーズ生産時に使用される水が原因で発生するシュードモナス・フルオレッセンス（Pseudomonas fluorescens）がある。蛍光性の黄色を帯び、酸っぱい味を発生させる。チーズをピンク色に変色させるセラチア・ルビダエア（Serratia rubidaea）という細菌にも用心すべきだ。ビーツのような香りがするが、不快な苦味とかすかな刺激をもたらす。

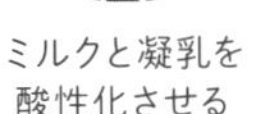

ミルクと凝乳を
酸性化させる

フレーバーを
形成する

テクスチャーを
形成する

乳酸菌
乳糖（ラクトース）を乳酸に変える乳酸発酵を促す細菌。ミルクと凝乳を酸性化させ、フレーバーとテクスチャーを形成する役割を担う。ミルクの凝固や熟成の工程で活躍する。ブルーチーズの場合、炭酸ガスを発生させてチーズアイ（気孔）の生成を促す。

表面に付着する細菌
塩分を含む好気的環境でチーズの表面に繁殖する細菌。白カビタイプ、ウォッシュタイプはタンパク質分解（生地を柔らかくする化学現象）や脂肪分解（外皮のすぐ下にバター状の層を形成する作用）を促すこのタイプの細菌を含んでいる。

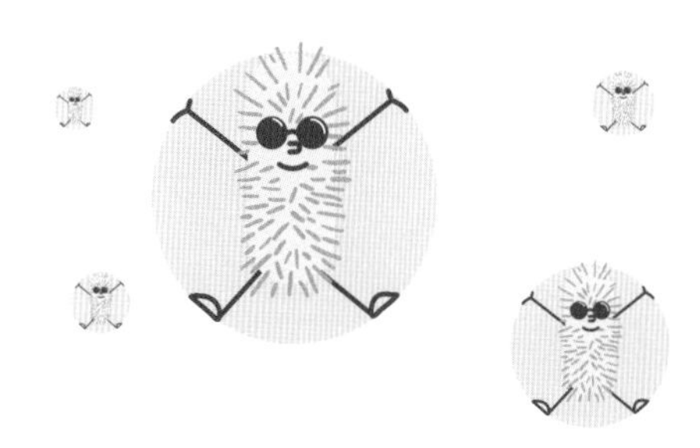

プロピオン酸菌
嫌気性菌。酸素のない環境でのみ生育する。乳糖（ラクトース）をアロマのもとである脂肪酸、つまりプロピオン酸と酢酸に変える。エメンタールなどの加熱圧搾タイプに見られるチーズアイはこの細菌の働きによるものである。チーズアイのないグリュイエール・スイス、グリュイエール・フランセをエメンタールと混同しないように（味わいの面でもグリュイエールはより濃厚である）！

乳清（ホエー）について

乳清（ホエー）は微生物生態系を持つ各農家に特有の微生物で構成されている。
そのため、乳清（ホエー）の性質は農家によって異なる。

カビ

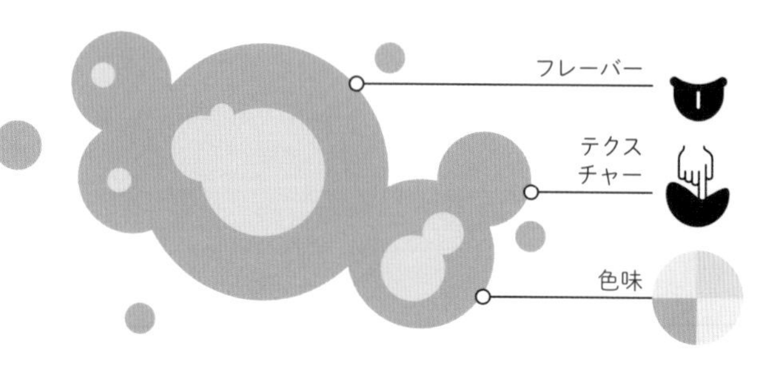

自分たちが繁殖する環境を化学修飾する微生物。カビはチーズにフレーバー、テクスチャー、色味をもたらす。数千種が存在するが、全てが食用に適しているわけではない。一部のチーズにおいて、ある種のカビはそのDNAの一部を形成しており、即座に識別できるようになっている。生産者が凝乳（カード）に特定のカビを人工的に植え付けるケースも多く、熟成士が熟成室で、他の望ましくない微生物が付かないようにしながら、その繁殖を促す。多種多様なカビが存在するが、チーズの世界で特に活躍するのは、以下の4種である。

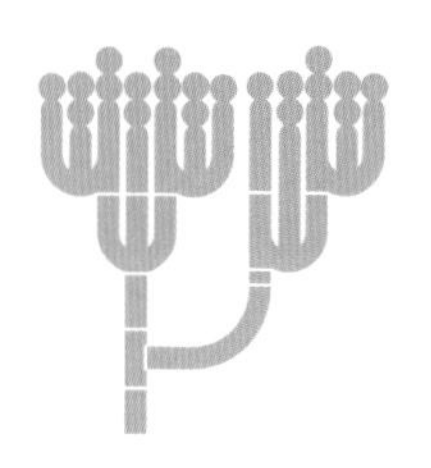

PENICILLIUM ROQUEFORTI
ペニシリウム・ロックフォルティ

ロックフォールをはじめとする、多くの青カビチーズに見られる代表的なカビである。灰青色から淡灰色までの色味を帯び、チーズの身の隙間に繁殖したカビは厚みがあり、粉っぽい。
顕微鏡で見ると、筆状体と呼ばれる筆のような形をしている。青カビチーズのフレーバーとテクスチャーの形成に重要な役割を果たす。

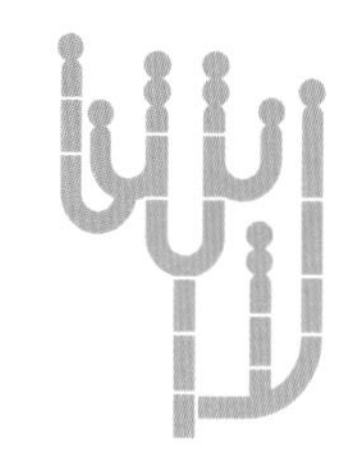

PENICILLIUM CAMEMBERTI
ペニシリウム・カマンベルティ

カマンベールやブリーの表面が白いのは、ペニシリウム・カメンベルティのおかげである！
青味がかった白色のカビで、時間が経つにつれて青味が濃くなる。チーズの表面に繁殖すると、綿毛のような衣を形成する。このカビは少し塩気のあるミルキーな風味をチーズにもたらす。長く熟成させると森の下草やキノコの風味が出てくる。

MUCOR
ムコール（ケカビ）

灰色、黒色、白色の長い菌糸を持つことから、「猫の毛」という仇名が付いている。表面に繁殖し、無毒ではあるが、一部のチーズの外皮を劣化させる。その存在の有無を管理するのはチーズ職人である。チーズに生えている場合は、森の下草やヘーゼルナッツの風味をもたらす。

SPORENDONEMA CASEI
スポレンドネマ・カゼイ

カンタルやサレールなどの大型チーズに存在し、その外皮に微小の赤い斑点があらわれる。これらはチーズ特有の風味と酸味をもたらす。他のトムタイプのチーズの場合、表面に付着し、つやのあるレンガ色を帯びている。顕微鏡で見ると、神経のような長い菌糸が見られる。

カビが欠陥となる場合

細菌と同様に、あるカビが一部のチーズに問題なく存在するとしても、他のチーズでは欠陥となることもある。例えば、ムコール（ケカビ）はサン＝ネクテールには歓迎されるが、プーリニィ＝サン＝ピエールなどの他の自然な外皮を持つタイプのチーズには厄介な存在である。ムコールを除去するには、外皮を手作業で拭くだけでよい。同様にペニシリウム・カマンベルティが外皮に繁殖しすぎると、望ましくない「ガマガエルの皮膚」のような外皮が形成され、苦味が強くなり、どろっと流れ出てしまうほど緩いテクスチャーになってしまう。

③ 酵母

チーズの世界に登場する主な酵母は、発音しにくい名前を持つが、その機能はどちらかというとシンプルである。

DEBARYOMYCES
デバリオマイセス属

ミルクとチーズの中に自然に存在する酵母。乳糖（ラクトース）と乳酸を分解するため、凝乳（カード）の酸味を和らげる。チーズのテクスチャー形成にも貢献し、熟成中にカビや細菌などの他の微生物の共生を助ける（あるいは阻止することもある）。

KLUYVEROMYCES
クリベロミセス属

チーズの風味に影響する。ナチュラルなフレーバーをもたらす。

CANDIDA
カンジダ属

人間の腸に自然に存在する酵母で、その数が過剰でなければ、消化を促す機能を持つ。チーズの熟成を促し、酸味を和らげる働きを持つ。

GEOTRICHUM CANDIDUM
ゲオトリクム・カンディダム

長い間、カビと見なされていたが、現在では酵母に分類されている。チーズの外皮を形成し、フレーバー（食べた時に感じる香り、味、風味、食感の全体）をもたらす。チーズにすばやく定着し、凝乳（カード）の酸味を和らげ、ムコール（ケカビ）と戦う役割を果たす。ウォッシュチーズ、白カビチーズ、非加熱圧搾タイプのチーズだけでなく、青カビチーズにもコロニーを形成する。

発酵の種類

酵母は乳酸菌とともに発酵を促し、食品を長く保存できる状態にする。チーズの世界では3種の発酵が見られる。

乳酸発酵

乳糖（ラクトース）を分解して乳酸を生成する。

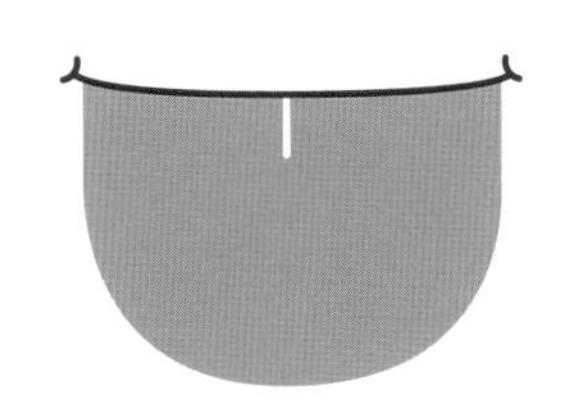

プロピオン酸発酵

加熱圧搾タイプのチーズ（ボーフォール、エメンタールなど）特有の風味、食感、チーズアイはこの発酵によって形成される。

酪酸発酵

この発酵は欠陥と見なされる。チーズやバターが酸敗したように酸っぱくなる。

チーズの香り、風味、味

ワイン、コーヒー、ビールと同様、チーズは嗅覚、味覚で楽しむものである。賞味する時は冷たすぎても温めすぎてもNG。常温にならしてから味わうべきである。

チーズのアロマ

食材の香り、風味の体験は個人によって異なる。同じチーズでも、その香りと風味の感じ方は人それぞれである。チーズの世界では実に100種以上のアロマが存在し、次の8系統に分類される。

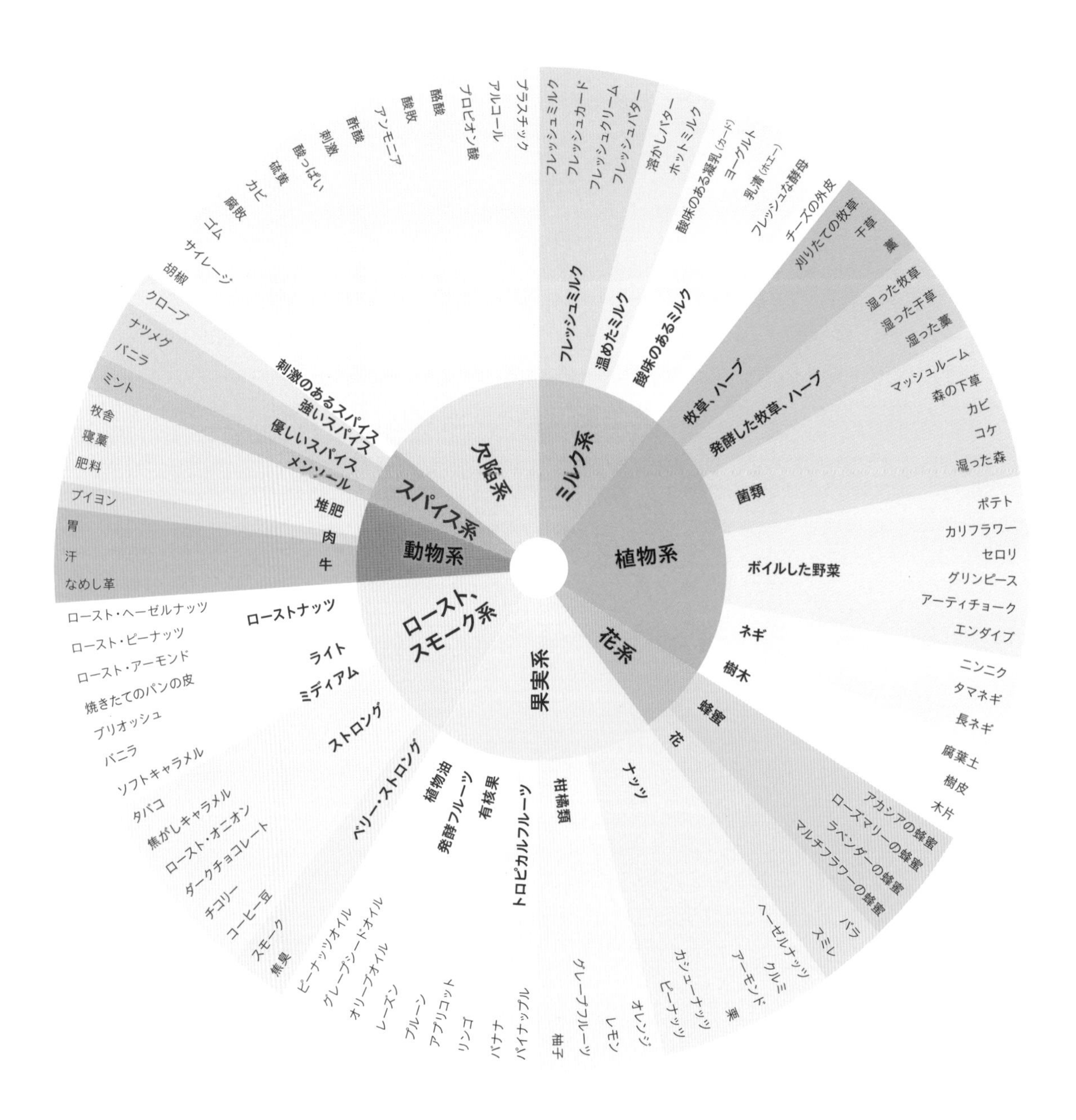

一部のチーズからクセの強い匂いがするのはなぜ？

すでに解説した通り、チーズの外皮には、競合関係にあるさまざまな微生物（細菌、カビ、酵母）が群れをなして生息している。チーズによっては細菌（赤の酵素と呼ばれるリネンス菌）が、匂いが強く揮発しやすい硫黄化合物、メタンチオール（Methanethiol）を発生させる。これが刺激の強い匂いの原因である。

チーズの味とは？

チーズからは甘味、塩味、苦味、酸味、うま味の五味が感じられる。最後のうま味とは何だろうか？ 1908年に東京帝国大学の池田菊苗教授によって発見された第5の基本味である。食品を味わう時に、舌の味蕾で感じるシンプルで率直な「舌が喜ぶ」、「実に美味しい」という感覚を示す。うま味は唾液の分泌を促し、長い余韻をもたらす。引き締まった口どけの良い生地で、やや塩気のある十分に熟成したチーズから特に感じる味である。化学的には、この溶解性の物質は主にグルタミン酸やイノシン酸、グアニル酸で構成される。

これらの基本の五味に加えて、チーズの味わいを表現する時は、そのタイプに応じて、以下の7つの表現がよく用いられる。

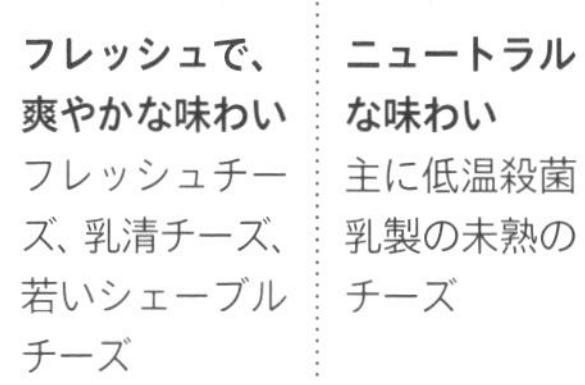
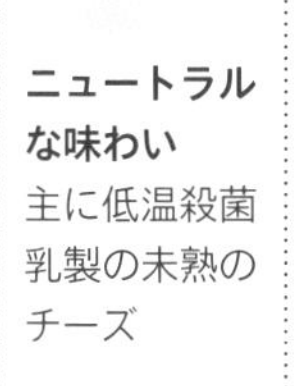

フレッシュで、爽やかな味わい	ニュートラルな味わい	マイルドで、まろやかな味わい	深みが足りない味わい	深みのある、濃厚な味わい	クセの強い、力強い味わい	強烈かつ刺激のある味わい
フレッシュチーズ、乳清チーズ、若いシェーブルチーズ	主に低温殺菌乳製の未熟のチーズ	熟成が若い白カビチーズ、加熱／非加熱圧搾タイプのチーズ、クリームを加えたチーズ	未熟なソフトタイプのチーズ	ベストな熟成状態のチーズ、若い青カビチーズ	ウォッシュチーズ、熟成した青カビチーズ、長期熟成の加熱／非加熱圧搾タイプのチーズ	ブーレット・ダヴェーニュなどの加工品、長期熟成の青カビチーズ、マール（ブドウの搾り滓で作る蒸留酒）に長期間漬け込んだチーズ

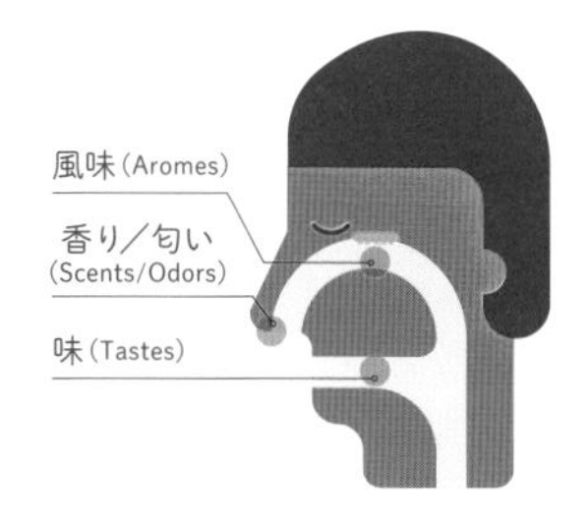

香り／匂い、風味、味の違いは？

香り／匂いは鼻腔のみで感じる感覚。風味は鼻腔粘膜により、食材を食べて口の奥から鼻に抜ける時（レトロネーザル経路）に感じる香気である。舌（味蕾）で直接感じるものが味である。

ペアリング：チーズと飲み物の組み合わせ

タイプの違うチーズにどの飲み物を合わせようか？　組み合わせのパターンは実に豊富で、どれを選ぶかは個人の味覚や食習慣に大きく左右される。相性の良い組み合わせ案として、クラシックな例、ユニークな例をいくつかご紹介する。

ワイン

赤ワインではなく他の色のワインとの組み合わせを提案するシェフ、ソムリエ、チーズ職人が増えている。赤ワインは絶対に外せないとしても、白ワインやロゼワインと合わせると新鮮で驚きのある美味しさを体験することができる。

フレッシュチーズ、乳清チーズ パスタ・フィラータチーズ

ロゼワイン（コート・ド・プロヴァンス、トゥーレーヌ、コート・ド・ルシヨン）
白ワイン／辛口（コート・ド・ブール、ジャスニエール、シャブリ）
白ワイン／半甘口（ヴーヴレ、アンジュー、アジャクシオ）
赤ワイン／タンニンの少ないフルーティーなタイプ（ポルト・ヴェッキオ、ブルグイユ、トゥーレーヌ・アンボワーズ）

外皮自然形成チーズ

ロゼワイン（トゥーレーヌ、タヴェル、リラック）
白ワイン／辛口（カンシー、リュリー、サンセール）：熟成したチーズと合う。
白ワイン／半甘口（ヴーヴレ、フォジェール、マコン）：熟成したチーズと合う。
赤ワイン／タンニンの少ないフルーティーなタイプ（シノン、コート・ド・ボーヌ、サン・シニアン）：若いチーズと合う。

白カビチーズ

白ワイン／すっきりした辛口（サンセール、モンルイ、ジャスニエール）
赤ワイン／タンニンの少ないフルーティーなタイプ（シルーブル、コート・ド・ニュイ、アンジュー）

非加熱圧搾チーズ（セミハード）

白ワイン／辛口（コート・ロアネーズ、ヴィレ・クレッセ、ムルソー）：若いチーズと合う。
赤ワイン／渋味が控えめなフルーティーなタイプ（ソーミュール・シャンピニィ、リストラック、ムーリス、ポイヤック、シャトーヌフ・デュ・パプ）：若い／半熟成チーズと合う。
天然甘口ワイン（モリー、リヴザルト、バニュルス）：熟成チーズと合う。

加熱圧搾チーズ（ハード）

白ワイン／辛口（ジヴリ、リュリー、ムルソー、サン・ペレ）
黄ワイン（ジュラ地方）
赤ワイン（サン・テミリオン、コート・ド・ブール、ヴォルネ、クロ・ド・ヴジョ）：若いチーズと合う。

ウォッシュチーズ

白ワイン／甘口、極甘口（コトー・ド・ローバンス、ボヌゾー、コトー・ド・レイヨン、ジュランソン、ゲヴュルツトラミネール）

青カビチーズ

白ワイン／甘口、極甘口（ソーテルヌ、バルザック、ルピアック、ヴーヴレ、ジュランソン）
赤ワイン／タンニンがまろやかな長期熟成タイプ（カオール、マディラン、イルレギー）
天然甘口ワイン（バニュルス、モリー、ラストー）

ビール

ビールとチーズのペアリングを楽しむ愛好家が増えている！ それもそのはず、白ワインと同様、ビールにはほどよい酸味があり、チーズのこってり感と見事にマッチする！ ビールの泡が舌をさっぱりさせ、チーズの風味をより感じやすくしてくれる。

白ビール
（酸味と苦味がほどよい繊細なフレーバー、レモンの香り）

ブロンドビール／ライト
（ほのかな穀物のアロマ）

ブロンドビール／ドライ・フルーティー
（苦味があり、フルーティー）

ブロンドビール／ビター
（しっかりとした苦味）

アンバービール
（芳香豊かな泡）

黒ビール
（甘くまろやか）

白ビール

フレッシュチーズ（ジョンシェ、ローヴ・デ・ガリーグ、フェタ）
乳清チーズ（ブロッチュ、ルキュイット、リコッタ・ロマーナ）
外皮自然形成チーズ（ペライユ・デ・カバス、サボ・ド・ブランシェット、ビジュー）
パスタ・フィラータチーズ（モッツァレッラ・ディ・ブーファラ・カンパーナ、ブッラータ・ディ・アンドリア）

ブロンドビール／ライト

外皮自然形成チーズ（プーリニィ＝サン＝ピエール、マコネ、コルヌビク：半熟成タイプ）
白カビチーズ（ゴートナモナ、ボンチェスター・チーズ、ブリー・ド・モー：ビールの風味をかき消さない比較的若いタイプ）

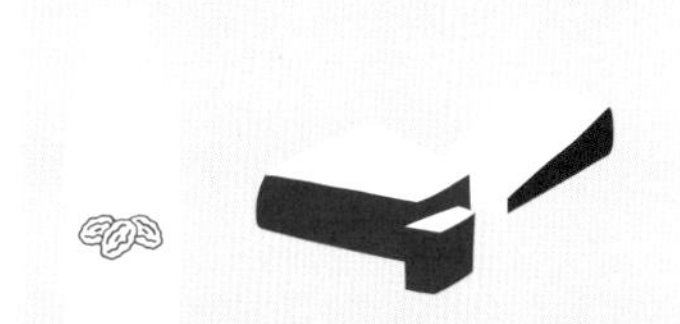

ブロンドビール／ドライ・フルーティー

非加熱圧搾チーズ（ラヴォール、トム・マロット、サルヴァ・クレマスコ：半熟成タイプ）
加熱圧搾チーズ（コンテ、アネン、パイオニア：若いタイプ）

ブロンドビール／ビター

加熱圧搾チーズ（ボーフォール、レティヴァ、ハイディ：熟成タイプ）
外皮自然形成チーズ（サント＝モール・ド・トゥーレーヌ、ボンヌ・ブーシュ、ムラッツァーノ：熟成タイプ）

アンバービール

非加熱圧搾チーズ（カンタル、ゴーダ、ペコリーノ・ロマーノ：熟成タイプ）
青カビチーズ（ブルー・デ・コース、フルム・ド・モンブリソン、アーバン・ブルー）
白カビチーズ（カマンベール・ド・ノルマンディー、バッファロー・ブルー、ウーラマイ・ミスト：熟成タイプ）
ウォッシュチーズ（エポワス、シェアラーズ・チョイス、ギャラクティック・ゴールド）

黒ビール

青カビチーズ（ロックフォール、エトワール・ブルー・ド・サン＝レミ、カブラレス）
ウォッシュチーズ（リヴァロ、マンステール：熟成タイプ）

ウイスキー

ウイスキーの世界をこれから開拓しようとしている入門者であるならば、とても相性が良いチーズと一緒に味わうことから始めると、このスピリッツの世界に入りやすくなるだろう。多様な組み合わせを楽しむことができる。

白カビチーズ（長期熟成タイプ）

シングルモルト・ウイスキー
アイリッシュ・ウイスキー

非加熱圧搾チーズ（熟成タイプ）

ピュアモルト・ウイスキー
シングルモルト・ウイスキー
グレーン・ウイスキー
アイリッシュ・ウイスキー

加熱圧搾チーズ（熟成タイプ）

ピュアモルト・ウイスキー
シングルモルト・ウイスキー
アイリッシュ・ウイスキー

ウォッシュタイプ

シングルモルト・ウイスキー
ピュアモルト・ウイスキー
アイリッシュ・ウイスキー

青カビチーズ

ピュアモルト・ウイスキー
シングルモルト・ウイスキー
アイリッシュ・ウイスキー

茶

チーズと同様に旬があり、種類も豊富な茶とのペアリングも人気になりつつある。

フレッシュチーズ

スプリング・ダージリンティー
プレミアム包種茶
本山烏龍茶

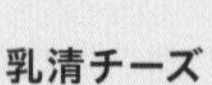
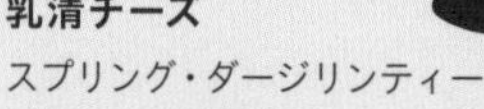

乳清チーズ

スプリング・ダージリンティー
プレミアム包種茶
本山烏龍茶

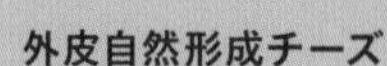

外皮自然形成チーズ

黒茶
プレミアム包種茶
白牡丹茶

白カビチーズ

番茶、ほうじ茶
グラン・ユンナン（中国茶）、
本山烏龍茶

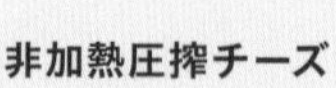

非加熱圧搾チーズ

プーアール茶
サマー・ダージリンティー
アッサムティー
グラン・ユンナン（中国茶）

加熱圧搾チーズ

サマー・ダージリンティー
アッサムティー
グラン・ユンナン（中国茶）

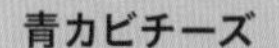

ウォッシュチーズ

スプリング・ダージリンティー
インド産紅茶、アッサムティー

青カビチーズ

雲南省産黒茶
セイロンティー

パスタ・フィラータチーズ

スプリング・ダージリンティー
プレミアム包種茶
本山烏龍茶

フルーツジュース

子供、妊娠中または授乳中の女性、お酒が飲めない人に適している。糖分が控えめなタイプを選んで。

フレッシュチーズ

ネクター
(桃、アプリコット、洋梨)
ベリー系ジュース
(フランボワーズ、イチゴ、スグリ)
ルーバーブジュース

乳清チーズ

ネクター
(桃、アプリコット、洋梨)
ベリー系ジュース
(フランボワーズ、イチゴ、スグリ)
ルーバーブジュース

外皮自然形成チーズ

アップルジュース
ストロベリージュース
ネクター
(桃、白桃、洋梨)

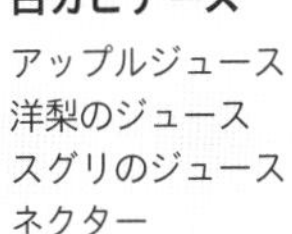

白カビチーズ

アップルジュース
洋梨のジュース
スグリのジュース
ネクター
(桃、アプリコット)

非加熱圧搾チーズ

ベリー系ジュース
(マルベリー、スグリ、チェリー)
ネクター(マンゴー)

加熱圧搾チーズ

ネクター
(パイナップル、パッションフルーツ)

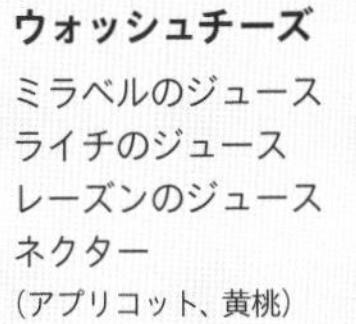

ウォッシュチーズ

ミラベルのジュース
ライチのジュース
レーズンのジュース
ネクター
(アプリコット、黄桃)

青カビチーズ

ネクター(洋梨)
ベリー系ジュース
(イチゴ、フランボワーズ)

パスタ・フィラータチーズ

ネクター
(桃、アプリコット、洋梨)
ベリー系ジュース
(フランボワーズ、イチゴ、スグリ)
ルーバーブジュース

シードル、ポワレ

チーズとシードル、ポワレ(リンゴ、洋梨の発泡酒)のペアリングは新鮮でありながら、ほぼ失敗がない。

フレッシュチーズ

乳清チーズ

外皮自然形成チーズ
(若いタイプ、半熟成タイプ)

白カビチーズ
(ほどよく熟成したタイプ)

ウォッシュチーズ
(若いタイプ)

パスタ・フィラータチーズ

チーズプレート

チーズの盛り合わせ方にはいくつかのルールがあるが、さまざまなパターンを試して、味わいのパレットを広げることができる。

チーズは誰でも楽しめる食材!

ベジタリアン(菜食主義者)

宗教や倫理(動物愛護)、健康上の理由で菜食主義であるとしても、動物性の凝乳酵素(レンネット)を使用していないチーズもたくさんある。チーズ専門店や売り場でおすすめを聞いてみると良い。

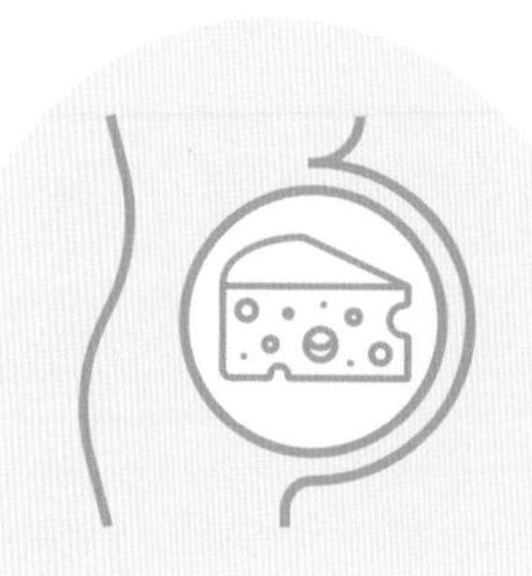

妊娠中の女性

「今妊娠中で、かかりつけの医師から生乳のチーズを食べないように言われているの」、という方には、低温殺菌乳、サーミゼーション乳で作られた素晴らしいチーズが各種存在する。生乳製については、加熱圧搾チーズは加熱しているのでリスクはない! 知っておくと良いのは、妊娠中に避けるべきリステリア菌は湿ったチーズの表面にしか存在しない菌であるということ。心配な場合は外皮を取り除くと良い。それでもまだ心配な方にはチーズに火を通して食べるのもおすすめだ。好きなチーズをできるだけ楽しもう!

ヴィーガン

ヴィーガンは動物性食品、動物からの搾取で得られた食品を受け入れない人のことを指す。つまり、動物のミルクから作られるチーズを食べることは不可能である。しかし現在では植物性成分または化学物質による「ヴィーガンチーズ」、あるいはフランス語で「ヴロマージュ(Vromage)」というジャンルが存在する。「本物」のチーズではないとしても、見た目だけでなく味も似ている。

プレートに盛り合わせるチーズの分量と種類は?

チーズが主役のパーティーであれば、1人あたり250～300gの分量で、7種類のチーズがちょうど良いだろう。味覚が飽和状態にならないように、種類は多すぎないほうが良い。また、種類が増えると、それぞれの分量が減ってしまうため、特に人気のあるチーズが全員に行き届かなくなるかもしれない。

パーティーの席でチーズの説明に時間を費やさないために、個々の名前、生産地、乳種を書いたラベルをお店に頼むことをおすすめする。ビュッフェ形式のパーティーの場合は1人当たり150g(5～7種)、食後に楽しむ場合は1人当たり80～100g(3～5種)が適量である。

チーズを冷蔵庫から出すタイミングは？

一部のワインと同様に、チーズはその中で眠っている全てのアロマを開花させるために、常温に戻しておくことが重要である。少なくとも賞味する1時間前には冷蔵庫から出しておこう。

チーズを盛り付けるプレートは？

脇役ではあるが、チーズの見栄えを良くするプレート選びも大切なポイント。チーズとのコントラストが映える素材が理想的である。木材、石盤、陶器など、生のままの自然な風合いの素材と合わせると美しい。プラスチックやメタルは匂いが移るリスクがあるため、避けたほうが良い。

チーズを取り分ける道具は？

チーズをカット、サーブするための道具はいくつか存在する。基本の道具を紹介しよう。

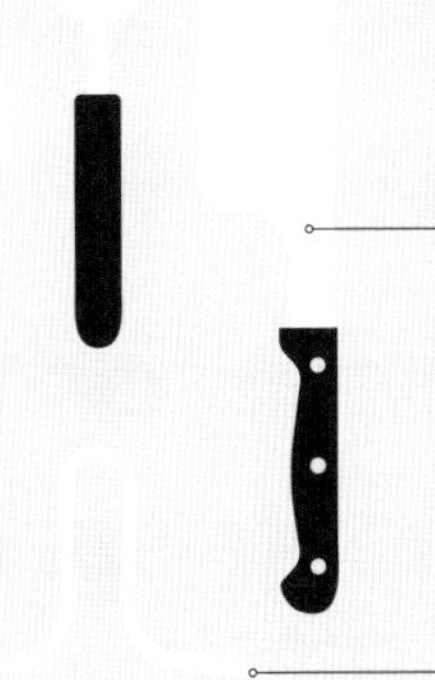

エコノム（タテ型ピーラー）スライサー
乾いた硬質のチーズを薄く削るのに最適。

ブリーナイフ
エレガントな形状のナイフで、クリーミーな生地をスムーズにカットすることができる。

サービングナイフ
チーズをきれいに切り分けられる幅広の薄い刃を持つナイフ。あるいは切り分けたチーズを刺してサーブできる先端がフォーク状の刃を持つナイフ。

スプーン
モン=ドールやトルタ・デル・カサールなどのとろりと流れるタイプのチーズを取り分けるのに適している。

手斧型ナイフ
バスク地方産のトム、ボーフォールなどのハードタイプのチーズ用カッター。刃が重く力を入れやすいため、硬い生地の上から下までスムーズにカットできる

リール（別名ロックフォルテーズ）
直径0.3～0.5mmの細いナイロンファイバーでカットする竪琴状の道具で、大型のものもある。フォアグラもカットできるハンディータイプが便利である。

タイプの異なるチーズを味わう順番は？

複数のチーズをより美味しく味わうためには、味が優しいものから強いものへの順番で進めるのがベスト。例えば、フレッシュチーズから始めてブルーチーズで終えるのがおすすめである。それぞれのチーズの味がよく分からない場合は、色味の薄いチーズから濃いチーズへと進めて、ブルーチーズで締めくくると良いだろう。青カビタイプは独特なクセはあるが、食後に爽やかな余韻をもたらしてくれる。それだけでなく消化にも良い。

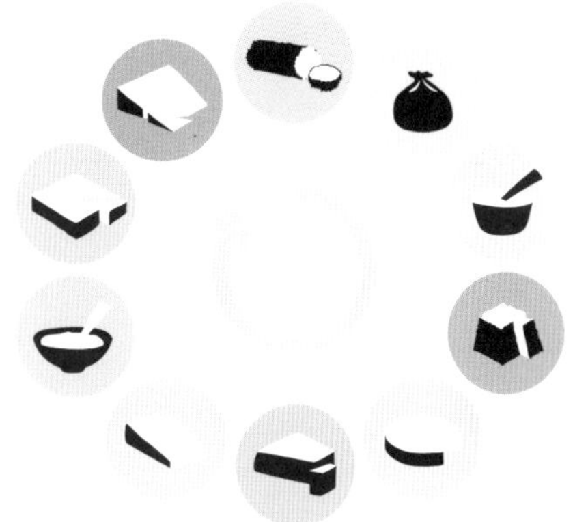

1. フレッシュチーズ
2. パスタ・フィラータチーズ
3. プロセス・チーズ
4. 外皮自然形成チーズ
5. 白カビチーズ
6. 加熱圧搾チーズ（ハードチーズ）
7. 非加熱圧搾チーズ（セミハードチーズ）
8. チーズ加工品
9. ウォッシュチーズ
10. 青カビチーズ（ブルーチーズ）

チーズカットはアートである！

基本は全ての招待客に満足してもらうこと。チーズの中心部と外皮が全てのピースに平等に含まれるように切り分ける。

小型の円形チーズ（カマンベールなど）
ケーキと同じように、チーズの中心から放射状にカットして等分の三角形に切り分ける。
理想的な道具：ブリーナイフ

四角形チーズ（マロワルなど）
円形と同じ要領だが、まず十字に切って4等分にし、1/4片を放射状にカットしてさらに2等分にする。
理想的な道具：ブリーナイフ

大型の円形チーズ（ブリーなど）
小型タイプと同じようにナイフを入れて、細長い三角形の一片に切り分ける。まずその先端をカットし、側面の厚みをよく見ながら、真ん中の部分を2〜3等分に、幅の広い端の部分を等分に切り分ける。
理想的な道具：ブリーナイフ

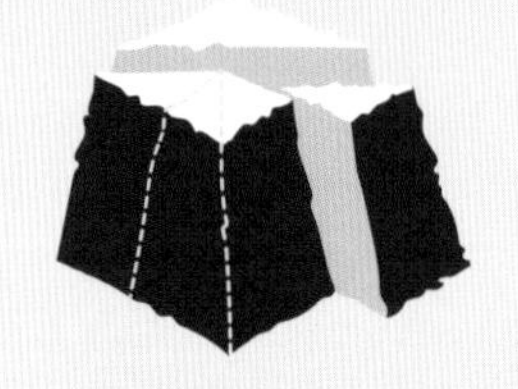

ピラミッド形・台形チーズ
（ヴァランセなど）
円形のものと同じように、中心から放射状にくさび形にカットする。
理想的な道具：リール

※リールの扱いに慣れていない場合はブリーナイフを使用する。

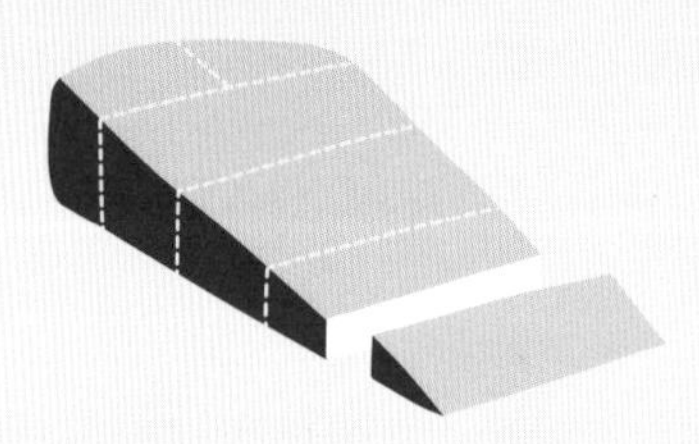

大型チーズの1片（コンテなど）
中心部は平行にナイフを入れて3〜5片に切り分け、厚みのある端の部分はくさび形にカットする。
理想的な道具：手斧型ナイフ

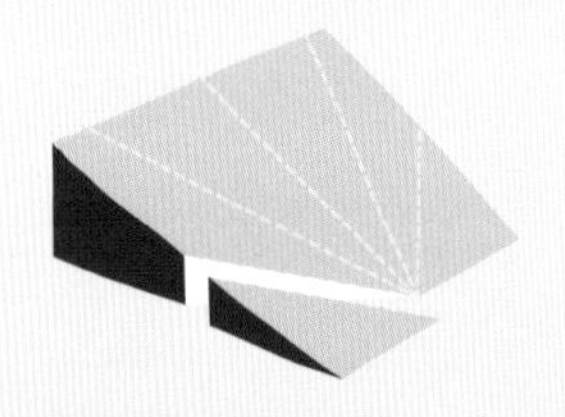

青カビチーズ（ロックフォールなど）
中心から外側へと放射状に切り分ける。
理想的な道具：リール

硬く乾いたチーズ
（ミモレット・エクストラ・ヴィエイユなど）
パルメザンナイフで大きめに砕くか、チーズスライサーで薄く削る。

円筒形チーズ：小型（シャロレなど）
大型（サント＝モール・ド・トゥーレーヌなど）
円形チーズと同じように中心から放射状にカットするが、一片はより薄く高さのある形状になる。横に長い薪形のタイプは輪切りになる。
理想的な道具：リール（サント＝モール・ド・トゥーレーヌは、形が崩れないように中心の藁を抜き取ってから切り分けたほうがよい）。

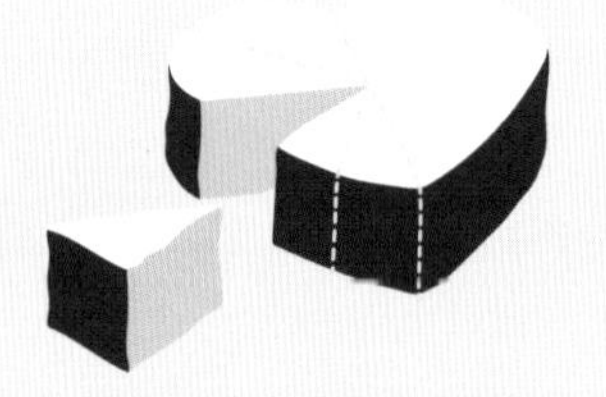

独特な形状のチーズ
（ハート形のヌーシャテルなど）
中心から放射状にカットする。等分にするのは難しいが、美味しさは変わらない！
理想的な道具：ブリーナイフ

とろりと流れるチーズ
（モン＝ドールなど）
ナイフやスプーンで上面の外皮に穴を開ける。（外皮は食べられるので取っておくように！）とろとろの中身をスプーンですくって取り分ける。

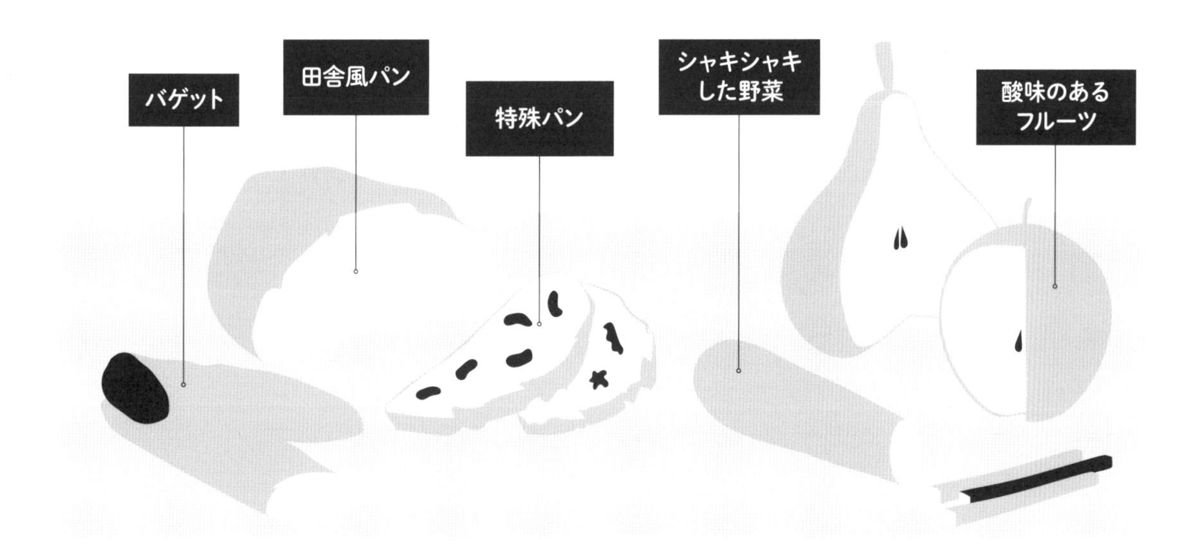

どのパンを合わせる？

抜群に相性が良いのは田舎風パンである。味がニュートラルなため、どんなタイプのチーズにも申し分なく調和する。ナッツやドライフルーツなどが入った特殊パンの場合、相性が良くないチーズもあるだろう。バゲットはブリーなどのソフトタイプのチーズにはとてもよく合うが、硬質または乾燥したチーズにはおすすめできない。ライ麦パンやドライフルーツ入りのパンはブルー・デ・コースなどの青カビタイプ、クルミやヘーゼルナッツ入りのパンは熟成したハードタイプのチーズ（ボーフォール、コンテ）に合わせると素晴らしい。オリーブ、ドライトマト、プロヴァンス地方のハーブ入りのパンは、フレッシュタイプのチーズとベストマッチ。

スイート系との組み合わせは？

チーズに添えるジャムなどの甘い系は糖分が多すぎないものを選んだほうが良い。甘すぎるジャム、パット・ドゥ・フリュイ、蜂蜜はチーズ本来の風味をおおい隠してしまう（さらには台無しにしてしまう恐れあり）！ 甘さ控えめが美味しい組み合わせの秘訣である！

果物や野菜との相性は？

フレッシュフルーツは、チーズの風味を損なわない、甘さ控えめのタイプを選んだほうが良い。例えば、酸味のあるリンゴ（グラニー・スミス、ベルシャール、メルローズ、エルスターなど）や洋梨（パッカムズ・トライアンフ、パス＝カッサーヌ、コンフェランスなど）、甘すぎない白ブドウがおすすめである。果汁が多く酸味の強い柑橘類もよく合う。キュウリやニンジンなどのシャキシャキした歯ごたえのある野菜は、爽やかな口直しとなる。さらに一部の品種のトマトはチーズとぴったり調和する。オリーブオイル漬けの野菜（パプリカ、ズッキーニ、ナス、キノコなど）や、オリーブオイルとレモン果汁をふりかけたシンプルなグリーンサラダをチーズに添えても美味。サラダはえぐみのあるレタスよりも、リーフレタスやスカロルが良いだろう。いずれにしても、果物と野菜はチーズでこってりした口の中をさっぱりさせて、舌の感覚を取り戻すための付け合わせとして選ぶべき！

食べ残したチーズの扱い方

開封後の保存法

食卓に出した後で食べ切れずに残ってしまったチーズがある場合、乾燥を防ぐために、元々の包み紙でしっかり包んで、冷蔵庫の野菜室に入れる。密閉式のプラスチック容器は、チーズが呼吸できなくなるので避けたほうが良い！

料理にフル活用

残ったチーズをソース、オムレツ、キッシュ、スフレなどに加える。生クリーム、エシャロット、フレッシュハーブ（シブレット、バジル、ディル）などと混ぜて、野菜やパンに付けるディップにすることもできる。チーズは活躍の場が広い、無駄のない食材である！

クラシックな盛り合わせ3種

大人6人、食後、1人当たり平均100gという条件で、盛り合わせの例をいくつか考えてみた。どの盛り合わせ例も上から味わいが優しいものから強いものへの順で並んでいる。1個単位で売られているチーズも多く、切り売りタイプのチーズの大きさもまちまちであるため、盛り合わせの合計の分量がぴったり600gにはならなくても気にしないように。

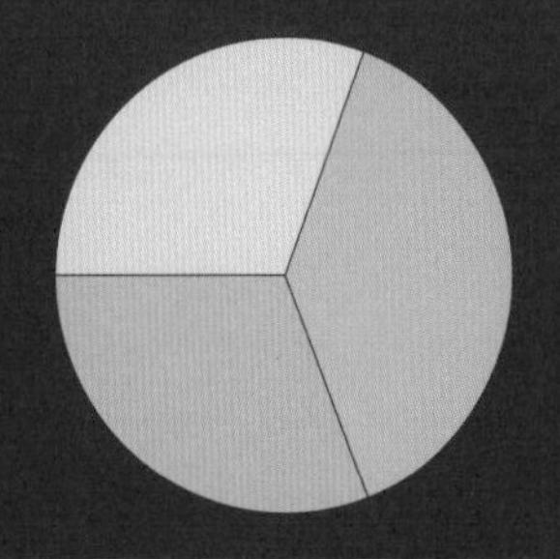

テーマ：**AOP**

- コンテ（200g）
- サント=モール・ド・トゥーレーヌ（250g）
- ロックフォール（200g）

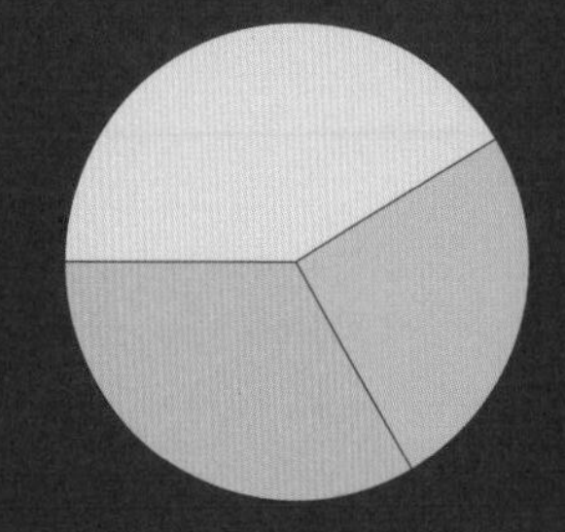

テーマ：**チーズ店のセレクション**

- ダン・デュ・シャ（250g）
- ペライユ・デ・カバス（150g）
- ブルー・ド・ラ・ボワシエール（200g）

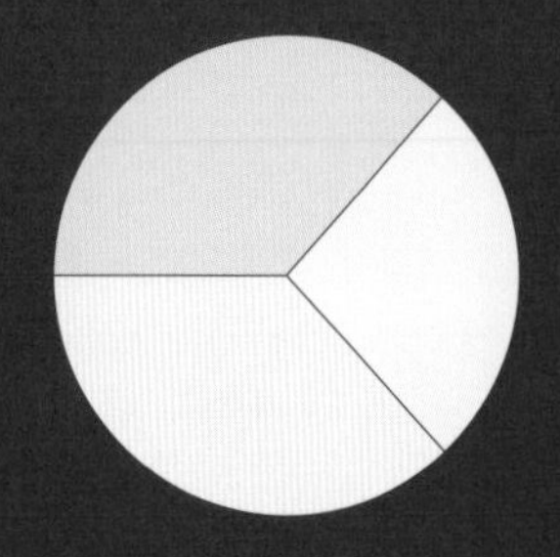

テーマ：**ホワイトカラー**

- ブロッチュ（250g）
- ローヴ・デ・ガリーグ（180g）
- カマンベール・ド・ノルマンディー（250g）

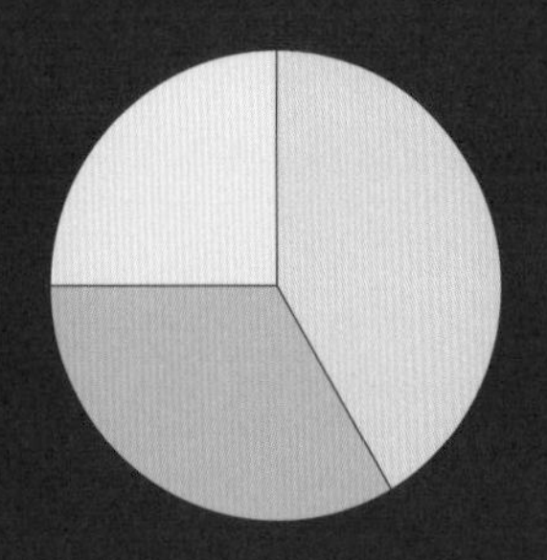

テーマ：**山のチーズ**

- プティ・フィアンセ・デ・ピレネー（150g）
- レティヴァ（250g）
- ブルー・ド・セヴラック（200g）

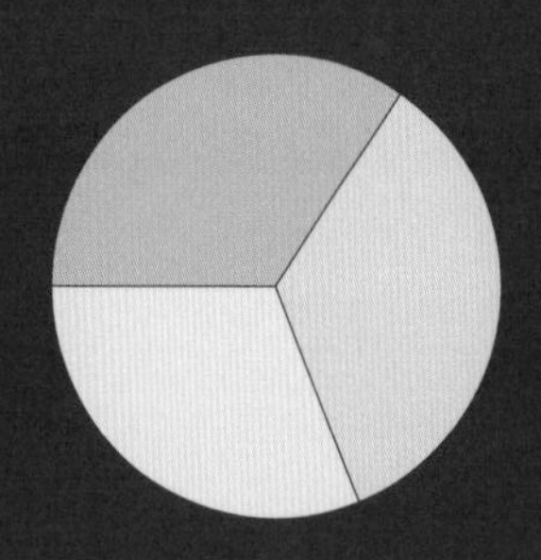

テーマ：**100％シェーヴル（山羊乳のチーズ）**

- グール・ノワール（200g）
- アンリ・キャトル（220g）
- ア・カシンカ（180g）

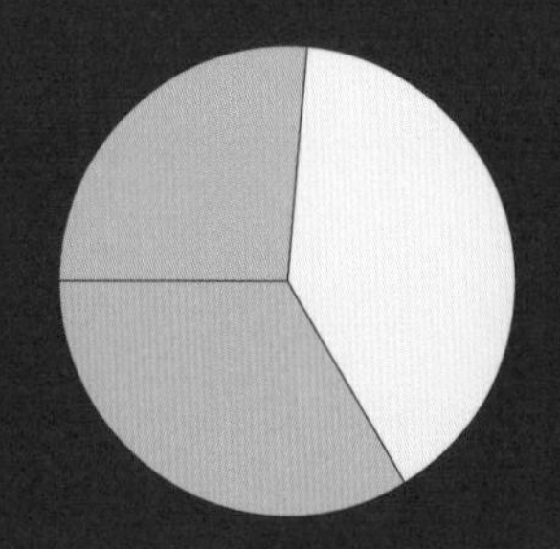

テーマ：**100％ブルビ（羊乳のチーズ）**

- ロカイユー・デ・カバス（160g）
- ケソ・マンチェゴ（240g）
- イッツアスー（200g）

オリジナリティーのある盛り合わせ3種

クラシックと同様、大人6人、食後、1人当たり平均100gという条件で、盛り合わせの例をいくつか考えてみた。どの盛り合わせ例も上から味わいが優しいものから強いものへの順で並んでいる。1個単位で売られているチーズも多く、切り売りタイプのチーズの大きさもまちまちであるため、盛り合わせの合計の分量がぴったり600gにはならなくても気にしないで。

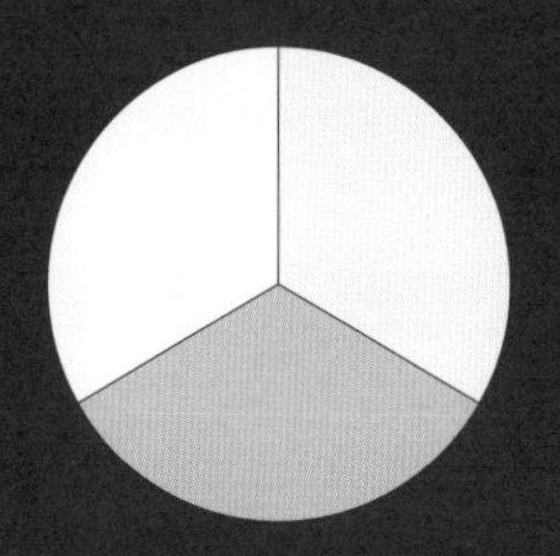

テーマ:**アイランド**

- ハルーミ(200g) キプロス島
- ケイジョ・ド・ピコ(200g) アゾレス諸島
- クロージャー・ブルー(200g) アイルランド

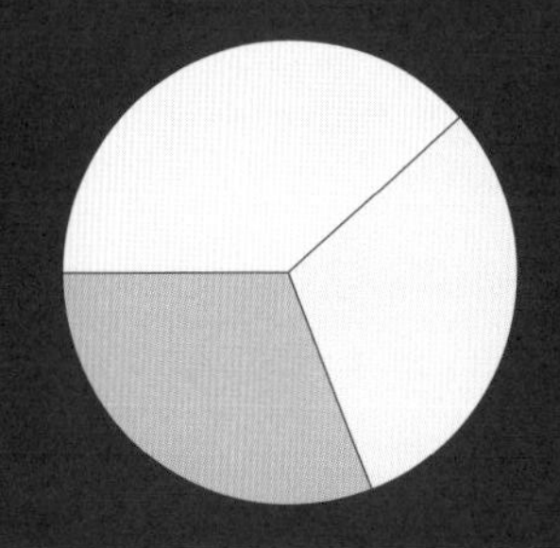

テーマ:**ラテン**

- アンカラ(250g)
- トマ・ピエモンテーゼ(200g)
- カブラレス(200g)

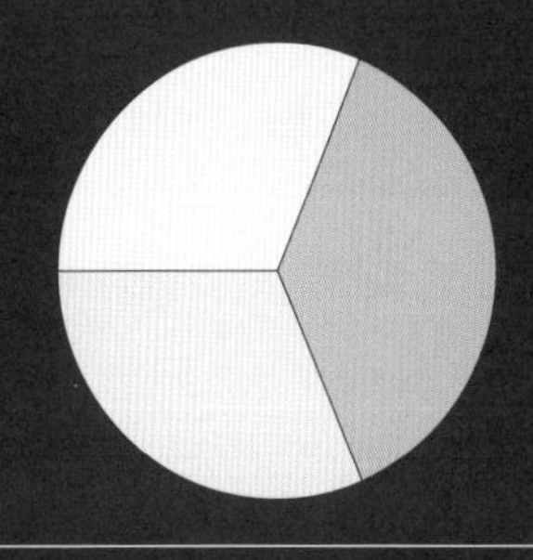

テーマ:**草原**

- ボンチェスター・チーズ(200g)
- クロタン・ド・シャヴィニョル(240g)
- エルヴ(200g)

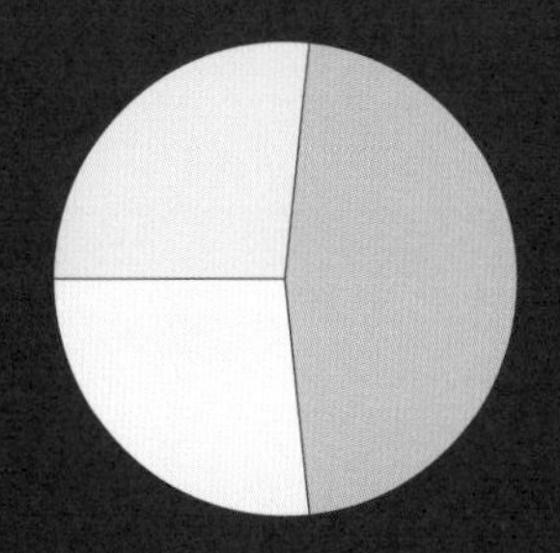

テーマ:**ヌーヴェル＝アキテーヌ地域圏**

- グルイル(200g)
- トリュフ・ド・ヴァンタドゥール(350g)
- トム・ド・リアック(200g)

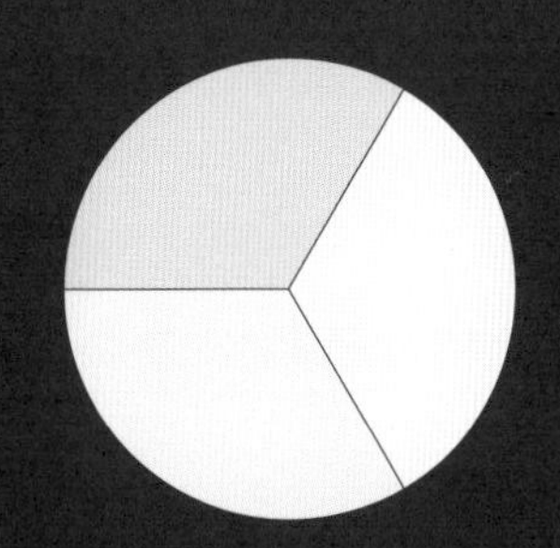

テーマ:**お茶とのペアリング**

- アボンダンス(200g) 烏龍茶
- ホライズン(200g) プーアール茶
- ペコリーノ・クロトネーゼ(200g) サマー・ダージリンティー

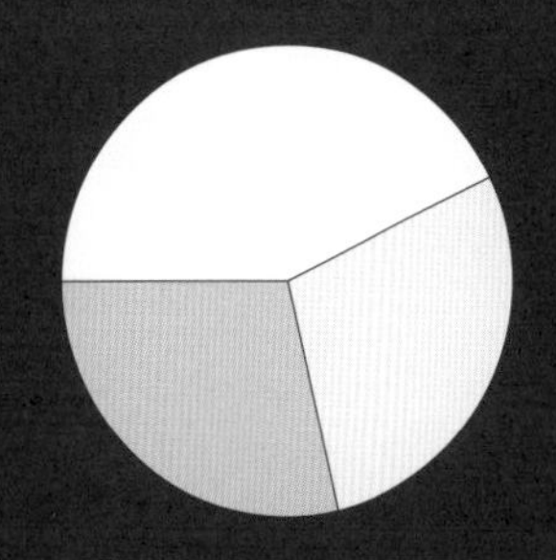

テーマ:**フルーツジュースとのペアリング**

- サヴール・デュ・マキ(300g) フランボワーズジュース
- マンステール(200g) ライチジュース
- ガモネド(200g) 洋梨のジュース

クラシックな盛り合わせ5種

大人6人、フルコースの食後、1人当たり平均250gという条件で、盛り合わせの例をいくつか考えてみた。どの盛り合わせ例も上から味わいが優しいものから強いものへの順で並んでいる。1個単位で売られているチーズも多く、切り売りタイプのチーズの大きさもまちまちであるため、盛り合わせの合計の分量がぴったり1,500gにはならなくても気にしないように。

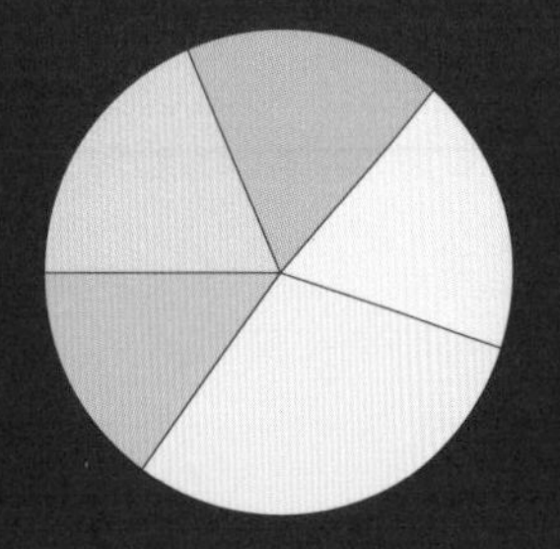

テーマ：AOP

ボーフォール	(250g)
シャビシュー・デュ・ポワトゥー2個	(240g)
オッソー・イラティ	(250g)
マロワル1／2個	(400g)
ブルー・デ・コース	(200g)

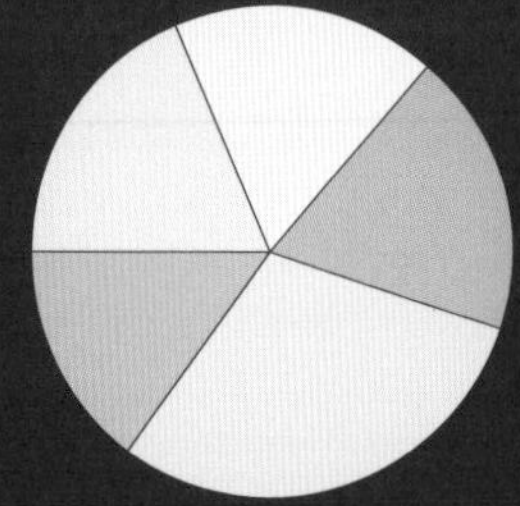

テーマ：チーズ店のセレクション

ミモレット	(250g)
サン=フェリシアン2個	(240g)
クラックビトゥー1個	(250g)
ウ・ベル・フィウリツ1個	(400g)
ブルー・ド・ボヌヴァル	(200g)

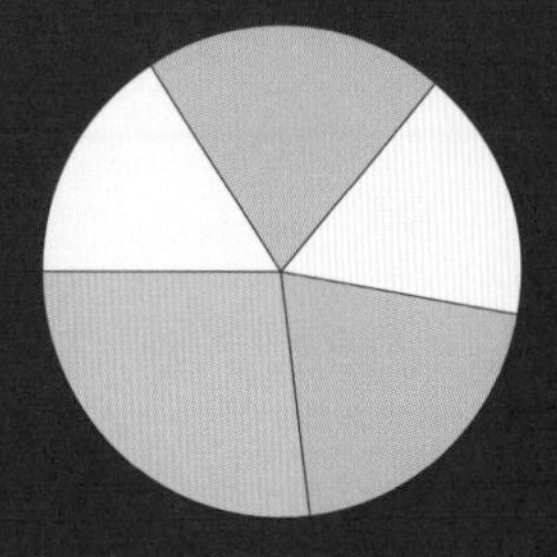

テーマ：100%シェーヴル（山羊乳のチーズ）

ブルース・デュ・ローヴ6個	(240g)
サボ・ド・ブランシェット2個	(300g)
ゴートナモナ	(250g)
セル=シュル=シェール2個	(300g)
ペルシエ・ド・ティーニュ1／2個	(400g)

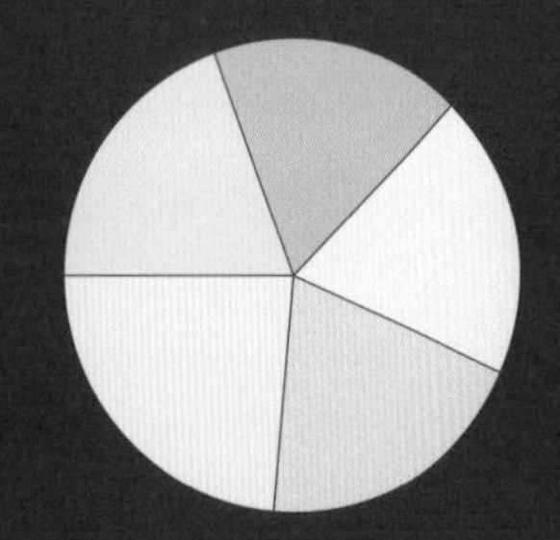

テーマ：100%ブルビ（羊乳のチーズ）

リコッタ・ロマーナ	(250g)
シンプリー・シープ1個	(225g)
ラヴォール	(250g)
グラヴィエラ・クリティス	(250g)
クレムー・ド・カラヤック1個	(300g)

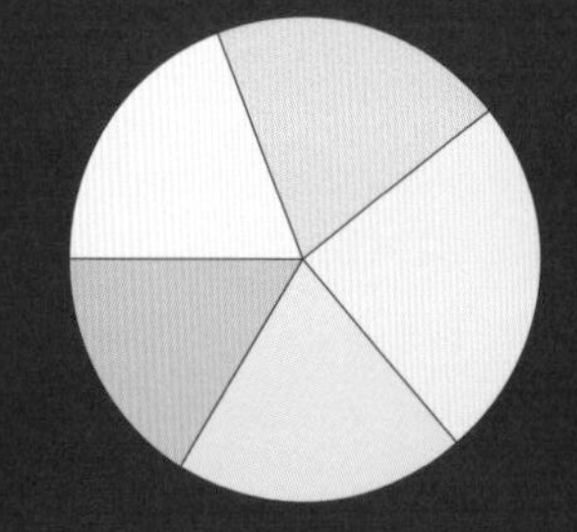

テーマ：100%ヴァッシュ（牛乳のチーズ）

ブレスロワ1個	(240g)
ベモントワ	(250g)
ティマノワ1個	(300g)
セルヴェル・ド・カニュ	(250g)
グレーヴェンブルーケル	(200g)

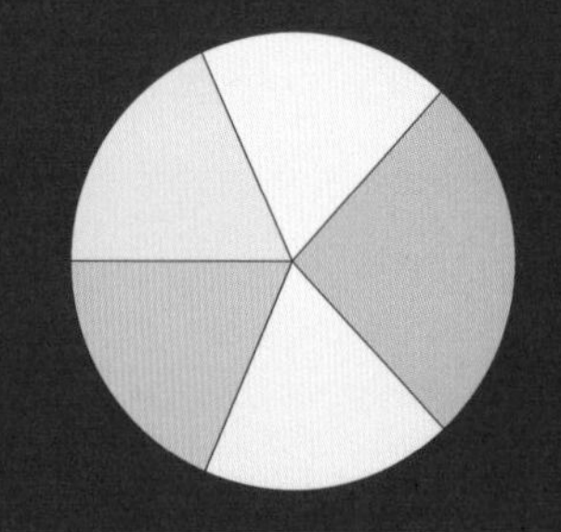

テーマ：オーヴェルニュ／ローヌ=アルプ地方

セラック	(250g)
サン=ネクテール	(250g)
ピコドン6個	(360g)
フュメゾン	(250g)
ブルー・デュ・ヴェルコール=サスナージュ	(250g)

オリジナリティーのある盛り合わせ5種

クラシック同様、大人6人、フルコースの食後、1人当たり平均250gという条件で、盛り合わせの例をいくつか考えてみた。どの盛り合わせ例も上から味わいが優しいものから強いものへの順で並んでいる。1個単位で売られているチーズも多く、切り売りタイプのチーズの大きさもまちまちであるため、盛り合わせの合計の分量がぴったり1,500gにはならなくても気にしないように。

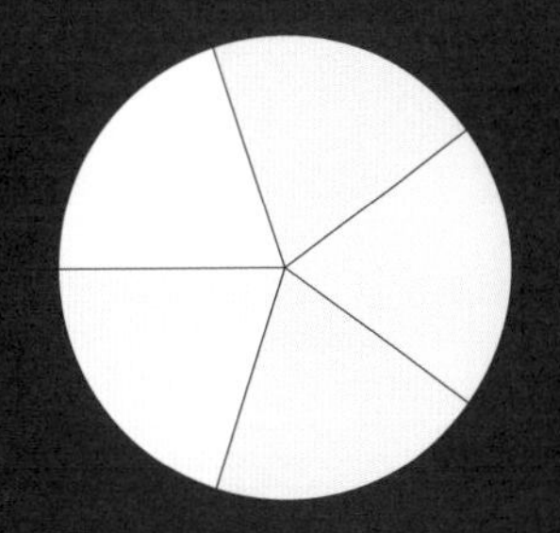

テーマ：地中海

フェタ	(250g)
マオン－メノルカ	(250g)
メツォヴォネ	(250g)
ペコリーノ・サルド	(250g)
ポ・コルス	(250g)

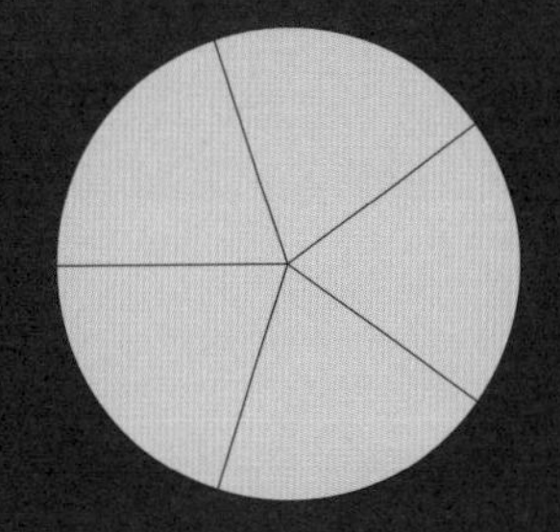

テーマ：ブルー

フルム・ダンベール	(250g)
ウィンザー・ブルー	(250g)
ヴェリツィン®	(250g)
シュロップシャー・ブルー	(250g)
ブラック＆ブルー	(250g)

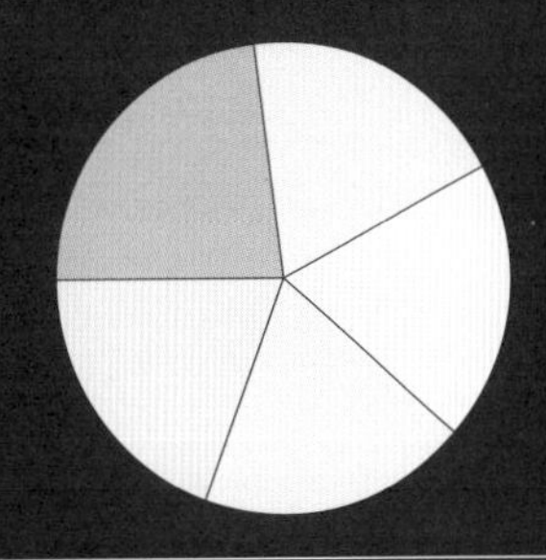

テーマ：ビールとのペアリング

コルヌビク2個 ホワイトビール	(300g)
ペコリーノ・シチリアーノ ブロンドビール	(250g)
ブリー・ド・ムラン アンバービール	(250g)
ライオル 黒ビール	(250g)
ピエ＝ド＝ヴァン ベルギービール　トリプル	(250g)

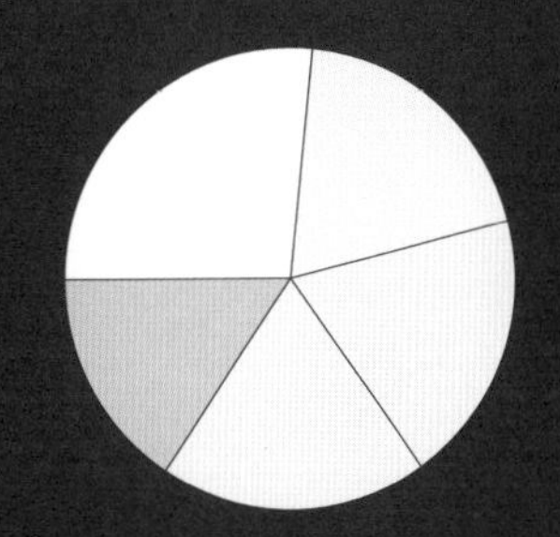

テーマ：ベジタリアン

セントージョン	(350g)
ペコリーノ・デッレ・バルツェ・ヴォルテッラーネ	(250g)
ケイジョ・デ・アゼイタォン	(250g)
キング・リバー・ゴールド	(250g)
キャッシェル・ブルー®	(200g)

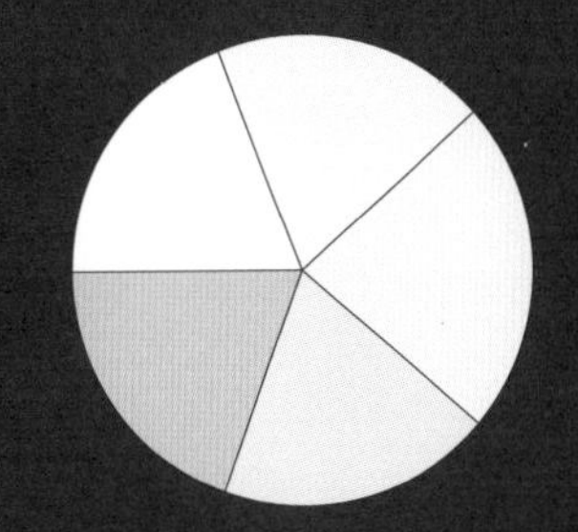

テーマ：発音できない異国のチーズ

クシガロ・シティアス	(250g)
ザズリヴスキー・コルバーチク	(250g)
オヴツィ・サラニツキー・オジュニ・シール3個	(350g)
ヴィエルコポルスキー・セル・スマジョーヌィ	(250g)
イホチェスカー・ズラター・ニヴァ	(250g)

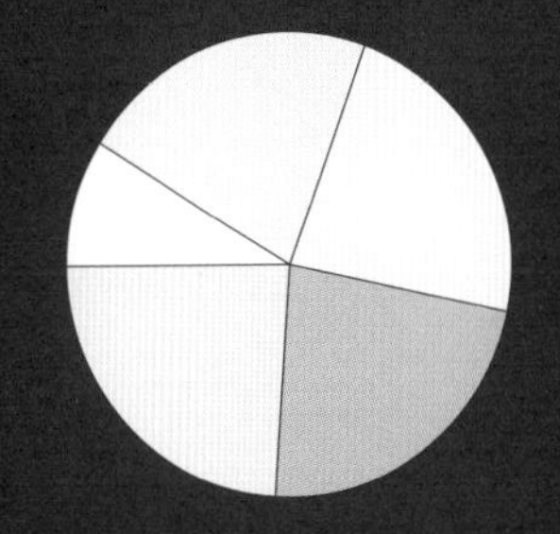

テーマ：セイント・バレンタイン

クール・ド・フィーグ1個	(80g)
ピチュネ1／2個	(190g)
ヌーシャテル（ハート形）1個	(200g)
ボンヌ・ブーシュ	(200g)
キュピドン	(210g)

クラシックな盛り合わせ7種

大人6人、パーティーの食後、1人当たり平均350gという条件で、盛り合わせの例をいくつか考えてみた。どの盛り合わせ例も上から味わいが優しいものから強いものへの順で並んでいる。1個単位で売られているチーズも多く、切り売りタイプのチーズの大きさもまちまちであるため、盛り合わせの合計の分量がぴったり2,100gにはならなくても気にしないように。

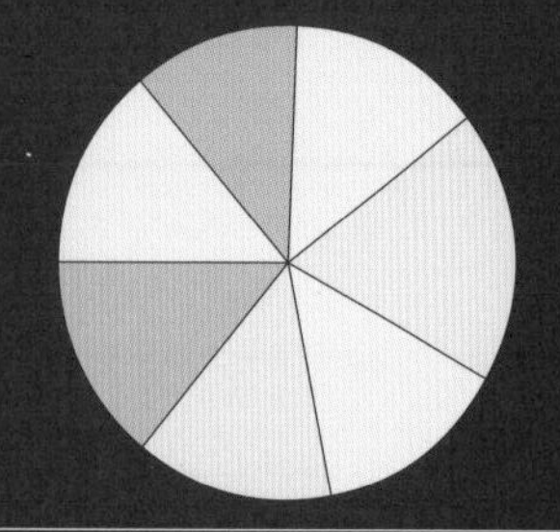

テーマ:AOP

タレッジョ	(300g)
プーリニィ=サン=ピエール1個	(250g)
ケイジョ・テリンショ	(300g)
ヴァシュラン・モン=ドール1個	(400g)
サレール	(300g)
マンステール	(300g)
ブルー・ドーヴェルニュ	(300g)

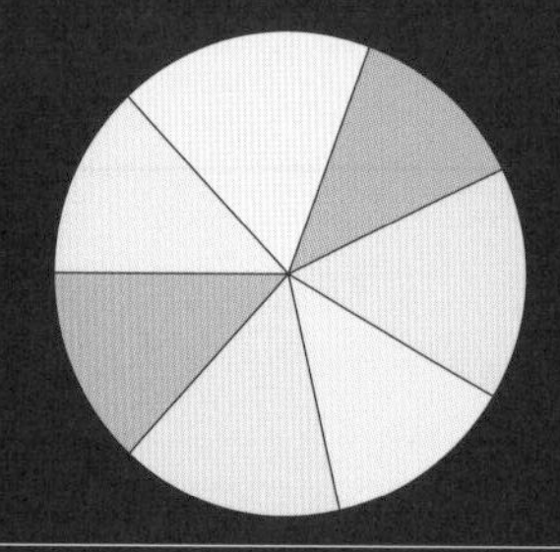

テーマ:チーズ店のセレクション

トム・マロット	(300g)
クロミエ1個	(400g)
ボンド・ド・ギャティヌ2個	(280g)
ヴァシュラン・デ・ボージュ1/4個	(350g)
ウェスト・カントリー・ファームハウス・チェダーチーズ	(300g)
ヴナコ1個	(350g)
スモーキー・オレゴン・ブルー	(300g)

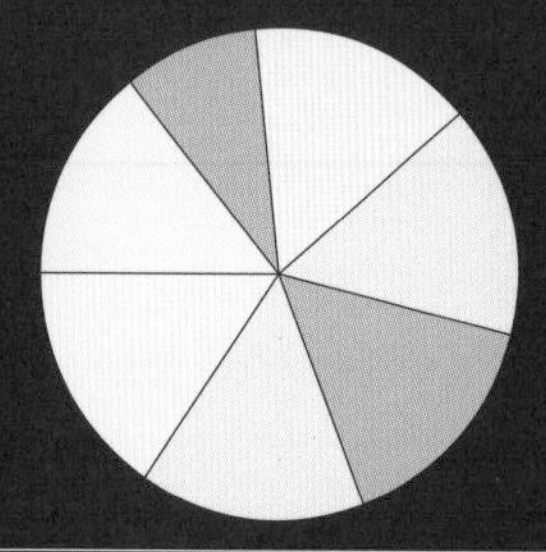

テーマ:100%シェーヴル(山羊乳のチーズ)

シルク2個	(280g)
アガット3個	(180g)
ホランセ・ヒーテンカース	(200g)
フォルマエラ・アラホヴァス・パルナス	(300g)
バノン3個	(300g)
ケソ・パルメロ	(300g)
フジュー	(300g)

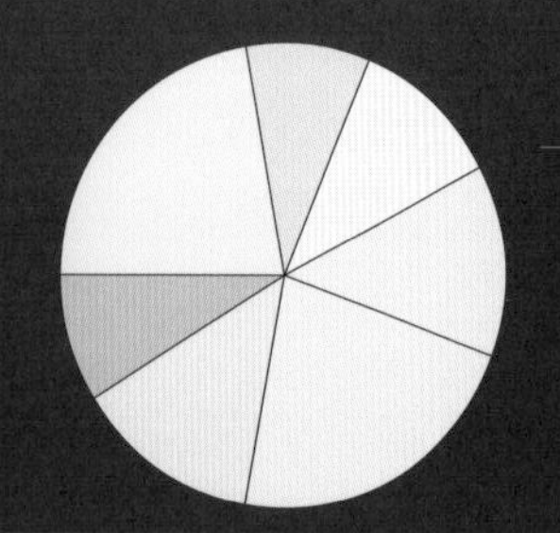

テーマ:100%ブルビ(羊乳のチーズ)

ヴァステッダ・デッラ・ヴァッレ・デル・ベリーチェ	(500g)
マヌーリ1/4個	(200g)
ウーラマイ・ミスト	(250g)
ケソ・デ・ムルシア	(300g)
トルタ・デル・カサール1個	(500g)
ボサ2個	(300g)
エトワール・ブルー・ド・サン=レミ	(200g)

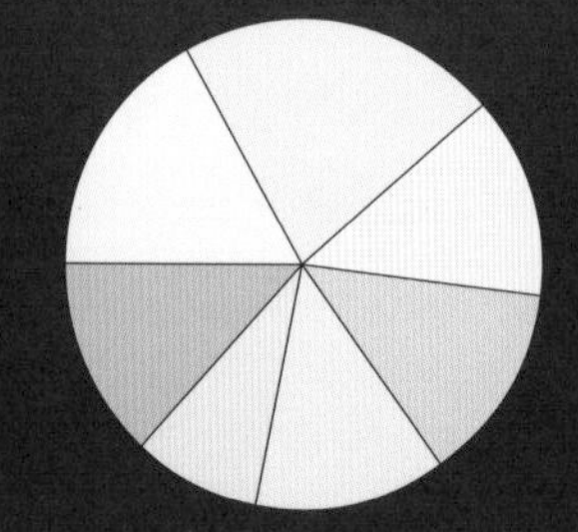

テーマ:100%ヴァッシュ(牛乳のチーズ)

ジョンシェ3個	(390g)
ブッラータ・ディ・アンドリア1個	(500g)
ピティヴィエ1個	(300g)
グリュイエール・フランセ	(300g)
レッド・レスター	(300g)
キュレ・ナンテ1個	(200g)
ダナブルー	(300g)

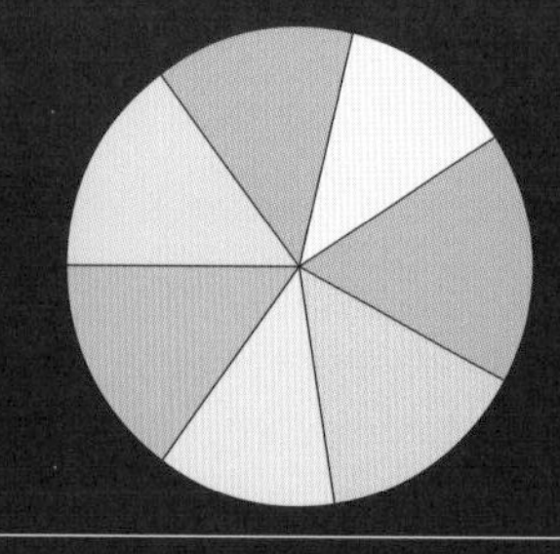

テーマ:クリスマス

ブルース・ド・ラ・ヴェシュビー	(300g)
サン=ニコラ・ド・ラ・ダルムリー2個	(280g)
ブリア=サヴァラン1個	(250g)
クーロンヌ・ロショワーズ2個	(340g)
アネン	(300g)
エポワス1個	(250g)
スティルトン・チーズ	(300g)

オリジナリティーのある盛り合わせ7種

クラシックと同様、大人6人、パーティーの食後、1人当たり平均350gという条件で、盛り合わせの例をいくつか考えてみた。どの盛り合わせ例も上から味わいが優しいものから強いものへの順で並んでいる。1個単位で売られているチーズも多く、切り売りタイプのチーズの大きさもまちまちであるため、盛り合わせの合計の分量がぴったり2,100gにはならなくても気にしないように。

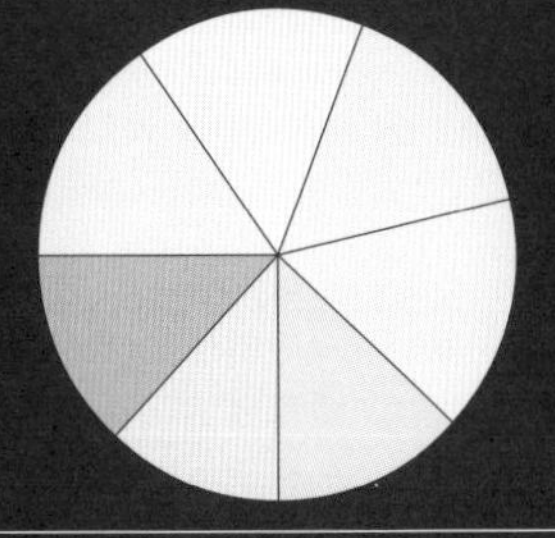

テーマ：**赤ワインとのマリアージュ**

ケイジョ・デ・カブラ・トランスモンターノ	(300g)
ブリー・ド・モントロー	(300g)
カンタル	(300g)
トム・デ・ボージュ	(300g)
ガプロン・ドーヴェルニュ1個	(250g)
ワラタ1個	(230g)
フルム・ド・モンブリゾン	(250g)

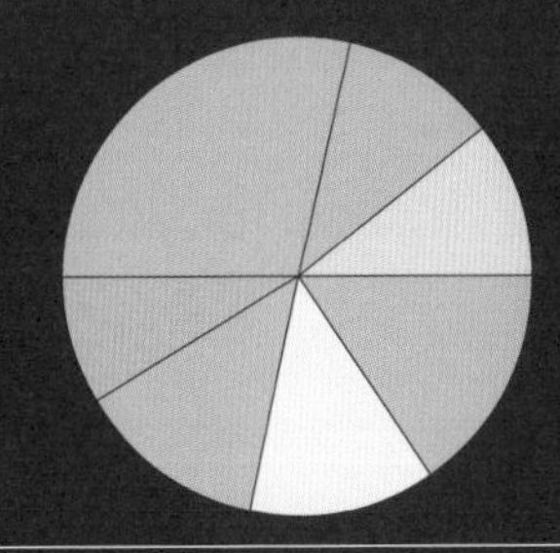

テーマ：**白ワインとのマリアージュ**

ブリジッズ・ウェル1個	(670g)
ヴァランセ1個	(250g)
エメンタール・フランセ・エスト・サントラル	(250g)
ペラルドン6個	(360g)
コスナール	(300g)
マコネ6個	(300g)
ストラキトゥント	(200g)

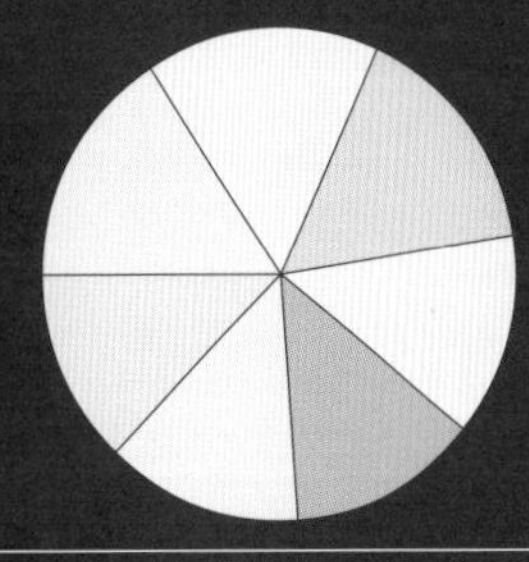

テーマ：**発泡性ワインとのマリアージュ**

ペコリーノ・ロマーノ	(300g)
ブリー・ド・モー	(300g)
ビット	(300g)
シャウルス1個	(250g)
シャロレ1個	(250g)
シュヴロタン1個	(250g)
クラユー・ド・ロンク	(240g)

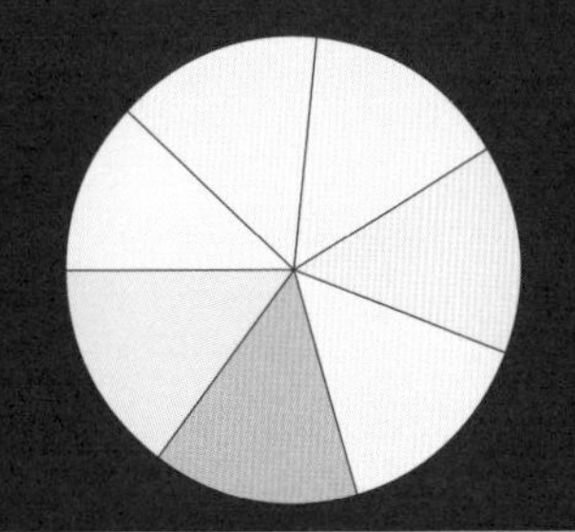

テーマ：**イベリア半島**

ケソ・テティージャ1/2個	(250g)
セブレイロ1個	(300g)
イディアサバル	(300g)
ケイジョ・セラ・ダ・エストレーラ	(300g)
ケソ・カシン	(300g)
ケソ・デ・バルデオン	(300g)
アフエガル・ピトゥ	(300g)

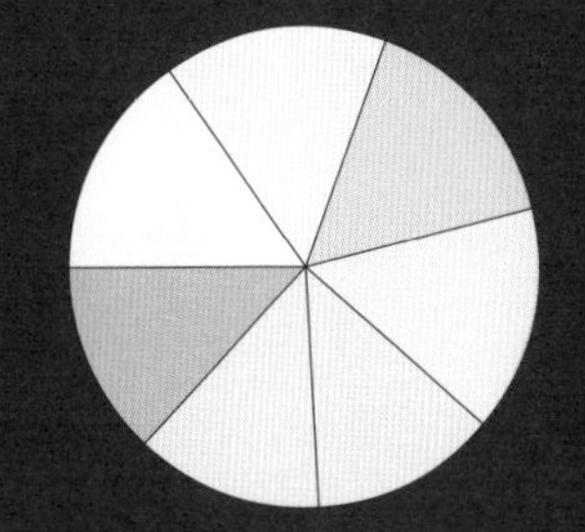

テーマ：**アウトサイド・ヨーロッパ**

ピュア・ゴート・カード	(300g)
バッファロー・ブリー	(300g)
パイオニア	(300g)
バスラー	(300g)
ギャラクティック・ゴールド	(250g)
シェアラーズ・チョイス	(250g)
ミラワ・ブルー	(250g)

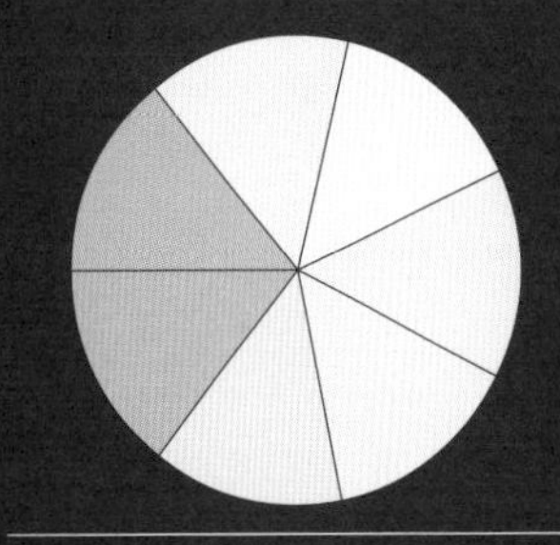

テーマ：**フレーバード・チーズ**

ローヴタン3個 タイム風味	(300g)
ケソ・デ・ムルシア・アル・ヴィーノ ワイン風味	(300g)
カンコイヨット 白ワイン風味	(300g)
バーレイ・バズド コーヒー、ラベンダー風味	(300g)
ブーレン＝ライセ・メーツ・スルーテルズ クミン風味	(300g)
シール・ド・クレキ・ア・ラ・ビエール1個 ビール風味	(280g)
ロングリバー・ブルー ブドウの葉、洋梨酒風味	(300g)

チーズの包み方

チーズの包み方は1通りだけではない。チーズ専門店によって流儀が異なるが、ここではチーズをより良く保存するための基本の包み方をいくつか紹介する。

円形のチーズ
（カマンベール・ド・ノルマンディなど）

チーズを紙の中央に置く。
紙の片側を持ち上げる。

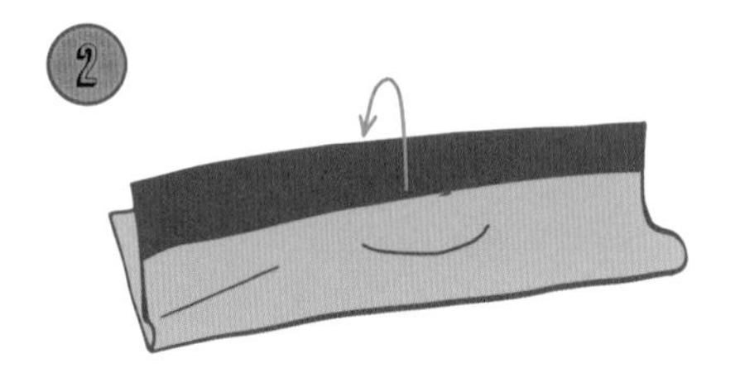

反対側の紙も持ち上げる。

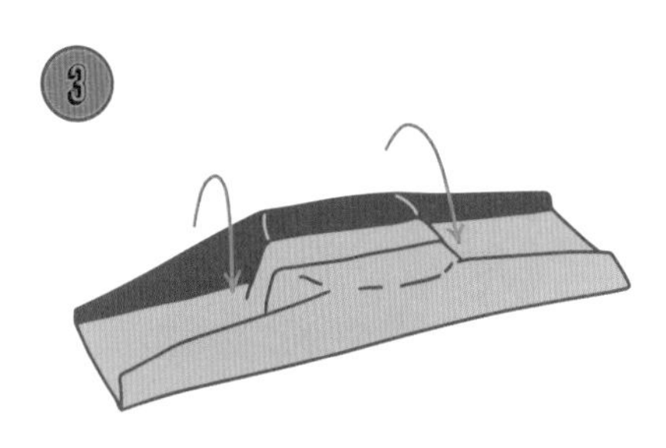

持ち上げた紙の両辺を合わせて、チーズの上面に
ぴったりフィットするまで折り込む。

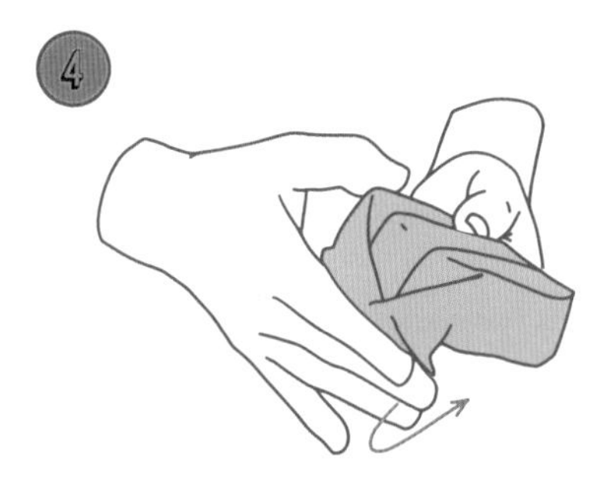

残りの2辺の紙をチーズの側面に沿って
上から下に向かって折ってから、
左右を三角形になるように折り畳む。
両端をチーズの下側に折り込む。

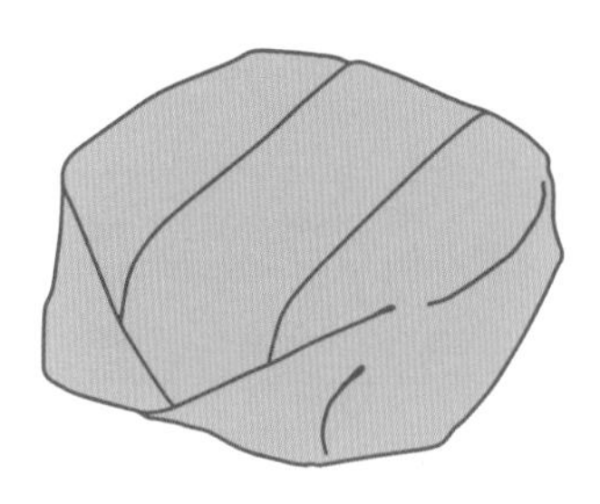

三角形のチーズ
（ブリー・ド・モーなど）

チーズを紙の中央に置く。チーズの一番長い辺が
紙の一辺と平行になるように配置する。

平行に置いた側の紙をチーズの反対側の
三角形の長辺に沿うように折り込む。

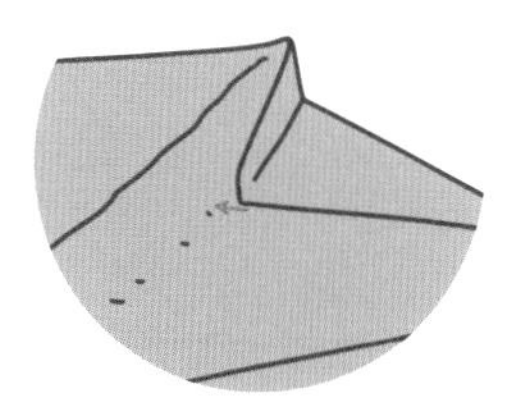

チーズの尖った部分に合わせて、紙を折り込む。

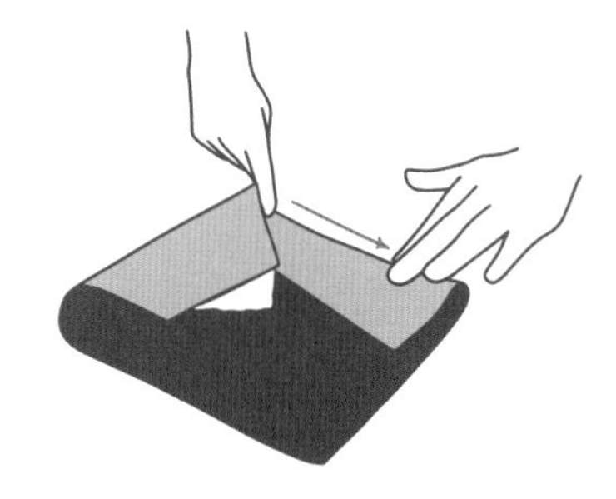

③で折り込んだ側の紙を平らにならして半分に折り、
チーズの上面に折り上げる。

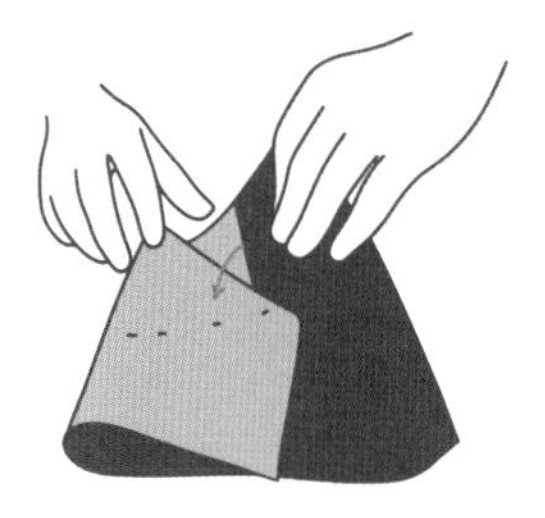

折り上げた紙がチーズの側面にぴったりと
沿うように指でならしながら包み込む。

チーズの端に沿って紙を上から下へ折り、
左右を折り畳む。余った部分をチーズの下側に
折り込む。

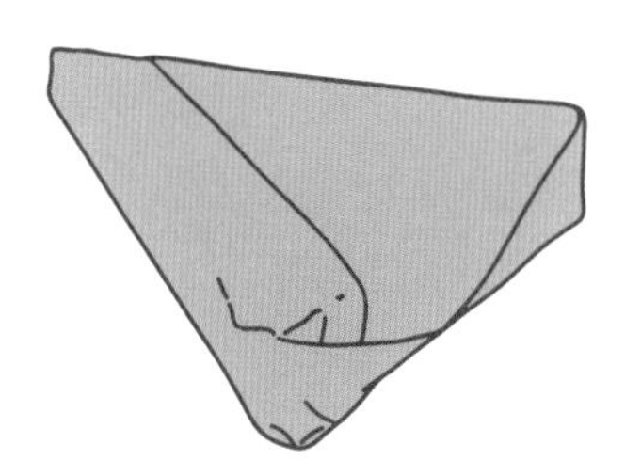

正方形、長方形のチーズ
（ポン＝レヴェック、コンテ1片など）

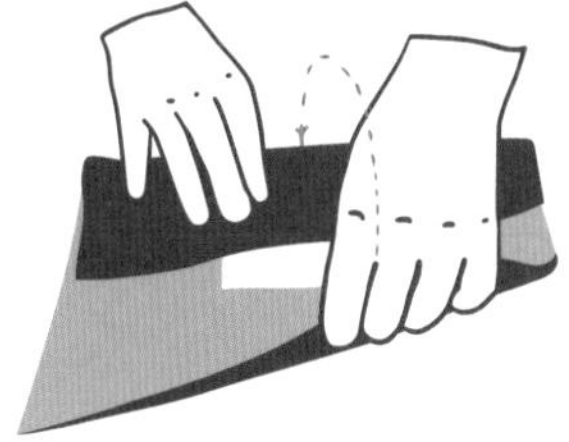

チーズを紙の中央に置く。
紙の片側を持ち上げる。

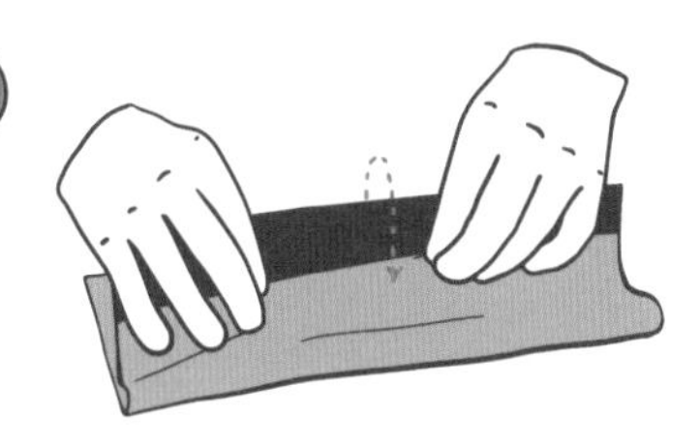

反対側も同様に持ち上げて紙の両辺を合わせ、
チーズの上面にぴったりフィットするまで折り込む。

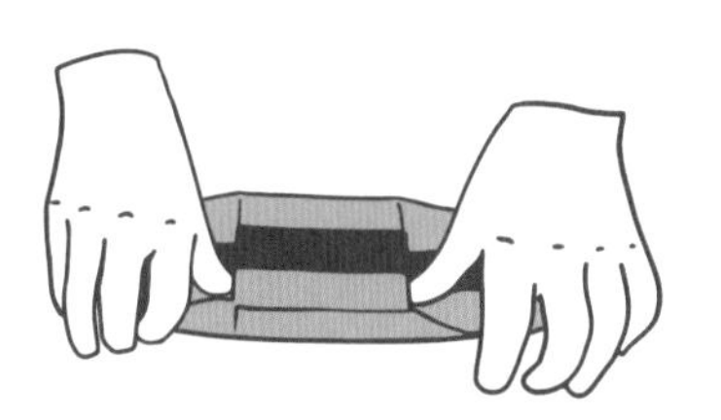

残りの２辺の紙をチーズの側面に沿って
上から下へと折る。

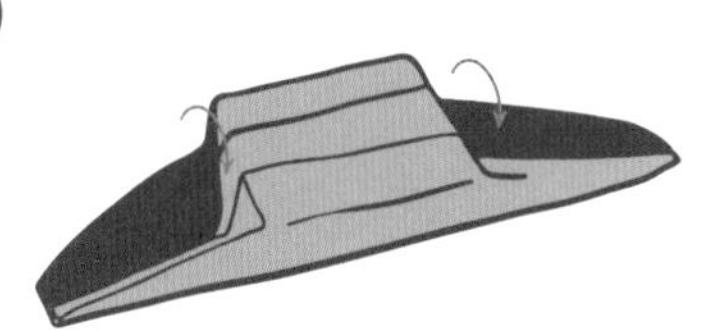

左右を内側に折り畳む。

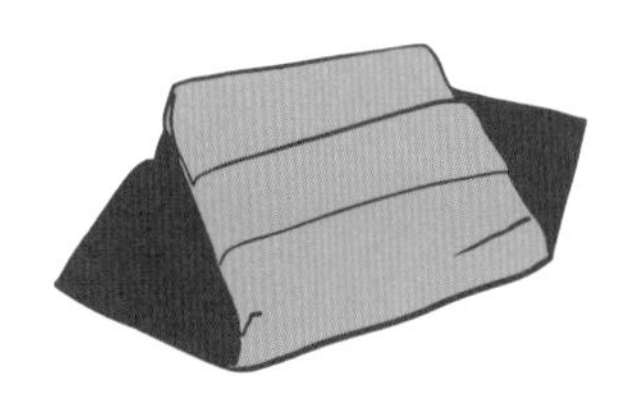

両端の紙が三角形になるように整える。

両端をチーズの下側に折り込む。

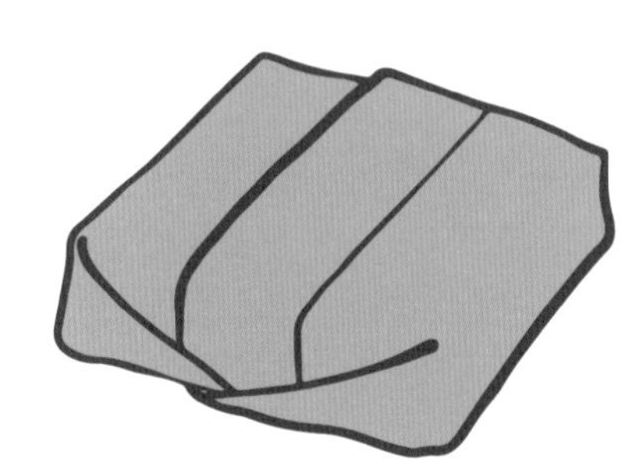

薪形のチーズ
（サント＝モール・ド・トゥーレーヌなど）

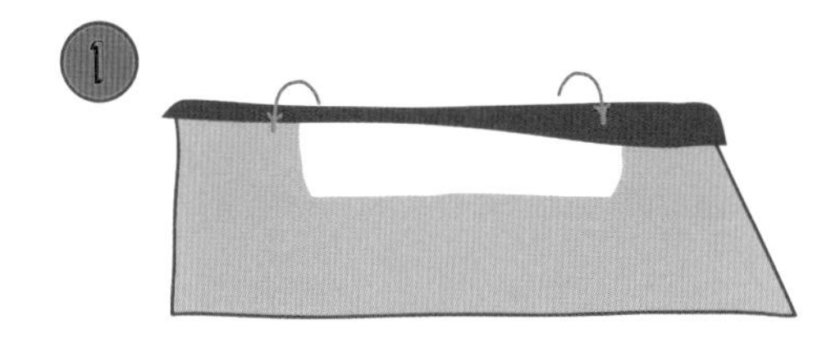

チーズを紙の中央に置く。紙の片側を持ち上げる。

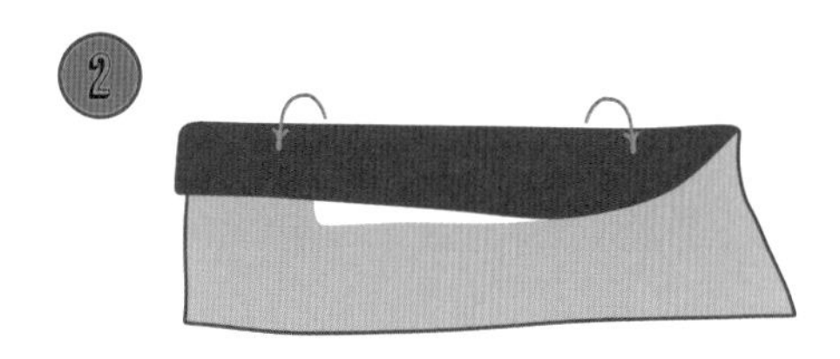

反対側も持ち上げて紙の両辺を合わせて、
チーズの側面にぴったりフィットするように折り込む。

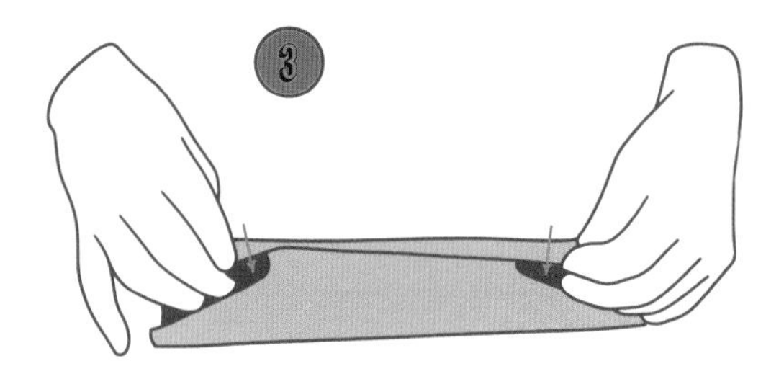

チーズの短いほうの両側面に沿って紙をなでおろす。

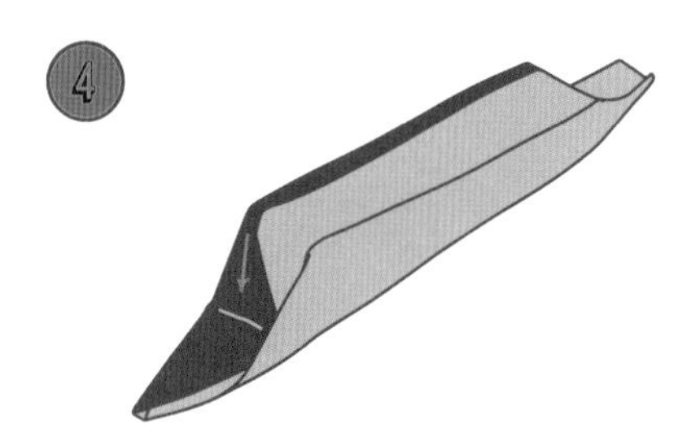

左右を内側に折り畳む。

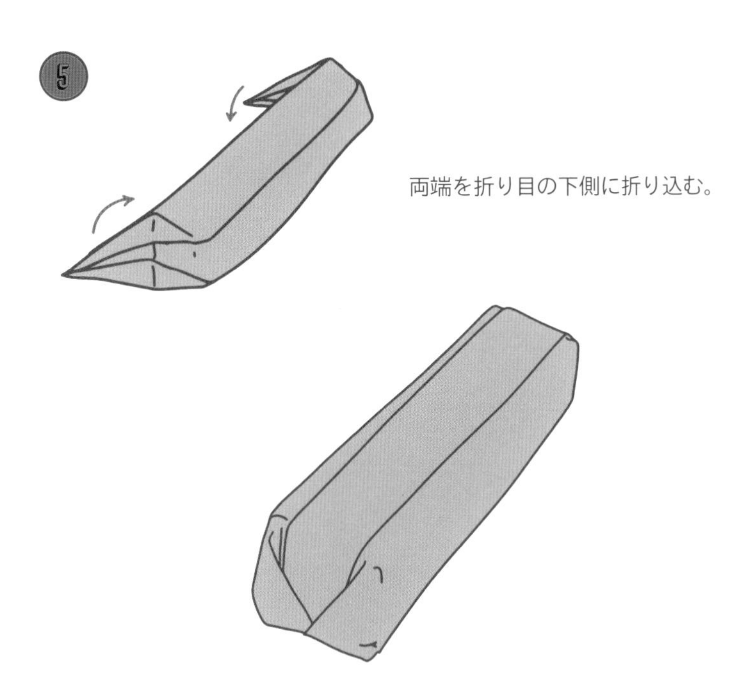

両端を折り目の下側に折り込む。

ピラミッド形・台形のチーズ

（ヴァランセ、プーリニィ＝サン＝ピエール、ブーレット・ダヴェーニュなど）

チーズを紙の中央に置く。紙の片側を持ち上げる。

反対側も持ち上げて、紙の両辺を合わせて、
チーズの上面にぴったりフィットするまで折り込む。

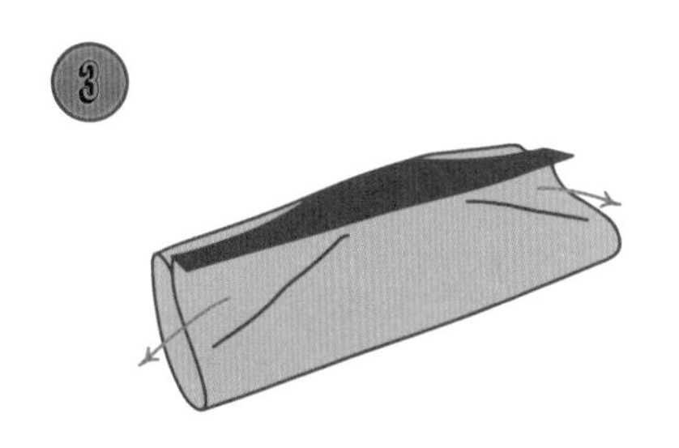

チーズの両側面に沿って、残りの2辺の紙をなでおろす。

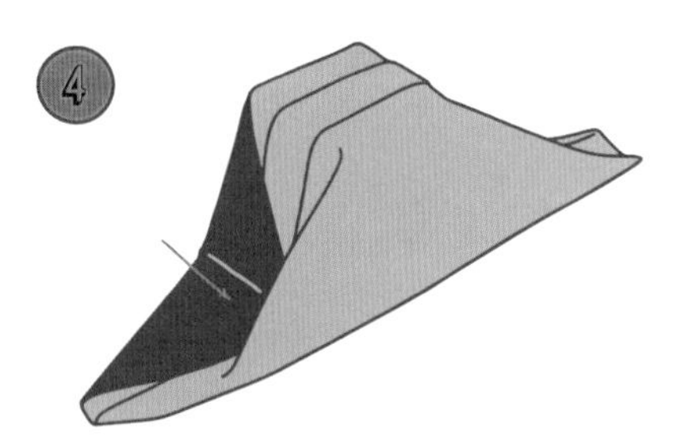

左右を内側に折り畳み、
両端の紙が三角形になるように整える。

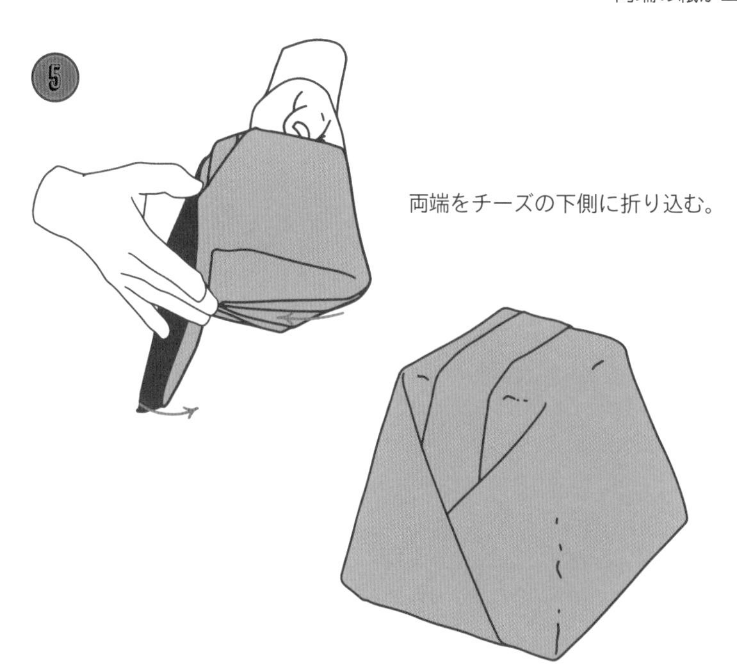

両端をチーズの下側に折り込む。

ハート形のチーズ
（ヌーシャテルなど）

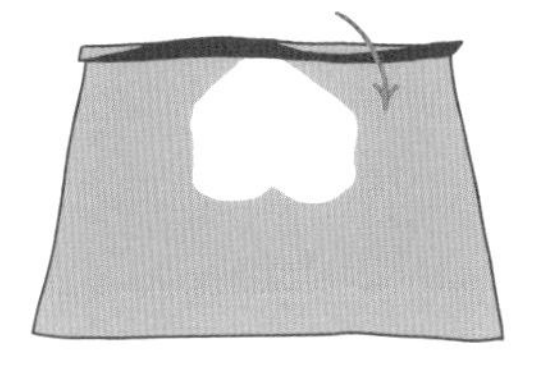

チーズの尖った部分が手前に来るように、
紙の中央に置く。チーズの3分の1を覆うように
手前の紙を持ち上げる。

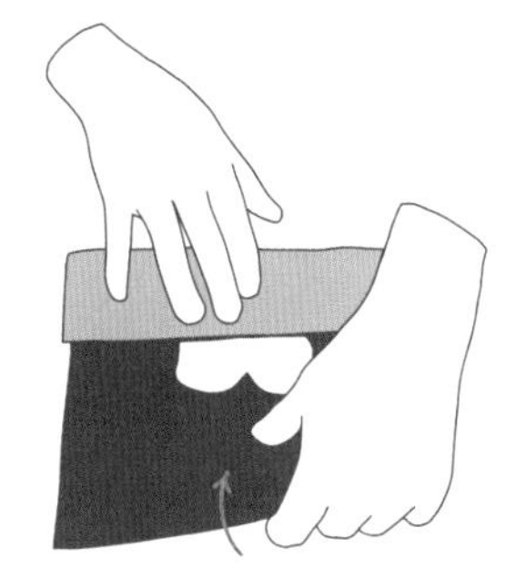

反対側の紙も持ち上げる。

3

紙の両辺を合わせて、紙の余った部分を
チーズの上面にぴったりフィットするまで折り込む。

4

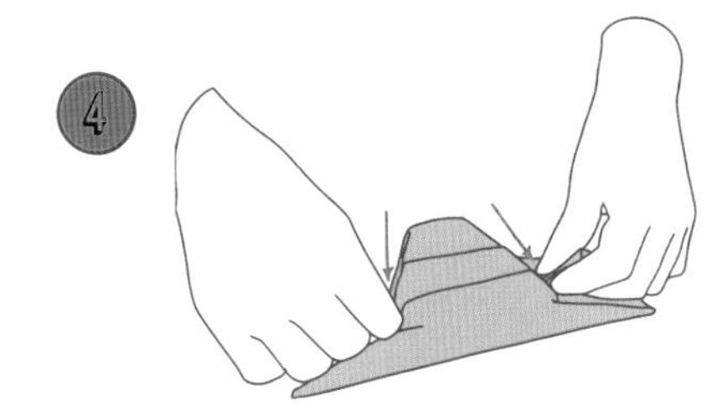

残りの2辺の紙をチーズの側面に沿ってなでおろす。

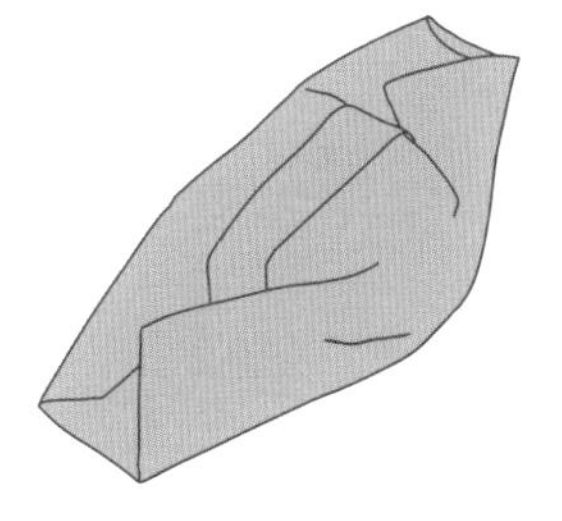

左右を内側に折り畳み、
両端の紙が三角形になるように整える。

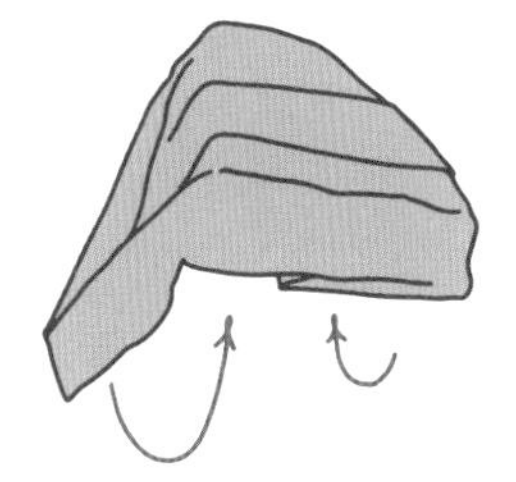

両端をチーズの下側に折り込む。

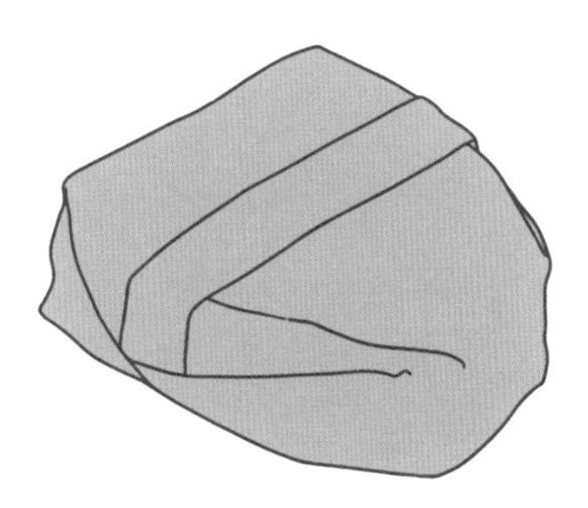

チーズの用語集

アフィナージュ（AFFINAGE）
チーズのフレーバー（香り、味、風味、食感）を最良の状態にするために、丹念な手作業で時間をかけて熟成させること。

バターミルク
クリームやミルクからバターを作った後に残った液体。

リネンス菌
ウォッシュタイプのチーズに独特の風味を与える細菌。強い香りとオレンジ色の色素を出す。モルジュ液にも含まれている。

凝乳（カード）
乳酸菌や凝乳酵素の働きによってミルクが固まったもの。凝乳をつくることをカイヤージュという。

凝固
凝乳酵素（レンネット）の作用で液体（ミルク）から固体（チーズ）に変化する現象。

クレムリー（CRÉMERIE）
フランス語で乳製品の専門店のこと。

アンプレジュレ（EMPRÉSURER）
凝乳（カード）を作るために、ミルクに凝乳酵素（レンネット）を添加する行為。

マキ
「マキ」とは特定の植物ではなく、コルシカ島に自生する灌木群(小枝が群がり生える薮)のこと。チーズの表面にタイムなどのハーブをまぶした様子が、灌木群のイメージに見えることから、名付けられた。マキを使ったチーズは他にもポ・コルス(p.189)などがある。

チーズアイ
エメンターラーなど、ハードチーズにできる穴のこと。高温の熟成室で熟成させることで、プロピオン酸発酵が促進されて炭酸ガスが発生し、生地の中央部が膨らみ、気孔ができる。

ウズラの目
イタリアのDOP（原産地保護呼称）に認定されているチーズの穴、気孔を表現する言葉の1つ。

アンデュストリエル（INDUSTRIEL）
ミルクを複数の製造業者から仕入れ、工場で製造されたチーズを指す。

フロマージュ（FROMAGE）
フランス語でチーズを指す「Formage（フォルマージュ）」という語が記された、現存する最古の記録は12世紀のものである。その後、「Fourmage（フルマージュ）」（14世紀）、「Fromaige（フロメージュ）」（15世紀）、そして「Fromage（フロマージュ）」へと変化していった。語源は古代ラテン語の押し型や水切り型を示すフォルマ（Forma）だとされる。イタリア語の「Cacio（カチョ）」、ドイツ語の「Käse（カーゼ）」、英語の「Cheese（チーズ）」の語源は、ラテン語でチーズを示す「Caseus（カセウス）」である。

フロマジュリー（FROMAGERIE）
フランス語でチーズを作る場所、チーズ工房を指す。

フェルミエ（FERMIER）
フェルミエはフランス語で農家の意味。フェルミエタイプのチーズとは「農家製」という意味で、共同酪農場製（レティエ／laitier）のチーズに比べ、個性的なものが多い。

フリュイティエール（FRUITIÈRE）
伝統的なチーズ作りを行うチーズ工房の意味。フリュイティエール（FRUITIÈRE）という名の、協同組合に、乳生産者が原乳を集めて伝統的なチーズを作る。このシステムは、8世紀頃から始ったとされる。

レ・リボ（LAIT RIBOT）

クリームを攪拌（かくはん）してバターにする時に得られる液体。一般的にバターミルクといわれるが、フランスのブルターニュ地方では、バターを作る道具「ribotte（リボット）」にちなんで、レ・リボ（Lait Ribot）という名で親しまれている。

サンドレ（CENDRÉ）

サンドレとはフランス語で「灰」の意味。木炭粉がまぶしてあるチーズをサンドレタイプという。

ペニシリウム・カメンベルティ（白カビ）

チーズ表面に繁殖し、熟成を促すカビ。白カビが作る酵素がタンパク質を分解するため、チーズの組織が柔らかくなり、風味も濃厚になる。

ペニシリウム・ロックフォルディ（青カビ）

チーズに独特のフレーバーをもたらす青カビの一種。青カビの生育には酸素が必要なため、チーズ内部に穴をあけ、青カビの繁殖を助ける。

モルジュ液

古いチーズの外皮を塩水で溶かした液体（酢を加えることもある）で、一部のチーズの熟成中に表面を拭いたり、磨いたりするために用いられる。

トム（TOMME）

ラテン語のトマ（TOMA）やギリシャ語の（TOMOS）に由来する、切断や分離を表す言葉で、ミルクの分離によってできる凝乳（カード）を表す。すでに5世紀頃には「チーズ」を表す言葉だったと言われている。大型のチーズに対し各農家で造られる小さめのチーズを指して呼ばれ、フランスのサヴォワ地方で多く生産されている。トムの後に村の名前をつけたものがチーズ名になっている。

凝乳酵素（レンネット）

離乳していない反芻動物の仔牛の第4胃で産生される物質。液体であるミルクを凝固させてゲル化する作用を持つ酵素、キモシンを含んでいる。植物由来、微生物由来のレンネットも存在する。

サラージュ（SALAGE）

フランス語で、熟成タイプのチーズに行う、塩を加える行為。

ムラージュ（MOULAGE）

フランス語で型入れの意味。凝乳（カード）を穴の開いた型に入れて脱水して成形する、チーズを作る工程の1つを指す。

エピセア（ÉPICÉA）

フランスでクリスマスツリーとして使われるモミの木の一種。樹皮から、チーズのパッケージに使われる木枠やひもが作られる。モン=ドールの熟成時や、出荷時の外箱にも使われる。

チロシン

主に熟成した加熱圧搾タイプのチーズ（ハードチーズ）中に生成されるアミノ酸の一種。粗塩のような白い結晶状で、しゃりしゃりとした食感がある。

MG/ESとMG/PT

MGはMatière Grasseの略称で乳脂肪分を意味する。ES、Extrait Secは「水分を除いた固形分重量」、PTはPoids Totalの略称でチーズの「全重量」を意味する。フランスでは以前はチーズから水分を除いた「固形分重量」の中に占める「脂肪分重量」（Matière grasse/Extrait Sec=MG/ES）を％で表示する慣習があったが、現在は2007年の法改定で「チーズ全重量」中に占める「脂肪重量」の割合（Matière grasse/Poids Total=MG/PT）を％で表示することが義務づけられている（英語ではTotal Fat）。この表示の代わりに最終製品100g中の脂質の含有量を記した栄養成分表を表示しても良い。オプションとして、MG/ESを併記することも認められている。

索引

50音順 ※解説が掲載されているページは太字にしています。

サ

タ

索引

アルファベット順 ※解説が掲載されているページは太字にしています。

D

E

F

G

H

I

J

K

L

M

著者／トリスタン・シカール（Tristan Sicard）

ジャーナリストからチーズ製造・販売業者へ転身。美食の世界に魅了され、2011年に北フランスのリール旧市街地で双子の兄弟とともに、チーズショップ兼チーズバーの「フレール・ドゥラシック（Frères Delassic）」を開業。新しいチーズの魅力を探求、発信している。
https://www.fromage-delassic.fr

イラストレーター／ヤニス・ヴァルツィコス（Yannis Varoutsikos）

アーティスト・ディレクター、イラストレーター。フランスのMarabout（マラブー）出版社の書物のイラスト、デザインを多数手掛けている。主にイラストを手がけた本として『Le vin c'est pas sorcier』（2013）〈日本語版『ワインは楽しい！』（小社刊）〉、『Le Grand Manuel du Pâtissier』（2014）〈日本語版『美しいフランス菓子の教科書』（小社刊）〉、『Pourquoi les spaghetti bolognese n'existent pas: Et 700 autres questions impertinentes et ludiques sur la cuisine』（2019）〈日本語版『フランス式調理科学の雑学』（小社刊）〉などがある。
lacourtoisiecreative.com

訳者／河 清美

広島県尾道市生まれ。東京外国語大学フランス語学科卒。翻訳家、ライター。主な訳書に『ワインは楽しい！』『コーヒーは楽しい！』『ウイスキーは楽しい！』『ビールは楽しい！』『カクテルは楽しい！』『美しいフランス菓子の教科書』『ワインの世界地図』『やさしいフランスチーズの本』（小社刊）、共著者に『フランAOCワイン事典』（三省堂）などがある。

美しい世界のチーズの教科書

2021年3月22日　初版第1刷発行

著者／トリスタン・シカール
イラスト／ヤニス・ヴァルツィコス
訳者／河 清美
装丁・DTP／小松洋子
校正／株式会社ぷれす
制作進行／関田理恵

発行人／三芳寛要
発行元／株式会社パイ インターナショナル
〒170-0005 東京都豊島区南大塚2-32-4
TEL 03-3944-3981　FAX 03-5395-4830
sales@pie.co.jp

印刷・製本／シナノ印刷株式会社

ISBN978-4-7562-5172-5 C0077
Printed in Japan